Naturvorstellungen im Altertum

Schilderungen und Darstellungen von Natur im Alten Orient und in der griechischen Antike

Herausgegeben von

**Florian Schimpf
Dominik Berrens
Katharina Hillenbrand
Tim Brandes
Carrie Schidlo**

Archaeopress Archaeology

Archaeopress Publishing Ltd
Summertown Pavilion
18-24 Middle Way
Summertown
Oxford OX2 7LG

www.archaeopress.com

ISBN 978 1 78491 825 5
ISBN 978 1 78491 826 2 (e-Pdf)

© Archaeopress and the authors 2018

Gefördert durch die Deutsche Forschungsgemeinschaft (DFG) – 215342465 / GRK1876
Funded by the Deutsche Forschungsgemeinschaft (DFG, German Research Foundation) – 215342465 / GRK1876

Cover illustration: Deckenmalerei im Palmettengrab von Lefkadia
(© D-DAI-ATH-2015-0635 photograph: V. v. Graeve - V. Brinkmann)

All rights reserved. No part of this book may be reproduced, or transmitted, in any form or by any means, electronic, mechanical, photocopying or otherwise, without the prior written permission of the copyright owners.

This book is available direct from Archaeopress or from our website www.archaeopress.com

Inhalt

Geleitwort 1

Vorwort 3

‚Natur' nach modernem und antikem Verständnis 5
Tim Brandes und Katharina Hillenbrand

Naturkonzepte im Alten Orient 19
Claus Ambos

Natur- und Vegetationsdarstellungen im Alten Orient 33
Alexander Pruß

Über Naturphänomene in der archaisch-griechischen Flächenkunst ... 57
Ursula Mandel

Naturdarstellungen in der griechischen Vasenmalerei klassischer Zeit.
Ein Beitrag zu Natur und Raum 153
Marta Scarrone

Naturdarstellungen im attischen Drama 179
Dominik Berrens

Raumschemata griechischer ‚Naturheiligtümer'. Separierte Naturmale
und die additive Sakralisierung natürlicher Elemente 209
Florian Schimpf

Zwischen ‚Wissenschaft' und Fiktion – Menschen, Götter und Heroen in
Naturlandschaften der hellenistischen Dichtung 231
Annemarie Ambühl

Öffentliches Grün in griechischen Städten 255
Sabine Neumann

Geleitwort

Für den Trägerkreis eines Graduiertenkollegs ist es eine besondere Freude, wenn Kollegiaten und Kollegiatinnen sich eigeninitiativ organisieren und Arbeitsgruppen bilden, um gemeinsame Themenschwerpunkte interdisziplinär weiterzuentwickeln. Das Ziel, frühe wissenschaftliche Selbstständigkeit zu fördern, scheint hier schon erreicht. Wie wir mit diesem aus einem Workshop hervorgegangenen Sammelband aber nicht ohne Stolz wahrnehmen, sind die Doktoranden und Doktorandinnen unseres Graduiertenkollegs 1876 „Frühe Konzepte von Mensch und Natur: Universalität, Spezifität, Tradierung" schon weit über die von uns gesteckten Ziele hinausgegangen.

Das seit 2013 an der Johannes Gutenberg-Universität mit Hilfe von Fördermitteln der Deutschen Forschungsgemeinschaft eingerichtete Graduiertenkolleg befasst sich vordergründig mit der Frage, welche Konzepte sich hinter den uns überlieferten Wörtern, Texten, Bildern und Artefakten in Bezug auf Mensch und Natur verbergen. Dabei zeigt sich eine deutliche Abhängigkeit von Kontexten, Zeitstellung, Gesellschaft, Individuum, Überlieferungsmedium, Diskursen usw. Es werden neben Spezifitäten aber auch Gemeinsamkeiten sichtbar, sodass sich die Frage stellt, ob Entlehnungen in andere Kulturkreise oder aber relativ universale Muster vorliegen könnten.

Den Naturbegriff fassen wir dabei sehr weit auf. In unserem Projektantrag zur Einrichtung des Graduiertenkollegs definierten wir folgendermaßen: „Er umfasst – in Rekurs etwa auf das aristotelische Begriffsverständnis – all diejenigen Dinge und Strukturen der Welt, die zunächst ohne Einwirkung des Menschen entstanden sind, existieren sowie auch wachsen und vergehen (Planeten, Sterne etc., die Erde mit ihren geologischen Strukturen: Gebirge, Landschaften, Meere; meteorologische Phänomene; die belebte Natur mit Flora und Fauna, teilweise in Abhängigkeit von den größeren natürlichen Strukturen). Die Abgrenzung zum Menschen (in einem ursprünglichen Sinn ebenfalls Teil der Natur) ist nur unvollkommen möglich (Städtebau, Landwirtschaft, Viehzucht als technische Eingriffe des Menschen in die ursprünglich selbstständige Natur). In den zu analysierenden Zeugnissen wird überdies die Natur nie objektiv repräsentiert, sondern immer im Spiegel menschlicher Wahrnehmung, Gestaltung und Darstellungsabsicht. Diese Verschränkung im Einzelfall zu beschreiben ist ein wichtiges Ziel des hier beantragten Forschungsprojekts, das sich disziplinenübergreifend Inhalten widmet, die man heute den Bereichen der Naturkunde, Heilkunde und Technik zuordnen würde."

Ziel des von Dominik Berrens, Tim Brandes, Katharina Hillenbrand, Carrie Schidlo und Florian Schimpf herausgegebenen Sammelbandes ist es, diesen Begriff, der beispielsweise in Ägypten und dem Alten Orient in versprachlichter Form nicht vorliegt, zu reflektieren und Naturkonzepte aus diesen Kulturkreisen auf der Basis von philologischen und archäologischen Quellen zu rekonstruieren und mit unseren heutigen Vorstellungen zu vergleichen.

Das Buch bietet dabei einen sehr guten Einstieg in die Quellenlage und Debatten zu diesem weit gespannten und vielversprechenden Forschungsgebiet.

Mainz, im Juli 2017

Tanja Pommerening
(Sprecherin GRK „Frühe Konzepte")

Vorwort

Der vorliegende Sammelband „Naturvorstellungen im Altertum. Schilderungen und Darstellungen von Natur im Alten Orient und in der griechischen Antike" ist das Ergebnis eines gleichnamigen Workshops, der am 11. und 12. März 2016 an der Johannes Gutenberg-Universität Mainz ausgerichtet wurde. Der Workshop wurde auf Initiative von fünf Promovierenden aus der Altorientalistik, der Klassischen Archäologie und der Klassischen Philologie organisiert, die sich im Rahmen des in Mainz angesiedelten Graduiertenkollegs 1876 „Frühe Konzepte von Mensch und Natur" vor allem mit dem Bereich der ‚Natur' beschäftigt haben. Die Frage, welche Naturkonzepte in den einzelnen von den Organisatorinnen und Organisatoren untersuchten Kulturen greifbar sind und wie sich antike Vorstellungen zu den modernen verhalten, war der Ausgangspunkt des Workshops.

Selbstverständlich kann ein solches Projekt nicht alleine zu einem positiven Abschluss gebracht werden. An dieser Stelle sei daher allen gedankt, die zum Gelingen des Workshops wie dieses Buches beigetragen haben. In erster Linie gilt unser Dank allen Referentinnen und Referenten des Workshops sowohl für die interessanten Vorträge als auch für die schriftliche Ausarbeitung ihrer Ergebnisse für diesen Band. Gedankt sei auch allen Mitdiskutierenden aus Mainz und von außerhalb, die oftmals wichtige Impulse in der Debatte setzen konnten.

Unser Dank gilt darüber hinaus dem Graduiertenkolleg 1876 „Frühe Konzepte von Mensch und Natur". Die großzügige und unkomplizierte finanzielle und ideelle Förderung haben dieses Projekt erst ermöglicht. Gedankt sei hier vor allem der Koordinatorin Dr. Silke Bechler für Ihre Unterstützung bei der Organisation, den Hilfskräften Isabel Steinhardt und Rebekka Papst für ihre tatkräftige Hilfe an den Tagen des Workshops sowie der Sprecherin des Graduiertenkollegs Prof. Dr. Tanja Pommerening und ihrem Stellvertreter Prof. Dr. Jochen Althoff. Beide haben das Projekt von Anfang an tatkräftig befürwortet und unterstützt. Frau Prof. Pommerening sei zudem für ihr Geleitwort zu diesem Sammelband gedankt. Herzlichen Dank auch an Herrn Johannes Berrens für seine Hilfe bei der Korrektur der englischen Abstracts.

Mainz, im September 2017

Florian Schimpf   Dominik Berrens   Katharina Hillenbrand   Tim Brandes   Carrie Schidlo

‚Natur' nach modernem und antikem Verständnis[1]

Tim Brandes und Katharina Hillenbrand

Mainz

Abstract

This paper aims to introduce readers to the topic of these proceedings: The German term ‚Natur' is being discussed and compared to ancient equivalents. In this context, a brief summary of the current state of research is given, which shows that not much attention has been paid to ancient depictions of 'nature'. Therefore, the articles within these proceedings are considered to be contributions to this field as they focus on ancient depictions of 'nature' from the Ancient Near East to Hellenistic Greece, and from an archaeological as well as philological perspective. The content of the individual contributions is briefly summarized in this paper, and in the end, major tendencies in depictions of 'nature' are highlighted.

Fragt man nach ‚Schilderungen und Darstellungen von Natur' im Alten Orient und im antiken Griechenland, so gilt es zuallererst zu bestimmen, welches Verständnis von ‚Natur' der Diskussion zugrunde gelegt wird.

Arbeitsgrundlage des ausgerichteten Workshops war eine Definition als „Raum, der vom Menschen weitgehend unabhängig und scheinbar unberührt ist und sowohl belebte, also z. B. Pflanzen und Tiere, als auch unbelebte Elemente, wie Felsen oder Gewässer, umfasst."[2] Ausgangspunkt der Überlegungen war folglich ein moderner Natur-Begriff, der unter dem Schlagwort der ‚geogenen Natur' subsumiert wurde. Dieser geht von einigen Prämissen aus, die es sich zunächst bewusst zu machen gilt.

Die moderne Vorstellung von Natur basiert auf der starken Abgrenzung des Naturraumes vom menschlichen Bereich. So wird ‚Natur' im Kontrast zur menschlichen Lebenswelt als ‚unberührter' Raum empfunden, in dem der Mensch und seine Errungenschaften eigentlich nicht vorkommen. Dies hängt damit zusammen, dass Natur in der Moderne weniger teleologisch gedeutet wird, folglich nicht als Erscheinung, die von sich aus auf ein eigenes Ziel ausgerichtet ist. Vielmehr wird sie als ein unterworfener Gegenstand betrachtet, den der Mensch (technisch) beherrscht.[3]

---

[1] Griechische und lateinische Autoren werden in diesem Sammelband nach den Angaben im *Neuen Pauly* abgekürzt.
[2] Zitat der am Workshop durch Dominik Berrens vorgetragenen Definition.
[3] Vgl. Spaemann 2010, 23 f.

Dass diese Vorstellung jedoch an ihre Grenzen stößt, zeigt sich beispielsweise im falschen Umgang mit natürlichen Ressourcen: Durch diesen droht der Mensch langfristig betrachtet auch die eigene Lebensgrundlage zu zerstören.[4] Die daraus erwachsende Erkenntnis, dass Natur eben doch nicht völlig beherrschbar ist, führt meist nicht nur zu Forderungen nach einem schonenderen Umgang mit natürlichen Vorkommen, sondern insgesamt zum verstärkten Wunsch nach „einer neuen Symbiose"[5] mit der Natur. Es erwächst also das Bedürfnis nach einem neuen Gleichgewicht zwischen dem technisierten Menschen und der ihm unterworfenen Natur, in dem beide nicht länger bedroht sind.

Die Annahme einer Dichotomie beider Sphären erweist sich folglich als Trugschluss, aus ihr erklärt sich aber jene beinahe verklärte Vorstellung von einer unberührten Natur. Verklärt ist sie deshalb, als fast der gesamte moderne Naturraum aus kultivierten Wiesen und Wäldern besteht, folglich bereits ‚berührt' und in der heutigen Form nicht von sich aus entstanden ist. Der Begriff der ‚geogenen Natur' drückt diese Ambivalenz des modernen Naturverständnisses, das die eigentlich berührte Natur als unberührten Raum versteht, daher unserer Ansicht nach am ehesten aus.

Es ist zwar keineswegs unbekannt, dass antike Vorstellungen von Natur von modernen abweichen. Allerdings finden sich kaum Untersuchungen, die sich diesem Sachverhalt ausführlicher widmen.[6] Ziel des Workshops war es daher zu diskutieren, wie die nach unserem Verständnis ‚geogene Natur' in antiken Schilderungen und Darstellungen wiedergegeben und bewertet wird und wo sich Differenzen zu unserem Verständnis greifen lassen. Das besondere Augenmerk galt den Arten der Darstellung, den Zuweisungen von Akteuren an bestimmte Naturräume und -elemente, erkennbaren Dichotomien, den Funktionen von und potentiellen Termini für Natur sowie der Vergleichbarkeit möglicher Konzepte des Alten Orients und des antiken Griechenlands.

Das Interesse an einem Vergleich dieser beiden Kulturkreise wurde durch den fachlichen Austausch im Graduiertenkolleg 1876 *Frühe Konzepte von Mensch und Natur: Universalität, Spezifität, Tradierung* geweckt, begründet sich aber auch durch die generell erkennbare Nähe beider Kulturen zueinander: In mehreren Bereichen, etwa der Mythologie oder Astronomie, macht die Forschung auf Parallelen aufmerksam.[7] Daher ist es auch Gegenstand reicher Diskussion, ob

---
[4] Spaemann 2010, 33: „Erstmals kommt zum Bewusstsein, dass die Ressourcen der Natur hinsichtlich dessen, was die Lebensbedingungen der menschlichen Gattung ausmacht, endlich sind."
[5] Spaemann 2010, 33.
[6] Zum Forschungsstand siehe unten.
[7] Hinzuweisen ist etwa auf die Arbeit Dominic Bärschs zu Flutnarrativen, die im Graduiertenkolleg

diese Ähnlichkeiten durch Tradierung vom Alten Orient ins antike Griechenland gelangten oder ob sie eher zufällig in geographischer Nachbarschaft entstanden.[8]

Parallelen ließen sich durch den Austausch auch bezüglich der Naturvorstellungen beider Kulturkreise erkennen: Beide verfügen über keinen spezifischen Begriff für die nach moderner Vorstellung ‚geogene Natur' und unterscheiden sich nicht zuletzt deswegen grundlegend von unserem modernen Naturverständnis.

In diesem Sammelband sind die Ergebnisse des zu dieser Frage ausgerichteten Workshops festgehalten. Der Aufbau orientiert sich an demjenigen des Workshops: Es werden Beiträge aus der Archäologie und Philologie zu einem bestimmten Zeitabschnitt nebeneinander gestellt, wobei die jeweiligen Tandems chronologisch aufeinander folgen: beginnend beim Alten Orient über die griechischen Epochen der Archaik und der Klassik bis hin zum Hellenismus.[9]

Nachfolgend werden die Inhalte der einzelnen Beiträge in dieser Anordnung zusammengefasst und es wird ein kurzer Forschungsstand zum jeweiligen Kulturkreis referiert. Am Schluss sollen die wesentlichen Erkenntnisse in einem Fazit systematisiert werden.

Die ersten beiden Beiträge des vorliegenden Sammelbandes entstammen der Altorientalischen Philologie sowie der Vorderasiatischen Archäologie und lenken somit den Blick zunächst auf die Kulturen des Alten Orients, genauer gesagt auf diejenigen des antiken Zweistromlandes. In eben jenem Kulturraum wurde gegen Ende des 4. Jts. v. Chr. die Keilschrift entwickelt. Dieses vornehmlich auf Tontafeln verfasste Schriftsystem blieb für die folgenden 3000 Jahre in Gebrauch und gewährt der heutigen Forschung Einblicke in Geschichte, Kultur sowie Wert- und Weltvorstellungen jener Menschen. Auch das Thema des vorliegenden Sammelbandes hat in der altorientalistischen Forschung bereits Beachtung gefunden, wenn auch in vergleichsweise geringem Umfang. 1946 hat

---

1876 entsteht. Dominic Bärsch geht darin auch auf die Rezeption von Motiven der altorientalischen Flutsagen in der griechischen und römischen Literatur ein. Darüber hinaus ist ein weiterer im Rahmen einer Tagung des Graduiertenkollegs entstandener Sammelband mit dieser Thematik im Druck: Althoff, J., Berrens, D. und Pommerening, T. (Hrsg.) 2018. *Finding, Inheriting, or Borrowing? Construction and Transfer of Knowledge in Antiquity and the Middle Ages.* Bielefeld (= Mainzer Historische Kulturwissenschaften).

[8] Zu dieser Diskussion s. etwa Burkert 1992 und 2003 sowie West 1999 und 2007.

[9] In diesem Sammelband fehlt der philologische Beitrag zur Archaik von Hans Bernsdorff „Des Widerspenstigen Zähmung. Natur und Zivilisation in der Lyrik des Anakreon". Die im Vortrag referierten Erkenntnisse sind Teil seiner in Vorbereitung befindlichen Publikation *Anacreon of Teos, Testimonia and Fragments. Edited and translated with introduction and commentary.* Oxford University Press.

Thorkild Jacobsen in seinem umfangreichen Artikel *The Cosmos as a State* einen frühen Einblick in die Thematik geliefert. Jacobsen beschreibt darin den Blick der Menschen des Zweistromlandes auf die sie umgebende Natur und deren damit verbundenen Vorstellungen. Einige Jahrzehnte später hat sich auch A. Leo Oppenheim des Themas angenommen und ebenfalls einen umfassenden Artikel mit dem Titel *Man and Nature in Mesopotamian Civilisation* verfasst. Oppenheim gibt darin einen breiten Überblick über das Thema ‚Natur' im Alten Orient, wobei er v. a. das Verhältnis zwischen Mensch und Natur in Form einzelner Naturphänomene in den Blick nimmt. Oppenheim betrachtet die Thematik dabei sowohl aus philologischer als auch aus archäologische Perspektive. Manfred Schretter hat sich speziell mit der Schilderung von ‚Natur' in der sumerischen Sprache beschäftigt. Er zeigt dabei auf, dass es im Sumerischen kein Wort gab, das in seinen Bedeutungsnuancen mit dem modernen Naturbegriff korreliert.[10] Einen aktuellen Einblick in die Thematik gibt das Werk *Before Nature. Cuneiform Knowledge and the History of Science* von Francesca Rochberg. Rochberg betont darin, dass die mesopotamischen Gelehrten zwar sehr wohl ein Interesse an den Phänomenen hatten, die wir im vorliegenden Band unter dem Stichwort ‚geogene Natur' zusammengefasst haben, dass aber die moderne Vorstellung von ‚Natur' nicht ohne Weiteres auf den Alten Orient übertragen werden kann:

> The basic discontinuity, I would argue, is in the fact that no equivalent of the idea of nature as the essential makeup of things, or as a universal material realm of being operating in accordance with its own eternal laws, or of everything that does not belong to the sphere of human culture, can be offered by way of a translation in cuneiform sources. [...] The universe was considered in its parts, various "heavens", earth, underworld, and the subterranean Abzu, as domains of gods or of places for visible phenomena. Phenomena were considered in terms of what was regular and irregular, and periods for the celestial phenomena were constructed around a sense of the ideal as well as of consideration of observational experience.[11]

Darüber hinaus geht Rochberg auch immer wieder auf die allgemeine Forschungs- und Ideengeschichte zum Thema ‚Natur' ein.[12] Aus der bisherigen Forschung wird also ersichtlich, dass im Alten Orient Konzepte von ‚geogener Natur' existierten, dass diese aber nicht mit dem modernen Verständnis von ‚Natur' gleichgesetzt werden können.

Der erste Beitrag unseres Bandes *Naturkonzepte im Alten Orient* von Claus Ambos nimmt die Textquellen Mesopotamiens in den Blick. Die aus der Perspektive

---

[10] Schretter 1989, 1–18.
[11] Rochberg 2016, 283.
[12] Siehe dort v. a. die Einleitung und Kapitel 1, 17–37.

der sesshaften Stadtbevölkerung verfassten Schriftquellen geben dabei eine mitunter ambivalent wirkende Sicht auf Naturräume preis und vermitteln das Bild einer relativ stark ausgeprägten Dichotomie zwischen Kultur und Natur, wobei Zivilisation weniger an Sprache und Herkunft, sondern vielmehr an der Lebensweise der Menschen festgemacht wurde.[13] Auf der einen Seite waren die Mesopotamien umgebenden Gebirge und die Steppe gefährliche und wilde Räume, die gleichsam von unzivilisierten Menschen und Dämonen bevölkert waren. Auf der anderen Seite waren diese Gebiete aber auch von ökonomischer Bedeutung: So stellten die Gebirge für die Menschen Mesopotamiens eine wertvolle Rohstoffquelle dar, während die Steppe als Weideland für die Herden und als Jagdgebiet diente.

Die ambivalente Sicht auf die ‚Natur‘, einerseits als Ort ökonomischen Potentials, andererseits als Ursprung bedrohlicher Kräfte, wird auch in den Bildquellen des Alten Orients thematisiert. Diese werden im zweiten Beitrag *Natur- und Vegetationsdarstellungen im Alten Orient* von Alexander Pruß näher beleuchtet. So waren bspw. Tierfiguren und -abbildungen in vielen altorientalischen Epochen ein häufig verwendetes Motiv, wobei der Fokus eindeutig auf domestizierten Tieren lag. Eine Ausnahme davon bildeten die Darstellungen des Löwen, der in der Glyptik oft als Bedrohung für die Herdentiere stilisiert wurde, die es abzuwehren galt (‚Tierkampfszene‘). Pflanzen tauchten im Kontrast dazu zunächst nur vereinzelt als Nebendarstellung auf, die bspw. den Ort einer Jagd kennzeichnen, oder auch als geographische Marker dienen konnten.

Pruß legt zudem dar, dass ‚Natur‘ noch in einem weiteren Erfahrungshorizont der altorientalischen Menschen eine Rolle spielte: Neben den jagdlichen und pastoralen Sujets erscheint sie auch im Kontext von Kampfhandlungen, durch die Darstellung der Schlachtfelder. Ihren Höhepunkt erreichten die Landschaftsdarstellungen des Alten Orients auf den Reliefs der neuassyrischen Zeit. Dies ging zudem mit Abbildungen von Park- und Gartenanlagen einher, die sich auch in der späteren achaemenidischen Zeit noch finden lassen.

Aber kann die Darstellung von Landschaften und Gärten als Hinweis auf eine irgendwie positiv konnotierte Naturvorstellung angesehen werden, gar vergleichbar mit einem *locus amoenus*? Am Beispiel der literarischen Figur des Enkidu, dem Gefährten des Gilgameš, und dem Mythos *Die Heirat des Mardu*, eines Gottes der nomadischen Amurriter, verdeutlicht Claus Ambos, dass ein Leben in der Natur in den Augen der mesopotamischen Schreiber nichts Erstrebenswertes war. Im Gegenteil, die Natur war der Lebensraum von Tieren, Nomaden und Räubern. Es waren Lebensarten, die jeglicher Kulturtechnik

---

[13] Oppenheim 1978, 637.

entbehrten, die aber, wie Enkidu und Mardu zeigen, auch überwunden werden konnten, indem man sich in die städtische Kultur einfügte.

Auch wenn also ein Wort für ‚Natur' im Alten Orient fehlte und die Menschen einen oftmals negativen Blick auf die Gegenden jenseits ihrer Siedlungsgebiete pflegten, kann den Menschen des antiken Mesopotamiens doch keineswegs ein Desinteresse an dem attestiert werden, was wir gemäß der hier zugrundeliegenden Definition als ‚geogene Natur' verstehen. Als Fazit für die Naturvorstellungen des Alten Orients mögen an dieser Stelle die Ausführungen Francesca Rochbergs dienen:

> Entities of the external world were of interest, for example, to diviners, and to medical practitioners, who knew about the efficacy of plants used in administering the sick by mouth, aromatic woods for his or her fumigation, and stones used in making amulets to aid in conjuring evil spirits viewed as responsible for disease. As well, lists and descriptions of objects in the physical environment are attested in extensive bilingual Sumerian and Akkadian lexical lists of the writings of words for trees, birds, domestic and wild animals [...], or, indeed, in the simile-filled descriptions of landscape and terrain traversed by the Assyrian army as well as the flora and fauna encountered and described in the highly literary accounts of Neo-Assyrian annals. All of these texts are evidence of the interest in, awareness of, and observance of all kinds of things that exist in the topographies of heaven and earth.[14]

Bezüglich der Naturvorstellungen in der griechischen Antike hingegen lässt sich konstatieren, dass diese Thematik in der altphilologischen Forschung seit den 70er Jahren vermehrt in den Fokus rückt.[15] Dies zeigt sich etwa an der Untersuchung Winfried Elligers zur *Darstellung der Landschaft in der griechischen Dichtung*, die der Fragestellung unseres Sammelbandes aufgrund der Nähe der Begriffe ‚Landschaft' und ‚geogener Natur' bereits recht nahe kommt. Elliger weist nicht nur darauf hin, dass sich im Griechischen kein spezifischer Begriff

---

[14] Rochberg 2016, 19.
[15] So gibt es in der etwas älteren *Paulys Realencyclopädie der classischen Altertumswissenschaft* kein Lemma *Natur*, sondern nur das Lemma *Naturgefühl* (Bernert 1935), in dem eher das Empfinden schöner und unschöner Natur als die Art der Darstellung von Naturelementen thematisiert wird. Im jüngeren *Neuen Pauly* findet sich hingegen das Lemma *Umwelt, Umweltverhalten* (Weeber 2002), in dem auf das steigende Interesse an Umweltvorstellungen der Antike in den 70er Jahren des vergangenen Jahrhunderts hingewiesen wird (ebd., sp. 994). Zur philosophischen Bestimmung des antiken Naturbegriffs siehe Heinemann 2001; Forschungsüberblicke finden sich bei Elliger 1975, 10–17; Thüry 1993, 561 f.; Weeber 2002, sp. 1000 und Thommen 2009, 154 f.; s. auch Ambühl in diesem Sammelband.

für ‚Landschaft' findet,[16] sondern macht eine ähnliche Tendenz auch für die Darstellungen von Landschaft aus:

> [...] es erstaunt die Gleichgültigkeit, mit der sie [sc. die griechischen Dichter] die Umwelt, soweit sie durch landschaftliche Faktoren bestimmt war, behandelt haben. Auch in der bildenden Kunst ist es grundsätzlich nicht anders. [...] Wenn die landschaftliche Umgebung überhaupt dargestellt wurde, dann in Form einer Abbreviatur, etwa als vereinzelter Baum oder Berg, also ohne räumlichen, kontrollierbaren Zusammenhang.[17]

Elliger schließt aus diesen Beobachtungen auf eine geringere Distanz der damaligen Griechen zur Natur.[18] Marta Scarrone wird in ihrem Beitrag hingegen aus archäologischer Sicht argumentieren, dass dieser Eindruck eher aus der noch nicht erfolgten Entwicklung perspektivischer Darstellungstechniken resultiere.

In Ergänzung zu den Beobachtungen Elligers lässt sich konstatieren, dass auch für den Begriff ‚Natur' im Sinne einer ‚geogenen Natur' kein griechisches Äquivalent erkennbar ist. Der oft mit ‚Natur' übersetzte Begriff φύσις/*physis* bezeichnet eher einen Zustand, der aus einer bestimmten Grundvoraussetzung heraus erwachsen ist.[19] In der frühesten Belegstelle bei Homer meint er zwar noch die „gewachsene" Gestalt eines Naturelements, in diesem Falle einer Pflanze, verwies ursprünglich also womöglich auf Voraussetzungen, die speziell innerhalb der ‚geogenen Natur' bestanden.[20] Mit dem Aufkommen der Poliskultur und besonders deutlich dann bei Aristoteles zeigt der Begriff *physis* aber keinen direkten Zusammenhang mehr zu ‚geogener Natur', sondern meint die ‚natürliche Voraussetzung' menschlichen wie auch sonstigen Seins.[21] Ein ‚geogener Naturraum' wird daher durch den Begriff *physis* nicht bezeichnet, sondern nur die Voraussetzungen, die *physeis*, aus denen einzelne Naturelemente

---

[16] Vgl. Elliger 1975, 1.
[17] Elliger 1975, 1.
[18] Vgl. Elliger 1975, 6.
[19] Vgl. Liddell – Scott – Jones 1968 s. v. φύσις A II: „*the natural form* or *constitution* of a person or thing *as the result of growth*" sowie ebd., III: „*the regular order of nature*". Vgl. auch Weeber 2002, sp. 994: „Als φύσις/*physis* bzw. *natura* wird bezeichnet, was ohne Zutun des Menschen »wächst« und »entsteht«."
[20] Vgl. Hom. Od. 10, 302–303 (ὣς ἄρα φωνήσας πόρε φάρμακον ἀργεϊφόντης / ἐκ γαίης ἐρύσας, καί μοι φύσιν αὐτοῦ ἔδειξε). Wir danken Jochen Althoff für diesen Hinweis.
[21] Vgl. Elliger 1975, 6 zur Bedeutung der Poliskultur sowie Spaemann 2010, 22 zum antiken Naturbegriff nach Aristoteles: „Dieses [sc. von menschlicher Praxis nicht gesetzte] Seiende ist im Verhältnis zum menschlichen Lebenszusammenhang nicht einfach das gleichgültig andere, lediglich als Kontrast Herangezogene, sondern es ist die in ihm stets vorausgesetzte Bedingung seiner Möglichkeit."

erwachsen. Ein griechischer Begriff für den ‚geogenen Naturraum' existiert folglich nicht.

Erkenntnisse darüber, wie ‚geogene Natur' dargestellt wurde, finden sich in der modernen Forschung meist in Werken mit Überblickscharakter. Lukas Thommen bietet beispielsweise als wohl jüngster Beitrag zu dieser Frage in seiner *Umweltgeschichte der Antike* keine detaillierte Untersuchung, sondern referiert eher eine *communis opinio*, die sich ähnlich auch in anderen Beiträgen findet. Er geht davon aus, dass einzelne Naturelemente wie (von Nymphen bewohnte) „Wälder[n], Quellen und Wiesen"[22] meist positiv, „dunkle Wälder, reißende Gewässer, wogende Meere und wilde Tiere"[23] hingegen meist negativ dargestellt würden. Dementsprechend finde sich bei den Griechen „einerseits ein Inferioritätsgefühl, das von der Dominanz der Umwelt über den Menschen ausgeht, andererseits ein Superioritätsgefühl, das die Überlegenheit des Menschen über die Natur voraussetzt".[24]

Ähnliches findet sich bei Günther Emerich Thüry, der auf diesen Sachverhalt näher eingeht.[25] Auch Thüry geht davon aus, dass der für unser modernes Verständnis prägende „urtümlich-wilde Zustand der Natur"[26] weniger positiv empfunden wurde als die vom Menschen kultivierte Natur:[27] Wilde, ungezähmte Natur galt vielmehr als furchteinflößend,[28] da sie numinoser Wirkort der Götter war, die sich in einzelnen Erscheinungen oder Elementen manifestierten: „Hinter dem Schrecken der wilden Natur stand daher die Furcht, wie die Götter dem Menschen begegnen mochten [...]".[29] Diese Vorstellung sei auch der größte Unterschied zum modernen Naturverständnis.

Allgemeine Tendenzen in Schilderungen und Darstellungen von Natur sind folglich von der Forschung bereits erarbeitet. Systematische Untersuchungen der literarischen Repräsentation ‚geogener Natur' lassen sich bisher nur bei Elliger erkennen, der im Gegensatz zu uns den Landschafts-Begriff verwendet. Die Beiträge im vorliegenden Sammelband sind daher ein Versuch, den Blick

---

[22] Thommen 2009, 30.
[23] Thommen 2009, 30.
[24] Thommen 2009, 32.
[25] Thüry 1993, 557 f. Zu den allgemein gehaltenen Beispielen siehe ebd., 556 f. Thommen 2009, 32–34 geht verstärkt auf die Beherrschung von Natur durch den Menschen ein sowie ebenda, 30 f. auf die furchteinflößenden Elemente der Natur, denen durch Riten begegnet wurde.
[26] Thüry 1993, 557.
[27] Thüry 1993, 557 f.: „[...] eine[r] Landschaft, die vom Menschen bewohnt oder geformt wurde."
[28] Thüry 1993, 558: „[...] Wälder, reißende Gewässer und Sümpfe, unwegsame, hohe Gebirge oder die rauhe See".
[29] Thüry 1993, 558.

stärker auf die literarischen und bildlichen Umsetzungen dessen, was nach unserem Verständnis ‚geogene Natur' ist, zu lenken.

Die Naturvorstellungen der griechischen Antike rücken dann mit dem Beitrag *Über Naturphänomene in der archaisch-griechischen Flächenkunst* von Ursula Mandel in den Fokus des vorliegenden Bandes. In diesem zeichnet Mandel die Entwicklung der archaisch-griechischen Vasenmalerei hinsichtlich der Darstellung von Natur und Naturphänomenen nach, wobei sie auch den Beitrag der vorarchaischen Vasenmalerei diskutiert und so einen Bogen von den griechischen zu den zuvor betrachteten altorientalischen Naturdarstellungen schlägt.

So kommen in der geometrischen Epoche (ca. 900–700 v. Chr.) nicht nur Darstellungen von menschlichen und tierischen Figuren, sondern auch erste, abstrakt-ornamentale Chiffren für Vegetation (u. a. in Form „gittergefüllter Dreiecke") auf. Mit der Adaption und der Variation orientalischer Schemata am Ende der geometrischen Epoche, vor allem dem Einsatz kurviger Linien und flächiger Rundungen, gewinnen diese vegetabilen Bildzeichen zunehmend an Dynamik und die untere Grundlinie an Gestalt. Doch nicht nur die untere Bildbegrenzungslinie wird mit floralen (und tierischen) Elementen konkretisiert und als Erdboden erlebbar, auch ihr Pendant am oberen Bildrand wird zusehends thematisiert und schließlich mithilfe hängender Ornamente materialisiert.

In der früharchaischen Vasenmalerei werden die Naturdarstellungen in Frieszonen organisiert, Tier- und Pflanzenwelt dadurch voneinander geschieden. Tiere erscheinen nun oft in konfliktträchtigen Situationen, z. B. einem Jäger-Beute-Verhältnis, die Mandel als „Metapher für soziale Konstellationen der Menschengesellschaft"[30] deutet – in diesem Zusammenhang weist sie u. a. auf das Motiv des weiblich konnotierten Wasservogels hin, der durch zwei Sphingen flankiert und so von Raubtieren abgeschirmt wird. Deskriptiv verwendet werden Naturelemente als Bildzeichen erst im spätarchaischen Athen, um emotional aufgelandene Szenen von Intimität und Einsamkeit zu erzeugen.

Marta Scarrone beschäftigt sich in dem darauffolgenden Beitrag *Naturdarstellungen in der griechischen Vasenmalerei klassischer Zeit. Ein Beitrag zu Natur und Raum* ebenfalls mit der griechischen Flächenkunst. Ausgangspunkt ihrer Überlegungen ist die bereits erwähnte, in der Forschung geläufige Ansicht, dass die Griechen zwar durchaus einzelne Naturelemente abgebildet, an den Themen Natur und Landschaft aber insgesamt wenig Interesse gezeigt hätten.[31]

---

[30] s. den Beitrag von Ursula Mandel in diesem Band.
[31] Vgl. S. 10 f.

Scarrone konstatiert in ihrem Beitrag, dass der Schwerpunkt der Vasenmalerei zwar tatsächlich auf der Abbildung des Menschen lag, dies aber keineswegs als Desinteresse an Natur und Landschaft zu werten sei. Die Wiedergabe natürlicher Elemente wie Pflanzen, Felsen, etc. erfüllte demnach verschiedene Funktionen: So konnten diese u. a. topographische Merkmale anzeigen oder eine natürliche Umwelt suggerieren, die der Handlung als Hintergrund diente. Scarrone spricht sich dafür aus, dass es sich bei diesen Darstellungen auch um konkrete landschaftliche Bezüge gehandelt haben könnte. Auch die Darstellungstechniken und deren Wirkung auf die Naturdarstellungen werden in diesem Kontext in den Blick genommen, so bspw. die in der Klassik aufkommende Beachtung der Tiefenräumlichkeit und der Regeln der Optik.

Diese Tendenz hin zu einer vielfältigeren, variableren und komplexeren Naturdarstellung zeichnet sich auch in der Literatur ab. So betrachtet Dominik Berrens in seinem Artikel *Naturdarstellungen im attischen Drama* Naturkonzepte, die anhand mutmaßlicher Naturelemente im Bühnenhintergrund sowie skizzierten Landschaftsbildern in den Sprechpartien, kurzum dem ‚Handlungsraum' des attischen Dramas, als ‚verbale Bühnenmalerei' erkennbar werden. Da dieser skizzierte Naturraum, bedingt durch die Textgattung, nie unberührt, sondern als Handlungsraum des Menschen gedacht sei, ist er von Kulturvorstellungen geformt. Anhand vierer ausgewählter Dramen, des *Philoktets*, des *Oidipus auf Kolonos*, der *Vögel* und des *Cyclops*, zeigt Berrens, wie bestimmte Landschaftselemente in Beziehung zu handelnden Personen gesetzt werden.

In allen Fällen wird deutlich ein Spiel mit der Dichotomie aus zivilisiertem, menschlichem Raum und unzivilisierter, wilder Natur erkennbar, die bis zu einem gewissen Grad ineinander übergehen können. Natur wird dabei oft symbolisch durch bestimmte Elemente wie Felsen, Gebirge oder die durch Wasser von der Zivilisation abgeschnittene Insel angedeutet.

Der Mensch nähert sich in der Natur erkennbar einem unzivilisierten Zustand an, nimmt aber auch gewisse Überformungen an ihr vor. Beide Seiten assimilieren sich folglich zu einem gewissen Grad, was nach Berrens darauf hinweist, dass die starre Grenze von Natur und Kultur verwischen kann, ohne dass dabei eine Bewertung vorgenommen würde.

Eine ähnliche Interdependenz zwischen Natur und Kultur lässt sich auch dem Beitrag von Florian Schimpf *Raumschemata griechischer Naturheiligtümer. Separierte Naturmale und die additive Sakralisierung natürlicher Elemente* entnehmen. Die ‚Naturheiligtümer', die er untersucht, stellen sich als natürliche Gepräge am Stadtrand dar, in denen sich die Bereiche des Draußen und Drinnen durchdringen. Dabei zeigt Schimpf, dass noch in der Archaik bevorzugt einzelne Naturelemente und -formationen jenseits des Siedlungsgebietes ‚kultkonstituierend' wirkten und sakralisiert wurden. Hierzu zählten besonders Wasserstellen, Felsen und Felsformationen sowie Höhlen und Schluchten, denen ein hohes ‚Epiphaniepotential' zukam. Zur Klassik hin lasse sich hingegen eine ‚additive Sakralisierung' mehrerer solcher Naturelemente und -formationen im stadtnahen Raum erkennen. Diverse, meist am Stadtrand gelegene Elemente wurden in sakralen Naturräumen zusammengefasst und fungierten dabei nicht nur als bloße Kulissen, sondern ihr sakrales Potential wurde kultstiftend genutzt.

Diese von Schimpf erarbeitete Tendenz ähnelt Berrens' Beobachtungen zur Literatur dieser Zeit: Geogene und zivilisierte Räume können an Grenzbereichen oder Übergangszonen verschwimmen und so die beiden eigentlich distinkten Sphären ineinander übergehen.

Im Hellenismus schließlich treten weitere Deutungsmuster von Natur hinzu, wie Annemarie Ambühl in ihrem Aufsatz *Zwischen ‚Wissenschaft' und Fiktion - Menschen, Götter und Heroen in Naturlandschaften der hellenistischen Dichtung* zeigt. Dabei stellt sie heraus, dass weniger das Konzept der schönen Natur in antiken Darstellungen dominiert, sondern vielmehr die Dichotomie zwischen (wilder) Natur und Kultur. Auch im Hellenismus sei Natur kaum als eigenständiger Raum zu finden, sondern werde meist im Kontext menschlicher oder göttlicher Handlungen beschrieben. Am Beispiel der *Eidyllia* Theokrits, der *Hymnoi* des Kallimachos und der *Argonautika* des Apollonios von Rhodos zeigt Ambühl die Einbindung weiterer Wissensebenen in die Darstellung von Natur auf: Es finde sich die metapoetische Bedeutung von Natur, die Einbindung naturkundlichen Wissens in ihre Darstellungen sowie psychologischer Wirkungen von Natur auf den Menschen.

Wie sich Ambühls Ausführungen entnehmen lässt, wird ‚geogene Natur' in der Literatur des Hellenismus vielfältiger bewertet und häufiger mit menschlichen (Wissens-)Bereichen in Beziehung gesetzt. Ihre Wirkung kann positiv wie negativ sein, deutlich werden aber zumeist Situationen des Menschen von der ihn umgebenden Natur gespiegelt.

Die Polyvalenz an Wirkungen und Erklärungen von Naturraum zeigt auch Sabine Neumanns Beitrag *Öffentliches Grün in griechischen Städten* auf, der sich mit den verschiedenen Arten und Funktionen öffentlicher Grünflächen im Hellenismus befasst. Diese konnten etwa als Heiligtümer oder sakrale Gärten für bestimmte Gottheiten genutzt werden, aber auch als nicht sakrale öffentliche Anlagen entlang der Stadtmauer, die etwa dem Nahrungsanbau dienten; weiterhin als

Anlagen für Gymnasia, die meist in der Nähe von Wasserläufen lagen, sowie als ästhetische Gärten, die sich besonders in Alexandria, anderen hellenistischen Palästen sowie in privaten Peristylhöfen finden.

Mit der verstärkten architektonischen Einbindung von Naturelementen konnte Neumann eine Abnahme öffentlicher Freiflächen beobachten. Die Naturnachahmung im Hellenismus lasse nach Neumann zudem eine ästhetische Wahrnehmung von und gleichzeitig eine gewisse Distanz zur Natur erkennen.

Ähnlich den Beobachtungen Ambühls zur Literatur, weist Neumanns Beitrag darauf hin, dass Natur verstärkt an ästhetischem Wert gewinnt und folglich an menschliche Emotionen wie Wohlgefallen gebunden wurde.

Als Fazit lässt sich festhalten, dass sich vor allem in der Archaik eine strengere Dichotomie zwischen unzivilisierter, wilder Natur und zivilisiertem, menschlichen Raum erkennen lässt, die den Vorstellungen des Alten Orients sehr nahekommt. Wie sich aber besonders an der Figur des Enkidu und am Mardu-Mythos zeigte, konnten bereits im Alten Orient diese scheinbar strikten Grenzen durch Assimilation überwunden werden. Ein solcher Übergang beider Sphären ließ sich im antiken Griechenland ab der klassischen Zeit feststellen: Assimilation ermöglichte es, Zivilisation und Natur stärker miteinander zu verknüpfen.

Während Natur in archaischen Darstellungen oft noch typenhaft wirkt, rückt sie spätestens in klassischer Zeit näher an den menschlichen Bereich. Naturelemente werden Symbole für die jeweils illustrierte Handlung und daher auch weniger austauschbar. Sie können zunehmend mit der menschlichen Sphäre verschwimmen und werden letztlich persönlicher. Dies verfestigt sich im Hellenismus in einer verstärkten Interdependenz beider Sphären, die schließlich dazu führt, dass menschliche Situationen über die Beschreibung von Natur gespiegelt werden oder aber, dass schöne Natur den Menschen beglücken kann.

Natur ist folglich in der Archaik zunächst für (menschliche) Handlungsvollzüge nicht von großer Bedeutung, dringt ab der Klassik allmählich und im Hellenismus deutlich in die jeweils abgebildete oder dargestellte (menschliche) Handlung ein und wird zunehmend mit menschlichen Emotionen in Verbindung gebracht.

Bibliographie

Bernert, E. 1935. Naturgefühl. In *Paulys Real-Encyclopädie der classischen Altertumswissenschaft 16, 2*: sp. 1811–1863. Stuttgart.

Burkert, W. 1992. *The Orientalizing Revolution. Near Eastern Influence on Greek Culture in the Early Archaic Age*. Cambridge/London.

Burkert, W. 2003. *Die Griechen und der Orient: von Homer bis zu den Magiern*. München.

Elliger, W. 1975. *Die Darstellung der Landschaft in der griechischen Dichtung*. Berlin/New York.

Heinemann, G. 2001. *Philosophische Grundlegung: Der Naturbegriff und die "Natur"*. Trier (= Studien zum griechischen Naturbegriff 1 = Arbeitskreis Antike Naturwissenschaften und ihre Rezeption-Einzelschriften 2).

Jacobsen, T. 1946. The Cosmos as a State. In H. und H. A. Frankfort et al. (Hrsg.), *The Intellectual Adventure of Ancient Man. An Essay on Speculative Thought in the Ancient Near East*: 125–184. Chicago.

Liddell, H. G., Scott, R. und Jones, H. S. (LSJ) ^{9}1996. *A Greek-English Lexicon*. Oxford.

Oppenheim, A. L. 1978. Man and Nature in Mesopotamian Civilisation. In C. C. Gillispie (Hrsg.), *Dictionary of Scientific Biography 15*: 634–666. New York.

Rochberg, F. 2016. *Before Nature. Cuneiform Knowledge and the History of Science*. Chicago.

Schretter, M. 1989. Einige Bemerkungen zu ‚Natur' im Spiegel des sumerischen Wortschatzes. In B. Scholz (Hrsg.), *Der orientalische Mensch und seine Beziehungen zur Umwelt*: 1–18. Graz (= Grazer Morgenländische Studien 2).

Spaemann, R. 2010. Natur. Zur Geschichte eines philosophischen Grundbegriffs. In H.-G. Nissing (Hrsg.), *Natur. Ein philosophischer Grundbegriff*: 21–34. Darmstadt.

Thommen, L. 2009. *Umweltgeschichte der Antike*. München.

Thüry, G. E. 1993. Natur/Umwelt. Antike. In P. Dinzelbacher (Hrsg.), *Europäische Mentalitätsgeschichte. Hauptthemen in Einzeldarstellungen*: 556–562. Stuttgart.

Weeber, K.-W. 2002. Umwelt, Umweltverhalten. In Der Neue Pauly. *Enzyklopädie der Antike. Altertum 12, 1*: sp. 994–1000. Stuttgart/Weimar.

West, M. L. 1999. *The East Face of Helicon: West Asiatic Elements in Greek Poetry and Myth*. Oxford.

West, M. L. 2007. *Indo-European Poetry and Myth*. Oxford.

Naturkonzepte im Alten Orient

Claus Ambos

Würzburg

Abstract

This article deals with concepts of 'nature' in the Ancient Near East. In Ancient Near Eastern languages, there was no specific word to designate 'nature', however, the concept of space untouched by human civilization did exist. In fact, a strong opposition between 'civilization' and 'untouched nature' is explicitly mentioned in many cuneiform texts, reflecting a distinctively Mesopotamian point of view. The irrigated agricultural landscape along the Euphrates and Tigris Rivers, where the sedentary city-dwellers lived, was the area of civilization. Steppe, desert and mountains were considered by them to be wild and barbarous, inhabited by nomadic and thus brute and uncivilized humans, as well as by demonical enemies of the world order created by the gods. These regions were, however, also recognized as places where important resources and minerals were found. It should be noted that all our pertinent sources stem from the perspective of city-dwellers, and are thus extremely biased.

In diesem Artikel möchte ich einige grundlegende Elemente von Naturkonzepten im Alten Orient vorstellen.[1] Der Aufsatz beruht auf einem Vortrag, der auf dem Workshop „Naturvorstellungen im Altertum: Schilderungen und Darstellungen von Natur im Alten Orient und in der griechischen Antike" in Mainz im März 2016 gehalten wurde. Die Veranstalter des Workshops hatten dabei den Schlüsselbegriff ‚Natur' folgendermaßen definiert: „‚Natur' möchten wir an dieser Stelle im Sinne eines vom Menschen weitgehend unabhängigen, scheinbar unberührten Raumes verstehen". Ein konkretes Wort, das wir mit ‚Natur' übersetzen könnten, existierte in den Sprachen des Alten Orients allerdings nicht. Das Konzept eines von menschlicher Zivilisation unberührten Raumes existierte jedoch sehr wohl. Der Gegensatz ‚Zivilisation' – ‚unberührte Natur' wird in den Keilschrifttexten nicht nur konstatiert, sondern auch mit einer deutlichen Wertung verbunden.

Dieser Gegensatz ‚Zivilisation' – ‚Natur' ist einerseits in einem geographischen Sinne zu verstehen: Es gab einen von Menschen geprägten Raum, also Städte und Siedlungen und landwirtschaftlich genutzte Gebiete. Aus diesem Raum stammen auch die uns vorliegenden Textquellen, die natürlich die Sicht der dort lebenden Menschen ausdrücken. Den Aussagen dieser Texte zufolge war allein die Welt der sesshaften Stadtbewohner diejenige der Kultur und Zivilisation. Jenseits davon lagen unberührte Naturräume, die in den Augen der Stadtbewohner wild und unheimlich waren. Auch die Menschen, die dort

---

[1] Ich danke Dr. Michael Brown für die Lektüre und Korrektur der englischen Zusammenfassung.

lebten, galten als unzivilisierte Wilde, die eine Lebensweise wie die von Tieren hatten, weil sie als Wildbeuter oder Nomaden umherzogen.[2]

Andererseits muss der Gegensatz ‚Zivilisation' – ‚Natur' auch in einem chronologischen Sinne verstanden werden: Gemäß dem mesopotamischen Weltbild hatte die Menschheit an sich ursprünglich, zu Beginn der Zeit, in einem ‚Naturzustand' bar jeder Kultur gelebt, so wie die Tiere. Erst ein Zivilisationsprozess hatte zu einer Weiterentwicklung der Menschen – zumindest in Mesopotamien – geführt und erst damit bildete sich letztlich der Gegensatz zwischen menschlicher ‚Zivilisation' und ‚Natur' heraus. In diesem Aufsatz möchte ich nicht nur unberührte Naturräume besprechen, sondern auch auf den Menschen im ‚Naturzustand', ohne Kultur und Zivilisation, eingehen.

Die Welt, sowohl ihr von menschlichem Wirken geprägter Teil als auch die in einem Naturzustand verbliebenen Gebiete, existierte keineswegs um ihrer selbst willen.

Der Kosmos war von den Göttern zu Beginn der Zeit als ein kunstvoller Mechanismus erschaffen worden. Die Götter hatten den Sternenhimmel erschaffen und die Bahn der Himmelskörper festgelegt. Die Götter hatten auch die Erde mit ihren Naturräumen, wie etwa den Gebirgen, Meeren, Flüssen etc., und dann schließlich den Menschen erschaffen.

Die Erschaffung der Welt und des Menschen war allerdings kein Selbstzweck, sondern diente letzten Endes der Versorgung der Götter.[3] Ursprünglich hatten die Götter selbst sich in harter Arbeit ihren Lebensunterhalt sichern müssen. Durch die Erschaffung der Welt und des Menschen waren die Götter jedoch dieser Mühe entbunden. Sie weilten in Gestalt ihrer Kultbilder in ihren Tempeln auf der Erde und empfingen Hege und Pflege durch die Menschen. Die Menschen, angeführt von dem König versorgten die Götter mit Speisen und Getränken und hielten die Tempel instand. Der Lauf der Gestirne zeigte den Menschen den korrekten Ablauf des kultischen Kalenders an.[4] Die Naturräume lieferten Rohstoffe und Bodenschätze, die für die Ausstattung und Instandhaltung der Heiligtümer zur Verfügung standen; die in den verschiedenen Naturräumen lebenden Tiere und Pflanzen dienten als Opfergaben, also zur Ernährung der Götter.[5]

---

[2] Pongratz-Leisten 1994, 18 f.
[3] Ambos 2004, 51 f.
[4] Zu den kultischen Kalendern im Vorderen Orient siehe zusammenfassend Cohen 1993.
[5] Zur Erschaffung und Organisation des Universums durch die Götter siehe auch Lambert 2013, 169–201.

Mesopotamien ist die durch Euphrat und Tigris gebildete Schwemmlandebene. Im Süden, in Babylonien, ist Ackerbau nur durch künstliche Bewässerung entlang natürlicher oder künstlicher Wasserläufe möglich. Die Mesopotamier waren sich ihrer natürlichen Lebensgrundlagen wohl bewusst: Sowohl in literarischen Texten als auch in Texten aus der Alltagswelt werden Flüsse, Kanäle, Felder und Weiden ausdrücklich als Lebensgrundlage (*napištu*) des Landes bezeichnet.[6]

In den Augen der alten Mesopotamier waren Gebirge und Wasserläufe die natürlichen Grenzen der zivilisierten Welt. Das bewohnbare Kulturland längs der Ströme und Kanäle wurde im Osten durch das Zagrosgebirge und im Norden durch den Taurus begrenzt. Im Westen lag jenseits der Wasserläufe die Steppe. Das Gebirge und die Steppe jenseits des zivilisierten Kulturlandes längs der Wasserläufe galten als fremdartige und oft genug lebensfeindliche und unheimliche Naturräume, die als die Heimstatt von Dämonen und den Mächten des Chaos aufgefasst wurden. Allerdings hatten Gebirge und Steppe, wie oben bereits erwähnt, durchaus ihren Platz im göttlichen Schöpfungsplan: Das Gebirge genoss einen besseren Ruf als Herkunftsort von Bodenschätzen und Rohstoffen. Die Steppe wurde als Weideland für domestizierte Tiere und als Jagdgebiet wenn vielleicht auch nicht geschätzt, aber auf jeden Fall genutzt.

Auch für Ritual und Magie spielen Steppe und Gebirge eine wichtige Rolle. Reinigungsrituale, die einen Menschen von einer stets materiell gedachten Unreinheit befreien sollten, wurden oft jenseits des Kulturlandes in der Steppe durchgeführt. Es ist eine häufig bezeugte Ritualtechnik, dass man Böses und Unheil, das an einem Menschen haftete, dadurch von ihm trennte, indem man es Fluss und Gebirge überqueren ließ. In vielen Gebeten ist die Formel *lībir nāra libbalkit šadâ* - 'es (das Böse) möge den Fluss überqueren, es möge das Gebirge überschreiten" bezeugt.[7] Durch das Überschreiten von Fluss und Gebirge verließ die materiell aufgefasste Unreinheit die Welt der Zivilisation und war somit für die dort lebenden Menschen nicht mehr bedrohlich.

Ausführliche und durchaus poetische Schilderungen fremder Naturräume bieten uns Feldzugsberichte mesopotamischer Herrscher, die in weit entfernte Gebiete vordrangen. Ich zitiere im Folgenden ein Beispiel aus dem Bericht des assyrischen Königs Sargon II. (721–705 v. Chr.) über seinen 8. Feldzug, der ihn gegen das Gebirgsland Urartu, im heutigen Gebiet von Ostanatolien, Armenien und Nordwest-Iran, führte:[8]

---

[6] Waetzoldt 2003–2005.
[7] Mayer 1976, 268; Maul 1994, 91 f.; Ambos 2013, 48–52 und 296.
[8] Mayer 2013, 106 f. Z. 96–102.

96) *i-na* KUR.Ú-*a-uš* KUR-*i* GAL-*i ša it-ti ši-kín* IM.DIR *i-na qé-reb* AN-*e um-mu-da re-šá-a-šu*

97) *ša iš-tu* u₄-*um ṣa-a-ti* NUMUN *šik-nat* ZI-*tim a-šar-šu la e-ti-qu-ma a-lik u*[*r-ḫi l*]*a e-mu-ru du-rug-šú*

98) *ù iṣ-ṣur* AN-*e mu-up-par-šú ṣe-ru-uš la i-ba-aʾ-ú-ma a-na šu-uṣ-bu-ub kap-pi* TUR.MEŠ-[*šu la iq-nu*]-*n*[*u*] *qin-nam*

99) KUR-*ú zaq-ru ša ki-ma še-él-ti pat-re zaq-pu-ma ḫur-re na-at-bak* KUR.MEŠ-*e ru-qu-*[*ú-te ḫu-du-du*] *ṣur-ru-uš-šu*

100) *i-na um-še* GAL.MEŠ *ù dan-na-at* EN.TE.NA *ša qa-áš-tu šu-kud-du* ‹*i-na*› *še-rim li-lá-a-ti* [*ba-ru*]-*ú ni-pi-iḫ-šu-un*

101) *šal-gu ur-ru ù mu-šu ṣe-ru-uš-šú kit-mu-ru-ma gi-mir la-a-ni-šu lit-*[*bu-šu ḫal-pu-ú*] *ù šu-ri-pu*

102) *e-ti-iq i-te-e-šu i-na ši-biṭ im-ḫul-li zu-mur-šu i-šab-bi-ṭu i-na da-*[*na-an e-ri-at-t*]*i uq-tam-mu-ú* UZU.MEŠ-*šú*

Am Uauš, dem hohen Berg, dessen beide Gipfel an das Gebilde der Wolken im Inneren des Himmels reichen, dessen Stätte seit Ewigkeit kein lebendes Wesen durchquert hat, und in dem kein Wanderer einen Pfad entdeckt hat, und über den kein beschwingter Vogel des Himmels fliegt und in dem er zum Flüggewerden [seiner] Jungen [kein] Nest [bau]t, der spitze Berg, der gleich einer Dolchklinge aufgerichtet ist und in dessen Mitte die Schluchten von Gießbächen fer[ner] Berge [eingeschnitten sind], auf dem in der größten Hitze und in der tiefsten Winterkälte am Morgen und in der Nacht das Aufleuchten von Bogenstern (*Canis maior*) und Sirius sichtbar sind, (auf dem) immerwährender Schnee aufgehäuft liegt und dessen ganze Gestalt mit [Frost] und Eis bekleidet ist, (wo) jeder, der ihn passiert, wegen des Ansturms des Orkans seinen Körper schlägt (und) durch die Ma[cht der Käl]te sein Fleisch verbrannt wird.

Mesopotamische Herrscher ließen in ihren Residenzen Landschaftsgärten und ‚Zoos' anlegen, in denen sie fremde Naturlandschaften nachahmten und Tiere aus fernen Ländern hielten. Derartige Parks waren nicht nur Lustgärten, sondern dienten auch ideologischen Zwecken: Die königliche Residenz wurde mit diesen Parks und Gärten zum Abbild der gesamten Welt, auch von entlegenen exotischen Gebieten. Auf diese Weise brachte der Herrscher seinen Anspruch auf die Beherrschung der ganzen Welt zum Ausdruck.[9]

---

[9] So wuchsen in den Parkanlagen des assyrischen Königs Sanherib (704–681 v. Chr.) sogar Baumwolle und Bäume aus Indien; siehe Frahm 1997, 277 f. In königlichen Parks wurden sogar große Tiere wie damals noch im Vorderen Orient verbreitete Elefanten gehalten; siehe Chicago

Resümieren wir das bislang Gesagte, so ist die ‚Natur' jenseits des Kulturlandes bestenfalls eine exotische Rohstoffquelle, allerdings wild und gefährlich. – Für uns moderne Menschen sind Begriffe wie ‚Natur' oder ‚natürlich' durchaus positiv konnotiert. Finden wir etwas Derartiges auch in Keilschriftquellen?

Der Gestalt des Enkidu aus dem Gilgameš-Epos wurden bisweilen in der Sekundärliteratur Züge eines ‚edlen Wilden' zugeschrieben, der in einem unschuldig-paradiesischen Zustand lebte, unbeschwert von Kultur und Zivilisation.

Enkidu wird von den Göttern erschaffen, um Gilgameš, den König von Uruk, in seine Schranken zu weisen. Er wächst unter den Tieren in der Steppe auf, wird aber schließlich von einer Prostituierten aus Uruk verführt, seiner Unschuld beraubt und in die Stadt geführt. Enkidu und Gilgameš kämpfen miteinander ohne den anderen besiegen zu können. Schließlich werden sie Freunde und erleben gemeinsam viele Abenteuer.

Vor seiner Verführung durch die Prostituierte lebt Enkidu mit den Tieren wie ein Tier in der Steppe. Er streift mit ihnen durch die Wildnis, frisst Gras und trinkt die Milch der Wildtiere oder säuft an der Wasserstelle. Verarbeitete oder veredelte Lebensmittel wie Brot und Bier sind ihm unbekannt. Er trägt auch keine Kleidung, sondern hat einen Pelz wie ein Tier.

Erst nach Enkidus Zusammentreffen mit der Prostituierten entwickelt er sich zu einem zivilisierten Menschen: Die Tiere, mit denen er bis dahin zusammenlebte, ergreifen vor ihm die Flucht. Enkidu lernt Brot und Bier kennen, wird von einem Barbier rasiert, salbt seinen Körper mit Öl und zieht sich ein Gewand an.[10]

Bevor Enkidu von der Prostituierten beglückt wurde, lebte er in einem unzivilisierten Naturzustand, in dem nach Ansicht der Mesopotamier zunächst die gesamte Menschheit unmittelbar nach der Schöpfung gelebt hatte.[11] Gemäß den Angaben des in seleukidischer Zeit lebenden und auf Griechisch schreibenden babylonischen Gelehrten Berossos lebten die Menschen nach der Erschaffung der Welt zunächst wie Tiere in einem wilden unzivilisierten

---

Assyrian Dictionary 12 (2005), 419; Caubet und Poplin 2010.

[10] Westenholz – Koch-Westenholz 2000; George 2003, 138–144. 450–456. Enkidu als wilder Mann begegnet uns in den akkadischen Fassungen des Gilgameš-Epos seit der altbabylonischen Zeit (1. Hälfte des 2. Jts. v. Chr.; siehe George 2003, 172–181. 310–313. 542–563). George 2003, 142 f. weist darauf hin, dass dieser Aspekt von Enkidu nicht in den sumerischen Erzählungen von Gilgameš bezeugt ist.

[11] Zu Enkidus Charakteristiken eines Urmenschen aus der Zeit vor Beginn der Zivilisation siehe Tigay 1982, 202–209.

Zustand.¹² Dann jedoch entstieg ein übermenschlicher Weiser und Kulturheros namens Oannes dem Meer. Er besaß den Körper eines Fisches, aber den Kopf und die Extremitäten eines Menschen. Er unterrichtete tagsüber die Menschen in allen Zivilisationstechniken, darunter Städte- und Tempelbau, Mathematik, Schreibkunst, Gesetzgebung und Landwirtschaft, begab sich aber jede Nacht wieder in das Meer zurück. Seit dem Wirken von Oannes, so Berossos, sei nichts Neues mehr auf der Welt erfunden worden.¹³

Keilschriftliche Quellen unterstützen die Aussage von Berossos, dass die Menschheit nach ihrer Erschaffung zunächst eine Zeitlang in einem recht unzivilisierten Zustand verbracht hatte.¹⁴ Das sumerische Streitgespräch zwischen Mutterschaf und Getreide konstatiert, dass die frühen Menschen wie Schafe Gras fraßen und Wasser aus Gräben tranken; die Technik der Nahrungsmittelproduktion war noch unbekannt; weiterhin gab es auch noch keine Webkunst und infolgedessen keine Kleidung, sodass die Menschen nackt umherstreiften.¹⁵

Das Etana-Epos kennt eine noch nicht oder nur wenig stratifizierte Urgesellschaft, in der noch kein König unter den Menschen eingesetzt worden war.¹⁶

Bei der Beschreibung von Enkidu und den Urmenschen heben die Quellen dieselben Merkmale hervor (Verzehr roher Nahrung, keine Kleidung, Mangel an Kulturtechniken).

Nicht alle Menschen waren von Oannes mit den Segnungen der Zivilisation beglückt worden. An den Rändern der zivilisierten Welt, in der Steppe und in den Bergen, verblieben Barbaren, die einen Lebensstil pflegten wie den der ersten Menschen nach der Schöpfung.

Die Erzählung von Enkidu spielt offensichtlich auch auf den ständigen Gegensatz zwischen Nomaden und Sesshaften im Alten Orient an. Unsere Quellen stammen von den Stadtbewohnern, die voller Verachtung auf die Nomaden herabblickten. Daher ist die Aussage der relevanten Texte voreingenommen und voller negativer Stereotype.¹⁷ Der sumerische Mythos *Die Heirat des Mardu* beschreibt, wie Mardu oder Amurru, der Stammesgott der nomadischen Amurriter, in das

---

[12] F Gr Hist III C 680 F 1 (3) (= Jacoby 1958, 369).
[13] Burstein 1978, 13 f.; Verbrugghe – Wickersham 1996, 44.
[14] Streck 2002, 240–251.
[15] Alster – Vanstiphout 1987, 14 f.
[16] Foster 2005, 535 (altbabylonische Version I/A Z. 1–14).
[17] Siehe Buccellati 1966, 89–95. 330–332 zur Sicht der Sesshaften über die nomadisierenden Amurriter.

mesopotamische Pantheon integriert wird, indem er eine Göttin aus der Welt der Stadtbewohner heiratet.[18]

Die Amurriter werden in diesem Mythos so beschrieben wie Enkidu oder die Urmenschen: Sie sind Wildbeuter, die rohe, unverarbeitete Nahrung zu sich nehmen (in diesem Falle rohes Fleisch oder ausgegrabene Pilze), sie haben keine richtige Kleidung, keine Häuser oder Begräbnisstätten. Nicht nur ähnelt ihr Lebenswandel demjenigen von Tieren, sie sehen auch aus wie Affen.

Ähnlich werden in anderen Texten die Gutäer beschrieben, ein Stamm, der im Zagrosgebirge lebte. Sie sehen aus wie Tiere und verhalten sich auch so: Sie sehen aus wie Affen, haben den Instinkt von Menschen und die Intelligenz von Hunden und streifen in Schwärmen durch die Gegend, so wie Heuschrecken.[19]

Die Geschichte von Enkidu und der Mythos der Heirat des Mardu beschreiben, wie man den elenden Zustand eines unzivilisierten Nomaden oder Wildbeuters verlassen und zu einem zivilisierten Menschen werden kann. Man muss die grundlegendsten Lebensumstände denen der Zivilisation anpassen: Den Sexualpartner (eine Stadtbewohnerin), das Essen (veredelte, verarbeitete Kost; kein rohes Fleisch oder rohe Pflanzen wie Gras oder Pilze), Körperpflege (Salben mit Öl und Kleidung, und nicht mehr nackt oder mit Fell bekleidet), und zu guter Letzt den Wohnsitz: ein Haus in der Stadt (kein Umherstreifen in der Wildnis mehr).

Es ist auffällig, dass sowohl bei Enkidu als auch bei Mardu der erste Schritt im Zivilisierungsprozess die Partnerwahl ist. Die Umstände sind allerdings unterschiedlich: Mardu, von seiner Mutter beraten, handelt aktiv und geht bewusst in die Stadt, um eine Frau von dort zu heiraten und so in die zivilisierte Welt der Sesshaften aufgenommen zu werden. Enkidu ist hingegen ein einfältiges Opfer der Prostituierten, weil ihm die bloße Existenz der zivilisierten Welt unbekannt ist.

Dass Mardu in die zivilisierte Gesellschaft integriert wird, indem er in eine Familie der Stadtbewohner einheiratet, erscheint auf Anhieb nachvollziehbar. Aber welche zivilisatorischen Fähigkeiten können der Prostituierten zugeschrieben werden, die Enkidu verführt? – Die betreffende Dame ist nicht einfach nur eine Dirne mit den Fähigkeiten, einen Mann zu betören. Uruk ist die Stadt der Ištar,

---

[18] Römer 1993, 495–506; ETCSL (The Electronic Text Corpus of Sumerian Literature) 1.7.1. Zum Gott Mardu/Amurru und den Amurritern siehe Beaulieu 2005.
[19] Cooper 1983, 56–59 Z. 155–158. Die Übersetzung in ETCSL 2.1.5 interpretiert die Textstelle anders: Die Gutäer besitzen menschliche Intelligenz und den Instinkt von Hunden; sie schwärmen umher wie kleine Vögel.

der Göttin von Liebe und Krieg. Prostituierte gehörten zu ihrem Kultpersonal. In der Tat wird Uruk im Gilgameš-Epos oft als Stadt der Dirnen, Huren und Prostituierten charakterisiert. Durch das Wirken dieser Damen manifestierte sich die Göttin.[20] Die Prostituierte, die Enkidu bezirzt, repräsentiert somit Uruk und den Kult der Stadtgöttin.[21] Weiterhin muss beachtet werden, dass Prostitution gemäß der Mesopotamier eine Kulturtechnik war.[22] Durch seinen Kontakt zu der Dirne wird Enkidu also sowohl in einen wichtigen Aspekt zivilisierten Lebens als auch in die Stadt Uruk eingeführt.

War Enkidu ein edler Wilder, der durch die Prostituierte aus einem unschuldigen, ja paradiesischen Naturzustand gerissen wurde? – Im Lichte des oben Gesagten war Enkidu ein roher Wilder, dessen Lebensweise in den Augen der Mesopotamier keinerlei wie auch immer geartete edle Züge trug. Enkidus Leben in der Steppe entsprach demjenigen von zeitgenössischen barbarischen Nomaden bzw. demjenigen der Urmenschen vor der Ankunft des Oannes. Ein derartiger Naturzustand war etwas, das überwunden werden musste, aber sicherlich nichts Positives.

Enkidu wurde von den Göttern erschaffen, um Gilgameš, den König von Uruk, in Schach zu halten. Beide kämpfen miteinander, können einander aber nicht besiegen und werden Freunde. Es ist sicherlich kein Zufall, dass die Götter einen in der Steppe lebenden Wilden als Gegenspieler des stadtbewohnenden Königs Gilgameš erschaffen. Dieses Motiv erinnert daran, dass die Koexistenz von Nomaden und Sesshaften nicht frei von Spannungen und Konflikten war. Die mesopotamische Tradition schrieb etwa den Fall des Reiches von Agade einem Einfall der barbarischen Gutäer aus dem Zagrosgebirge zu. Die Amurriter wurden von den Herrschern der 3. Dynastie von Ur als eine Bedrohung aufgefasst, sodass sie eine Mauer gegen sie erbauten.

Die Gestalt des Enkidu spielt offensichtlich auf nomadische Stämme an, deren Lebensweise sich drastisch von derjenigen der sesshaften Stadtbewohner unterschied. Diese Leute galten als wild und unzivilisiert, auf einer Stufe mit Tieren und den Urmenschen stehend, bar jeder Kultur. Sie wurden als Drohung empfunden, konnten aber auch in die zivilisierte Gesellschaft integriert werden, wenn sie ihren Lebensstil grundsätzlich änderten und ihn demjenigen der kultivierten Städter anpassten.[23]

---

[20] Maul 2005, 157 zu I 136.
[21] Dieser Aspekt wird auch von Tigay 1982, 209 erwähnt. Zu Ištar als Prostituierter und Patronin der Prostituierten siehe Cooper 2006–2008, 17 f.
[22] Cooper 2006–2008, 13.
[23] Tigay 1982, 200–202 und 209 diskutiert die Frage, ob die Amurriter und ihr Lebenswandel als Vorbild für die Beschreibung von Enkidu gedient hätten. Tigay verneint diese Frage und meint,

In den Texten ist allerdings auch bezeugt, dass Menschen aus der Welt der Zivilisation grundlegende Kulturtechniken ablehnen oder gar das zivilisierte Leben an sich in Frage stellen.

König Narām-Suen, der im 3. Jt. v. Chr. regierte, missachtet gemäß der späteren Überlieferung die Divination, die ihn in seiner Willensausübung einschränkt:[24]

> 79) ki-[a]-am aq-bi ana ŠÀ-bi-ja // um-ma lu-u a-na-ku-ma
> 80) a-a-ú UR.[MAḪ bi-r]a ib-ri
> 81) a-a-ú UR.BAR.[RA iš-al] šá-il-tu
> 82) lul-lik ki-i DUMU hab-ʿba-ti ina me-girʾ ŠÀ-bi-ja
> 83) ù lu-ud-di šá DINGIR-ʿmaʾ ja-a-ti lu-uṣ-bat

> So sprach ich zu meinem Herzen, folgendermaßen (sagte) ich:
> „Welcher Löwe hat jemals eine Opferschau veranstaltet?
> Welcher Wolf hat jemals eine Traumdeuterin befragt?
> Ich werde aus eigenem Willen losziehen wie ein Räuber
> und ich will außer Acht lassen das (Orakel) der Gottheit, ich will mein eigener Herr sein!"

Narām-Suen vergleicht sein Verhalten mit dem von wilden Tieren und gesetzlosen Menschen. Dieses Motiv findet sich auch in der sogenannten Weisheitsliteratur, die sich mit der Stellung des Menschen im göttlichen Schöpfungsplan beschäftigt. Ein Zweifler verweist in der sogenannten Babylonischen Theodizee auf das Verhalten der Tiere, die keine Religion ausüben:[25]

---

dass die Ähnlichkeiten letztlich nur oberflächlich seien und die Unterschiede überwögen. Ich selbst würde hingegen argumentieren, dass die Unterschiede zwischen der Beschreibung des Lebensstiles von Enkidu und demjenigen der Amurriter lediglich im Detail variieren, während das generelle Bild übereinstimmt. Tigay lässt in seiner Betrachtung außer Acht, dass auch andere als barbarisch aufgefasste Völker wie die Gutäer ganz ähnlich beschrieben werden; daher muss die Diskussion keineswegs auf Enkidu und die Amurriter beschränkt werden. Die Stadtbewohner besaßen einen großen Fundus von Vorurteilen gegen Menschen und Völker, die einen anderen Lebenswandel pflegten als sie selbst. Weiterhin werden, wie wir gesehen haben, derartige Menschen und Völker, seien es Amurriter oder Gutäer, in den Texten ganz offen als affenähnlich bezeichnet, und man schrieb ihnen ein Verhalten zu, das eher dem von Tieren als dem von Menschen ähnelte. Grundsätzlich ist allerdings Tigays Fazit der Geschichte von Enkidu zuzustimmen (1982, 208 f.): „It looks rather as if the compiler of the epic created the episode out of diverse raw materials."

[24] Westenholz 1997, 316 f. Z. 79–83. Die Transliteration entstammt dem Textzeugen B ii 12'–16'. Siehe Westenholz 1997, 348.

[25] Lambert 1960 (1996), 72–75 Z. 48–51; Foster 2005, 916. Die hier zitierte Übersetzung stammt aus von Soden 1990, 149. Die Transliteration stammt aus Lambert 1960 (1996), 72–75. Eine rezente Neuedition der Babylonischen Theodizee bietet Oshima 2014.

48) ak-k[a-an-nu] sír-ri-mu šá iṭ-pu-pu šu x [x]
49) [aq-qà]t-ti-i pak-ki ili ú-zu-un-šu ib-š[i]
50) ag-gu la-bu šá i-tak-ka-lu du-muq ši-r[i]
51) [ak-k]i-mil-ti il-ti-i šup-ṭu-ri ú-bil mas-ḫat-s[u]

Der Wildesel, der Onager, der sich sättigte ... [...]:
Richtete der seine Aufmerksamkeit auf die [Durch]führung des Plans von Göttern?
Der grimme Löwe, der stets das Beste vom Fleisch fraß:
Hat er, [um den] Zorn der Göttin lösen zu lassen, Opfermehl dargebracht?

Tiere besitzen keine Kulturtechniken wie Religion, Ritual, Divination usw. und es hat ihnen offensichtlich auch nicht geschadet. Warum sollen Menschen sich nicht auch so verhalten?

Der Zweifler äußert das Verlangen, sich aus der zivilisierten Welt zurückzuziehen und unstet ohne festen Lebensunterhalt über Land zu ziehen. Diese Art der Lebensführung wird mit der eines Diebes verglichen, ein Motiv, das wir in ähnlicher Form schon bei Narām-Suen angetroffen haben:[26]

133) bi-i-ta lu-ud-di x [...]
134) bi-šá-a a-a aḫ-ši-iḫ x [...]
135) pí-il-lu-de-e ili lu-meš par-ṣ[i lu-ka]b-⌈bi⌉-i[s]
136) bé-e-ra lu-na-ak-kis lu-x x x (x) ak-lu
137) bi-ir-ta lu-ul-lik ni-⌈sa-a-ti lu⌉-ḫu-uz
138) bé-e-ra lu-up-ti ⌈a⌉-g[a-a] lu-maš-šèr
139) bé-e-ra ki-di ‹šar›-ra-qiš [lu-u]r-tap-pu-ud
140) bi-it-bi-ti-iš lu-ter-ru-ba ⌈lu-ni⌉-ʾi bu-bu-ti
141) bi-ri-iš lu-ut-te-ʾe-lu-me su-le-e lu-ṣa-a[-ad]

Das Haus will ich aufgeben, [...];
Besitz will ich nicht (mehr) begehren, [...].
Die Kulte für den Gott will ich mißachten, die Ordnun[gen nieder]treten;
(...)
Eine Wegstrecke will ich gehen, die Ferne aufsuchen;
eine Zisterne (oder: einen Brunnen) öffnen, den Kanal verlassen.
Eine Meile über Land will ich wie ein Dieb herumlaufen,
in ein Haus nach dem anderen eintreten, damit ich meinen Dauerhunger abwende.
Hungrig will ich (weiter) herumsuchen, die Straßen entlang[stürmen].

---

[26] Lambert 1960 (1996), 76–79 Z. 133–141; Foster 2005, 917 f. Die hier zitierte Übersetzung stammt aus von Soden 1990, 151. Die Transliteration stammt aus Lambert 1960 (1996), 76–78.

Der Zweifler möchte das Gebiet der Zivilisation, durch künstliche Bewässerung mithilfe von Kanälen fruchtbar gemacht, verlassen, und sich in die Wüstensteppe zurückziehen, wo allein Zisternen oder Brunnen die Wasserversorgung gewährleisten. Schön war dieses Leben nicht. Man vegetierte vor sich hin und stand auf einer Stufe mit wilden Tieren oder Räubern. Das Motto „Zurück zur Natur" war im Alten Orient etwas Furchtbares! Die Naturvorstellungen der Mesopotamier unterscheiden sich hier recht deutlich von dem positiv konnotierten Naturbegriff unserer Gegenwart.

Der Zweifel an der Weltordnung wurde übrigens niemals zu einem kohärenten System entwickelt; wir kennen ihn letztlich nur aus der Weisheitsliteratur, die diese Ansichten kritisiert und sie zu widerlegen versucht. Ein positives Naturbild haben aber auch die Zweifler letztlich nicht; es geht ihnen eher darum, die Nichtigkeit des zivilisatorischen Überbaus, von Religion und den Konventionen rechter Lebensführung darzulegen.

Zusammenfassend lässt sich Folgendes festhalten: Auch wenn in den Sprachen des Alten Orients kein Wort für ‚Natur' existierte, so gab es sehr wohl das Konzept eines von menschlicher Zivilisation unberührten Raumes. Die Welt der Zivilisation war in den Augen der Mesopotamier das längs der Flüsse Euphrat und Tigris liegende, durch künstliche Bewässerung fruchtbar gemachte Kulturland. Hier lebten sesshafte Menschen in Städten und Siedlungen. Berge, Steppen und Wüsten waren für die Stadtbewohner eine fremde, unheimliche Welt, besiedelt von als Barbaren betrachteten Menschen mit einer grundsätzlich anderen, nomadischen Lebensweise. Wie anhand des Beispiels von Enkidu, dem wilden Mann aus der Steppe aus dem Gilgameš-Epos besprochen, existierte das Konzept des ‚Edlen Wilden' in der Keilschriftliteratur nicht. Die Naturräume jenseits des bewässerten Kulturlandes galten weiterhin auch als Heimstatt von Dämonen und der Chaosmacht. Allerdings wurde der Wert dieser Naturräume als Rohstoffquellen durchaus anerkannt. Abschließend bleibt zu bemerken, dass die uns vorliegenden Quellen aus der Welt der Stadtbewohner stammen und deren Sichtweise vertreten, die nicht frei von Wertungen und Vorurteilen war.

Bibliographie

Alster, B. und Vanstiphout, H. 1987. Lahar and Ashnan. Presentation and Analysis of a Sumerian Disputation. *Acta Sumerologica* 9: 1–43.
Ambos, C. 2004. *Mesopotamische Baurituale aus dem 1. Jahrtausend v. Chr. Mit einem Beitrag von A. Schmitt*. Dresden.
Ambos, C. 2013. *Der König im Gefängnis und das Neujahrsfest im Herbst. Mechanismen der Legitimation des babylonischen Herrschers im 1. Jahrtausend v. Chr. und ihre Geschichte*. Dresden.

Beaulieu, P.-A. 2005. The God Amurru as Emblem of Ethnic and Cultural Identity. In W. van Soldt, R. Kalvelagen und D. Katz (Hrsg.), *Ethnicity in Ancient Mesopotamia. Papers Read at the 48th Rencontre Assyriologique Internationale, Leiden, 1–4 July 2002*: 31–46. Leiden (= Uitgaven van het Nederlands Instituut voor het Nabije Oosten te Leiden CII).

Black, J. A., Cunningham, G., Ebeling, J., Flückiger-Hawker, E., Robson, E., Taylor, J. und Zólyomi, G. 1998–2006. *The Electronic Text Corpus of Sumerian Literature* (http://etcsl.orinst.ox.ac.uk/). Oxford.

Buccellati, G. 1966. *The Amorites of the Ur III Period*. Neapel.

Burstein, S. 1978. *The Babyloniaca of Berossus. Sources from the Ancient Near East* 1/5. Malibu.

Caubet, A. und Poplin, F. 2010. Réflexions sur la question de l'éléphant syrien. In H. Kühne (Hrsg.), *Dūr-Katlimmu 2008 and Beyond*: 1–9. Wiesbaden (= Studia Chaburensia 1).

Cohen, M. E. 1993. *The Cultic Calendars of the Ancient Near East*. Bethesda, Maryland.

Cooper, J. 1983. *The Curse of Agade*. Baltimore/London.

Cooper, J. 2006–2008. Prostitution. In *Reallexikon der Assyriologie und Vorderasiatischen Archäologie* 11: 12–21. Berlin/New York.

Foster, B. R. ³2005. *Before the Muses. An Anthology of Akkadian Literature*. Bethesda, Maryland.

Frahm, E. 1997. *Einleitung in die Sanherib-Inschriften*. Wien (= Archiv für Orientforschung Beiheft 26).

George, A. R. 2003. *The Babylonian Gilgamesh Epic*. Oxford.

Jacoby, F. 1958. *Die Fragmente der griechischen Historiker. Dritter Teil*. Leiden.

Lambert, W. G. 1960. *Babylonian Wisdom Literature*. Oxford. Neudruck 1996. Winona Lake, Indiana.

Lambert, W. G. 2013. *Babylonian Creation Myths*. Winona Lake, Indiana (= Mesopotamian Civilizations 16).

Maul, S. M. 1994. *Zukunftsbewältigung. Eine Untersuchung altorientalischen Denkens anhand der babylonisch-assyrischen Löserituale (Namburbi)*. Mainz (= Baghdader Forschungen 18).

Maul, S. M. 2005. *Das Gilgamesch-Epos*. München.

Mayer, W. R. 1976. *Untersuchungen zur Formensprache der babylonischen „Gebetsbeschwörungen"*. Rom (= Studia Pohl Series Maior 5).

Mayer, W. 2013. *Assyrien und Urarṭu I. Der Achte Feldzug Sargons II. im Jahr 714 v. Chr.* Münster (= Alter Orient und Altes Testament 395/1).

Oshima, T. 2014. *Babylonian Poems of Pious Sufferers. Ludlul Bēl Nēmeqi and the Babylonian Theodicy*. Tübingen.

Pongratz-Leisten, B. 1994. *Ina šulmi īrub. Die kulttopographische und ideologische Programmatik der akītu-Prozession in Babylonien und Assyrien im 1. Jahrtausend v. Chr*. Mainz (= Baghdader Forschungen 16).

Römer, W. 1993. Mythen und Epen in sumerischer Sprache. In O. Kaiser (Hrsg.), *Texte aus der Umwelt des Alten Testaments Bd. 3. Weisheitstexte, Mythen und Epen. Mythen und Epen* 1: 351–539. Gütersloh.

von Soden, W. 1990. »Weisheitstexte« in akkadischer Sprache. In O. Kaiser (Hrsg.), *Texte aus der Umwelt des Alten Testaments Bd. 3: Weisheitstexte, Mythen und Epen. Weisheitstexte* 1: 110–188. Gütersloh.

Streck, M. P. 2002. Die Prologe der sumerischen Epen. *Orientalia Nova Series* 71: 189–266.

Tigay, J. 1982. *The Evolution of the Gilgamesh Epic*. Philadelphia.

Verbrugghe, G. und Wickersham, J. 1996. *Berossos and Manetho Introduced and Translated. Native Traditions in Ancient Mesopotamia and Egypt*. Ann Arbor.

Waetzoldt, H. 2003–2005. Ökologie. In *Reallexikon der Assyriologie und Vorderasiatischen Archäologie* 10: 31 f. Berlin/New York.

Westenholz, J. G. 1997. *Legends of the Kings of Akkade. The Texts*. Winona Lake, Indiana (= Mesopotamian Civilizations 7).

Westenholz, A. und Koch-Westenholz, U. 2000. Enkidu – the Noble Savage? In A. R. George und I. L. Finkel (Hrsg.), *Wisdom, Gods and Literature. Studies in Assyriology in Honour of W. G. Lambert*: 437–451. Winona Lake, Indiana.

Natur- und Vegetationsdarstellungen im Alten Orient

Alexander Pruß

Mainz

Abstract

The ancient Mesopotamians had a distant perspective on the natural environment of their settlements: nature outside of fields and orchards was potentially dangerous and regarded with suspicion. As a consequence, images of the natural landscape are rare during most periods of Mesopotamian history. If plants or landscape features were depicted at all, they were usually rather small markers, indicating a specific outside location of a hunt or a battle. Only on reliefs from palaces of later Neo-Assyrian rulers the natural landscape itself became the main subject in some scenes. The most innovative and complex landscape compositions were produced during the reign of Sennacherib (705–681 BC).

Einleitung

Unter Natur verstehen wir heute die vom Menschen nicht geschaffene oder direkt beeinflusste (belebte) Umwelt, im Gegensatz zur vom Menschen geprägten Kultur. Ein eigener Begriff, der dem deutschen ‚Natur' vergleichbar wäre, ist aus den altorientalischen Sprachen nicht bekannt und vermutlich existierte auch kein entsprechendes umfassendes Naturkonzept.[1]

Die sumerischen und akkadischen Textquellen aus Mesopotamien sind ganz überwiegend von städtischen Eliten verfasst und niedergeschrieben worden. Wenn in ihnen von den Regionen am Rand oder jenseits des Kulturlandes berichtet wird, geben sie das Bild dieser städtischen Eliten wieder. Dieses Bild ist bedrohlich konnotiert: Die als ‚Steppe' (sumerisch edin bzw. akkadisch ṣēru) oder ‚Bergland' (sumerisch kur bzw. akkadisch šadû) bezeichneten Regionen sind das Gegenteil der eigenen zivilisierten Lebenswelt.[2] Sie werden von städtisch geprägten Menschen nur aus guten Gründen betreten, zu denen beispielsweise die Jagd, die Beschaffung von Rohstoffen oder Kriegszüge zählen. Als Lebens- und Wirtschaftsraum von Nomaden und Viehhirten spielt die Steppe durchaus eine wichtige Rolle im Alten Mesopotamien; diese Bevölkerungsgruppen haben allerdings kaum Texte und Bildwerke hinterlassen.

---

[1] Das Fehlen eines Lemmas ‚Natur' im Reallexikon der Assyriologie und Vorderasiatischen Archäologie, dem wichtigsten Nachschlagewerk zum Alten Orient, ist bezeichnend.
[2] Streck 2011–2013, 147 f.

Das distanzierte Verhältnis der Mesopotamier zur Natur wird beispielhaft im bedeutendsten literarischen Text aus dem Alten Orient, dem Gilgameš-Epos[3] deutlich: Der Held Enkidu wird auf Beschluss der Götter geschaffen, um einen Konterpart zu König Gilgameš zu bilden, unter dessen Bauwut die Bevölkerung seiner Stadt Uruk zu leiden hat. Enkidu wächst mit den Tieren der Steppe auf und ist zunächst Teil der Natur. Er pfuscht den Jägern und Fallenstellern in ihr Handwerk, indem er Tiere aus den Fallen befreit und die Fangnetze zerreißt. Die Fallensteller bitten in der Stadt um Hilfe, die ihnen in Form der Prostituierten Šamḫat gewährt wird. Durch ihre Reize angelockt, schläft Enkidu mit ihr. Dadurch entfremdet er sich seiner Herkunft; die Tiere akzeptieren ihn nicht mehr als einen der ihren. Nachdem er mit Šamḫat Brot gegessen und Bier getrunken hat (also verarbeitete Nahrungsmittel zu sich genommen hat), ist Enkidu zum Mensch geworden; sein Platz ist nun nicht mehr in der Natur und er folgt Šamḫat in die Stadt, wo er Gilgameš begegnet und die eigentliche Geschichte ihren Lauf nimmt.[4] Nach dem hier zu Grunde gelegten Verständnis ist der Platz des Menschen im Kulturland, nicht in der Natur.[5]

Im Folgenden soll es weniger um die schriftliche Überlieferung, sondern um die Bildquellen aus dem antiken Mesopotamien und seinen Nachbargebieten gehen und um die Frage, in welchem Umfang und in welcher Weise Natur und Landschaft im Allgemeinen bzw. Tiere und Pflanzen als Teil der Umwelt in Bildern dargestellt worden sind. Die in der Bildkunst des Alten Orients sehr häufig belegten ornamentalen (z. B. Blütenmotive[6]) bzw. ‚heraldischen' Darstellungen (wie z. B. die zweier symmetrisch angeordneter Tiere zu beiden Seiten einer stilisierten Pflanze) sollen hier nicht behandelt werden, weil bei ihnen ein Bezug zu einer konkreten Umwelt- bzw. Naturdarstellung fehlt oder zumindest für den heutigen Betrachter nicht zu erkennen ist.

Ebenfalls nicht behandelt werden sollen hier die von Berglandschaften geprägten Regionen Irans und Anatoliens, in denen die natürliche Umgebung, z. B. im Rahmen von Bergkulten und Heiligtümern unter freiem Himmel oder an Quellen und Seen, eine wichtige Rolle in den religiösen Vorstellungen gespielt hat, die sich auch in bildlichen Darstellungen erkennen lässt.[7]

---

[3] Zum Gilgameš-Epos allgemein: George 2003 bzw. Maul 2005.
[4] Gilgameš-Epos I, 101–214.
[5] s. hierzu auch den Beitrag von C. Ambos in diesem Band.
[6] Siehe zum Blütenornament allgemein Kantor 1945 und zu neuassyrischen Ornamenten Albenda 2005.
[7] s. zu Anatolien: Haas 1982.

Abb. 1 Widderterrakotte aus Halawa A, ca. 2300 v. Chr.
(Pruß – Link 1994: Taf. 16, Nr. 79)

Tier- und Jagddarstellungen

Tierdarstellungen sind in den Bildwerken aus dem Alten Orient allgegenwärtig. Tierfiguren aus gebranntem oder ungebranntem Ton (Abb. 1) gehören in vielen Perioden zu den üblichen Hausinventaren;[8] in Elitekontexten finden sich auch Tierfiguren aus wertvollen Materialien, wie Stein und Metall. In der Glyptik sind Tiermotive in bestimmten Perioden (z. B. der frühdynastischen bis akkadischen Zeit) ein sehr häufiges Motiv.[9]

In allen genannten Denkmälergruppen überwiegen domestizierte Tiere deutlich.[10] Wildtiere, wie Hirsche oder Bären, werden zwar gelegentlich dargestellt, am häufigsten finden sich aber Rinder, Schafe, Ziegen, Hunde und ab dem 2. Jt. v. Chr. häufiger auch Pferde. Gerade die Darstellung von Rindern und Schafen wird in der Regel als Wiedergabe von Herdentieren interpretiert, die vor äußeren Gefahren zu beschützen wichtige Aufgabe des Menschen im Allgemeinen (und des Königs im Besonderen) ist. Dementsprechend sind in der Glyptik häufig Helden oder Mischwesen (etwa der Stiermensch) dargestellt, die Herden- oder Wildtiere vor Angriffen beschützen (Abb. 2).

Angreifer ist in diesen Szenen im Allgemeinen der Löwe, der die wichtigste Ausnahme von der Regel darstellt, dass überwiegend Haustiere abgebildet

---

[8] s. z. B. Wrede 2003 und Pruß 2015.
[9] s. zu den Tierkampfszenen Otto 2013, 50 f.
[10] Pruß – Sallaberger 2003/2004, 300 f.

Abb. 2 Umzeichnung der modernen Abrollung eines Rollsiegels aus Fara,
ca. 26. Jh. v. Chr.
(Heinrich 1931: Taf. 46 f.)

sind. Tierkampfszenen werden üblicherweise als Darstellung des Beschützens der Herdentiere vor durch den Löwen symbolisierten äußeren Gefahren interpretiert, selbst wenn in manchen Fällen die zu beschützenden Tiere gar nicht wiedergegeben sind.

Gerade, weil der Löwe die gefährlichen und bedrohlichen Kräfte der Natur symbolisiert, spielt seine Bekämpfung in der ikonographischen Umsetzung der Königsideologie eine wichtige Rolle. Die Löwenjagd ist ein Privileg des Herrschers.[11] Die frühesten Löwenjagddarstellungen stammen bereits aus der Uruk-Zeit (Abb. 3).[12] Die mit großem Abstand meisten Löwenjagdszenen aus dem Alten Orient sind aber aus neuassyrischer Zeit erhalten. In einer Episode aus der Regierungszeit des Assurbanipal (reg. 669–630/627 v. Chr.) wird beschrieben, dass der König elamischen Diplomaten die Beteiligung an der Löwenjagd gestattet hat. Mit einem Löwen konfrontiert, bekommen diese es aber mit der Angst zu tun und werfen in Panik ihre Bogen weg. Der König greift ein und erschießt den Löwen mit seinem eigenen Bogen und rettet auf diese Weise seine Gäste. Durch diese Geschichte wird deutlich, dass nach offizieller assyrischer Auffassung nur der König selbst zur Löwenjagd überhaupt in der Lage war. Nur er brachte genügend Kraft und Mut auf, um diese gefährlichen Wildtiere zu bekämpfen. Diese Episode wurde in einem steinernen Wandrelief dargestellt, das im Palast des Königs in Ninive angebracht war, leider aber nur beschädigt erhalten ist (Abb. 4).[13]

---

[11] Galter 1999, 64–68.
[12] Orthmann 1975, Abb. 68.
[13] Barnett 1976, Taf. 47.

Abb. 3 Sog. Löwenjagd-Stele aus Uruk, ca. 3100 v. Chr.
(Orthmann 1975: Abb. 68)

Abb. 4 Fragment eines Orthostatenreliefs aus dem Nord-Palast von Ninive,
Zeit des Assurbanipal (668–627 v. Chr.)
(Barnett 1976: Taf. 47)

Abb. 5 Sog. Kleine Löwenjagd aus dem Nord-Palast von Ninive,
Zeit des Assurbanipal (668–627 v. Chr.)
(Orthmann 1975: Abb. 242)

Vom gleichen König hat sich auch eine Serie von Reliefs mit Darstellungen mehrerer Löwenjagden erhalten. Die ganz überwiegend bereits von Pfeilen getroffenen Löwen werden recht frei in die Relieffläche gesetzt (Abb. 5).[14] Es ist anzunehmen, dass diese Jagd sich in einer Park- oder Steppenlandschaft zugetragen hat. Dargestellt ist die Landschaft aber nicht: es finden sich nicht einmal kleinste Angaben zur Lokalisierung des Geschehens.

Auch die Jagd auf andere Wildtiere, wie Rinder, Equiden oder Hirsche, ist offensichtlich als Statussymbol angesehen worden; Herrscher und andere Mächtige werden ab der Mitte des 2. Jts. v. Chr. bei der Jagd dargestellt (Abb. 6).[15]

Pflanzen als Nebenmotive von Tier- und Jagddarstellungen

In Uruk-zeitlichen Darstellungen von Herdentieren tauchen gelegentlich auch Pflanzen auf, die neben den Tieren aber eine untergeordnete Rolle spielen. Einerseits werden Reihen von Rindern oder Schafen mit Darstellungen von Getreideähren kombiniert (Abb. 7), die man vielleicht als eine symbolische Wiedergabe von Ackerbau und Viehzucht interpretieren kann; andererseits werden diese pflanzenfressenden Tiere mit Futterpflanzen gezeigt, die in vielen

---

[14] Barnett 1976, Taf. 7–13. 49–52. 56–59.
[15] Aruz – Benzel – Evans 2008, 243 Nr. 147 (A; 14./13. Jh. v. Chr.).

Abb. 6 Umzeichnung der Darstellung einer Goldschale, Ugarit, Bereich des Baal-Tempels, 14./13. Jh. v. Chr.
(Klengel 1979: 151)

Abb. 7 Moderne Abrollung eines Rollsiegels im Louvre, Paris, ca. 3300–3000 v. Chr.
(Strommenger 1962: Taf. 16)

Abb. 8 Moderne Abrollung eines Rollsiegels im Vorderasiatischen Museum, Berlin, ca. 3300–3000 v. Chr.
(Orthmann 1975: Abb. 126 a)

40 Naturvorstellungen im Altertum

Abb. 9 Umzeichnung der modernen Abrollung eines Rollsiegels im Louvre, Paris,
ca. 2800–2600 v. Chr.
(Amiet 1980: Taf. 40, Nr. 609)

Abb. 10 Rollsiegel und moderne Abrollung, Babylon, 6. Jh. v. Chr.
(Marzahn 2008: Abb. 162a)

Fällen von Menschen (vor allem dem Herrscher; Abb. 8) gereicht werden.[16] Die Wiedergabe von Pflanzen scheint in diesen Fällen vor allem auf ihrem Nährwert begründet zu sein, man wird sie kaum als Wiedergabe von Natur oder Landschaft ansehen können.

In Jagddarstellungen auf Rollsiegeln tauchen ebenfalls ab der Uruk-Zeit[17] gelegentlich Pflanzen auf, die den Ort der Jagd verdeutlichen sollen. Bei der Jagd auf Wildschweine beispielsweise deuten Schilfpflanzen eine Sumpflandschaft an (Abb. 9); in diesem Fall mag auch die Bezeichnung der Tiere als ‚Rohrschwein' (sumerisch: šáḫ-giš-gi, wörtlich ‚Schilfrohrschwein') eine Rolle bei der Wahl der dargestellten Pflanzen gespielt haben. Im 1. Jt. v. Chr. sind Jagddarstellungen generell besser belegt, hier sind in einigen Fällen Pflanzen

---

[16] Collon 1987, 15 Nr. 6.
[17] Moortgat 1940, Nr. 1 (Berlin).

Abb. 11 Moderne Abrollung eines Rollsiegels in der Pierpoint Morgan Library,
New York, mittelassyrisch, 13. Jh. v. Chr.
(Orthmann 1975: Abb. 271l)

Abb. 12 Umzeichnung des Ritzdekors einer Elfenbeinpyxis aus Assur,
Gruft 45, 14. Jh. v. Chr.
(Haller 1954: Abb. 162)

oder Landschaftselemente vorhanden, meistens allerdings beschränken sich auch in dieser Zeit die Bilder (Abb. 10) auf die Wiedergabe von Jäger und gejagtem Tier.

In Darstellungen aus mittelassyrischer Zeit (v. a. 14–13. Jh. v. Chr.) tauchen Bilder von Tieren und Pflanzen auch außerhalb von Jagdszenen regelmäßig auf. In erster Linie sind hier Siegelbilder zu nennen, in denen Wildtiere (Hirsche oder

Gazellen) in einer durch Bäume, Sträucher und kleine Hügel gekennzeichneten Landschaft zu sehen sind (Abb. 11).[18] Da Menschen auf diesen Darstellungen (die auch auf anderen Objekten, z. B. Elfenbeinschnitzereien, zu finden sind; Abb. 12) fehlen, kann man sie als Landschaftsszenen ansehen, in denen sich ein generelles Interesse an der natürlichen Umwelt auszudrücken scheint.

Pflanzen als geographische Marker

In Darstellungen des 1. Jts. v. Chr. werden einzelne Palmen offensichtlich als geographische Marker verwendet, um die dargestellte Szene in Babylonien zu lokalisieren.[19] Entsprechende Darstellungen finden sich auf neuassyrischen Orthostatenreliefs ab Tiglatpilesar III. (reg. 745–727 v. Chr.; Abb. 13) und auf Rollsiegeln aus der Zeit zwischen der Mitte des 8. Jhs. und dem späten 6. Jh. v. Chr. (Abb. 14). Gerade das hier als Abb. 13 wiedergegebene Relief zeigt deutlich, dass die über die Stadtmauer hinausragende einzelne Palme in diesem Fall nicht die natürliche Umgebung der Stadt verdeutlichen soll. Entsprechend eindeutige Marker für andere Regionen lassen sich im uns bekannten Bildmaterial allerdings nicht ausmachen.

Kampf- und Kriegsszenen

Ab der jünger-frühdynastischen Zeit (ca. 2550–2330 v. Chr.) können bildliche Darstellungen militärischer Auseinandersetzungen nachgewiesen werden. Schon in der Uruk-Zeit werden gefesselte Gefangene vor dem Herrscher präsentiert, die vermutlich als Kriegsgefangene interpretiert werden können;[20] hier fehlt allerdings eine Darstellung der eigentlichen Kämpfe.

Frühdynastische Zeit

Die frühen Kampfdarstellungen aus Mesopotamien (z. B. auf der sog. ‚Kriegsseite' der Mosaikstandarte aus Ur oder der Geierstele des Eanatum aus Lagaš[21]) beschränken sich auf die Wiedergabe der Kontrahenten, wobei auch in der Art der Darstellung Sieger und Besiegte ganz klar unterschieden sind. Der Ort der Schlacht wird in den Darstellungen jedoch überhaupt nicht berücksichtigt. Zwar nennt die Inschrift auf der Geierstele das Schlachtfeld und gibt auch eine Lokalisierung an, davon ist aber nichts in die bildliche Wiedergabe übernommen worden; die Schlacht hätte, den Darstellungen zufolge, an jedem beliebigen Ort stattfinden können.

---

[18] Beran 1957. Collon 1987, 65–69.
[19] Collon 2001, 128.
[20] Boehmer 1999, 20–24 Taf. 8–27.
[21] Orthmann 1975, Farbabb. VIII (Mosaikstandarte) bzw. Abb. 89 b–91 (Geierstele).

Abb. 13 Orthostatenrelief aus dem Zentralpalast von Kalḫu (Nimrud), Zeit des Tiglatpilesar III. (745–727 v. Chr.)
(Orthmann 1975: Abb. 215)

Abb. 14 Abrollung eines Rollsiegels im British Museum, London, spätes 8. Jh. v. Chr.
(Orthmann 1975: Abb. 274 c)

Altakkadische Zeit

Dies ändert sich allerdings in der akkadischen Zeit. In der Glyptik werden die Figurenbandszenen der frühdynastischen Zeit mit ihren mehrfach überkreuzten und zu größeren Gruppen komponierten Kampfdarstellungen zunehmend

Abb. 15 Abrollung eines Rollsiegels im Musée d'Art et d'Histoire, Genf, akkadisch, ca. 2200 v. Chr. (Orthmann 1975: Abb. 134 k)

in Zweikämpfe aufgelöst,[22] bei denen nicht selten Pflanzen am Rande der Kampfszenen einen Schauplatz in der freien Natur andeuten (Abb. 15). Noch deutlicher wird dieser Bezug bei dem vielleicht berühmtesten, mit Sicherheit aber in seiner Darstellung komplexesten Bildwerk aus der altakkadischen Zeit, der in Susa gefundenen Siegesstele des Naramsin (Abb. 16). Thema der Stele ist die Wiedergabe eines Sieges von König Naramsin über das Bergvolk der Lullubäer, das wohl im Zagrosgebirge lokalisiert werden kann.[23] Die gebirgige Landschaft macht sich in Form mehrerer in Wellenlinien ansteigender Standlinien bemerkbar, auf denen die akkadischen Soldaten und ihr König bergan schreiten. Ein gewaltiger Bergkegel ist im Hintergrund der Szene wiedergegeben. Zwei stilisiert dargestellte Bäume, die aus den Standlinien wachsen, ergänzen das Bild. Die bergige und bewaldete Landschaft ist also in die Komposition einbezogen; die Lokalisierung der Schlacht ist auch optisch möglich.

Allerdings sind nicht alle Kampf- und Schlachtendarstellungen der altakkadischen Zeit auf diese Weise verortet. Die offenbar in größerer Zahl im Reich aufgestellten Registerstelen mit Kampf- und Siegesdarstellungen[24] zeigen nur die an den Kämpfen unmittelbar Beteiligten, nicht aber die Landschaft.

---

[22] Orthmann 1975, 220.
[23] Börker-Klähn 1982, 134–136.
[24] Orthmann 1975, Abb. 102 f.

ALEXANDER PRUSS: NATUR- UND VEGETATIONSDARSTELLUNGEN IM ALTEN ORIENT   45

Abb. 16 Siegesstele des Naram-Sîn aus Susa, 23. Jh. v. Chr.
(Orthmann 1975: Abb. 104)

Abb. 17 Orthostatenrelief aus dem Nordwestpalast von Kalḫu (Nimrud),
Zeit des Assurnaṣirpal II. (884–859 v. Chr.)
(Curtis – Reade 1995: 45)

Ur-III-Zeit bis zum Ende des 2. Jts. v. Chr.

Diese sparsame Darstellung von Kampfszenen bleibt bis zum Ende des 2. Jts. v. Chr. die vorherrschende Variante. In der Glyptik kommen die aus dem Figurenband abgeleiteten Kampfszenen aus der Mode; ab der altbabylonischen Zeit kommen gelegentlich Darstellungen von Wagenkämpfern vor, die über getötete Feinde hinwegfahren.²⁵ Landschaftselemente fehlen bei diesen Darstellungen jedoch. Abbildungen von tatsächlichen Feldzügen und Schlachten, die in Texten dieser Zeit durchaus ausführlich beschrieben werden, sind bisher nicht gefunden worden.

Neuassyrische Zeit bis Tiglatpilesar III.

Die Überlieferungslage ändert sich in der Zeit des neuassyrischen Reiches. Mit den Palastreliefs, auf in der Sockelzone der Palastmauern verbauten Steinplatten angebrachten Reliefs, steht aus dem 9.–7. Jh. v. Chr. eine sehr umfangreiche Bildquelle zur Verfügung. Auf diesen Reliefs ließen die assyrischen Könige u. a. Abbildungen ihrer Heldentaten anbringen. Unter diesen spielten Kriegszüge und Belagerungen die wichtigste Rolle. Wie in den zugehörigen Inschriften werden die neuassyrischen Könige auch in den Reliefs als heldenmütige Bezwinger nicht nur der Feinde, sondern auch der wilden Natur gezeigt. So ist beispielsweise Assurnaṣirpal II. (reg. 884–859 v. Chr.) dargestellt, wie er auf seinem Streitwagen fahrend eine durch Schuppenmuster gekennzeichnete Berglandschaft durchquert (Abb. 17). Die Landschaft ist in den Darstellungen aus dieser Zeit allerdings immer nur Zutat; im Mittelpunkt befindet sich stets der König oder die Soldaten der assyrischen Armee. Die Darstellungen befinden sich in Registern, die entweder die ganze oder die halbe Höhe der Reliefplatten ausfüllen, wobei die dargestellten Personen fast die ganze Höhe dieser Register einnehmen.

Sargon II.

Bei den Reliefs aus der Regierungszeit von Sargon II. (722–705 v. Chr.) treten neben traditionellen Registerszenen auch großflächige Darstellungen auf, bei denen die Akteure relativ frei in die Fläche gesetzt sind. Die wohl bekannteste dieser Darstellungen findet sich auf mehreren benachbart angebrachten Platten, auf denen die Gewinnung und der Transport von Baumstämmen an der Küste des östlichen Mittelmeers gezeigt wird (Abb. 18).²⁶ Die Meerlandschaft ist mit Schiffen angefüllt, die vor der Küste und an Inselstädten vorbei die Stämme transportieren. Zwischen den Schiffen sind zahlreiche Meeresbewohner dargestellt, darunter neben tatsächlich vorkommenden Tieren (Fische, Krebse) auch Fabelwesen, wie geflügelte Stiere oder Fischmenschen. Der Standpunkt des Betrachters ist bei diesem Relief auf einen erhöhten und etwas entfernten Punkt verschoben, sodass die Landschaft eine zentrale Rolle bei dieser Darstellung spielt.²⁷

---

²⁵ Collon 1987, 158 Nr. 728–733.
²⁶ Orthmann 1975, Abb. 223.
²⁷ Matthiae 1999, 23 f.

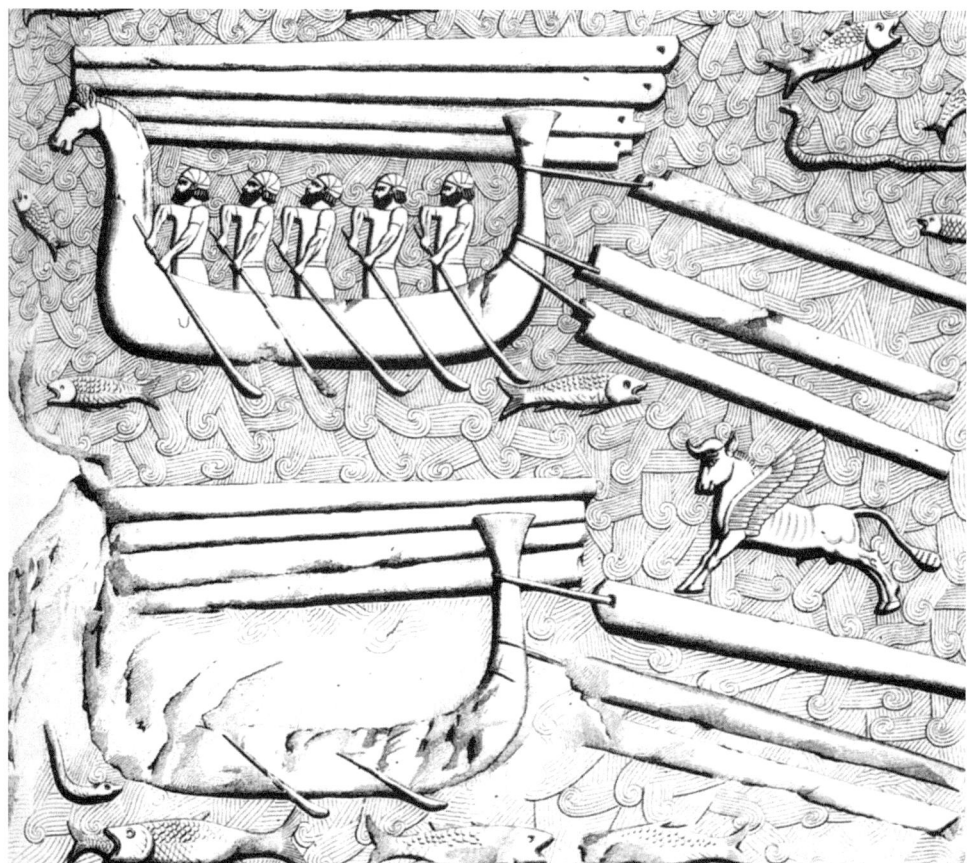

Abb. 18 Umzeichnung eines Orthostatenreliefs (Ausschnitt) aus Dur-Šarrukēn (Ḫorṣābād), Zeit des Sargon II. (721–705 v. Chr.)
(nach Orthmann 1975: Abb. 223)

Die Wiedergabe der Landschaft spielt auch bei Registerszenen aus der Regierungszeit des Sargon II. eine größere Rolle als unter seinen Vorgängern.[28] Neben Städten im Bergland, die wie schon vorher üblich, durch ein unter der Stadtvignette abgebildetes Schuppenmuster bezeichnet werden, treten nun z. B. einzelne spitze Bergkegel auf, die von Bäumen bewachsen sind (Abb. 19).[29] Die Wiedergabe dieser extremen Landschaft unterstreicht den Mut und die Willenskraft des Königs, der sich auch von solchen Hindernissen nicht aufhalten lässt.

---

[28] Bleibtreu 1980, 97 f.
[29] Bleibtreu 1980, 99–103.

Abb. 19 Umzeichnung eines Orthostatenreliefs (Ausschnitt) aus Dur-Šarrukēn (Ḫorṣābād), Zeit des Sargon II. (721–705 v. Chr.) (Bleibtreu 1980: Abb. 35)

Sanherib

Die schon bei Reliefs aus der Regierungszeit seines Vaters Sargon II. zu beobachtende Verlagerung des Blickpunktes in die Höhe wird in der Zeit des Sanherib (705–681 v. Chr.) weitergeführt und führt bei den Kriegsszenen zu großen Bild- und Landschaftskompositionen, in denen die assyrischen Soldaten und ihre Gegner nur als kleine Figuren auftauchen. P. Matthiae hat diese Entwicklung mit folgenden Worten beschrieben:

> Die natürliche Umwelt, die vorher in der assyrischen Kunst unbekannt war, wird zur Hauptdarstellerin in den tausend Details der Gebirgs-, Felder-, Sumpf- und Meerlandschaften, die sich in weite Flächen öffnen, die durch vereinzelte, klar erkennbare Bäume verschiedener Arten gekennzeichnet werden.[30]

[30] Matthiae 1999, 28. Vgl. Bleibtreu 1980, 127.

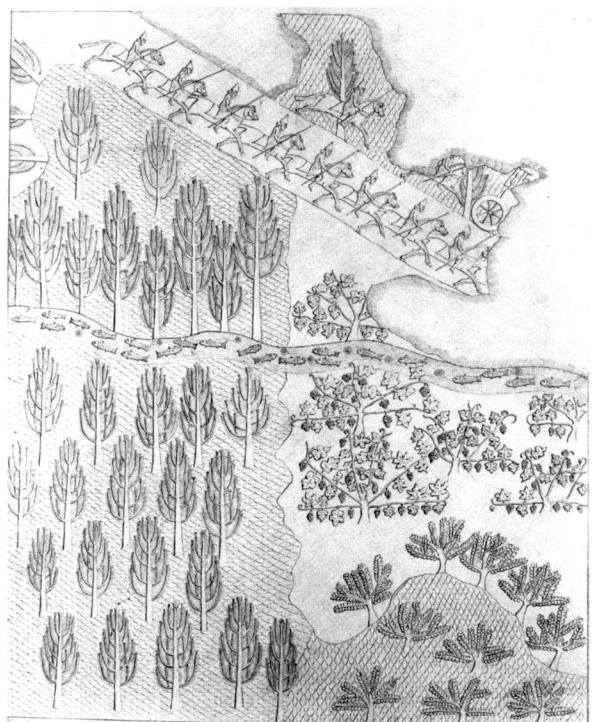

Abb. 20 Umzeichnung eines Orthostatenreliefs aus dem Südwestpalast von Ninive, Zeit des Sanherib (705–681 v. Chr.) (Barnett – Bleibtreu – Turner 1998: Taf. 80)

So ist etwa auf einem Relief aus dem Südwestpalast von Ninive (Abb. 20)[31] der Übergang von einer mit Nadelbäumen bewachsenen Hochgebirgslandschaft zu einer mit Laubbäumen und Weinreben gefüllten Talebene zu sehen. Das Wasser des in der Mitte gezeigten Flusses ist voller Fische. Dass in der oberen Bildhälfte eine Gruppe von berittenen assyrischen Soldaten auf einem Gebirgsweg in das Tal hinabreitet, fällt auf den ersten Blick gar nicht unbedingt auf.

Die Aufmerksamkeit, mit der die Künstler in der Zeit des Sanherib die natürliche Umgebung darstellen, führt auch dazu, dass sich, oft eher am Rande der Reliefplatten, Genreszenen finden, die mit dem eigentlichen Thema der Reliefs gar nichts zu tun haben. So findet sich am oberen Rand mehrerer Platten, auf denen Herstellung und Transport der gewaltigen Torlaibungsfiguren für den Palast des Sanherib gezeigt werden, eine von verschiedenen Pflanzenarten bewachsene Landschaft. In einem Schilfdickicht sind Hirsche und eine Bache mit Frischlingen zu erkennen, die mit erkennbarer Detailfreude dargestellt sind (Abb. 21).[32] Auf einem anderen Relieffragment ist ein Teich in einer Hügellandschaft zu erkennen, in dem ein Mann Fische angelt (Abb. 22).[33]

---

[31] Barnett – Bleibtreu – Turner 1998, Taf. 80.
[32] Barnett – Bleibtreu – Turner 1998, Taf. 107–109.
[33] Barnett – Bleibtreu – Turner 1998, Taf. 383.

Abb. 21 Orthostatenrelief aus dem Südwestpalast von Ninive (Ausschnitt),
Zeit des Sanherib (705–681 v. Chr.)
(Barnett – Bleibtreu – Turner 1998: Taf. 109)

Abb. 22 Umzeichnung eines Orthostatenreliefs aus dem Südwestpalast von Ninive, Zeit des
Sanherib (705–681 v. Chr.)
(Barnett – Bleibtreu – Turner 1998: Taf. 383)

Die Aufmerksamkeit für Flora und Fauna in der Regierungszeit des Sanherib zeigt sich nicht nur in den Szenen der Palastreliefs, sondern auch in der Anlage großer Gärten und Parks in der neuen Residenzstadt Ninive und ihrer Umgebung. Diese Anlagen sind in verschiedenen Inschriften dieses Königs gerühmt und waren ein wichtiger Bestandteil des „Palastes ohnegleichen", so der offizielle Name seiner Residenz.[34]

---

[34] s. zu diesem Palast im Allgemeinen: Russel 1991.

Abb. 23 Orthostatenrelief mit Darstellung der Schlacht von Til-Tuba (Ausschnitt) aus dem Südwestpalast von Ninive, Zeit des Assurbanipal, ca. 650 v. Chr. (Orthmann 1975: Abb. 237)

Landschafts- und Gartenbilder aus der Regierungszeit Assurbanipals

Aus der Regierungszeit des letzten bedeutenden neuassyrischen Herrschers Assurbanipal (669–ca. 627 v. Chr.) stammen ebenfalls zahlreiche Orthostatenreliefs. Verglichen mit den großen Landschaftskompositionen aus der Zeit seines Großvaters Sanherib tritt bei den Schlacht- und Kriegsdarstellungen die Landschaft an Bedeutung wieder etwas zurück, ohne allerdings in die Bedeutungslosigkeit früherer Darstellungen zu verschwinden. In der Darstellung der Schlacht von Til-Tuba gegen die Elamer (653 v. Chr.) stehen das chaotische Schlachtgeschehen und der Tod des elamischen Herrschers in der Schlacht im Mittelpunkt, wobei die Landschaftselemente des Schlachtfeldes – ein Hügel auf der einen und der Fluss Ulai auf der anderen Seite sowie die von Sträuchern bewachsene Ebene dazwischen – klar erkennbar bezeichnet werden (Abb. 23).[35]

---

[35] Barnett – Bleibtreu – Turner 1998, Taf. 288–299.

Abb. 24 Orthostatenrelief aus dem Nordpalast von Ninive, Zeit des Assurbanipal (669–627 v. Chr.)
(Orthmann 1975: Abb. 246)

Abb. 24 Orthostatenrelief aus dem Nordpalast von Ninive, Zeit des Assurbanipal (669–627 v. Chr.)
(Orthmann 1975: Abb. 247)

In den Reliefs aus dieser Zeit finden sich vielfach Park- und Gartenlandschaften, also nicht die wilde und unzivilisierte Natur, sondern vom Menschen geschaffene und kontrollierte Landschaften. Mit besonderer Detailfreude dargestellt sind exotische Pflanzen und Tiere, wie z. B. auf einer Szene aus dem Nordpalast von Ninive, wo ein Löwenpaar in einem Garten gezeigt wird (Abb. 24).[36] Dieselbe Sorgfalt zeigt die Darstellung der Pflanzen in der berühmten ‚Gartenszene', die den König zusammen mit seiner Gemahlin

---

[36] Barnett 1976, Taf. 15.

unter einer Weinlaube zeigt (Abb. 25).[37] Dass auch diese auf den ersten Blick idyllische Szene in die assyrische Königsideologie eingebunden ist, wird einem spätestens klar, wenn man den in einem Baum hängenden abgeschlagenen Kopf des elamischen Königs entdeckt.[38]

Ausblick und Resumée

Die Vorliebe der späten neuassyrischen Könige für Parks und Gärten setzt sich in achämenidischer Zeit (ab 550 v. Chr.) in den großen Gartenanlagen der Königspaläste fort, auch wenn diese eine ganz andere formelle Tradition begründen, die im Iran bis heute fortlebt. Diese Gärten sind teilweise (z. B. in Pasargadae[39]) archäologisch nachgewiesen und werden auch von den griechischen Autoren erwähnt, die über das Perserreich berichten.[40] In den uns erhaltenen bildlichen Darstellungen aus dieser Zeit finden wir allerdings keine Abbildungen dieser Anlagen.

Von einigen Ausnahmen (z. B. den mittelassyrischen Rollsiegeln) abgesehen ist die natürliche Umgebung nur in einem kurzen Abschnitt der neuassyrischen Zeit im 7. Jh. v. Chr. ein eigenständiges Thema der uns erhaltenen Darstellungen aus dem Alten Orient. Für diejenigen Menschen, die uns bildliche Zeugnisse ihrer Vorstellungswelt hinterlassen haben, war die vom Menschen unberührte Natur allenfalls als Schauplatz von Krieg und Jagdabenteuern interessant. Selbst die Obst- und Gemüsegärten, die im alltäglichen Leben der alten Mesopotamier eine große Rolle gespielt haben müssen, haben in der Bildwelt vor allem als Kriegsziel, das zur Schwächung des Gegners mutwillig zerstört wird, Spuren hinterlassen.

Bibliographie

Albenda, P. 2005. *Ornamental Wall Painting in the Art of the Assyrian Empire.* Leiden (= Cuneiform Monographs 28).
Amiet, P. 1980. *La glyptique mésopotamienne archaïque.* Paris.
Aruz, J., Benzel, K. und Evans, J. M. (Hrsg.) 2008. *Beyond Babylon. Art, Trade, and Diplomacy in the Second Millennium B.C.* New York.
Bahrani, Z. 2004. The King's Head. *Iraq* 66: 115–120.
Barnett, R. D. 1976. *Sculptures from the North Palace of Ashurbanipal at Nineveh (668-627 B.C.).* London.
Barnett, R. D., Bleibtreu, E. und Turner, G. 1998. *Sculptures from the Southwest Palace of Sennacherib at Nineveh.* London.

---

[37] Barnett 1976, Taf. 64. 65.
[38] Bahrani 2004.
[39] Boucharlat 2003–2005, 355 f.
[40] Streck 2003–2005, 332 f.

Bleibtreu, E. 1980. *Die Flora der neuassyrischen Reliefs.* Wien (= Wiener Zeitschrift für die Kunde des Morgenlandes. Sonderband 1).

Boehmer, R. M. 1999. *Uruk. Früheste Siegelabrollungen.* Mainz (= Ausgrabungen in Uruk-Warka. Endberichte 24).

Börker-Klähn, J. 1982. *Altvorderasiatische Bildstelen und vergleichbare Felsreliefs.* Mainz (= Baghdader Forschungen 4).

Boucharlat, R. 2003–2005. Pasargadai. *Reallexikon der Assyriologie und Vorderasiatischen Archäologie* 10: 351–362. Berlin/New York.

Collon, D. 1987. *First Impressions. Cylinder Seals in the Ancient Near East.* Chicago.

Collon, D. 2001. *Catalogue of the Western Asiatic Seals in the British Museum. Cylinder Seals V. Neo-Assyrian and Neo-Babylonian Periods.* London.

Curtis, J. E. und Reade, J. E. (Hrsg.) 1995. *Art and Empire. Treasuries from Assyria in the British Museum.* London.

Galter, H. 1999. Enkis Haus und Sanheribs Garten. Aspekte mesopotamischer Natursicht. In R. P. Sieferle und H. Breuninger (Hrsg.), *Natur-Bilder. Wahrnehmungen von Natur und Umwelt in der Geschichte*: 43–72. Frankfurt am Main/New York.

George, A. 2003. *The Babylonian Gilgamesh epic. Introduction, critical edition and cuneiform texts.* Oxford.

Haas, V. 1982. *Hethitische Berggötter und hurritische Steindämonen. Riten, Kulte und Mythen. Eine Einführung in die altkleinasiatischen religiösen Vorstellungen.* Mainz (= Kulturgeschichte der Antiken Welt 10).

Haller, A. 1954. *Gräber und Grüfte aus Assur.* Berlin (= Wissenschaftliche Veröffentlichungen der Orient-Gesellschaft 65).

Heinrich, E. 1931. *Ergebnisse der Ausgrabungen der Deutschen Orient-Gesellschaft in Fara und Abu Hatab 1902/03.* Berlin.

Kantor, H. J. 1945. *Plant Ornament. Its Origin and Development in the Ancient Near East.* Dissertation Chicago.

Klengel, H. 1979. *Geschichte und Kultur Altsyriens.* Leipzig.

Marzahn, J. (Hrsg.) 2008. *Babylon, Mythos und Wahrheit. Wahrheit.* München.

Matthiae, P. 1999. *Geschichte der Kunst im Alten Orient. 1000–330 v. Chr. Die Großreiche der Assyrer, Neubabylonier und Achämeniden.* Darmstadt.

Maul, S. 2005. *Das Gilgamesch-Epos, neu übersetzt und kommentiert.* München.

Moortgat, A. 1940. *Vorderasiatische Rollsiegel.* Berlin.

Orthmann, W. 1975. *Der Alte Orient.* Berlin (= Propyläen Kunstgeschichte 14).

Otto, A. 2013. Königssiegel als Programm – Überlegungen zum Selbstverständnis altorientalischer Herrscher und zur Deutung der Tierkampfszene. *Zeitschrift für Assyriologie* 103: 45–68.

Pruß, A. 2015. Animal Terracotta Figurines and Model Vehicles. In U. Finkbeiner, M. Novak, F. Sakal und P. Sconzo (Hrsg.), *Associated Regional Chronologies for the Ancient Near East and the Eastern Mediterranean 4. Middle Euphrates*: 279–295. Turnhout.

Pruß, A. und Link, Chr. 1994. Zoomorphe Terrakotten. In J.-W. Meyer und A. Pruß, *Ausgrabungen in Halawa 2. Die Kleinfunde von Tell Halawa A*: 111–155. Saarbrücken (= Schriften zur Vorderasiatischen Archäologie 6).

Pruß, A. und Sallaberger, W. 2003/2004. Tierhaltung in Nabada/Tell Beydar und die Bilderwelt der Terrakotten als Spiegel von Wirtschaft und Umwelt. *Archiv für Orientforschung* 50: 293–307.

Russel, J. M. 1991. *Sennacherib's Palace without Rival at Nineveh*. Chicago/London.

Streck, M. 2003–2005. Paradies. In *Reallexikon der Assyriologie und Vorderasiatischen Archäologie* S: 332–334. Berlin/New York.

Streck, M. 2011–2013. Steppe, Wüste. In *Reallexikon der Assyriologie und Vorderasiatischen Archäologie* 13: 146–149. Berlin/New York.

Strommenger, E. 1962. *Fünf Jahrtausende Mesopotamien. Die Kunst von den Anfängen um 5000 v. Chr. bis zu Alexander dem Großen*. München.

Wrede, N. 2003. *Uruk. Terrakotten 1. Von der ʿUbaid- bis zur altbabylonischen Zeit*. Mainz (= Ausgrabungen in Uruk-Warka. Endberichte 25).

Über Naturphänomene in der archaisch-griechischen Flächenkunst

Ursula Mandel

Frankfurt

Abstract

An inquiry concerning the capacity of orientation of early Greek vase painters with respect to 'nature' cannot be reduced to iconic representations of landscape elements. Rather it is essential to examine when and how a decorated area, in the process of becoming an 'image', starts showing features, which can be reconstructed as nature constants in the broad sense.

In the late phase of Attic-geometric vase painting, indications of elementary geometry of natural space became gradually established in figured areas: The horizontal bottom line, formerly only separating ornamental zones, increasingly became semantically charged as a stable ground level. Heads of 'grazing' animals bent down to the bottom line and rows of triangles based on it, stimulate the viewer's reconstruction of the primary spatial categories 'bottom'–'top', and consolidate this by a basic material impression of vegetation, of overgrown soil. On representations of ships, horizontally arranged fish beneath and birds above the ships are features facilitating to reconstruct two other natural 'elements': the logically layered continua water and air.

By adopting the dynamic winding line from the oriental craftwork, Proto-Attic and Proto-Corinthian artists became able to convey to the viewer the experience of an essential quality of organic life: tension and dynamics of development. Principles of vegetal growth, such as sprouting and elastic unrolling and unfolding to the point of bending downwards, became distinctively recognizable in the formal features of ornamental volute-palmette-structures. Moreover, new statics of powerfully spread legs of men and lions, showing convex outlines, can be seen in contrast to the upward dynamics of plants. This combination complements the viewer's reconstruction of the natural geometric space, as for the first time the physical constant 'gravity' – the very basis of our vertical orientation – can be perceived.

As these categories of space became increasingly unambiguous, the width extension of the image area underwent a semantic charge: 'left' and 'right' thus became polarly different positions as well. From now on, the directions within an arrangement can be reconstructed in terms of tension of the interrelating elements, or as dynamics of an action. Thereby the narrative possibilities became exponentially increased. In this phase, Proto-Attic vase painters not only 'materialized' the horizontal boundaries, but also the vertical borders by 'adhering' ornaments sprouting into the pictorial area. Such a delineated frame enabled the viewer to concentrate on the image area as a defined space of action.

At this stage of development, vegetation elements had so far fulfilled their function in figural vase painting. The mobile organisms then increasingly began to claim the 'central stage' exclusively for themselves and their 'natural' behaviour patterns and the resulting relationships. The vase painters emphasized the conciseness of their vitality by more taut and convex outlines and, at the same time, by controlled shaping of the interspaces they succeeded in creating a compositional tension between space-consuming body masses and disposable free space.

Most of the Proto-Corinthian vase painting, which exercised great influence in the orientalising 7th century, was confined to the representation of animals and demonic super-animals, that is, non-human organisms. These genuine protagonists of nature made it possible to open a discourse about natural laws: strong, aggressive beasts of prey face or follow weaker and meeker grazers in a 'nature-intended' antagonism. The alternating ornamental alignment of the animals, by means of significantly directed arrangement, acquires a tension of a polar relationship. The conflict potential was only rarely developed in a narrative mode up to the point of a deadly assault. This is due to the fact, that the equalized sequence of the antagonistic animals, in an ornamental mode, most appropriately corresponded to the painters' endeavour to represent the rule of balance in long terms.

As attesters of the inevitability and severity of the living conditions determined by the laws of nature, menacing supernatural powers were inserted in the animal friezes: the demonic super-beasts and occasionally even the Great Goddess of organismic nature herself, *Potnia Theron*. These super-beings, in the face of antagonistic intentions of unequal creatures, ensure a balance and thus the survival of the antagonistic nature as a system by occasionally protecting the relatively weaker creatures.

The self-preservation dynamics of the wildlife, due to their psychosocial dimensions, are also suitable as metaphors for nature-inherent dissymmetric constellations and instinctive behaviour among men. An inevitable imbalance of power exists here primarily between male and female and between the adult and infantile positions. Ducks and geese, for example, who are particularly subjected both to the threat and the protection of supernatural beings in Proto-Corinthian animal friezes, seem to be associated with *Parthenoi*. In the contemporaneous eastern Greek vase painting ('wild goat-style'), the Anatidae have been assigned to a central volute-palmette-'tree', and together with this code for plant life have been flanked by protecting griffins or sphinxes. Vegetation as a foundation of peaceful community life, is also represented by 'herds' of grazers on the same vases. These dominate the south-Ionian animal friezes, in place of the motherland's antagonistic pairs of single carnivores and herbivores.

The generalized representation of vegetal growth in the ornamental mode had been an option already in ancient oriental art, on an equal footing with the iconic-descriptive mode for 'historical' subjects, i.e., the narration of changing events. Early Greek vase painters integrated the oriental motif of the ornamental so-called sacred tree in its substantial meaning.

Descriptive representation of plants and other landscape elements only became interesting again in narrative scenes, when vase painters introduced a new impressive topic, in addition to emotional appealing social actions: the intimate experience. In late archaic Athens, vase painters succeeded in visualizing the solitude of a human being by a tree, on the one hand by its corresponding isolation at the venue of an event, on the other hand by its reference to the undisposable totality of nature. This reference may be intensified by a wild animal, a condensed image of the former animal frieze.

'Nature' reappears now as the domain of gods, but their capacities are depicted in a less violent manner. While enjoying and vivifying plants and wildlife animals, certain supernatural beings look as if they are dwelling in their own 'element'. Besides nymphs and Dionysus, it's again the 'old' mistress, Artemis, who, together with her musician brother Apollon, rules over her domain of nature's laws in a sovereign and playful manner.

Wenn man mit Ernst Gombrich die Entwicklungen bildnerischer Gestaltungen als eine ständige Abfolge von Schema und Korrektur versteht,[1] dann möchte man nicht über künstlerische Phänomene bestimmter Entwicklungsphasen urteilen, ohne die Anfänge und die Zwischenschritte beobachtet und verstanden zu haben.

So ist es unerlässlich für die Untersuchung von Naturphänomenen in der archaisch-griechischen Flächenkunst, als deren Voraussetzung die Vasenmalerei der geometrischen Epoche und der orientalisierenden Phase zu betrachten.

‚Natur' im landläufigen Sinne wird auf griechischen Vasen erst dann erkannt, wenn Landschaft-prägende Elemente – Bodenreliefphänomene, Wasser, Pflanzen – *ikonisch* gegeben sind, wenn also ihre Formung dem Betrachter die Rekonstruktion der räumlich-gegenständlichen Wirklichkeit bis zu einem gewissen Grad ermöglicht.[2] Das ist vereinzelt in der protokorinthischen Vasenmalerei der Fall, wird aber erst seit dem mittleren 6. Jh. v. Chr. in Athen allmählich zu einer allgemeinen Möglichkeit der Vasenmaler, die in das 5. Jh. v. Chr. hinein zunehmend elaboriert wird.[3]

Wie aber hat sich dies vorbereitet innerhalb der Kunstgattung selbst? Nicht die Schriftquellen sollen nach entsprechenden Modellen und Diskursen befragt werden, sondern allein die bildlichen Zeugnisse: In welchen gestalterischen Maßnahmen oder Findungen fassen wir eine gezieltere Wahrnehmung und einsichtigere Modelle der bio-geo-physikalischen ‚Umwelt', also in welchen konkret rekonstruierbaren Notierungen der natürlich-physikalischen räumlichen Dimensionen im Schwerefeld? Wann und wie sind welche Schemata in dieser Richtung nach und nach so korrigiert worden, dass der Betrachter Naturphänomene *anschaulich* erlebt? Diese Definition von ‚Natur' und dieses

---

[1] Gombrich 1986, insbesondere S. 22 f. 39–46. 83–113.
[2] Dietrich 2010, 19: „Aus der Unsicherheit heraus, wie der Gegenstand von Natur- und Landschaftsdarstellung genau zu definieren ist, ohne dabei in Anachronismen zu geraten, ist es ratsam, als Ausgangspunkt für die Zusammenstellung des zu untersuchenden Corpus nicht die nebulösen Begriffe Natur und Landschaft, sondern – sozusagen ganz ‚naiv' – eine klar definierte Motivgruppe zu wählen, nämlich Bäume und Felsen, sowie alles, was dem nahekommt (Zweige, Geländelinien u. ä.). Diese Motive sind die Elemente, aus denen neuzeitliche Landschaften bestehen, und tragen damit unseren Begriff von Natur und Landschaft in sich." Es ist fraglich, ob man auf diese Weise die Orientierungs- und Rekonstruktionsleistungen der griechischen Vasenmaler hinsichtlich der geophysikalischen und pflanzlichen Umwelt erkennen und in ihren einzelnen Schritten verstehen kann. Tatsächlich findet Dietrich seine Motive erst seit dem elaboriert-Schwarzfigurigen, die Mehrzahl erst ab spätarchaischer Zeit, die Zweige frühestens bei Klitias.
[3] Zum Protokorinthischen siehe unten S. 77 f.; Anm. 161; zu den Neuerungen seit spätarchaischer Zeit siehe unten S. 122–138. Rotfigurige Vasenmalerei nimmt einen großen Teil der Untersuchung Dietrichs ein.

genau bestimmte Untersuchungsinteresse unterscheiden sich von der 2015 erschienenen Arbeit A. Haugs „Bild und Ornament im frühen Athen", in der vielfach von „Naturdarstellungen", „‚Landschaft'" und „‚Landschaftsraum'" in der geometrischen und protoattischen Vasenmalerei die Rede ist.[4]

Betrachten wir die Vasenmalerei der geometrischen Epoche.[5] Etwa zweieinhalb Jahrhunderte besteht der Vasendekor allein in – scheinbar abstrakter – Ornamentik, mit ihren Ordnungsprinzipien rhythmisch artikulierter Reihung in den zwei orthogonal bezogenen Dimensionen. Technische Perfektion und formale Präzision machen hierbei die lern- und lehrbare Kunst der Spezialisten aus; Möglichkeiten der Qualitäts- und Wertsteigerung liegen im Mehraufwand an konstant hochwertigen Schmuckformen.[6] Etwa um die Mitte des 8. Jhs. v. Chr. werden zum ersten Mal Figuren – bewegte Organismen: Tiere und Menschen – in das Ornamentraster der Vasenoberfläche eingefügt. Vielleicht ist die zeitliche Koinzidenz mit der Adaption der Buchstabenschrift von den Phöniziern[7] kein Zufall: Die ‚Notierung' von gegenständlichen und ideellen Phänomenen durch konventionalisiert-elementare Zeichen, die visuell je als Anschauungsinhalte aktualisiert und verstanden werden können, ist die neu ergriffene Möglichkeit der Selbstvergewisserung sowie der Konservierung und Mitteilung von Informationen über Sachverhalte.

Der Duktus dieser gegenständlichen Notierung bleibt auf den Vasenbildern zunächst an den traditionellen ästhetischen und herstellungspraktischen

---

[4] Haug 2015, z. B. S. 73. 83. 119. 127; auf der Grundlage von Himmelmanns bahnbrechendem Ansatz von 1967 und seinen übrigen Arbeiten zur geometrischen Kunst macht Haug Versuche in diversen Richtungen, weiter zu kommen; dazu hätte sie den von Himmelmann erreichten Erkenntnisstand aber erst einmal vollständig realisieren müssen. Im Resümee vollzieht Haug den Anschluss an Dietrich, S. 207. 209–211: Naturelemente (= hier pflanzlich zu verstehende Ornamente und Tiere, nicht Bäume und Felsen wie bei Dietrich) „charakterisieren […] die ‚Umgebung' der Akteure und mit ihr auch die Akteure selbst." Ein Begriff wie „additive Raumstruktur" (S. 210) zeigt den grundlegenden Unterschied zur vorliegenden Auffassung des Bildes als Vorschlag des Malers zur Rekonstruktion der Wirklichkeit.
[5] Schweitzer 1969; Coldstream 2008.
[6] Können-Bewusstsein und technisch-ästhetischer Anspruch der Töpfer/Vasenmaler werden schlagartig in der attisch-protogeometrischen Keramik deutlich, wenn auf gespannt-artikulierten Gefäßformen konzentrische Zirkelkreise das Nonplusultra von *techné* und zugleich an Schmuckwirkung darstellen. In der homerischen höfischen Welt spielen reich verzierte Gegenstände aus billigem Material wie Ton keine Rolle, vgl. Himmelmann 1969; aber auch beim von Hephaistos verfertigten Schild ist die schiere Menge der Figuren ein ‚Kunst'-Faktor: *Ilias* 18, 482: *daídala pollá* (δαίδαλα πολλά).
[7] Heubeck 1979; Burkert 1992, 25–33; Coldstream 2003, 295–302; Der Neue Pauly 1 s. v. Alphabet Sp. 537–547 (R. Wachter); Der Neue Pauly 11, s. v. Schrift, Sp. 237–240 (R. Wachter). Die Möglichkeit eines Zusammenhangs ist, soweit ich sehe, noch nicht erwogen worden.

Prinzipien der Ornamentik orientiert:[8] Wiederholung, Reihung einer immer gleich geformten, generalisierten ‚Figur', Tier oder Mensch, die in ihrer Formelhaftigkeit weniger anschaulich erlebt als vielmehr ‚gelesen' werden will – das heißt, quasi wie eine Hieroglyphe[9] decodiert. Das immer gleichartig Wiederholte – als gesellschaftliche Leit-Rituale – charakterisiert auch das erste inhaltliche Repertoire der figürlichen Bilder: Totenfeiern und Männerkämpfe; es sind emotionsbesetzte anthropologische Konstanten in der speziellen kulturellen Ausprägung der ruhmgierigen Kriegeradelsgesellschaft des frühen Griechenland.

Dem Ornament gleich ist die Anordnung der Figuren auf der Malfläche vor allem auch in der Hinsicht, dass sie nicht raumorientierend ist. Orthogonalität – streng vertikal erstreckte Elemente in streng horizontaler Reihung – war bereits eine Eigenschaft des ornamentalen Dekorsystems der ersten scheibengedrehten Tongefäße der Epoche. Und sie bleibt bei den einzelnen Figurenschemata wie bei den vielfigurigen Anordnungen ohne eindeutige Hinweise für die Rekonstruktion des natürlich-physikalischen Raumes im Schwerefeld. Immerhin sind die senkrechte und die waagerechte Ausrichtung der Figuren auch physikalisch normal.

Typische attische Vasenbilder des 8. Jhs. v. Chr. mit Aufbahrung (*Prothesis*), Totenklage und Leichenprozession (*Ekphora*) zeigen, dass die orthogonale Felderung der ausgedehnten Bildfläche nicht der Begrenzung eines jeweils zu rekonstruierenden Raumes gilt (Abb. 1 a).[10] Vielmehr dienen die über- und nebeneinander gestaffelten oder auch ineinander verschachtelten Felder der flächenökonomischen Organisation bei der Darbietung großer Figurenmengen – noch nicht viel anders als bei komplexen rein ornamentalen Dekorkompositionen. Die lineare Feldbegrenzung einer Figurenreihe hindert nicht, die Aufzählung des Gleichartigen jenseits fortzusetzen. Abhängig von der zur Verfügung stehenden Fläche haben auch inhaltlich zusammengehörige Figuren ganz unterschiedliche, je eigene Dimensionen. Nur gelegentlich entsprechen die nachbarschaftlichen Beziehungen auf der Fläche – daneben, darüber, darunter – auch den räumlichen Beziehungen der handelnden Personen und Gegenstände in der gemeinten Wirklichkeit. Dabei können die

---

[8] Vgl. Himmelmann 1968, 282 (24): „Es läßt sich dabei doch regelmäßig erkennen, daß die formalen Eigenschaften der figürlichen Darstellungen sekundär sind und daß ihre Kompositionsprinzipien im Wesentlichen schon durch ihre ornamentalen Vorläufer vorweggenommen werden."
[9] Himmelmann 1964, 13 verwendet den Begriff zuerst; siehe insbesondere Himmelmann 1967, 83–85.
[10] Kraterfragment Louvre Inv. A 517: Schweitzer 1969, Abb. 36; Ahlberg 1971, Taf. 4 a–c; Denoyelle 1994, 18 f. Nr. 4; Coulié 2013, 17 Taf. 1. – Allgemein zum Motiv: Ahlberg 1971; Merthen 2008.

Abb. 1 a–b Fragment eines attisch-geometrischen Kraters, Paris, Musée du Louvre, Inv. Nr. A 517
(© bpk / RMN - Grand Palais / Hervé Lewandowski)

Bildelemente – z. B. handlungsmäßig zusammenhängende Figuren – in ihrer flächig-ornamentalen Topologie analog zu Sprachformeln angeordnet sein: Die Frauen trauern ‚rings um' den aufgebahrten Verstorbenen (Abb. 1 a).[11] Verdeckungen kommen ebenso wenig vor wie in der Sprache.

Nicht nur Elemente der Innenraumszenen werden auf die beschriebene Weise ‚verzahnt', sondern auch Figuren des ‚Drinnen' (*Prothesis*) und Figuren des ‚Draußen' (*Ekphora*).[12]

Gleichwohl gibt es auch den ‚Szenenwechsel' an Grenzen von Flächenbereichen: Unter dem Doppelbogen des Henkels rekonstruieren wir einen ganz anderen Ort als daneben, ‚sehen' ein Meerstück, ein Schiff mit Ruderern (Abb. 1 b). Es sind naheliegenderweise ‚Draußenszenen' wie diese, in denen sich zuerst orientierende Angaben über räumlich-physikalische Sachverhalte zeigen. Dazu gehören als erstes die Hinweise auf ‚oben' und ‚unten' als Kategorien wirklichkeitsgetreuer räumlicher Anordnung: darüber – darunter ist auf der nahezu betrachterparallel aufrechten Bildfläche eine analoge, rekonstruierbare Lokalisierung in der Annäherung an die Strukturen der natürlich-räumlichen Welt. Das bildnerische Mittel hierzu ist aber nicht die Darstellung der amorphen oder variomorphen, grenzenlosen Massen der anorganischen Elemente (Erdboden/Gewässer, Luft), sondern die Darstellung von organismischen Vertretern der Natur in Gestalt von form- und bewegungsspezifischen Körpern bestimmter Tiere. Diese unsere Mitwesen, prinzipiell mobil, reaktions- und kommunikationsfähig, bevölkern einerseits denselben geophysikalischen Großraum, haben andererseits im damaligen menschlichen Bewusstsein spezifische eigene, natürliche Lebensräume, auf die sich die genannten Elemente verteilen. In der geometrischen Bildersprache wird außermenschliche ‚Natur' also – im Wortsinne! – ‚verkörpert' durch Tiere.

Mithilfe der vier Fische unter dem Rammbug des Schiffes rekonstruiert der Betrachter zwanglos deren natürliches Biotop, das Element Wasser als umgebendes Medium; und mithilfe der Erstreckung des Schiffes rekonstruiert er den nicht notierten horizontal erstreckten Meeresspiegel samt der entsprechenden Bewegungsrichtung des Schiffes in Schubrichtung der Ruderer, die die Fische ‚schwimmend' teilen.[13] Und die vier gereihten Vögel über dem

---

[11] Evident ist dieses Verfahren beim Bahrtuch, das innerhalb der frontalen Bildebene als Fläche ‚über' den Leichnam gemalt ist bzw. ‚drum herum'; vgl. Kaeser 1976, 40 f.; Bol 2005, 246–252 zum Bahrtuch, zu „topologischen, nicht betrachterbezogenen Lageangaben" 253–322, insbesondere 241. 244. – Zur Materialität des Bahrtuchs als Flächenornament vgl. Himmelmann 1968, 312 (54)–315 (57).
[12] Himmelmann 1967, 83 (15).
[13] So auch ein Fisch auf den Kraterfragmenten in Warschau Inv. 142172, eh. in Königsberg: Ahlberg

Schiff fördern beim Betrachter die Vorstellungsproduktion des natürlichen Luftraumes über dem Meer, auch wenn der Vasenmaler nicht eine Flughaltung der Vögel neu formuliert,[14] sondern den Standardvogeltypus seiner Zunft übernommen hat, der einem ruhig stehenden/gehenden Enten- oder Stelzvogel mit langem Hals und fleischigem Körper entspricht.[15] Man könnte es für eine gut gefundene Notlösung halten, dass der Maler bei seinem Versuch, die „water birds" für Luft in Anspruch zu nehmen, je einen Vogel direkt über der Spitze der Bug- und Heckzier positioniert hat, als sei er dort gelandet. Ebenso unklar muss bleiben, ob der Maler den Standardvogeltypus ornithologisch ernst genommen haben wollte, als Küstenvogel also, und dem Betrachter so eine – ja immer erregende – Ausfahrtsituation erlebbar machen wollte.[16] Die Ausrichtung der Vögel entgegen der Fahrtrichtung des Schiffes und des begleitenden

---

1971, 89 Abb. 90; Kirk 1949, 98 Abb. 2. Auf dem Kraterfragment im Louvre Inv. A 536: Kirk 1949, Taf. 39, 8, sind Fische gegen Fahrtrichtung gereiht (so auch auf dem orientalisierenden Dinosfragment aus Theben, Coulié 2013, 17 Taf. 2), dabei schräg aufwärts dem Schiffsrumpf ‚zugewandt'. Der Gegensatz all dieser Beispiele zur ‚chaotischen' Verteilung im Schiffbruch-Bild München, Schweitzer 1969, Abb. 62, ist deutlich. Auch nach Erfindung der wellig abgeschlossenen Wasserfläche unter dem Schiff im spätarchaisch-Schwarzfigurigen kann diese durch gereihte, gerichtete Fische dynamisch belebt sein, s. Oinochoe in Theben: Delivorrias 1987, 181 Abb. 79. Oinochoe und Halsamphora in London: Spathari 1995, 90 Abb. 102; 93 Abb. 106.

[14] Wie auf den zusammengehörigen Kraterfragmenten im Louvre (Inv. A 526, jetzt A 527): Haug 2012, 251 Abb. 203; Haug 2015, 73 f. Abb. 30, und im Athener Nationalmuseum: Kirk 1949, Taf. 40, 1, sowie auf den Kraterfragmenten Athen, Archäologisches Nationalmuseum Inv. 802: Delivorrias 1987, 163 Abb. 60.

[15] In der deutschen Literatur wird in der Regel nur von „Vögeln" gesprochen, siehe z. B. Chr. Dehl-von Kaenel im CVA Berlin (10) zu Taf. 14 und 53; in ihrer Rezension, Bryn Mawr Classical Review, http://bmcr.brynmawr.edu/2009/2009-09-49.html, verwendet M. B. Moore dagegen den Begriff „waterbird", der dem fleischigen Leib und langen Hals des Schemas eher gerecht wird. Im namengebenden Motiv der ostionischen sog. Vogelkotylen und Vogelschalen sieht M. Kerschner zu Recht einen „Wasservogel", http://www.ruhr-uni-bochum.de/milet/in/vogel.html; der englische Begriff umfasst nicht nur Enten- und Gänsevögel, sondern auch uferliebende Schreitvögel wie Reiher und Störche. – Haug 2015, 63–75, ist nicht an Herkunft und gesellschaftlicher Relevanz des fleischigen Vogeltyps interessiert, für den Lenz 1998 Vorgänger in der späthelladischen/ kyprischen Vasenmalerei nachweist. Enten- und Stelzvögel sind begehrte Fleischlieferanten in Jagdgesellschaften, in den Ackerbaugesellschaften aber auch als Körnerfresser domestiziert und dann mit Demeter und dem Frauenbereich verbunden, vgl. Penelopes Traum von ihrer Gänseherde am Trog, *Odyssee* 19, 535–543. Tierknochenfunde beweisen, dass Çatal Hüyük in einer Marschlandschaft voller Wasservogelarten gegründet worden ist, was auch für neolithische Siedlungen in Griechenland zutrifft: Balter 2001; van Andel – Runnels 1995. Zur Gemeinschaft von Weidevieh und „waterbirds" siehe unten S. 67 mit Anm. 22. In diesem Nahrungswert sehe ich eine Möglichkeit, die ‚Opfergänse' auf geometrischen Prothesisbildern noch besser zu begründen, siehe Himmelmann 1997, 15 f. und Schmölder-Veit 2008, 119–137.

[16] Lenz 1995, 155 deutet die häufige Kombination von Vögeln auf Schiff-Enden in Verbindung mit „daneben stehenden" Kriegern als Schlachtsituationen am Ufer. Vogel auf dem Bugsporn bei Ausfahrt: Entführung der Helena (?) auf dem Krater im British Museum: CVA London, British Museum (11) Taf. 45 oben rechts (Detail).

Fischschwarmes könnte ein Hinweis darauf sein – wenn auch Rechtsläufigkeit bei geometrischen „water bird"-Friesen generell das Häufigere ist.[17]

Auf abstrakt-rhythmische Weise unterstützen die locker gestreuten, frei ‚schwebenden' Schleifchen und Sonnensterne die Vorstellung vom bewegten Medium ‚Luft'.[18] In den *Prothesis*- und *Ekphora*-Szenen sind die gleichen Füllmuster in den Figurenzwischenräumen dagegen streng orthogonal organisiert, was den Eindruck einer geordneten und dichten Gruppenaktion steigert (Abb. 1 a).[19]

Im Schiffbruchbild der Münchner Kanne[20] wird auf ähnliche Weise durch die ungeordnet richtungswechselnde Verteilung von untereinandergemischten Menschen- und Fischkörpern das Meer erlebbar als ein wild wirbelndes flüssiges Element. Nur der einzig Überlebende und sein rettender Schiffskiel halten die physikalischen Normalrichtungen im Schwerefeld weiterhin ein.

Auch in anderen ‚Draußenbildern' beobachten wir als Maßnahmen der Bildorganisation, dass die Zuordnungen im Bildfeld punktuell gefestigt werden im Sinne eindeutigerer Angaben zur räumlichen Konstellation der Elemente in der gemeinten Situation – zunehmend gepaart mit Hinweisen zur Rekonstruktion stofflicher Eigenschaften. So gewinnt die untere horizontale Begrenzung eines figürlich gefüllten Feldes verstärkte Bedeutung als einziger Stand- und Laufhorizont sowie als Lager der Zwei- und Vierbeiner im Sinne eines *Erd*bodens, also sowohl fest als auch pflanzentragend.

Auch wenn die Tierfüße die Grundlinie berühren und zwischen Tierkörper und oberer Begrenzungslinie oft ein wenig ‚Luft' gelassen ist, so hat doch die Horizontale unter der endlosen Reihe identischer Körperformeln (Abb. 2 a–c:

---

[17] Z. B. Oinochoe München: Schweitzer 1969, Abb. 60; Halshenkelamphora München: ebenda, Abb. 21 = hier Abb. 2 c. Steilrandschale Wien IV 1859, http://www.khm.at/de/object/fa14eb3c53/. Halshenkelamphora Boston, MFA Inv. 98.894, http://www.mfa.org/collections/object/two-handled-jar-amphora-with-snakes-on-handles-154704: Standard beim ‚Birdseed Painter'. Der ‚Bird-and-Lozenge-Painter' lässt sie auch nach links marschieren, Kanne Boston, MFA, Fairbanks 1928 Nr. 266, http://www.mfa.org/collections/object/pitcher-oinochoe-and-lid-154707.

[18] Unterstützung der Erlebnisproduktion ‚Wind', die durch Segel und Vogel beim Schiff ausgelöst werden kann, vgl. auch die Kraterfragmente Anm. 14 und Louvre Inv. 528, ebenfalls vom Dipylonmaler: Kirk 1949, 101 Nr. 9. Auf weiteren Kraterfragmenten im Louvre: Kirk 1949, Nr. 13. 26 Taf. 39, 1. 2; Ahlberg 1971a, Abb. 25. 26 (Louvre Inv. CA 3362) und Abb. 34 (Louvre Inv. A 528), sind Schleifchen-Ornamente im Wasser gemalt, das die Leichen um das Schiff bewegt.

[19] Siehe auch: Fragment des Kraters Athen, Archäologisches Nationalmuseum Inv. 802: Ahlberg 1971, Abb. 7, a. c. ‚Zug' von Dipylonschild-Kriegern und Bogenschützen, Louvre Inv. 530: Haug 2012, Abb. 147. – Bei Schlachtbildern tanzen die Füllornamente stärker, z. B. auf dem Kraterfragment Louvre Inv. A 519, Ahlberg 1971a, Abb. 6, Badisches Landesmuseum Karlsruhe 2008, 104 Abb. unten.

[20] Schweitzer 1969, Abb. 62

Abb. 2 a–c Attisch-geometrische Halshenkelamphora, München, Staatliche Antikensammlungen, Inv. Nr. 6080
(© Staatliche Antikensammlungen und Glyptothek München)

Abb. 3 Inselionisch-geometrischer Deckelkrater, sog. Cesnola-Krater, New York, Metropolitan Museum of Art, The Cesnola Collection, Purchased by subscription
1874–76, Inv. Nr. 74.51.965
(CC0 Public Domain Dedication)

Rehe, [Wild-]Ziegen, Entenvögel)²¹ anfangs noch keine anschauliche Materialität als ‚Erde'. Unabweisbar aber führen der im Fresshabitus gesenkte Kopf und das Lagern-Schema (wiederkäuen, sich putzen, schlafen) auf die konkrete Vorstellung einer Weide, also eines grasbewachsenen Bodens (Abb. 3).²² Mit den gleichen Bildmitteln werden Feuchtwiesen als gemeinsamer ‚Weidegrund' von Pferdeherden und Stelzvögeln evoziert, was ja einen realen Hintergrund hat.²³

Es ist anzunehmen, dass die einheitlichen und gleichmäßig gestreuten Füllornamente in diesen Weidebildern gelegentlich die Rekonstruktionsbereitschaft des damaligen Betrachters soweit stimulieren

---

²¹ Halsamphora Staatliche Antikensammlungen: CVA München (3) Taf. 106. 107; Arias – Hirmer 1960, Farbtaf. 1; Himmelmann 1968, Taf. 6; Schweitzer 1969, Abb. 21.
²² Attische Kanne Boston, MFA, Fairbanks 1928 Nr. 261, http://www.mfa.org/collections/object/two-handled-jar-amphora-with-snakes-on-handles-154704: unter jedem weidenden Pferd ein aufgerichteter Stelzvogel in Gegenrichtung. - Spätgeometrische Hydria Marburg: Himmelmann 1968, Taf. 7: kleiner aufgerichteter Stelzvogel zwischen den Vorderbeinen des weidenden Pferdes. – Euböischer Deckelkrater New York: CVA Metropolitan Museum of Art (5) Taf. 46–49; Arias – Hirmer 1960, Taf. 24, hier Abb. 5. – Pickender Stelzvogel auf Pferdeweide noch auf dem frühprotoattischen Deckel des Analatosmalers in London: Boardman 1998, 100 Abb. 191; Moore 2004, 46 Abb. 20. – Zu Pferdezuchtgebieten im antiken Griechenland siehe Moore 2004, 45 f.
²³ In ursprünglichen Marsch- oder Flussauenlandschaften, z. B. in der Camargue, an Save und Donau, kann man Pferdeherden mit Kranichen und Störchen, auch mit Graugänsen zusammen grasen sehen.

konnten, dass er die natürlich nicht-leere Umgebung der Tiere vor sich sah. Punktrosetten (Abb. 3) und horizontale Zickzacks wären dann in bestimmten Kontexten abstrakte Analoga für Vegetation.[24]

Für viele andere abstrakt-ornamentale Elemente hat Himmelmann ein solches Potential wahrscheinlich gemacht; größte Evidenz ergibt sich beim Dreieck.[25] Auf der Grundlinie wird es dazu eingesetzt, die Materialität von ‚Boden' stärker erlebbar zu machen, und zwar als pflanzentragender ‚Landschaftshorizont'. Das Dreieck erfüllt diese Funktion selbst dann, wenn die ‚Grundlinie' nicht geradlinig verläuft, sondern kreisförmig beim konzentrischen Pferdefries eines spätgeometrischen Amphorendeckels in Athen (Abb. 4).[26] Unter allen geometrisch-regelmäßigen Flächenformen sind es die konventionellen, meist gittergefüllten Dreiecke, die am ehesten das durch die Schwerkraft erzeugte ‚Oben' (Spitze) und ‚Unten' (Basis) im irdischen Raum abstrakt vertreten können. Sichtlich demonstriert ist dieses Potential auf dem Athener Deckel Abb. 4, wenn der sonst zwischen die Pferde auf die ‚Grund'-Linie gemalte Vogel einmal auf die Spitze eines ‚gründenden' Dreiecks gesetzt ist.

Und wenn in bestimmten Bildkontexten auf der unteren Begrenzungslinie Dreiecke *in Reihe* ‚gründen', dann verdichtet sich der Rekonstruktionsvorschlag als pflanzlich bewachsener Erdboden weiter: Wie bei der ‚Herde' der Wasservögel auf einer Kanne in Boston[27] scheinen die Dreiecke bei den ‚marschierenden' Schildkriegern (Abb. 5)[28] pflanzlich bewachsenen Naturboden und damit ein Ambiente des freien Draußen zu bezeichnen – fehlen die Dreiecke doch bei der nahtlos links anschließenden *Prothesis*, die sicher im Haus zu denken ist.

---

[24] Horizontale Zickzacks z. B. auf der Kanne Boston Anm. 22. Auf dem Kraterfragment in Brüssel: Ahlberg 1971a, Abb. 89; Boardman 1998, Abb. 49; Schefold 1998, 27 Abb. 14, sehen wir zwischen ‚marschierenden' Schildkriegern einen Wasservogel auf einem ‚Wiesenpolster' aus doppelten horizontalen Zickzacks grasen, während die Vögel auf dem motivisch analogen Fries des Kraterfragments A 219 im Louvre auf der Grundlinie grasen: Ahlberg 1971a, Abb. 87; Boardman 1998, Abb. 50. – Zu den Punktrosetten: Haug 2015, 81. 126–128 mit Deutung im genannten Sinne: „[…] bleibt die Assoziation eines ‚Landschaftsraums' der Leistung des Betrachters überlassen"(S. 127).

[25] Himmelmann 1968, 297 (39) mit Anm. 4; 310 (52). 327 (69) f.; Behandlung in Zusammenhang mit der verwandten Raute; beide Formen vorher und nachher eindeutig vegetabil modifiziert, im Spätmykenischen und wieder im Früharchaischen.

[26] Deckel einer Halsamphora in Athen, Archäologisches Nationalmuseum Inv. 894: CVA Athen, Archäologisches Nationalmuseum (5) Taf. 44, 1; die zackenkranzartig ineinandergreifenden Dreiecke der Randzone dagegen rein ornamental. – Vgl. die mehrdeutige Anordnung gereihter Dreiecke mit Vögeln auf der Spitze unter einer Totenkline, Bauchhenkelamphora Basel: Blome 1999, 107; Latacz – Greub – Blome – Wieczorek 2008, 303.

[27] Halshenkelamphora des ‚Birdseed Painter' in Boston, MFA, siehe oben Anm. 17.

[28] Kraterfragmente Louvre Inv. A 522 und Athen, Archäologisches Nationalmuseum: Ahlberg 1971, Abb. 5 a–c.

Abb. 4 a–b Deckel einer attisch-geometrischen Halshenkelamphora, Athen, Archäologisches Nationalmuseum, Inv. Nr. A 894
(© National Archaeological Museum, Athens / Eleftherios Galanopoulos. Hellenic Ministry of Culture and Sports/Archaeological Receipts Fund)

Abb. 5 Fragment eines attisch-geometrischen Kraters, Paris, Musée du Louvre,
Inv. Nr. A 522
(© bpk / RMN - Grand Palais / Stéphane Maréchalle)

In diesen ‚Bodenbesiedlern' haben wir die ersten sicheren Bildzeichen für Landschaft in der griechischen Kunst.[29]

Ehe die Dreiecke in der Weise elaboriert werden, dass sie eindeutig pflanzliche Gewächse bezeichnen, finden sich schöne Beispiele für die Mehrdeutigkeit dieser einfachen Form. Bei derart rudimentären Zeichen ist die Bedeutungszuweisung unvermeidlich variabel, weil sie nicht eindeutig ikonisch und ikonisch nicht eindeutig sind.

Mit den gleichen ruhenden Dreiecken kann der weiche ‚Bewuchs' eines Bettes dargestellt werden: so auf dem New Yorker Krater der Trachones-Werkstatt das unter dem Kopf des aufgebahrten Kriegers liegende Polster.[30] Da das Prinzip des

---

[29] Haug 2015, 82 f. mit Anm. 225 und 119 f. Haug macht keinen Unterschied zwischen hängenden und auf der Grundlinie ruhenden Dreiecken. – Zur vegetabilen Bedeutungspotenz von Dreiecken in der geometrischen Vasenmalerei siehe Himmelmann in Anm. 25.
[30] Inv. 14.130.15, CVA Metropolitan Museum of Art (5) Taf. 14–17 (Detail); Ahlberg 1971, Abb. 22. – Dreiecke auf der Sitzfläche von Stühlen, zwischen Frauenrücken und Lehne, Oinochoe in Kopenhagen: CVA Nationalmuseum (2) Taf. 72, 2; Rombos 1988, Taf. 48 b; Himmelmann 1968, 313

Aufsprießens hier nicht relevant ist, kann ein anderer Maler für das Kopfkissen auch eine undynamische geometrische Grundform, ein Rechteck, verwenden, wenn er die *sanfte* Bettung des Leichnams auf nachgiebigem Polster mit zusätzlichen Bildzeichen zu verstehen gibt: Durch kurze senkrechte Striche hat der Maler des New Yorker Hirschfeld-Kraters den Rest der Aufliegelinie ‚weich behaart'.[31] Dadurch bestätigt sich, dass Dreiecksspitzen nicht starr gemeint sein müssen, sondern pflanzenhaft-elastisch verstanden werden können.

Bei aller Einfachheit hat der Hirschfeld-Maler gewisse Gegenstandsbereiche funktional spezifischer geformt als der Trachones-Maler, wie man auch am exakten Flechtwerk ‚zwischen' den Bettpfosten sehen kann.[32] Deren Konstruktion zeigt übrigens, dass der Hirschfeld-Maler das Dreieck als aufruhend – aufstrebende ‚technische' Form eingesetzt hat.

Ausgenutzt wird das vegetabile Potential des Dreiecks von Vasenmalern, die – nicht zufällig in euböischen (Abb. 3)[33] und etruskischen (Abb. 6)[34] Werkstätten – Pflanzendarstellungen des orientalischen Luxuskunsthandwerks aufnehmen (Abb. 7. 8).[35] Unter Verwendung der traditionellen Ziegenformel wird das orientalische Motiv des streng spiegelsymmetrischen sog. Lebensbaumes oder Heiligen Baumes („sacred tree")[36] imitiert, wobei der verzweigte ‚Baum' ganz in griechisch-geometrischer Formungsgewohnheit als senkrechter Strich mit wingligen Abzweigungen gezeichnet ist,[37] der der Spitze eines breit

---

(55) Anm. 4.
[31] Inv. 14.130.14, CVA New York, Metropolitan Museum of Art (5) Taf. 8–13 (Detail); Mertens 2010, 53–56 (Detail); ebenso auf der Bauchhenkelamphora derselben Werkstatt in Basel, siehe Anm. 26.
[32] Abhängig die schlichter bemalte Kanne in Athen: CVA Athen, Archäologisches Nationalmuseum (5) Taf. 32; Sweeney – Curry – Tzedakis 1988, 75 f.; gegenübergestellt bei Haug 2015, Abb. 34. 35: hier die ‚haarig'-weiche Unterlage unter dem Kopf.
[33] Euböischer Deckelkrater Sammlung Cesnola, New York: CVA Metropolitan Museum of Art (5) Taf. 46–49; Arias – Hirmer 1960, Taf. 24; Schweitzer 1969, Abb. 82; Boardman 1998, Abb. 76. Coldstream 2003, Taf. 35 lokalisiert: „Naxian".
[34] Fassförmige Kanne im Metropolitan Museum: de Puma 2013, 107–109. 213 Nr. 4.87 (Form typisch für Vulci).
[35] Elfenbeinerne Möbeleinlagen aus Nimrud im Metropolitan Museum of Art, New York, Inv. 59.107.8: Mallowan – Herrmann 1974, 108 f. Nr. 89 Taf. 96; im Cleveland Museum of Art, Inv. 1968.47: Herrmann 1986, Taf. 143 Nr. 602.
[36] Zusammenschau des Materials und des Deutungsspektrums zum ‚Sacred Tree': Giovino 2007. – Aufsteigende, an der Baumspitze knabbernde Ziegen wie bei den geometrischen Gefäßen: Herrmann – Laidlaw 2009, Taf. 49, 235; zu diesem Motiv mit Blick auf Zypern: Bushnell 2008. – Für das auch *formal* orientalisierende ‚Baum'-Motiv im Protokorinthischen, siehe unten S. 77 f. mit Abb. 12 und Anm. 43. 44, sind die Vorbilder genauer zu fassen; auf den elfenbeinernen Möbeleinlagen der neuassyrischen Paläste in Nimrud ist der ‚Voluten-Palmetten-Baum' ein unendlich häufig vertretenes Motiv, flankiert meistens von mythischen Machttieren; einige eindrückliche Beispiele in Anm. 38.
[37] Das Schema auf dem Kraterbild entspricht dem zum spätgeometrischen Motivkanon gehörenden Nadelbaumast von Kentauren, vgl. S. 74–76 Abb. 9. 10 und Anm. 39. 40; auf dem

Abb. 6 Italisch-geometrische fassförmige Kleeblattkanne, New York, Metropolitan Museum of Art, Geschenk Schimmel Foundation Inc., Inv. Nr. 1975.363
(CC0 Public Domain Dedication)

gründenden, leicht konkav ausschwingenden Dreiecks entsteigt. Durch das Aufsteigen der Tiere, beim Deckelkrater Abb. 3 betont wiederholt im Aufsteigen des saugenden Zickleins und kontrastiert durch die liegenden Tiere im oberen Bildfeld, führt der Zeichner sowohl Raumkategorien (oben/unten, Fuß/Wipfel) als auch organismisch-physikalische Prinzipien (dynamische gerichtete Kraft/Bewegung im Schwerefeld) wirksamer in die Bilderfahrung ein.

Die folgenreichste Rezeption aus dem orientalischen Formungskanon ist diejenige der *dynamisch-kurvigen* Linie, die allem Anschein nach an ornamental-

---

etruskischen Kannenbild bilden traditionelle Füllmuster, vertikale Winkelketten, in neuer Syntax die Zweige.

Abb. 7 Elfenbeinerne Schmuckplatte mit 'Voluten-Palmetten-Baum' aus der neuassyrischen Residenz in Nimrud-Kalhu, New York, Metropolitan Museum of Art, Rogers Fund 1959, Inv. Nr. 59.107.8
(CC0 Public Domain Dedication)

Abb. 8 Elfenbeinerne Schmuckplatte im phönizischen Stil mit widderköpfigen Sphingen zu Seiten eines 'Heiligen Baumes' aus der neuassyrischen Residenz Nimrud-Kalhu, Cleveland/Ohio, The Cleveland Museum of Art, J. H. Wade Fund, Inv. Nr. 1968.47
(© The Cleveland Museum of Art)

vegetabilen Motiven gelernt wurde, insbesondere an Varianten des ‚heiligen Baumes' (Abb. 7. 8), aber erst nach längerer Praxis der motivischen Aneignung.[38]

---

[38] Siehe oben Anm. 35 und aus der Vielzahl von Beispielen folgende ähnliche Formungen: Mallowan – Herrmann 1974, Taf. 6. 7. 28. 29. 34. 35. 96–99; Herrmann 1986, Taf. 37–41. 143. 146. 289; Herrmann – Laidlaw 2009, Taf. 28. 49. 68. 84. 87. 114–116; Herrmann – Laidlaw 2013, Taf. 12–19. 50–52. 54–95. – ‚Voluten-Palmetten-Baum' in der vorderasiatischen Toreutik, Silberschale

Abb. 9 Spätgeometrisch-attischer Deckel-Lebes, Paris, Musée du Louvre, Inv. Nr. CA 3256
(© bpk / RMN - Grand Palais / Hervé Lewandowski)

Auf geometrisch-abstrakter Ebene wird Bewegung einer Linie durch Richtungswechsel erzeugt. Die Art der ‚geometrischen' Kunst war eine durch markant winklig artikulierten Richtungswechsel prägnant ‚gequantelte' Bewegung der Linie. Die kurvige Linie ermöglicht dem Betrachter dagegen die anschauliche Verwirklichung einer *dynamisch strebenden* oder *fließenden* Bewegung. Es ist offensichtlich, dass die *kurvige* Linie von den Vasenmalern am Ende der geometrischen Epoche als Möglichkeit erfasst wurde, das Prinzip pflanzlicher Lebendigkeit, pflanzlicher Materialität und Bauweise sowie pflanzlichen Wachstums treffender zu analogisieren als mit der winkligen Verzweigung. Voluten, an Spitzen von Dreiecken oder Rauten gezeichnet, seitwärts, aufwärts oder abwärts gerichtet (Abb. 9–11),[39] bringen das

---

Metropolitan Museum: Mertens 1987, 17 Abb. 4; Bronzeschale Kastamon: Willinghöfer 2002, 231 Abb. 17; Bronzeschale Lefkandi: Popham – Lemos 1996, Taf. 133.

[39] Lebes Louvre: Boardman 1998, Abb. 70 (LG IIb); Padgett 2003, 9 Abb. 4. – Lebes Sammlung Ortiz: Himmelmann 1968, 267 (9) Abb. 3; Lembke – Wildung 1996, 86 f.; Padgett 2003, 9 Abb. 420; Himmelmann 2005, 17 f. Abb. 18. Zum Maler Rocco 2009, 83–88, das Stück ebenda, Nr. O3. – Halsamphora des Passas-Malers New York: CVA Metropolitan Museum of Art (5) Taf. 39–41; Schweitzer 1969, Abb. 51; Moore 2003, Abb. 3–9 Taf. 1; Haug 2015, 147 f. Abb. 66; siehe auch

Abb. 10 Spätgeometrisch-protoattischer Deckel-Lebes, Sammlung Ortiz, Genf
(© Collection George Ortiz)

dynamische Prinzip des sich-Entrollens, sich-Entwickelns (!) hinein, das je nach Syntax als aufwärts Sprießen oder Entfalten aktualisiert werden kann, aber auch zusammengeht mit der Vorstellung von Elastizität, in Wechselwirkung mit Schwerkraft.

Himmelmann 1968, 310 (52) mit Anm. 1. Zum Maler siehe Rocco 2009, 67–77. Die namengebende Amphora des Malers in Athen, Moore 2003, Abb. 18–29, zeigt im Haupt- und Schulterfries ‚Bewuchs'-Dreiecke ohne Voluten; abschließendes ‚Ziel' des Wagenfrieses bildet aber ein eindrucksvoller ‚Baum' aus Dreieck-‚Erdstamm' und Voluten-Palmetten-‚Krone' (Detail ebenda, Abb. 29).

Abb. 11 Protoattische Halsamphora des Passas-Malers, New York, Metropolitan Museum of Art, Rogers Fund 1921, Inv. Nr. 21.88.18
(CC0 Public Domain Dedication)

Erleichtert wurde die Rezeption sicher dadurch, dass auch die orientalischen Vorbilder streng ornamental gebildet sind, aber eben mit *kurvig-rundlichen* Formen und Formverbindungen (Abb. 7. 8). Das Bauprinzip des orientalischen „sacred tree" wird nun als generelles Schema für ‚Baum', ja als Chiffre für ‚Wald' in erzählende Zusammenhänge eigenkulturellen Inhalts integriert. Die Maler der Kentaurenbilder auf den Deckel-Lebetes im Louvre (Abb. 9) und in der Sammlung Ortiz (Abb. 10) haben nur für die als Waffe abgerissenen Äste die traditionell starre Formel – vgl. Abb. 3 – benutzt,[40] aber nicht mehr für die

---

[40] Vielleicht hier schon als Pinus-Schema definiert – im Gegensatz zum geometrischen Baum auf dem euböischen Krater Abb. 3 –, als welches sie in der archaischen Bildkunst erhalten bleibt. Nadelbaumstämme als Kentaurenwaffen: Himmelmann 2005, 70–72 mit Anm. 80 (Belege aus der antiken Literatur); in der archaischen und klassischen attischen Vasenmalerei: Dietrich 2010, 79–89. 128 f. 311–314. – Im Protoattischen kommen neben starren, benadelten Ästen (Orestie-Krater Kerameikos, Morris 1984, Abb. 14) vorübergehend gebogene Äste mit fleischigen Blättern vor, so auf der New Yorker Nessos-Amphora: CVA Metropolitan Museum of Art (5) Taf. 42–44; Morris 1984, Abb. 15; zum Maler: Rocco 2009, 125–129, das Stück ebenda, Nr. NY1. Himmelmann 2005, 72 f. deutet die hinter dem zusammenbrechenden Kentauren frei schwebende Pflanze nicht als Waffe, sondern als Schilfstängel nach assyrischem Vorbild zur Charakterisierung der Flusslandschaft, in der der Kampf stattfindet. Doch hält der Kentaur auf dem ovoiden Krater des Schachbrett-Malers Berlin, Morris 1984, Abb. 19, ein analoges Gebilde als Waffe in der Hand. Die Lust der mittelprotoattischen Maler an geschwungen-flächigen Formen war offenbar stärker als ihr Realitätsbedürfnis. Gebogene (Schilf-?)Stängel wie auf der Goldschale aus Ugarit in Aleppo, Aruz – Benzel – Evans 2008, 240 Abb. 146, könnten die Anregung gegeben haben.

vom Boden lebendig hoch aufwachsenden Bäume. Doch während der Maler des Lebes im Louvre für den ‚Baum' ein prinzipiell endloses Kettenornament aus Rauten und stetig gerollten Spiralen senkrecht gestellt hat,[41] hat der Maler des Ortiz-Lebes den ‚Rautenbaum' mit breiter Dreiecksbasis gründen und in einer freien Spitze mit ‚Knospen' enden lassen sowie die Voluten mit beschleunigter Krümmung gespannt. Federn diese ‚Äste' nicht geradezu unter den Vögeln auf dem Schulterbild des Lebes Ortiz? Tatsächlich muss hier einsamer Hochwald mit vielen Vögeln als Lebensraum der Kentauren gemeint sein, der die Gattung als wilde Gebirgsjäger charakterisiert.[42]

Haben die attischen Maler die ornamentale ‚Stockwerkbildung' als Analogie pflanzlichen Aufwachsens noch unter Verwendung der traditionellen geometrischen Rautenkette (vgl. Abb. 3) bewerkstelligt, so bilden korinthische Vasenmaler erstmals eine durchgängig *kurvig* geschlungene und *konvex* geschlossene ‚Gestalt' wie die orientalischen Vorbilder.[43] Sie übernehmen von diesen darüber hinaus die krönende ‚Palmette', über die nun erstmalig *flächige* Rundungen in den griechischen Formenkanon eintreten.[44] Mit der Rezeption und Variation des Palmettenschemas werden Sprießen und Entfalten von flächigem Blattwerk zu Komponenten des Bilderlebnisses; allgemein die pflanzenspezifische Biegefestigkeit, die im mitgefühlten Schwerefeld ein dynamisch ausweigendes sich-Ausbreiten aus schmalem Ansatz plausibilisiert, sei es bei Kraut oder bei Baum.

---

[41] Aufwärtsrichtung der Spiralen links und Abwärtsrichtung gegenüber heben einander gewissermaßen auf; vgl. das entsprechende, aber horizontal umlaufende Ornament auf dem Deckelkrater Kerameikosmusem, Inv. 76: Kübler 1970, Taf. 16. Etwas mehr Aufwärtsdynamik bei frieshohen ‚Volutenbäumen' erreichen der Maler der Kotyle aus Opferrinne α/IV, Kerameikosmuseum, Inv. 1152, Kübler 1970, Taf. 6, mit einem einfachen Zickzacklinien-‚Stamm' und der Maler des Kraters Kerameikosmuseum, Inv. 1361, Kübler 1970, Taf. 21, mit einem nach oben sich verjüngendem ‚Rauten-Voluten-Baum'. – Zu Rautenketten und ihrem Wandlungspotential: Himmelmann 1968, 297 (39).

[42] Dem Vogel auf der Kruppe der Kentauren der Lebetes Louvre und Sammlung Ortiz entspricht in der Rundplastik die Konstellation der geometrischen Bronzegruppe einer säugenden Hirschkuh in Boston: Schweitzer 1969, Abb. 189; Comstock – Vermeule 1971, 5 Nr. 3; der Vogel auf der Kruppe des Muttertiers vertritt hier die umgebende ungestörte Natur, die bergende Waldeinsamkeit. – Von (Raub-)Vögeln besiedelter Hochwald auf assyrischen Reliefs: siehe unten Anm. 150; siehe auch die entsprechend charakterisierte Stätte der einsamen Totenklage der Eos um Memnon (?) auf der schwarzfigurigen Amphora im Vatikan, unten Anm. 165.

[43] Frühprotokorinthischer Kugelaryballos des Evelyn-Malers in London: Benson 1989, Taf. 7, 4; Amyx 1988, Taf. 1, 6; Boardman 1998, Abb. 166; Winkler-Horaček 2015b, 108 Abb. 5. – Noch winklig sind die Kreuzungen der Linien auf dem Kugelaryballos aus dem ‚Reserved Cock Workshop': Benson 1989, Taf. 6, 7.

[44] Das Geschlinge selbst bleibt zunächst noch ein ‚masseloses' Liniengebilde; erst im Spätprotokorinthischen rollen sich die Voluten als konturiertes Band wie bei den orientalischen Vorbildern, siehe etwa das qualitätvolle Alabastron im British Museum: Boardman 1998, Abb. 182; Amyx 1988, 438. – In Kreta ist das schon früher der Fall, vgl. den geometrischen Pithos mit orientalisierenden Motiven: Brock 1957, Taf. 64 Abb. I (hier zu früh datiert).

Der unten schmal gegründete, oben frei sich entfaltende, den Luftraum erobernde, frieshohe ornamentale ‚Baum' auf dem frühprotokorinthischen Aryballos (Abb. 12 a–c) vereindeutigt die traditionellen Bildelemente im Sinne räumlich-gegenständlicher Orientierung: Der Dekorstreifen wird zum Landschaftsbild mit festem Horizont: Die Dreiecke auf der Grundlinie kann der Betrachter nun nicht mehr anders denn als niedrigen Bewuchs eines natürlichen Erdbodens rekonstruieren; den Vogel mit ausgebreiteten Flügeln im oberen Bildfeld nicht mehr anders als im freien Luftraum fliegend.

Es ist kein Zufall, dass mit dieser Annäherung des Bildfeldes an die ‚Horizontsicht' als einer alltäglich möglichen visuellen Raumerfahrung jetzt zum ersten Mal eine Handlungsbeziehung zwischen den Figuren ablesbar wird: Deren Aufeinander*folgen* im Fries wird als Vorgang im Raum, als Situation und Geschehen decodierbar; hier in einer am schärfsten zugespitzten, dramatischen Handlungsform – als Ver*folgen*: Der Löwe verfolgt gierig (= mit heraushängender Zunge) das fliehende Hirschkalb (= mit gepunktetem Fell und

Abb. 12 a–b Protokorinthischer Aryballos des Evelyn-Malers, London, Britisches Museum, Inv. Nr. 1969, 1215.1 (© The Trustees of the British Museum)

Abb. 12 c Zeichnerische Abrollung des protokorinthischer Aryballos des Evelyn-Malers im Britischen Museum
(© Achim Ribbeck)

Geweih⁴⁵); der Hoplit verfolgt den fliehenden ungerüsteten Reiter. Mit dem übereinstimmenden qualitativen ‚Gefälle', analog bei beiden Figurenpaaren, fördert der Vasenmaler nicht nur generell Handlungsverständnis, das Decodieren narrativer Elemente dieser ‚Angriffe'; er evoziert im Betrachter darüber hinaus durch die Analogie der zwei Szenen Handlungsmotivationen und Emotionen der Beteiligten.

Dass die frühgriechische Kultur mit dem Kunstgriff vertraut war, notorische Verhaltensweisen von Tieren gleichnishaft auf spezielle menschliche Handlungen zu übertragen, wissen wir ja durch die Homerischen Epen.⁴⁶ Zur archetypischen Aggressor-Opfer-Konstellation im Tierreich (der Löwe dabei damals schon ‚mythisch'!⁴⁷) fällt dem zeitgenössischen Betrachter das durch einen Mythos entsprechend einschlägig im Bewusstsein verankerte ‚einmalige' *menschliche* Exempel ein: Achill begehrt, verfolgt und tötet Troilos.⁴⁸

Der frühprotokorinthische Aryballos lehrt also, dass bei Tierbildern in der archaischen Flächenkunst Gleichnishaftigkeit eine künstlerische Möglichkeit ist. Da die gegenständliche Rekonstruktion des Betrachters nun genügend narrativ erregt wird, ereignet sich unweigerlich die vorbereitete spezifische Deutungsübertragung.

Betrachten wir die gleichzeitigen (frühproto-)attischen Gefäße,⁴⁹ so sehen wir die Aufmerksamkeit der Maler zunächst weniger auf die Möglichkeit der Rekonstruktion einmaliger Handlungen bzw. Vorgänge gerichtet, sondern auf bildnerische Mittel zur Rekonstruktion von organismisch-kraftvoller Lebendigkeit – in einem Spannungsfeld zwischen Dynamik und Statik.

---

⁴⁵ Chiffren für die Tiergattung (= erwachsenes männliches Tier) und für die Altersstufe sind kombiniert.
⁴⁶ Lonsdale 1990; Winkler-Horaček 2015a, 307. 312–317.
⁴⁷ Forschungsstand bei Winkler-Horaček 2015a, 317–320.
⁴⁸ Kustermann 1979; *Lexicon Iconographicum Mythologiae Classicae* 1 (1981) s. v. Achilles Nr. 332 a (A. Kossatz-Deissmann) Sp. 84. Keine Deutung bei Winkler-Horaček 2015b, 108 f. mit Abb. 5.
⁴⁹ Kübler 1950; Morris 1984; Boardman 1998, Abb. 188–212; Rocco 2009; Haug 2015, 171–192.

Abb. 13 Zeichnerische Abrollung des protoattischen Kessels B des Passas-Malers, Mainz, Sammlung des Archäologischen Instituts der Universität, Inv. Nr. 154
(© Institut für Klassische Archäologie der Universität Heidelberg)

Deutlich wird das zum Beispiel an den neu gefundenen, natürlich ebenfalls von orientalischen Vorbildern angeregten Schemata für niedrige Gewächse, die jetzt blattbüschel- und blumenartig auf schmalem Ansatz ‚schwanken' und dergestalt lebhaft mit den in neuartig ‚festem Schritt' stabil gespreizten Beinen von Tieren und Männern kontrastieren.

Bei den in rechtsläufiger Reihe tappenden Raubtieren der protoattischen Kessel des Passas-Malers in Mainz (Abb. 13. 14)[50] ist das noch nicht der Fall. Zwar wird ein fester landschaftlicher Horizont durch ‚gründende' Dreiecke und am oberen Rand ‚entlang fliegende' Raubvögel gesichert.[51] Aber obwohl das vegetabile Ornamentband darüber aus orientalisierend-nierenförmigen Voluten-Palmetten-Gebilden gänzlich mit der geometrischen Tradition bricht, bleiben die Bodenbewuchs-Chiffren statisch-zackig – trotz Wildbewuchs-analoger Varianz in den Höhen und in der Dichte der Gruppierung[52] – und können das

---

[50] Kessel B des Passas-Malers, Inv. 154: CVA Mainz, Universität (1) Taf. 14–18. 23, Rekonstruktionszeichnung Taf. 22 und Hampe 1960, Taf. 27; Kessel A, Inv. 153: CVA Mainz, Universität (1) Taf. 8–11. 23, Rekonstruktionszeichnung Taf. 21 und Hampe 1960, Taf. 26. Zum Passas-Maler: Moore 2003, Details der Mainzer Kratere dort Abb. 13. 16; Rocco 2009, 67–78, die Mainzer Stücke ebenda, Nr. Pa7 Taf. 10, 1. 2.

[51] Hierfür müssen auch orientalische Bilder anregend gewesen sein, vgl. etwa die fliegenden Vögel in horizontaler Reihe über einer Jagdszene auf einem mittelassyrischem Rollsiegel, Padgett 2003, 6 Abb. 2; 129 f. Kat. Nr. 11; sowie die Vögel über gereihten Rindern und Pferden auf der ‚phönikischen' Goldschale aus Praeneste (Tomba Regolini-Galassi) im Vatikan: Cristofani – Martelli 1983, 86 f. Abb. 17. Vögel hinter Reiter und vor Kriegerzug auf der Goldschale aus der Tomba Bernardini in Villa Giulia: Cristofani – Martelli 1983, 103 Abb. 41.

[52] Einzelne der spitz ausgezogenen Dreiecke werden von einem nachbarlichen Dreieck oder sogar

Abb. 14 Zeichnerische Abrollung des protoattischen Kessels A des Passas-Malers, Mainz, Sammlung des Archäologischen Instituts der Universität, Inv. Nr. 153
(© Institut für Klassische Archäologie der Universität Heidelberg)

Tappen der Tiere auch nicht entsprechend beschleunigen. Und so wird auch nicht erregend erlebbar, dass der einzeln eingeschobene Hahn ein Beutetier des links von ihm gemalten Raubtiers werden kann.

Auf dem Mainzer Ständer A des Analatos-Malers dagegen (Abb. 15)[53] sind die statischen und abstrakt texturierten Dreiecke durch ‚labile' Rauten ersetzt, die als Dreiblatt-Büschel ausgestaltet sind. Dieser neue formale Kontrast zu den sie einschließenden, gespreizt gestreckten Hoplitenbeinen macht erlebbar, wie der Schritt ausrückender Männer oder ihr Stand in der Phalanx kraftvoll gespannt ist.[54]

---

von der Tatze eines Löwen überschnitten, CVA Mainz, Universität (1) Taf. 10, 2. 5; 11, 1. 2 (Kessel A). Taf. 18, 1 (Kessel B).
[53] Ständer A des Analatos-Malers, Inv. 153: CVA Mainz, Universität (1) Taf. 12. 21; Hampe 1960, Taf. 13. Zum Analatos-Maler Rocco 2009, 13–30, der Mainzer Ständer ebenda, Nr. An19 Taf. 2, 6.
[54] Hier ‚beginnt' der anschaulich kraftvolle Schrittstand, der die *Kuroi* charakterisieren wird, vgl. Steuernagel 1991, insbesondere S. 37–42 zum standhaltenden *diabaínein,* das bei der neuen Phalanxtechnik gefragt ist.

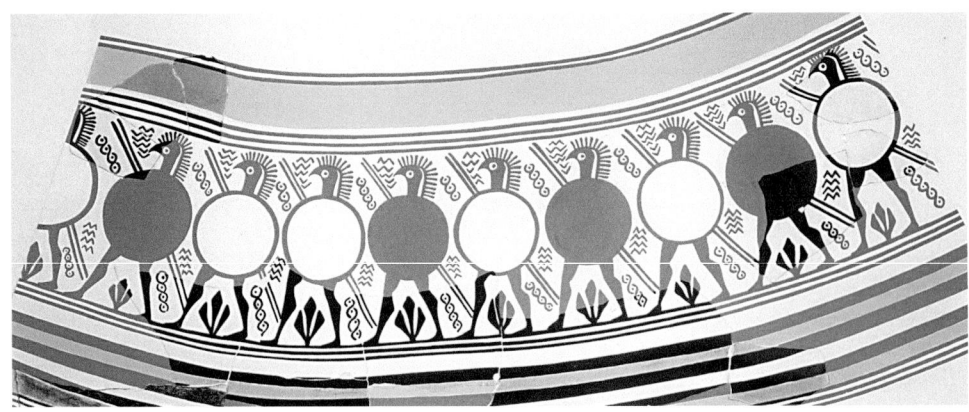

Abb. 15 Zeichnerische Abrollung des protoattischen Kesselständers B des Analatos-Malers, Mainz, Sammlung des Archäologischen Instituts der Universität, Inv. Nr. 153
(© Institut für Klassische Archäologie der Universität Heidelberg)

Beim späten Analatos-Maler (Abb. 16 a. b)[55] und Kollegen (Abb. 17)[56] steigern schwanke blattbüschel- und blütenförmige Gebilde als ‚Bodenbewuchs' die Wirkung des kraftvollen Aufrechtstehens und horizontalen Ausschreitens von Männern und Tieren im Schwerefeld. Hier sehen wir nun in Athen zum ersten Mal, wie durch *Einfühlung* in orientalische Formen (Abb. 7. 8. 18)[57] die kurvige Linie genutzt wird, Figuren – vor allem Pflanzen und Tiere – zu konvex konturierten flächigen Einheiten zusammenzuschließen. Damit ist eine der wichtigen ‚Gestaltqualitäten' zur Wirksamkeit entwickelt, *Konvexität*, auf Grund derer unser Wahrnehmungsapparat ‚Gestalten' aus der flächigen Reizordnung

---

[55] Krater München, Inv. 6077: CVA München (3) Taf. 130–133; Boardman 1998, Abb. 190; Rocco 2009, Nr. An18; Haug 2015, 149 Abb. 67. Auf der älteren Hydria in Athen, Archäologisches Nationalmuseum, Inv. 313, Schweitzer 1969, Abb. 52–55; Simon 1976, Taf. 14; Boardman 1998, Abb. 188; Rocco 2009, Nr. An11, sieht man in Hals- und Bauchfries verschiedene orientalisierende Gebilde, die sich alle aus schmalem Ansatz entfalten, teils auch wieder biegsam einrollen. Auf der Loutrophoros im Louvre, Inv. CA 2985, Simon 1976, Farbtaf. 3; Denoyelle 1994, 23; Boardman 1998, Abb. 189; Rocco 2009, Nr. An2, beschränkt sich der Maler wie auf dem Münchner Krater auf ein einheitliches flächiges Schema, eine meist zum Dreiblatt reduzierte Palmette mit lappigen, gepunkteten Blättern.

[56] Lebes/Louterion aus Theben in Athen, Archäologisches Nationalmuseum, Inv. 238: Böhlau 1887, Taf. 4; Cook 1934/1935, 174 Taf. 42 b; Kübler 1950, 40 Taf. 13. Zum Maler: Rocco 2009, 117–119, das Stück ebenda, Nr. LT9.

[57] Die aus einem Volutenkelch steigende Palmette ist das anregendste Schema aus dem orientalischen Repertoire gewesen, siehe z. B. die Nimrud-Elfenbeine: Herrmann 1986, Taf. 14. 119. 152. 207; Herrmann – Laidlaw 2013, Taf. 50. 65–71. 131–133; daneben die leierförmig sich aufwärts biegenden Volutenstängel, z. B. Herrmann 1986, Taf. 35–41. 198. 199. 211; Herrmann – Laidlaw 2013, Taf. 126. 127, besonders schön ausgeprägt auf dem Plättchen Abb. 8 im Cleveland Museum of Art, siehe oben Anm. 35. Zu dem durchbrochenen Plättchen Abb. 18 mit widderköpfigem Sphinx im Metropolitan Museum siehe unten Anm. 59.

Abb. 16 a–b Protoattischer Krater des Analatos-Malers, München, Staatliche
Antikensammlungen, Inv. Nr. 6077
(© Staatliche Antikensammlungen und Glyptothek München)

Abb. 17 Zeichnerische Abrollung des protoattischen Louterion-Lebes aus Theben, Athen, Archäologisches Nationalmuseum, Inv. Nr. 353 (nach Böhlau 1887: Taf. 4)

des Netzhautbildes zusammenfasst, respektive ausgliedert.[58] Die neue formale Prägnanz bildet die Voraussetzung für eine stärkere innere Repräsentation der Bildgegenstände, mit der dann auch eine stärker erregte Gefühlsproduktion einhergeht. Der Dekor auf dem Lebes aus Theben (Abb. 17) lässt vielleicht am deutlichsten nachempfinden, wie Elfenbeine dieses ‚phönikischen' Stils (Abb. 18)[59] vorbildhaft für das Wechselspiel von Muskelkörpern und Pflanzen waren: Kraftvoll schreitende Tiere treten zwischen und auf elastisch sich erhebende Stängel, die sich zu üppigen Blattbüscheln oder Blütenköpfen öffnen. Von dem ornamental gefestigten Schema des orientalischen Vorbildes, einer konvexen ‚Palmette' im Volutenkelch, weicht der griechische Maler mit großzügigerer und freierer Formfindung ab.

Der in dieser Hinsicht noch altertümliche Passas-Maler bringt auf den Mainzer Kesseln (Abb. 13. 14) aber seinerseits ein neues ornamentales Element

---

[58] Die „Gestalt- und Gliederungsgesetze" wurden von Max Wertheimer erstmals in den zwanziger Jahren des 20. Jahrhunderts beschrieben und sind von der heutigen Hirnforschung bestätigt worden. Wertheimer 1923, 302: „Ist eine Anzahl von Reizen wirksam, so ist für den Menschen im Allgemeinen nicht eine entsprechende („ebenso große") Anzahl einzelner Gegebenheiten da, die eine und die andere und die dritte und so fort; sondern es sind Gegebenheiten größerer Bereiche da, in bestimmter Abhebung, bestimmtem Zusammen, bestimmter Getrenntheit. Und wie immer die theoretische Auffassung sein mag, [...], für jede Auffassung besteht ein schlichtes Tatsachenproblem: Gibt es Prinzipien für die Art so resultierender „Zusammengefaßtheit" und „Geteiltheit"? Welche?". Wertheimer 1923, 320–328 erweist empirisch die „gesetzliche(n) objektive(n) Faktoren"; dazu zählen vor allem Symmetrie und Konvexität der Form der Begrenzung, außerdem: Geschlossenheit, Regelmäßigkeit und Einfachheit der Form der Begrenzung sowie ungestört durchlaufende Konturlinie und Gleichartigkeit der Flächenstruktur. – Die beste Darstellung des Gegenstandes bei Metzger 1974, 699–714: „Die Gestalt- bzw. Gliederungsgesetze." – Insbesondere der Neurowissenschaftler Wolf Singer hat die Wertheimer'sche Entdeckung mit aktuellen Untersuchungsmethoden und Theorien bestätigt und populär gemacht, siehe z. B. Singer 2002, 87 f. 129. 138. 150 f. Vgl. Mandel – Ribbeck 2003, 219–226.

[59] New York, Metropolitan Museum of Art, Inv. 64.37.7: Herrmann – Laidlaw 2013, Taf. 67 Nr. 286.

Abb. 18 Elfenbeinerne Schmuckplatte mit widderköpfigem Sphinx aus der neuassyrischen Residenz in Nimrud-Kalhu, New York, Metropolitan Museum of Art, Rogers Fund 1964, Inv. Nr. 64.37.7
(CC0 Public Domain Dedication)

der Horizontsicherung und Bildfestigung, das noch eine Zeit lang in der attischen Vasenmalerei elaboriert werden wird: Analog zum bewachsenen Erdbodenhorizont unten ‚materialisiert' er die obere Bildbegrenzungslinie, indem er Ornamente wie von einer Decke ‚herabhängen' lässt. Zwar ist eine gegenständliche Bedeutung – Blätterdach? Wolken? – der sich mit den Vögeln abwechselnden zierlichen knospenartigen Gebilde an der ‚Himmelslinie' nicht zu sichern, aber nicht zufällig und nicht widersinnig werden hier verschiedene Motive aus dem Naturbereich gewählt, um die obere Zone als Bildteil ernst und kompositionell neu in Angriff zu nehmen. Mit steigendem Anspruch, in der Bildordnung Hinweise für die Rekonstruktion physikalischer Grundgegebenheiten der räumlich-körperhaften Welt einzuarbeiten, wird den Malern offenbar bewusst, dass die parallelen Bildgrenzen dort sind, wo eigentlich das Unbegrenzte ist: der Erdboden und der Luftraum als naturgegebene fortlaufende Kontinua. Es hat den Anschein, dass Pflanzliches in ornamentalem Modus hier als allgemeinstes Zeichen für den natürlichen Bereich eingesetzt ist.

In der Folgezeit des Protoattischen – vom Maler der Kerameikos-Becher (Abb. 19)[60] über den Polyphem- (Abb. 20)[61] und den Orestie-Maler[62] bis zu den schwarzfigurigen Pionieren, dem Maler der New Yorker Nessos-Amphora[63] und dem Piräusmaler (Abb. 21)[64] – setzt sich dieses Bestreben fort, die Beziehung zwischen der oberen Linie ('Himmelslinie') und den Köpfen der Figuren formal zu bearbeiten, ja überhaupt die bislang vernachlässigten Bildgrenzen ringsum zu thematisieren.[65] Ein Ziel ist offenbar, durch reiche Rahmung den hohen Rang des Bildes am Gefäß zu betonen, im Sinne eines in sich geschlossenen, attraktiven ästhetischen Erlebnisses. Die von den Rahmenlinien ins Bildfeld gerichteten Ornamente werden in ihrer Formart und ihrem bildlichen Gewicht nun zunehmend aneinander angeglichen, insbesondere in Gestalt der sog. Hakenspiralen,[66] elastisch gebogenen Dreiecken mit eingerollter Spitze. In ihrer Einheitlichkeit erlauben sie erneut rhythmisierte Reihungen, indem sie – wie schon die geometrischen Dreiecke – allein stehen oder zu Gruppen zusammengeschlossen sein können. Mit der gegenständlich unterdeterminierten Flächenform kehren die Maler aber auch noch zu einem anderen Vorteil des geometrischen Dreiecks zurück: Wie keine andere besitzt diese Grundform Richtungs- und Haftungsqualitäten[67] und kann daher der 'Materialisierung' des Rahmens in besonderer Weise dienen.[68] Bei der

---

[60] Kerameikosmuseum, Inv. 73: Kübler 1950, Taf. 37. 38; Kübler 1970, Taf. 10. 11; aus der gleichen Werkstatt auch die Deckel(schüsseln) ebenda, Inv. 75 und 76: Kübler 1950, Taf. 39. 40; Kübler 1970, Taf. 16–19. Zum Maler/zur Werkstatt siehe Rocco 2009, 161–165 "Kerameikos Mugs group e bottega", die Stücke Nr. KMG13, KMG10, KMG11.

[61] Halsamphora Eleusis Museum, Inv. 2630: Mylonas 1957; Arias – Hirmer 1960, Taf. 11–13; Simon 1976, Farbtaf. 4. Zum Maler: Morris 1984, 37–51 Taf. 1–8; Rocco 2009, 130–141, das Stück ebenda, Nr. Po4.

[62] Eiförmiger Krater Berlin: CVA Berlin (1) Taf. 18–21; Morris 1984, Taf. 13. 14. Zum Maler: Morris 1984, 59–65; Rocco 2009, 152–155, das Stück ebenda, Nr. Or 2 Taf. 23, 6–8; 24, 1.

[63] Halsamphora New York: CVA MMA (5) Taf. 42–44; Morris 1984, Taf. 15; Mertens 1987, 26 f. Nr. 13; Boardman 1998, Abb. 210; zum Maler: Rocco 2009, 125–128.

[64] Halsamphora Athen, Archäologisches Nationalmuseum, Inv. 353: Couve 1897, Taf. 5. 6; Kübler 1950, Taf. 69; Beazley 1951, 12 Taf. 10, 1. Zum Maler: Alexandridou 2011, 39 f. 150.

[65] Vgl. Haug 2015, 173–182, die mit anders ausgerichteter Aufmerksamkeit diesem neuen 'Arbeitsthema' der Vasenmaler nachgeht. Dass es ein solches ist, zeigt sich am Deutlichsten in der Hierarchisierung der Malflächen auf den Gefäßen: Differenzierung von Schauseite (mit erzählendem Bild) und sparsamer ornamental dekorierter Rückseite in der Hals- und in der Bauchzone.

[66] Haug 2015, 184 f.

[67] Unter allen geometrischen Grundformen hat das Dreieck anordnungslogisch das Alleinstellungsmerkmal, dass der relativ größte Teil des Umrisses als Ansatzgröße zur Verfügung steht.

[68] Polyphem-Maler, siehe Anm. 61; Orestie-Maler, siehe Anm. 62. Der Polyphem-Maler hat ebenso wie der Maler der Widderkanne, Morris 1984, 51–59 Taf. 10–12, zunächst noch 'geometrische' Dreiecke zwischen den dynamischen Volutendreiecken. Als geometrisches Erbe sind beim Maler der protoattischen Nessos-Amphora dagegen weidende Stelzvögel als Anzeiger bewachsenen

Abb. 19 Zeichnerische Abrollung des protoattischen Schöpfbechers aus Opferrinne β, Athen, Kerameikos-Museum, Inv. Nr. 73
(© Deutsches Archäologisches Institut, Neg. Nr. D-DAI-ATH-Kerameikos 3009 / Hermann Wagner)

Abb. 20 Protoattische Halshenkelamphora des Polyphem-Malers, Eleusis-Museum, Inv. Nr. 2630
(© Deutsches Archäologisches Institut, Neg. Nr. D-DAI-ATH-Eleusis 548 / Eva-Maria Czakó)

eleusinischen Polyphem-Amphora sehen wir, wie der Maler durch Anbinden der dynamischen Volutendreiecke sogar an vertikale Rahmungslinien das Bild zu schließen und gegen das umgebende Oberflächenkontinuum abzugrenzen sucht (Abb. 20).[69]

Bodens geblieben, Morris 1984, 65–70 Taf. 15. 16, siehe Anm. 64, vgl. Anm. 22.
[69] Beim Hals- und beim Schulterbild an der linken vertikalen Begrenzungslinie. Siehe auch auf dem Berliner Orestie-Krater die auf der senkrechten Rahmenlinie ‚emporlaufenden' Fliegen (?).

Abb. 21 Zeichnerische Abrollung der frühattischen Halsamphora des Piräus-Malers, Athen, Archäologisches Nationalmuseum, Inv. Nr. 238
(nach Couve 1897: Taf. 6)

Dieses Bewusstwerden des Bildes als kompositorisch zu gestaltende *Flächenform* bringt neue gestalterische Anforderungen,[70] die zwangsläufig mit ikonischen Bestrebungen konkurrieren.[71] Das bereits erprobte Potential des Dreiecks, durch Haften auf der Grundlinie die Rekonstruktion von Landschaftshorizont und Schwerefeld zu begünstigen, wird durch seine allseitig vom Rahmen nach ‚innen' gerichtete Anbringung also geschwächt. Doch unterscheiden einige Maler weiterhin deutlich zwischen ‚oben' und ‚unten' mit *vegetabil elaborierten* Ornamenten: Die an der ‚Decken'-Linie hängenden Ornamente bleiben vergleichsweise undynamisch durch ihre spiegelsymmetrische Ordnung, während die ungebärdig von der ‚Boden'-Linie aufsprießenden elastische Wuchskraft transportieren (Abb. 19. 21).[72]

---

[70] Für eine hochwertige Flächenkomposition, in der prägnante Gestalten wirkungsvoll ins Format gespannt sind, sind Qualitäten der Figur-Grund-Trennung gefragt, die in den sog. Gestalt- und Gliederungsgesetzen erstmals in den zwanziger Jahren des 20. Jahrhunderts von der wahrnehmungspsychologischen Forschung empirisch erfasst wurden und inzwischen von der Neurowissenschaft zu den Grundlagen visueller Rekonstruktion gerechnet werden, siehe oben Anm. 58. Nicht nur im ikonischen Bereich, auch in der Flächenkomposition bot die orientalische Kunst den frühgriechischen Malern überzeugende, zunächst weit überlegene Lösungen, was die Prägnanz (durch Symmetrie, Konvexität, durchgehende Linie, homogene Textur/Farbe) flächiger Formen betraf.
[71] Wenn auf der Polyphem-Amphora, dem Orestie-Krater und der Nessos-Amphora Fußspitzen bewegter Protagonisten über die Grundlinie nach unten ‚hinaustreten', so sehe ich darin nicht wie Haug 2015, 173–176, dass „die Bildrahmungen [...] vom Bild selbst gesprengt" werden. Vielmehr ist der Rahmen als Schwelle zum Bilderlebnis noch nicht etabliert, Maßnahmen zur lebhaften gegenständlichen Orientierung und solche zur Definition des Bildes *als Fläche* rangeln noch unentschieden miteinander. Erst bei der Piräus-Amphora sind beide Bestrebungen in Einklang gebracht zur Steigerung der Bildwirkung, siehe unten.
[72] Maler der Becher im Kerameikos, siehe Anm. 60, und Piräusmaler, siehe Anm. 64.

Abb. 22 Elfenbeinerne Schmuckplatte mit Heros im Löwenkampf aus der neuassyrischen Residenz in Nimrud-Kalhu, London, Britisches Museum, Inv. Nr. 118100
(© The Trustees of the British Museum)

Die Anregungen für die hängenden Ornamente dürften wieder von orientalischem Kunsthandwerk ausgegangen sein, wo Ketten mit hängenden Spross-Enden – Palmetten, Blüten, Knospen oder Früchten – Figurenfriese horizontal begleiten, meistens allerdings in Form von ihrerseits eingerahmten Bändern, die vertikale Folgen von Figurenfriesen deutlich trennen.[73] Diese in der Regel durch eine Bogenreihe verbundenen hängenden Elmente geben den Grundlinien mehr Bildgewicht und Materialität, die sie quasi architektonisch unterfangen. Wenn sie gelegentlich frei in den unten anschließenden Fries ‚hineinhängen' (Abb. 22),[74] ist die Nähe zur frühgriechischen Verwendung solcher Ornamente groß. Für die komplexen spiegelsymmetrischen Hängeornamente, die z. B. der Maler der Kerameikos-Becher und der frühschwarzfigurige Piräusmaler lieben, Varianten eines Voluten-Palmetten-Sprosses, dürfte dagegen ein neuassyrisches Schema anregend gewesen sein, das als prächtige Verschmelzung von Flügelsonne und Palmette von oben das figürliche Bild dominiert.[75] Da das Gebilde Ranken entlässt, deren Früchte gepflückt werden, ist offensichtlich, dass das vegetabile Ornament den Vorstellungsbereich ‚Natur' evoziert – auch und bereits in der orientalischen Kunst.[76]

Überprüft man die Anordnung der den ‚Decken'-Linien angehängten Elemente im Spätproto- und Frühattischen, so wird deutlich, dass sie – anders als bei den orientalischen Kettenornamenten

---

[73] Beispiele in Elfenbein, Möbeleinlagen aus Nimrud-Kalhu: Mallowan – Davies 1970, Taf. 6, 10; 8–10. 44. 45; Herrmann – Laidlaw 2009, Taf. 1, 1 a; 7, 45; 35, 227. 228; 116, 374; 125–131. – In der Toreutik: Bronzebleche Olympia: Borell – Rittig 1998, Taf. 4. 11. 16. 17. 44. 45 (orientalische Treibarbeit).

[74] Z. B. Barnett – Davies 1975, Taf. 118; Herrmann – Laidlaw 2009, Taf. 6, 14; 41, 180. – Frei in den Bildfries hängende Granatapfelkette auf der Goldschale aus Ugarit: Aruz – Benzel – Evans 2008, 240 Abb. 146, wie später auf lakonisch-schwarzfigurigen Trinkschalen.

[75] Barnett – Davies 1975, Taf. 12; Herrmann – Laidlaw 2009, Taf. 30, 202. 204.

[76] Vgl. die Ausführungen zum ornamentalen sog. Heiligen oder Lebens-Baum, unten S. 118–122; Anm. 148; Beispiele in der orientalischen Kleinkunst auch in Anm. 35. 38.

– in Wechselwirkung mit den Figuren den formalen Rhythmus im Bild mitbestimmen (Abb. 13. 14. 19–21).[77] Darin bereitet sich – ebenso wie in der oben erwähnten Materialisierung des allseitigen Rahmens – die Bearbeitung einer kompositorischen Anforderung vor, die man in Wahrnehmungsanalysen des frühen 20. Jahrhunderts das Figur-Grund-Problem genannt hat.[78] Wie früher schon an der Bodenlinie (zwischen gespreizten Beinen, vgl. Abb. 15–17), so sind die vegetabil-ornamentalen Elemente nun auch – und sogar überwiegend – an der ‚Decken'-Linie' als Anzeiger von räumlichen Distanzen in der Bewegungsabfolge eingesetzt.

Der Piräusmaler erzielt hinsichtlich der Figur-Grund-*Beziehung* einen Durchbruch (Abb. 21)[79]. Nicht nur werden seine Figuren straffer und betont konvexer konturiert als bei den Vorgängern und dadurch als mächtigere Flächengestalten wirksam. Ein Pionier ist er darin, den Grund zwischen und über den Figuren als Raumvorrat erlebbar zu machen, indem er ihn als *kontrolliert geformte Flächen* in kompositorischer Spannung zu den verdichteten Figurengruppen ‚ausdehnt'. Die größer und gewichtiger gewordenen Zwischenbereiche sind zugleich von Füllornamenten tendenziell geleert, und zwar durch eine klare Hierarchisierung: Einzelne große und anspruchsvoll geformte Ornamente dominieren Freiflächen des Bildgrundes und marginalisieren verbliebene Streumüsterchen. Ganz bewusst scheint der Maler auch einen entsprechenden Rhythmus in die hängenden vegetabilen Ornamente hineingebracht zu haben – quasi nun Zeichen für Abstandsspannen zwischen den auf horizontaler Ebene frontparallel sich bewegenden Gestalten. Auf diese Weise statten die vegetabilen Ornamente die Deckenlinie mit Hinweisen auf natürlich-physikalische räumliche Dimensionen aus, wie sie ja schon früher Naturgegebenes anzeigten: Dem zur horizontalen Linie verkürzten Bodenhorizont, der Standebene, entspricht jetzt eine entsprechend verkürzte, fiktive parallele Ebene im offenen Luftraum, als obere Grenze des Bildausschnitts. Der Maler thematisiert diese Formatgrenze im natürlich Unbegrenzten in neuer Eindrücklichkeit, indem er sie durch den Kopf eines Wagenlenkers überschneidet. Dass hier tatsächlich ein neues Bewusstsein der Spannung zwischen ‚raumeinnehmender' Körpermasse

---

[77] Vgl. dazu, wie Haug 2015 in dem gleichermaßen beobachteten Phänomen andere Funktionen, nämlich inhaltliche, sucht: S. 184 zur eleusinischen Polyphem-Amphora: „Hakenspiralen gruppieren offensichtlich enger und weniger eng zusammengehörige Figuren." S. 188 zum Kerameikos-Becher mit Kampfszenen: „Bei allem ‚Wildwuchs' wird aber auch hier deutlich, dass die Ornamente zur Bildanlage in Beziehung treten. Die besonders dramatischen Kampfsituationen werden durch ein großes Blütenornament, das aus der oberen Bildbegrenzung herauswächst, betont. Dies gilt namentlich für die in die Knie gegangenen Krieger. Darüber hinaus scheinen die Ornamente aber keine ‚Leseanleitung' zu geben. So wird etwa darauf verzichtet, verbündete Krieger durch gleichartige Elemente zusammenzuschließen."
[78] Siehe oben Anm. 70 sowie Anm. 58.
[79] Namengebende Amphora aus Piräus, siehe oben Anm. 64.

und verfügbarem leerem Raum in der frontparallelen Ebene sich seine bildnerischen Mittel schafft, sieht man auch in dem neuen Anordnungsprinzip der Verdeckung – in Verbindung mit strenger geschlossener Profilansicht jeder Figur. Dank der Anwendung korinthischer Ritztechnik sind die Verdeckungen eindeutig dechiffrierbar als hintereiandergestaffelte Tiefenebenen.

Damit scheinen pflanzliche Elemente ihre Hauptfunktion in der attischen Flächenbildentwicklung des 7. Jhs. v. Chr. erfüllt zu haben: raumorientierende Bildausstattung. War der Raum für die Körper über dem Horizont im festen Bildrahmen einmal ‚installiert', wurde die Ausstattung des Bildes mit vegetabilen ‚Naturzeichen' ersetzt durch die Interaktion der massigen und kraftgespannten Körpersilhouetten, in kunstvoller Wechselwirkung mit dem als ausgeprägte Binnenformen gestalteten hellen Untergrund, der nun nicht mehr aus nur passiven Restformen besteht.

Der mächtige ‚Einschlag' der spätproto- bis frühkorinthischen schwarzfigurigen Vasenmalerei in die attische Produktion des letzten Drittels des 7. Jhs. v. Chr. führt in der sog. frühattischen Vasenmalerei zwar zu einem vorübergehenden Einzug von Punktrosetten und Streublümchen;[80] dann aber werden die attischen Bildgründe davon geleert. Das Thema Pflanzenwelt, von den Handlungsbildern abgezogen, verschwindet aber nicht, sondern wird ganz in eigene Ornamentzonen ausgelagert. Hier wird es mit dem vom Orient erlernten neuen Formenschatz zu ‚binär' und symmetrisch rhythmisierten Palmetten-Lotus-Bändern reich elaboriert, in denen aufrechte und hängende Sprossenden streng orthogonal auf einander bezogen sind.[81]

Ähnlich wird der andere Teil *nichtmenschlicher Natur* behandelt, die Tierwelt, dies in Nachahmung der (proto)korinthischen Vasenmalerei, die dem Tierfries eine exponentiell verstärkte Bedeutung gegeben hatte. In deren ‚ornamental'-endlosen Rhythmen setzte sich im Prinzip eine Gestaltungskonvention geometrischer Zeit fort. Waren doch die in der orientalischen Luxuskleinkunst verbreiteten Tierfriese die Vorbilder auch schon der griechisch-geometrischen

---

[80] Insbesondere beim Nessos-Maler: Beazley 1951, 13 f.; Boardman 1994, 16–19; Palaiokrassa 1994; Alexandridou 2011, 39 f. und beim Gorgo-Maler: Beazley 1951, 15 f.; Scheibler 1961; Boardman 1994, 19; Alexandridou 2011, 41 f.

[81] Bereits der Gorgo-Maler hat Palmetten-Lotus-Ketten spiegelsymmetrisch so ausgearbeitet, dass sie in Größe und formaler Durcharbeitung, in ihrer Verbindung von Vielfalt und Ordnung ein vollgültiges Friesthema ergeben – an einer prominenten Stelle des Gefäßes; siehe den Dinos im Louvre: Arias – Hirmer 1960, Taf. 35. 36; Denoyelle 1994, Nr. 24. Auch das doppelt-spiegelsymmetrische Exzerpt ist schon seine Spezialität (siehe die Bauchamphora im Louvre: Scheibler 1961, 2 Abb. 1. 2), das Sophilos und Klitias dann als ausstrahlendes Zentrum von Tierfriesen einsetzen. Zu Bedeutung und Orientbezug des zentralen pflanzlichen Emblems siehe unten S. 109 f. mit Anm. 126; S. 111 mit Anm. 133; S. 117 mit Anm. 146 f.

Vasenmaler gewesen, obwohl man das deren Figurenstil nicht ansieht. Im protokorinthischen Tierfriesstil[82] aber wurden die einzelnen animalischen Wesen durch die nun auch *form*-einfühlende Rezeption der orientalischen Schemata[83] formal und artspezifisch prägnant verlebendigt; und damit gewann ihre Anordnung – wenngleich ornamental gebunden in ‚binär' wechselnder und/oder symmetrisch wiederholter Folge – an emotionsträchtigem Bedeutungspotential.

Bei den frühschwarzfigurigen attischen Malern, beim Gorgo-Maler, bei Sophilos[84] und vor allem bei Klitias[85], sind nicht nur die prägnanten Figuren, sondern auch die leeren Binnenräume kunstvoll geformt und proportioniert – wie schon bei den spätprotokorinthischen Meistern. Von Korinth übernommen ist auch die horizontale Staffelung vieler umlaufender Bildfriese sowie deren Rangabstufung durch unterschiedliche Frieshöhe gemäß den Sujets, wobei in den unteren Registern Tierfriese obligatorisch sind (Abb. 23).

Bei den genannten attischen Vasenmalern sehen wir mit den übereinander angeordneten Frieszonen eine strenge Scheidung der Klassen von Organismen vorgenommen, die zugleich eine Hierarchie bedeutet: Die göttliche und menschliche kulturbestimmte Welt ist geschieden von der Welt der Tiere, dämonische Wesen eingeschlossen, und der Pflanzenwelt. Die beiden letzteren sind im unteren Teil der Gefäße als ‚Natur' zusammengefasst. Welchen Beitrag leisten diese ornamentalen Friese zum ‚Natur'-Diskurs und welche Möglichkeiten des Beziehungsspiels mit den erzählenden Darstellungen der Menschenwelt eröffnen sie?

Von der Pflanzenwelt ist es *das Wuchsprinzip* der sich diversifizierenden Verzweigung und Sprossung – Merkmale der *Vitalität* dieser ortsfesten Organismen –, das durch abstrakt-ikonische vegetabile Ornamente gültig dargestellt wird. Deskriptiv-ikonische Darstellung einer individuellen pflanzlichen Ausprägung hätte eine solche allgemeingültige und als Generalisierung verständliche Mitteilung des natürlich-Gesetzmäßigen nicht transportieren können.[86] Für die Welt der Tiere ist es *der vitale Nahrungstrieb*, der

---

[82] Winkler-Horaček 2015a. Amyx 1988 behandelt die charakteristischen Tierfriese nicht als „subjects"; S. 617–672 fasst er darunter nur narrative Bilder, insbesondere mythische Szenen; „monster" und Tiere werden lediglich als Einzelspezies aufgeführt. Dieser einfachen Klassifizierung gegenüber bedeutet Winkler-Horačeks Ansatz einen großen Fortschritt.
[83] Bzw. in Athen wohl überwiegend durch deren Rezeption aus zweiter Hand, nämlich vermittelt durch die korinthisch-orientalisierende Vasenmalerei.
[84] Beazley 1951, 16–18; Bakır 1981; Williams 1983; Alexandridou 2011, 42.
[85] Minto 1959; Torelli 2007; Shapiro – Iozzo – Lezzi-Hafter 2003.
[86] Himmelmann 2005, 20–26 und passim, spricht von der „ornamental-poetischen Form" im Unterschied zur „deskriptiv-prosaischen Form", die pflanzliche „Idealität [...] durch Charakterisierung und Potenzierung des Natürlichen" erreiche: „Die ornamental-poetische

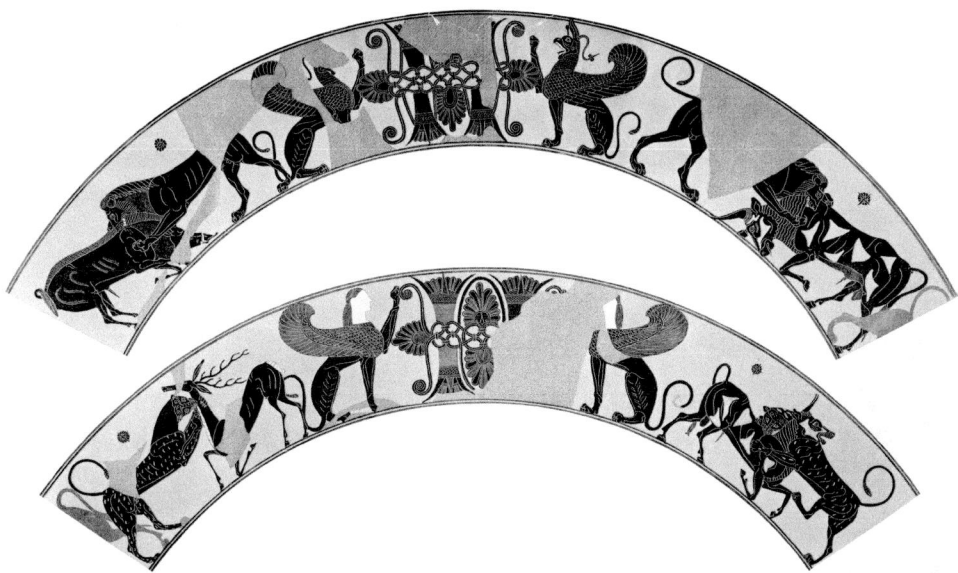

Abb. 23 Zeichnerische Abrollung der Tierfriese des attisch-schwarzfigurigen Volutenkraters von Klitias und Ergotimos, Florenz, Museo Archeologico Nazionale, Inv. Nr. 4209 (nach Furtwängler, A. und Reichhold, K. 1901/1902, *Griechische Vasenmalerei. Auswahl hervorragender Vasenbilder 1*. München: Taf. 3)

veranschaulicht wird. Bei den in Arten diversifizierten, mobilen Organismen entfaltet dieser Trieb bekanntlich soziale Dynamik, wie der Sexualtrieb innerhalb jeder Art: In abwechselnder Aufreihung oder in Kampfgruppen werden fleischfressendes Raubtier und Pflanzenfresser als Jäger und Opfer aufeinander bezogen. Es ist wieder, wie bei der Darstellung der Pflanzenwelt, etwas Prinzipielles, das mit dieser abstrakt-gegenständlichen, ornamental elaborierten und endlos variiert-wiederholten Polarität bildlich gefasst ist.

Der frühprotokorinthische Aryballos im Britischen Museum (Abb. 12 a–c) legte die Hypothese nahe, dass die Gegenüberstellung zweier Paar-Handlungen, einer menschlichen und einer tierischen auf demselben Gefäß, eine strukturelle Verwandtschaft des Verhaltens bedeute. Lässt sich dieser Deutungsansatz auf den über hundert Jahre jüngeren Klitias-Krater anwenden? Exemplifizieren archetypisch-prinzipielle Verhaltens- oder Handlungsmuster in der *community* der Tiere plakativ ein ‚Naturgesetz', das wir auch in den speziellen Geschichten

---

Darstellung der Blume sieht von der realistischen äußeren Erscheinung ab und fasst demgegenüber seine in der Wirklichkeit so nicht sichtbaren idealen Eigenschaften wie Biegsamkeit, Sprossen, Ranken und dergleichen in einer einprägsamen Bildformel zusammen". Ich spreche stattdessen von abstrakt-formal reichen und gestaltkräftigen Liniengebilden, deren Anordnungslogik Analoga zum pflanzlichen Wuchsprinzipien herausbildet.

aus der Welt der Götter und Menschen als wirksam verstehen sollen, die in den übergeordneten Bildfriesen erzählt werden?

Da sich in der Zwischenzeit die Produktion der Tierfrieskeramik in Korinth reich entfaltet hat, müsste sich der Interpretationsansatz zunächst bei dieser weiter bewähren.

In den protokorinthischen Tierfriesen sehen wir meistens eine ‚Natur' ganz ohne Menschen, eine Tiergesellschaft in ihrem pflanzenerfüllt zu denkenden Lebensraum, der sich – nicht anders als in der geometrischen Vasenmalerei – durch die Kombination von ‚blumigen' Füllornamenten[87] und ‚Weidehabitus' von Pflanzenfressern erschließt (Abb. 24).[88] Wie oben erwähnt, erscheint bereits die Tiergesellschaft der korinthisch-schwarzfigurigen Vasen ‚paarweise' polar klassifiziert als friedlich zu räuberisch, passiv zu aggressiv. Die Vasenmaler wählten dazu Vertreter der noblen archetypischen Tierklassen, die als solche in der Kunst der orientalischen und ägäischen Hochkulturen aus prähistorischer Jägerzeit bewahrt geblieben waren, wie Löwe und Panther auf der einen Seite, Wildstier, Wildziege und Hirsch auf der anderen.[89] Ihnen stellen sich tierhafte Urwesen aus vormenschlich-theogonen Phasen der Welt zwanglos an die jeweilige Seite: in ihrer Klasse überlegene ‚Übertiere',[90] die sinnfällig als Hybriden veranschaulicht werden, oft mit menschengestaltigen – besser: göttergestaltigen – Köpfen: Sphingen, Greifen, Sirenen und dergleichen. Gelegentlich wird das große Thema der antagonistischen Disposition – mit ihrem eben typischen Aggressionsgefälle – auf einem untergeordneten Fries innerhalb einer ‚unheroischen' Fauna im Alltagsformat aktualisiert: als Jagd von Hunden auf Hasen.[91]

---

[87] Vgl. Haug 2015, 126–132; forciert allerdings ihre pflanzliche Deutung der plastischen „Noppen" auf attisch-geometrischen Gefäßen als Knospen/Blüten; vielmehr überlagert diese Bedeutung nur ‚poetisch' die primäre von Brüsten/Brustwarzen; letztere erhellt durch paarige Platzierung der „Noppen" auf der Wölbungszone unterhalb des geschmückten Gefäßhalses, der als solcher durch die axial krönende ‚Nase' der Kleeblattmündung – häufig noch von aufgemalten Augen flankiert – vergegenständlicht wird.

[88] Siehe Anm. 82. Die aus zahllosen Beispielen herausgegriffene unpublizierte Olpe im British Museum, Inv. 1865,1214.3 (Übergangsstil), hat besonders regelhafte Friese; ähnlich die Olpenfriese des Malers von Vatikan 73 und des Sphinx-Malers in Paris: CVA Louvre (13) Taf. 57–62.

[89] Die bereits uralte Nobilitierung durch frühe Bildkunst ist zu bedenken, wenn man diese Tiere im Hinblick auf die natürliche und gesellschaftliche Realität der frühgriechischen Kultur interpretieren möchte. Gestützt durch die Bildkunst waren diese Tiere Teil des kollektiven Imaginären in den früheisenzeitlichen Gesellschaften des östlichen Mittelmeergebietes, unabhängig davon, ob sie zur eigenen Umwelt und Alltagserfahrung gehörten. Sie waren darüber hinaus ‚mythenumwittert', denn die gleichen Tiere sind die Bezugswesen von Göttern und Helden.

[90] Die zum „Monster" anglisierte Bezeichnung „Monstrum" wird dem Bedeutungs- und Beziehungsreichtum dieser Gestalten nicht gerecht, siehe unten Anm. 97.

[91] Etwa auf der Chigi-Olpe, siehe unten Anm. 108, und dem ‚Macmillan-Aryballos' desselben

Abb. 24 Korinthisch-schwarzfigurige Olpe des Übergangsstils, London, Britisches Museum, Inv. Nr. 1865,1214.3 (© The Trustees of the British Museum)

Jeder wird L. Winkler-Horaček folgen, darin die Veranschaulichung eines innerhalb der Tierwelt „eingehaltenen Ordnungsprinzips" zu erkennen, zu dem auch hierarchische Kräfteverhältnisse gehören.[92] Doch trägt Winkler-Horačeks weitere Gesamtdeutung des früharchaischen Tierfriesstiles vielleicht weniger archaischen Vorstellungen Rechnung als neueren kulturwissenschaftlichen

---

Malers, siehe unten Anm. 161. Zum Sujet der Hasenhatz auf korinthischen Vasen allgemein siehe Amyx 1988, 666 f. Beispiele auf Taf. 14–16. 17, 1–3; 31, 4; 54, 3.

[92] Winkler-Horaček 2015a, 254–258. 305: „Es geht um Hierarchisierung der Tierwelt und die Gegenüberstellung verschiedener Kräfte in einem vorstellbaren Raum. Die Gruppierungen [...] stehen für die Gegensätze der Tierkampfgruppen wie ‚stark' und ‚schwach', ‚bedrohlich' und ‚friedlich', ‚tödlich' und ‚fruchtbar' etc. und durchziehen die Vorstellung der Tierwelt. [...] ein Ordnungsprinzip wird eingehalten." Die Ordnung der „handlungslosen Gruppen mit einem interaktiven Potential" (S. 254) [...] „wird durch die einzelnen Handlungsbilder bestätigt und orientiert sich an den Kräfteverhältnissen der Tiere. Die Mischwesen sind auch als Produkte der Phantasie Teil dieser Ordnung."(S. 298 f.) Ähnlich wieder S. 624 f.

Diskursen, insbesondere der pragmatisch-affirmativen Deutung von Kunst[93] und dem strukturalistischen ‚Gegenwelten'-Modell,[94] deren Verbindung in Gestalt einer generell unterstellten staatsbürgerlich moralisierenden Funktion griechischer Kunstwerke ja überaus erfolgreich geworden ist:[95]

„Die frühgriechischen Bilder formulieren einen Gegensatz von Kultur und Wildnis,[96] indem sie die Gefäße mit den Tieren und Monstern zum funktionalen Teil kultureller Handlungen machen. [...] (Die ordnende Struktur der Friese) nimmt den monströsen[97] Tierwelten ihre ordnungserschütternde Kraft. [...] Das kulturelle Selbstverständnis der frühen Griechen formiert sich damit im Angesicht einer fremden, aber rational durchdrungenen Wildnis. Die bildliche Präsentation fiktionaler Grenzräume wird zum Gegenpol für das zivilisierte Handeln der Vasennutzer."[98]

Setzen wir noch einmal schlicht beim gestalterisch-Formalen an. Wie gesagt: Ebenso wie bei der Darstellung der Pflanzenwelt gelingt es bei der Darstellung der Tierwelt durch Ornamentalisierung und Typisierung von Gestalt und Habitus, Prinzipien organismischen Lebens zu verbildlichen. Was dort dynamisch sich diversifizierende Wuchsstruktur war, ist hier polare Handlungsstruktur. Das Prinzip der Selbsterhaltung der Tiere wird in seiner sozialen Relevanz anschaulich, wenn in ‚ornamentaler' Wiederholung die polare Verfolgung von Bedürfnisinteressen exemplifiziert wird – einerseits im Jagen und Töten der Fleischfresser sowie gegenseits im Äsen und Fliehen

---

[93] Einflussreich W. Röslers Arbeit zur archaisch-griechischen Lyrik, Rösler 1980; wissenschaftsgeschichtliche Analyse: Latacz 1986.

[94] Zuletzt unter diesem Schlagwort der Sammelband Hölscher 2000. Dem „spatial turn" der Kulturwissenschaften ist Winkler-Horaček wie bereits 2006 so auch 2015a, 373–392 verpflichtet, mit den Kapiteln „Mythische Monster und die griechische *eschatia*", „Monster am Rande der Welt. Ferne Welten und die Kategorien der Räume". – Gegenwelt-Modell bereits bei Isler 1978, siehe unten Anm. 99.

[95] Anders die Deutung von dargestellten Lust-Exzessen bei Himmelmann als Affirmation von eigengesetzlicher Grenzüberschreitung: Himmelmann 1994, 15–17 zu ebenda Abb. 8. 9; Himmelmann 1996. Widerspruch zu einseitig moralisierendem Verständnis jetzt auch bei Kistler 2006.

[96] Zum Begriff „Wildnis" s. Winkler-Horaček 2015a auch auf S. 310 f. 620.

[97] Winkler-Horaček betont die Einheit der in den Friesen veranschaulichten Tierwelt im Kontrast zur Zivilisation, deren Spezies zu den Rändern des erkundeten Terrains hin „monströser" würden, vgl. Anm. 94. Aber die Figuren starker Tiere und ‚Hybriden' fungieren auf dieser Entwicklungsstufe der Bildkunst offensichtlich auch als notwendiger Kommentar zur Menschengestalt der Gottheit, um deren über-menschliche Macht anschaulich zu machen; und zwar nicht nur als unterjochte Chaos-Wesen: Homer sagt (*Ilias* 21, 483 f.), dass Zeus seine Tochter Artemis „zur Löwin für die Frauen" gemacht habe. Bleibt man bei der Bezeichnung „Monster", müsste man auch die göttliche Macht monströs nennen. Siehe unten S. 100 f. mit Anm. 106 und 109 zu entsprechenden Trabanten von Gottheiten.

[98] Winkler-Horaček 2015a, 393, im „Fazit"; ähnlich in der „Zusammenfassung" S. 620.

der Pflanzenfresser. Trotz des krassen Stärke- und Aggressionsgefälles sind beide Spezies ‚unaufhörlich' existent, die ‚ornamentale' Wiederholung leistet auch die Veranschaulichung eines auf Dauer funktionierenden Gleichgewichts im Großen-Ganzen der ‚Natur', trotz konfliktreicher und gefährdender Ungleichgewichtigkeit im Einzelnen.[99] Im gleichen Zeitraum rekonstruiert einer der ersten ‚Naturphilosophen' elementare physikalische Phänomene in der kosmisch-materiellen ‚Natur' als immer antagonistisch-bewegt: Für Anaximander von Milet setzen die gegnerischen „Elemente" respektive Kräfte (ἐναντιότητες) einander das Maß von Entstehen und Vergehen; wechselnde Dominanztendenzen gleichen einander im Ereignisverlauf immer wieder aus.[100]

Auch die Tierfriese sind verstehbar auf der Grundlage jener frühgriechischen Vorstellungen, nach denen aus dem Spannungsgefälle zwischen konkurrierenden Instanzen die treibende Kraft resultiert, die die Wechselfolge von Sein und Nichtsein in fortwährenden Gang setzt: in der physikalisch-elementaren wie der organismischen ‚Natur'. In die ‚naturgegeben' antagonistischen Verhaltensweisen der Instanzen gesellschaftlich-moralische Urteile hineinzutragen, wäre unangemessen.

Mit diesen ‚Gesetzmäßigkeiten' weist sich die ‚Natur' im archaischen Verständnis als einer höheren Ordnung unterworfen aus. Im bildhaft-gegenständlichen

---

[99] In dieser Richtung äußert sich bereits Isler 1978, 21, der allerdings auch die in den Tierfriesen repräsentierte ‚Natur' als Wildnis und Gegenwelt „of man outside his own sphere" begreift und ihre antagonistischen Lebenstriebe mit Wertungen bedenkt: „This counter-part, the world outside, has a complex character which is determined by the sum of characters of the represented beings. A constant threat and insecurity is apparent, the sinister element of this world is being underlined by the presence of the monsters. On the other hand also a positive side is manifest, above all a continuity of this world, a constant renewal of life which is expressed in the omnipresence of its beings. This very ambivalence between the positive and the negative can only be given expression in the isolation of the creatures in the animal frieze, through which their potential individual fates can be preserved." Siehe aber folgende Anm.

[100] „Aus welchen [Dingen] die seienden Dinge ihr Entstehen haben, in diese findet auch ihr Vergehen statt, wie es sein muss, denn sie leisten einander Recht und Strafe für das Unrecht, gemäß der zeitlichen Ordnung." Simplikios, Kommentar zu Aristoteles' *Physik* 9, 24, 13–25, 1, der Satz nach Theophrast zitiert. Mansfeld – Primavesi 2011, 70 f. Nr. 15; Wöhrle 2012, 129 f. Ar 163. Dass die einander gegnerischen Stoffe mit ihren Verhaltensweisen gut oder schlecht zu bewerten seien, ist wohl auszuschließen. Der ‚Rechtsvollzug' kann nur Naturgesetzlichkeiten folgen. Nach Simplikios drückt sich Anaximander hier „eher in poetischen Worten" aus. Den Ausgleich der gegensätzlichen Elemente wie ihre Nachrangigkeit gegenüber dem „Ápeiron", einer „ἑτέρα τις φύσις" *a priori*, schließt Anaximander aus deren aktueller Koexistenz, vgl. Aristot., *Phys.* Γ 5, 204 b 24 f. „Die Elemente haben nämlich unter sich eine Beziehung der Gegnerschaft; die Luft ist z. B. kalt, das Wasser feucht, das Feuer heiß. Wenn einer von ihnen also unbeschränkt wäre, wären die übrigen schon lange zugrunde gegangen", Mansfeld – Primavesi 2011, 66 f. Nr. 8, vgl. Simpl. 9, 479, 30–480, 8; Wöhrle 2012, Ar 176. – Zu den Gegensatzpaaren siehe auch die Quellen bei Wöhrle 2012, Ar 1. Ar 3 (Aristoteles, *Physik*) und Ar 121–124 (Themistios, Paraphrasis zu Aristoteles' *Physik*).

Abb. 25 Protokorinthisch-schwarzfigurige Platschkanne, Syrakus, Museo Archeologico Regionale Paolo Orsi
(© Museo Archeologico Regionale Paolo Orsi)

Mythenentwurf der Zeit sind es bekanntlich körperlich existente göttliche Wesen mit bestimmten Funktionen, die als höhere Mächte figurieren. Und seit Homer ist die ‚Natur' der Herrschaftsbereich der Artemis – Natur im Sinne der ursprünglichen geographisch-ökologischen Welt und Heimat von Lebewesen. Artemis vereint in sich ja explizit die in den Tierfriesen dargestellte Polarität: als Töterin und Hegerin von Tieren – aber nicht weniger auch von Menschen.

Auf einer protokorinthischen Oinochoe aus Syrakus sehen wir Artemis in den Tierfries eingeschoben (Abb. 25).[101] In ihrer spektakulär epiphanischen Darstellung ist nicht nur die Ordnung der Tierwelt, sondern gewiss auch die der Menschenwelt angesprochen, in der Artemis naturhafte Aggressivität mächtig wirksam sein lässt und zugleich durch Tabus begrenzt, und das nicht nur im Umgang mit Tieren. Die *Potnia Theron* ist in der spätarchischen Dichtung auch jemand, der wehrhafte Männer zu Stadtbürgern domestiziert.[102] Die übergeordnete Macht dieses mädchengestaltigen Wesens wird auf der protokorinthischen Kanne durch *frontale* Symmetrie, durch die unterlegenen bzw. zahmen Löwen, vor allem aber durch die mit ihr wohl geschlechtsgleichen[103] ‚schirmenden' Wächter-Sphingen zum Ausdruck gebracht, in denen die Potenz normaler Raubtiere phantastisch gesteigert ist.[104] Haben sie doch mit den Kopfranken darüberhinaus am unerschöpflichen pflanzlichen Leben Anteil[105] und mit den menschen-/göttergestaltigen Köpfen zugleich Anteil am

---

[101] Protokorinthische Oinochoe aus Ortygia, Archäologisches Museum Syrakus: Pelagatti 1999; Fischer-Hansen 2009, 209 f. – Dass die orientalisierenden ikonographischen Schemata der *Potnia Theron* im griechischen Mutterland seit dem 7. Jh. v. Chr. in der Regel als Darstellungen der Artemis verstanden wurden, erhellt u. a. aus den Funden im Heiligtum der spartanischen Orthia, siehe Dawkins 1929. Zu Artemis als *Potnia Theron* siehe Christou 1968; *Lexicon Iconographicum Mythologiae Classicae* Suppl. 8 (1997) s. v. Potnia Theron (N. Icard-Gianolo) Sp. 1021–1027; Hermary 2000; Fischer-Hansen – Poulsen 2009; Burkert 2011, 31 f.; Budin 2015. – Im Kontext der dionysischen ‚Dickbauchkomasten' auf korinthischen Vasen habe ich als die hier relevante ‚Große Göttin' eines jägerischen, männerbündischen Kollektivs auch Meter in Erwägung gezogen, Mandel 2004, 58 f. 60 mit Anm. 136; zum Kordax S. 61 mit Anm. 143 f. – Vgl. auch Isler 1978, 24 f., der in der Nachfolge von Langlotz und Kerenyi Dionysos als Bezugsfigur der θῆρες und ihrer *Potnia* sieht.

[102] Siehe unten S. 116 f. mit Anm. 144 f. das Anakreon-Fragment 348 Page. Die beim Mainzer Workshop vorgetragene Interpretation Hans Bernsdorffs („Des Widerspenstigen Zähmung. Natur und Zivilisation in der Lyrik des Anakreon") wird in seinem Kommentar zu Anakreon bei Oxford University Press erscheinen.

[103] Das Geschlecht von Sphingen in der protokorinthischen Vasenmalerei ist oft nicht sicher zu bestimmen, siehe Horaček 2015, 83; es gibt – seltener – durch Bart eindeutig männlich gekennzeichnete Sphingen; lang fließende Haare und gelegentlich Gesichtsweiß sind Indizien für Weiblichkeit. Auf der korinthischen Kanne könnten die in Umrissmalerei hellen Gesichter von Artemis und Sphingen identisches Geschlecht angeben.

[104] Zur Sphinx, den vorgriechischen Entwicklungen und Bedeutungen des Schemas sowie der griechischen Rezeption ausführlich Winkler-Horaček 2015a, 76–181.

[105] Zur Kopfranke: Himmelmann 2005, 21 mit Verweis in Anm. 17 auf Himmelmann 1968, 84 (Beitrag B. Kaeser). Thomsen 2011, 82–92; er deutet die Kopfranke bei der Sphinx überzeugend

Orientierungsbewusstsein der höchststehenden Organismen. Insofern darf man sich, alternativ zu Winkler-Horaček, fragen: Entsprechen nicht den Tieren in der menschlichen Wirklichkeit die ‚Übertiere' in der göttlichen Welt – als den Göttern verwandte Wesen, die deren Dominanzfähigkeit herausfordern?[106] Und können die ‚Übertiere', von den Göttern domestiziert, in der tiergestaltigen Welt nicht ähnliche Ränge und Funktionen besetzen wie die Götter in der menschengestaltigen Welt? Wir sehen sie auf korinthischen Vasen gerade nicht als „transgressive" Inkarnationen von Chaos figurieren,[107] sondern im Gegenteil als Exekutivgewalten der Artemis und damit als Hüter ihrer göttlichen Ordnung.

Auf der Chigi-Kanne[108] vertritt eine frontal herausschauende Mädchen-Sphinx, potenziert durch die Verschmelzung mit dem Schema des symmetrischen Wächtersphingenpaares,[109] die Macht der Artemis. Nicht zufällig sehen wir die

---

als „Emblem des Gedeihens", das „dämonische Trabanten der Großen Göttin" charakterisiert, die für „Vergehen und Gedeihen zuständig" ist; denn „chthonisch umfasst beides". Schwächer und ohne diese Dimension Winkler-Horačeks Deutung, 2015a, 94. 136–149 (obwohl die S. 148 zitierte Iliasstelle [6, 146–14] sie schon früh belegt): „Die Ranke [...] ist Ausdruck von Vegetation und Fruchtbarkeit", sie steht „für den friedlichen und lebensspendenden Teil dieser Welt des ‚Draußen'", vgl. auch unten Anm. 107. – Der Bildkontext der Syrakusaner Oinochoe gibt uns einen Schlüssel zur Deutung im Sinne Thomsens: Dass die Sphinx mit Kopfranke blutrünstige Raubtierhaftigkeit und pflanzliches Aufsprießen vereint, macht sie zu einer Veranschaulichung des polaren Wesens der Artemis und zu ihrer rechten Exekutive.

[106] Gegner sind Götter – oder ein Mensch mit den überdimensionalen Eigenschaften eines Herrschers oder Heros, vgl. zum Orient Winkler-Horaček 2015a, 161–181. Das Bezwingen von Wildtieren und Mischwesen veranschaulichte in der assyrischen Reichskunst die Beherrschung/Disziplinierung von ‚Fremdvölkern' der Grenzgebiete durch den König sowie von aggressiven Urgöttern durch die Reichsgötter, Winkler-Horaček 2015a, 177–179 mit Verweis auf Maul 2000. „Ihre apotropäische und schützende Funktion als sog. *protective spirits* bekommen sie erst als besiegte Kreaturen, die ihre Kraft und ihre Macht in den Dienst des neuen Herren stellen." S. 180: „Dies steht in Kontrast zu den bekannten ägyptischen Vorstellungen. Hier sind die Götter selbst Tier- oder Mischgestalten." Siehe aber auch die Bezeichnung „Wildkuh Ninsun(na)" für Gilgameschs Mutter im Epos. Wie u. a. die tierischen Trabanten der griechischen Götter und die tiergestaltigen Götterepiphanien zeigen, sind gerade auch im Griechischen die Grenzen zwischen Tieren und Göttern fließend, da sie vom Menschen aus als die anderen und ursprünglicheren Wesen zusammengesehen werden können; Wesen mit Mischwesen-/„Monster"-Ikonographien gehören natürlich auf dieselbe Seite.

[107] Winkler-Horaček 2015a, 149, zur Sphinx mit Kopfranke: „Das Bild des Monsters vereint nicht nur Mensch und Tier. Es hebt auch die Trennung von Tier und Pflanze auf. Hier werden Transgressionen beschrieben, in denen die Grenzen zwischen Menschen, Tieren und Pflanzen verschwimmen und wie sie in der Literatur am Rand der Welt lokalisiert werden." Der Begriff des Monströsen in Verbindung mit „Transgression", Winkler-Horaček 2015a, 3, rekurriert auf Michel Foucault.

[108] Arias – Hirmer 1960, Taf. 16; Hurwit 2002; Mugione – Benincasa 2010; D'Acunto 2013.

[109] Zur ‚Doppelsphinx': Hurwit 2002, 10; D'Acunto 2013, 172 f.; Winkler-Horaček 2015a, 164–166 zur Beziehung von Raubtieren und Mischwesen/Sphinx zu Göttern und v. a. Göttinnen: „Wie eng das Monster einer bestimmten Gottheit zugeordnet ist, lässt sich am Ende nicht sagen. Schwerpunkte

Abb. 26 Protokorinthisch-schwarzfigurige Kleeblattkanne, New York, Metropolitan Museum of Art, Nachlass Walter C. Baker 1971, Inv. Nr. 1972.118.138
(CC0 Public Domain Dedication)

Epiphanie dieses ‚Übermädchens' im unmittelbaren Kontext ihrer Schützlinge, männlicher Heranwachsender im – je alterspezifischen – Umgang mit zahmen und wilden Tieren, deren Beherrschung zur männlichen Erwachsenenrolle gehört: Hasenjagd der *Paides* unterhalb der Doppelsphinx, Reiten der Knaben zu ihrer Rechten und Löwenjagd der erwachsenen *Kuroi* zu ihrer Linken. Für all diese im weitesten Sinne ‚aggressiv'-selbsterhaltenden männlichen Verhaltensweisen kann der ornamental-polare Tierfries das grundlegende Motivations- und Handlungsmuster darstellen.

Bestimmte Konstellationen in den korinthischen Tierfriesen lassen vermuten, dass mit den polaren ‚Charakteren' oder ‚Rollen' der Raub- und Weidetiere

---

liegen sicher bei Athena, Artemis und Apoll. Vielleicht steht weniger der individuelle Bezug des Mischwesens zu einer bestimmten Gottheit im Vordergrund, als vielmehr die Rolle des Mischwesens als Teil einer monströsen, gefährlichen und unheimlichen Welt des ‚Draußen' sowie das Verhältnis der jeweiligen Gottheit zu eben dieser Gegenwelt der menschlichen Zivilisation."

 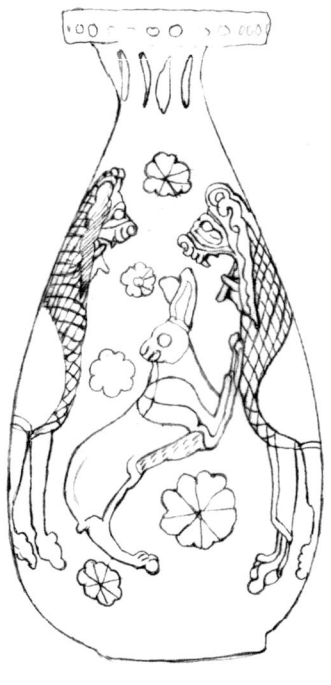

Abb. 27 Protokorinthisch-schwarzfigurige Olpe, München, Staatliche Antikensammlungen, Inv. Nr. 8764
(© Staatliche Antikensammlungen und Glyptothek München)

Abb. 28 Zeichnung nach korinthisch-schwarzfigurigem Alabastron, St. Petersburg, Staatliche Eremitage, Inv. Nr. 230
(© Achim Ribbeck)

nicht nur die durch Nahrungs-/ Selbsterhaltungstrieb bedingten Interaktionen und Konflikte, sondern auch geschlechtliche Verlockung und Eroberungsrituale veranschaulicht werden, die bekanntlich als gleichermaßen ‚naturgesetzlich' auch auf menschliches Verhalten übertragbar sind. So sehen wir etwa die stärksten männlichen Jagdtiere – Stiere oder Eber – in Konkurrenz aggressiv gegeneinander gehen (Abb. 26. 27).[110] Wenn Löwen einander um ein zartes

---

[110] Zwei Stiere: Winkler-Horaček 2015a, 556, Anhang I.4.2.1 (6 Beispiele); gegeneinander gesenkte Köpfe/Hörner z. B. auf der protokorinthischen Kleeblattkanne im Metropolitan Museum of Art: Mertens 2010, 11. 24. 26. 60 f. Nr. 8, hier Abb. 26. – Zwei Eber: z. B. protokorinthische Olpen in München: Amyx 1988, Taf. 16, 1. 2, hier Abb. 27; in Frankfurt: von Freeden 1985, 26 f.; sowie in Winterthur: Isler 1978, 18 f. Taf. 3. 4; protokorinthischer Spitzaryballos Boston, MFA, Inv. 99.512:

Abb. 29 Protokorinthisch-schwarzfigurige Olpe, Bochum, Antikenmuseum der Ruhr-Universität, Inv. Nr. S 475
(© Ruhr-Universität Bochum S475 / M. Benecke)

Häschen anfauchen (Abb. 28),[111] dann ist natürlich nicht die realistische Rivalität von Raubkatern um ein Weibchen gemeint, aber ebensowenig deren Streit um reale Fressbeute, denn der Hase ist kein rangadäquates Jagdtier für sie.[112] Die Konstellation wird verständlich als Metapher für *menschlich-männliche* Rivalität: Der ängstliche Hase dürfte hier – wie bekanntlich auch in anderen Kontexten – als zartes Objekt wilden erotischen Begehrens konnotiert sein – sei dies ein Mädchen oder ein Knabe. Auch hierzu können die von Hunden gejagten Hasen ein Analogon im realistisch-narrativen Modus bieten (Abb. 27).

Anstelle des Häschens finden wir sehr häufig einen Wasservogel, eine nicht minder wehrlose Beute, den zwei Löwen – oder auch Panther – rivalisierend um-stellen.[113] Auffallend oft ist das Motiv zu einer fünfgliedrigen symmetrischen Gruppe erweitert (Abb. 29): Von beiden Seiten schreiten drohende Raubkatzen auf einen zentralen Entenvogel zu, der aber gegen diese von weiblichen

---

Fairbanks 1928, Nr. 401, http://www.mfa.org/collections/object/perfume-vase-aryballos-187365.
[111] Winkler-Horaček 2015a, 494 Anhang I.1.3.2 (10 Beispiele, etwa Alabastra Kopenhagen, St. Petersburg und Brüssel, Payne 1931, Taf. 15, 8; 17, 2. 3). Siehe auch den Hasen zwischen zwei Stieren auf einer Kotyle in Dunedin: Winkler-Horaček 2015a, 305 Abb. 211.
[112] Auch Winkler-Horaček 2015a, 305 hält Löwen – Hase für eine unrealistische Jäger-Beute-Konstellation, deutet aber anders: „das schwache Tier wird von den mächtigen gerahmt, ein Ordnungsprinzip wird eingehalten."
[113] Noch häufiger als Hase, Winkler-Horaček 2015a, 288. 494 f. (34-mal, z. B. Amyx 1988, Taf. 19, 1. 2; 33, 6; 34, 4; 37, 2); desgleichen zwischen Panthern: Winkler-Horaček 2015a, 526 f. (35-mal); zwischen Sphingen: siehe folgende Anm.

Abb. 30 Korinthisch-schwarzfigurige Dreifuß-Pyxis, New York, Metropolitan Museum of Art, Rogers Fund 1922, Inv. Nr. 22.139.4a, b
(CC0 Public Domain Dedication)

Sphingen beschirmt wird.[114] Der rundlich-weiche Entenvogel, im Vergleich zum Hasen äußerlich gar nicht muskelgeprägt und kein Renner, dürfte auf der metaphorischen Ebene eindeutig weiblich konnotiert sein. Diese Vermutung ist schon in Zusammenhang mit der Beobachtung geäußert worden, dass

---

[114] Winkler-Horaček 2015a, 503 f. Anhang I.5.1, „zentrierte Fünfergruppen" (13-mal); schöne Beispiele: protokorinthische Kleeblattkanne Malibu: Neeft 2000, Nr. 57 Abb. 3; protokorinthische Olpen Bochum: Kunisch 1996, 36 Abb. 1, hier Abb. 26 oder 27, sowie Hannover und Louvre: CVA Kestner Museum (2) Taf. 7, 1–5; Amyx 1988, Taf. 23, 2. - Panther statt Löwen: Winkler-Horaček 2015a, 503 f. (5-mal), Beispiele etwa Amyx 1988, Taf. 21. 23, 1; 28. 44, 2; 51, 1; 92, 1. – Vgl. auch die sehr häufigen „zentrierten Dreiergruppen" mit „Entenvogel" zwischen Sphingen: Winkler-Horaček 2015a, 289 Grafik 25; 568 f. Anhang II.1.3.2 (70-mal). - Ebenso oft „Menschenvogel" oder Pflanzenornament im Zentrum, Winkler-Horaček 2015a, 496 f. 570 f. (25-mal Sirene, 21-mal Pflanzenornament im Zentrum; 62-mal Sirene zwischen Sphingen, 65-mal Pflanzenornament zwischen Sphingen). Vgl. die Austauschbarkeit der beiden ‚Vogelspezies' untereinander und mit Pflanzenornament auf den Mädchenkopf-Pyxiden, unten S. 107–110 mit Anm. 123, 124 und 126.

Darstellungen von „water-birds" überwiegend in Heiligtümern weiblicher Gottheiten geweiht wurden.[115]

In unserem Kontext der korinthischen Tierfriese wird sie durch eine Pyxis in New York gestützt, auf der anstelle des Entenvogels in gleicher Konstellation eine Mädchenfigur erscheint (Abb. 30).[116] Mit dem Schema wird dann doch wohl ein schützendes Tabu bezeichnet sein, dessen Gültigkeit die zuständige Göttin – die Jungfrau Artemis – gewährleistet, vertreten durch ‚ihre' Sphingen.[117]

Diese Austauschbarkeit der Wesen erschließt auch das häufige Vorkommen des Wasservogels als Trabant der Göttin in der korinthischen Vasenmalerei – unter ihrem Schutz, ihr aber

Abb. 31 Korinthisch-schwarzfiguriges Alabastron des Übergangsstils, New York, Metropolitan Museum of Art, Geschenk L. P. di Cesnola 1876, Inv. Nr. 76.12.2
(CC0 Public Domain Dedication)

---

[115] Bevan 1989.
[116] Inv. 22.139.4 a, b; Richter 1923, 177; Markoe – Serwint 1985, 11. 16 Nr. 7; http://www.metmuseum.org/art/collection/search/251184. – Zu den Mädchen auf der Kopf-Pyxis Hill-Steadt siehe unten mit Anm. 124. – Vgl. auch ein Mädchen zwischen Löwen auf korinthischer Oinochoe in Bologna, Inv. G 646 (PU 64), axial bezogen auf eine „zentrierte Fünfergruppe" mit Sirene in der Mitte im Schulterfries, http://www.museibologna.it/archeologicoen/percorsi/66288/id/74594/oggetto/74652/.
[117] Vgl. Cooper 2008 zu protokorinthischen Fragmenten aus dem Heraion von Perachora mit Sphingen, die eine Werbungsszene oder (m. E. eher) einen gemischtgeschlechtlichen Reigen rahmen: Cooper nennt die Sphingen Wächter von Ritualen (Hochzeit), ich dagegen von geschlechtlichen Tabus; diese werden bekanntlich nur in Ritualen legitim übertreten.

Abb. 32 a–c Korinthisch-schwarzfiguriger Aryballos, Karlsruhe, Badisches Landesmuseum, Inv. Nr. 71/33 (© Badisches Landesmuseum Karlsruhe / Thomas Goldschmidt)

zugleich auf das Strengste unterworfen (Abb. 31):[118] Die besondere Zuständigkeit von Artemis im Komplex der weiblichen Rollen, insbesondere derjenigen des

---

[118] Besonders häufig auf Salbgefäßen, z. B. auf Kugelaryballoi, Oxford, St. Petersburg und Malibu: CVA Ashmolean Museum (2) Taf. 4, 7; CVA Staatl. Ermitage (7) Taf. 5; Grossman 2002, 21 Nr. 15, http://www.getty.edu/art/collection/objects/10932/unknown-maker-corinthian-aryballos-greek-corinthian-625-600-bc/; auf Alabastra, New York: Richter 1953, 37, hier Abb. 31; Delos, Warschau, Louvre, Brüssel: Amyx 1988, Taf. 41, 1; Amyx 1988, Taf. 48, 2; CVA Polen (3) Taf. 113; Schäfer 1997, Taf. 6, 3; Winkler-Horaček 2015a, 134 f. Abb. 87 (Zusammenstellung von Beispielen ebenda, 310 Anm. 1240). – Teller Kopenhagen, Ny Carlsberg Glyptotek: Amyx 1988, Taf. 64, 2. Vgl. auch die Oinochoe in Palermo: Amyx 1988, Taf. 77, auf der Artemis einen Widder und einen Entenvogel an der Gurgel packt, unter dem ein weiterer kopfüber ‚tot' herabfällt.

Abb. 33 a–b Korinthisch-schwarzfiguriger Aryballos, Frankfurt am Main, Archäologisches Museum, Inv. Nr. β 252
(© Archäologisches Museum Frankfurt am Main)

heranwachsenden Mädchens,[119] wird in dieser speziellen ikonographischen Variante der *Potnia Theron*, als Vogelschützerin und ‚Vogelwürgerin', anschaulich.[120] Es sind vor allem Salbölgefäße, die dieses Thema angezogen haben. Deshalb stelle ich auch eine auf Kugelaryballen mehrfach belegte Figurenanordnung in den gleichen Bedeutungskontext (Abb. 32. 33): Einem Wasservogel unter dem Henkel des Gefäßes korrespondiert gegenüber, auf der Schauseite, eine Mädchenfigur, die anstatt von Sphingen von ‚Übervögeln' geschirmt wird, von Greifen oder Sirenen.[121]

Es ist wohl ebensowenig Zufall, dass die sicher dem Frauenbereich zugehörigen Kugelpyxiden mit plastischen Mädchenbüsten im Tierfries das Motiv des

---

[119] Calame 1997, zu Chören für Artemis außerhalb Spartas: 91–101. 219–221. 229; in Sparta: 42–174; Larson 2001, 107–112. Mädchenerziehung, = in die Ehe führen, als „Zähmung" verstanden: Calame 1997, 238–244. Vgl. Artemis als Zähmerin der Männergruppe in der Stadt, oben Anm. 102 und unten S. 116 mit Anm. 144. - Neuere archäologische Literatur zu Artemis: Fischer-Hansen – Poulsen 2009; Budin 2015.

[120] Die Ikonographie ist stark mit der lakonischen Artemis Orthia verbunden, Dawkins 1929, 273 Abb. 126 b; Taf. 91, 1. 2; 92, 2; 98. 113. 121, 1; 158, 3. 4; 159, 2. – Zur *Potnia Theron* siehe oben Anm. 101; Winkler-Horaček 2015a, 134. 164–166. 310.

[121] Mädchenfigur frontal mit zu den Greifen ausgebreiteten Armen (sie kosend?, Artemis/*Potnia*?) auf Kugelaryballos in Karlsruhe: Winkler-Horaček 2015a, 220. 222 Abb. 175, hier Abb. 32; Mädchenfigur im Profil zwischen Sirenen im Frankfurter Archäologischen Museum: CVA Frankfurt (1) Taf. 16, 13–15, hier Abb. 33. – Siehe auch das Alabastron in Adolphseck: CVA Schloss Fasanerie Taf. 58, 10–12: Jüngling und Mädchen in Werbungsszene, Entenvogel auf Rückseite.

108　Naturvorstellungen im Altertum

Abb. 34 Mittelkorinthisch-schwarzfigurige Pyxis mit Mädchenprotomen New York, Metropolitan Museum of Art, The Cesnola Collection, Inv. Nr. 74.51.364
(CC0 Public Domain Dedication)

begehrten wie beschirmten Vogels bevorzugen. Auch hier können Supervögel die ‚Wächter'-Rollen der flankierenden Sphingen übernehmen, männliche Greifen oder weibliche Sirenen (Abb. 34. 35),[122] und häufig tritt eine Sirene für den zentralen Entenvogel selbst ein, sogar in axialem Bezug zu einer Mädchenbüste darüber.[123] Wenn auf der Schulter einer Kopf-Pyxis in Hill-

---

[122] Greifen-Vögel um Entenvogel auf Pyxis in Boston, MFA Inv. 1982.450, http://www.mfa.org/collections/object/head-pyxis-264181; Sirenen um Entenvogel auf zwei Pyxiden in New York, Metropolitan Museum of Art, Inv. 74.51.364: Richter 1953, 38. 185 Taf. 25 g; Cohen 1991, 53 f. Abb. 6 (axialer Bezug Entenvogel – Büste; Mädchen benannt durch eingeritzte Namen: Himero, Charita, Iope); Metropolitan Museum of Art, Inv. 21.88.63, http://www.metmuseum.org/art/collection/search/239949; Pyxis Oxford: CVA Ashmolean Museum (2) 70 Taf. 5, 8. 10. 12; 7, 9; Pyxis in London, British Museum, Inv. 1873,1012.1 (Schulterfries), siehe folgende Anmerkung.

[123] Brüssel (axialer Bezug): CVA Musees Royaux du Cinquantenaire (1) III.C.4 Taf. (008) 3, 2 A–C; drei Kopf-Pyxiden in London, British Museum, Inv. 1873,1012.1 (Honolulu-Maler, axialer Bezug): Amyx 1988, Taf. 94, 2, http://collection.britishmuseum.org/id/object/GAA6024; British Museum, Inv. 1850,0117.1, http://collection.britishmuseum.org/id/object/GAA9873; British Museum, Inv. 1919,1119.77: Payne 1931, 307 Nr. 890, http://collection.britishmuseum.org/id/object/GAA42548. – Die Sirene ist wie die Naturherrin Artemis (und andere ‚Große Göttinnen' der Natur

Abb. 35 Mittelkorinthisch-schwarzfigurige Pyxis mit Mädchenprotomen, London, Britisches Museum, Inv. Nr. 1919,1119.77
(© The Trustees of the British Museum)

Stead eine *Parthenos* zwischen Sirenen erscheint,[124] so erinnert das nicht nur an die analoge Konstellation mit Sphingen auf der Pyxis in New York (Abb. 30); es legt darüberhinaus die Vermutung nahe, dass die Kugelpyxiden durch Einführung von Sirenen in die symmetrischen Tierfrieskonstellationen sowie durch Hinzufügung weiblicher Protomen die Vorstellung von Mädchenchören aufrufen wollten, mit den bekannten soziokulturellen Assoziationen – nicht anders als die rundplastische Gattung der Koren.[125] All dies stützt die These

---

wie Aphrodite, Demeter, Kybele) mit ambivalenten Eigenschaften ausgestattet: lieblich und bedrohlich. – Die Tierkonstellation ist auch auf korinthischen Pyxiden *ohne* Mädchenprotomen häufig, die gleichermaßen in den Frauenbereich gehören.

[124] Katz 1997, Abb. 1 und Taf. I; im Hauptfries eine *Parthenos* zwischen abgewandten Löwen neben einer „zentrierten Fünfergruppe" mit Sirenen und Pflanzenornament in der Mitte; siehe auch die korinthische Oinochoe in Bologna, oben Anm. 116, und den Kugelaryballos in Frankfurt, oben Anm. 121.

[125] Zu den Partheneia des Alkman und deren gesellschaftlichem Praxis- und Werte-Umfeld: Calame 1997. Zu den in Koren repräsentierten Werten grundlegend Schneider 1975. Koren und Chortanz: von Steuben 1989, 138 f. mit Taf. 57, der mit guten Gründen in den saumlüpfend ausschreitenden Koren des von Geneleos gefertigten samischen Anathems die Töchter der verewigten Familie als

von der weiblichen Konnotation des Entenvogels in den in Rede stehenden Tierfriesgruppen. Auf dieser Grundlage erschließt sich dann auch der Ersatz des zentralen Vogels durch ein Emblem pflanzlicher Natur, ein doppelt symmetrisches Lotusblütenornament (Abb. 35),[126] ähnlich demjenigen im Zentrum der Tierfriese auf dem Klitias-Krater (Abb. 23): Analog zur Vegetation verkörpert der Entenvogel eine spezifisch weibliche Qualität der ‚Natur' – und ihrer großen und kleineren Göttinnen. Mit hoher Wahrscheinlichkeit können wir im Dreiverein der weiblichen Protomen an diesen korinthischen Pyxiden die zuständige Gruppe von Naturdämoninnen erkennen – Nymphen, in deren Kult Terrakottaprotomen bekanntlich eine charakteristische Votivgattung sind.[127] Nymphen in ihrer Vielzahl decken alle Stadien der im weiblichen Leben entscheidenden *Parthenos*-Phase ab, von der Jungfrau bis zur sexuell initiierten jungen Frau und Mutter.[128] Als erstere sind sie bekanntlich Gespielinnen der Artemis,[129] aber als exemplarische ‚Bräute' bilden sie darüberhinaus die

---

Reigentänzerinnen im Kult der Hera gerühmt sieht.
[126] London, British Museum, Inv. 1919,1119.77, siehe oben Anm. 124 (zwischen Greifen-Vögeln, axial auf Mädchenbüste darüber bezogen); Pyxis in San Simeon, Sammlung Hearst: Boardman 1998, Abb. 378; Amyx 1962, Taf. 3, 1; Amyx 1988, Taf. 93; Pyxis in Paris: CVA Louvre (6) III.CA.10 Taf. (395) 11, 1–3; Pyxis London, British Museum, Inv. 1873,1012.1 (Schulterfries), siehe oben Anm. 124; prächtige Darstellung auf einer Kugelpyxis *ohne* Mädchenprotomen in Honolulu: Amyx 1962, Taf. 1.
[127] Die Mädchenbüsten der Pyxiden können wie die weiblichen Protomen Stephanen tragen: Hillstead-Pyxis, siehe Anm. 125; Pyxis London, British Museum, Inv. 1866,0303.2, http://www.britishmuseum.org/research/collection_online/search.aspx?searchText=Pyxis+1866,0303.2.
– Göttlicher Dreiverein als ‚Drillingsprotome': archaische Terrakotta-Votivplakette aus dem Kerameikos: Vierneisel-Schlörb 1997, Nr. 22 Taf. 5, 1. Es gibt gute Gründe für die Annahme, dass die Gattung der Votiv-Protomen engstens mit der Funktion von Nymphen im Frauenbereich zusammenhängt, siehe Mandel – Gossel-Raeck 2004, 323–326, insbesondere Anm. 79.
[128] Gelegentlich sind die drei Nymphen, die auf Votivreliefs die Gruppe vertreten, seit klassischer Zeit in ihrem Reifestatus ikonographisch differenziert. Auf dem noch im 5. Jh. v. Chr. entstandenen Relief Athen Archäologisches Nationalmuseum, Inv. 1329, Kaltsas 2001, 135 Kat. Nr. 260, entsprechen die beiden erhaltenen Nymphen der Ikonographie von Demeter und Kore. Auf dem ins spätere 4. Jh. v. Chr. gehörenden Relief aus Megalopolis, Kaltsas 2001, 219 Kat. Nr. 454, sind die weiblichen Reifegrade auf die jahreszeitlichen Phasen der Natur bezogen: Die verschleierte Anführerin mit strenger Flechtenfrisur repräsentiert zugleich Brautstatus und Winter (mit dem Monat Gamelion); die folgende mit dem offen als Pferdeschwanz getragenen langen Haar ungebundene Jungmädchenhaftigkeit und Frühling; die letzte mit entblößter Schulter und im Nacken hochgeschlagener, in einer *Sphendone* weich gefasster Haarfülle aphrodisische Fraulichkeit und Hochsommer (Ähren- und Mohnkapselstrauß).
[129] Burkert 2011, 31–34; Larson 2001, 107–110. – Nach Pausanias 3, 10, 7 wurden im lakonischen Karyai Artemis und die Nymphen zusammen verehrt, durch Tänze von Mädchenchören; Artemis selbst nächtlich mit Nymphen tanzend im elischen Letrinoi: Pausanias 6, 22, 9. – In der hellenistischen Dichtung folgen die Mädchen (Okeaniden und Flussnymphen sowie Hain- und Quellnymphen) sozusagen als ‚Chor' ihrer Anführerin, Kallimachos, *Hymnos* 3 an Artemis, 12–17. 40–45; Apollonios Rhodios, *Argonautica* 3, 876–884. Artemis unter Nymphen – das ist speziell die Szenerie des Bades, die im Kallisto- und Aktaion-Mythos eine entscheidende Rolle spielen;

Entourage von Aphrodite,¹³⁰ Demeter und Hera.¹³¹ Eingeritzte Namen auf der Pyxis in New York Abb. 34 – Himero, Charita, Iope – weisen ihnen erotischen Reiz zu. Nymphen verkörpern die mit ‚blühender' Schönheit verbundene lustgebende, generative und nährende Potenz, die Pflanzen und Frauen gemeinsam haben.

Wir haben gesehen, dass anstelle der schirmenden Sphingen auch Greifen auftreten können.¹³² Auf gleichzeitigen *ostionischen* Vasen im Tierfriesstil sind sie in Gestalt orientalisierender Löwengreifen besonders beliebt. Die Mischwesen flankieren hier in der Regel *zwei* Entenvögel, die ihrerseits einem ornamental generalisierten Gewächs zugeordnet sind, einer monumentalbaumartig aufwachsenden Blüte im Zentrum der symmetrischen Komposition (Abb. 36 a).¹³³ Im griechischen Kleinasien des 7. Jhs. v. Chr., in der unmittelbaren

---

vgl. Ovid, *Metamorphosen* 2, 409–464; 3, 138–252. – Vgl. auch die Nausikaa-Episode im 6. Buch der *Odyssee*, wo die Prinzessin unter ihren Gefährtinnen mit Artemis unter ihren Nymphen verglichen wird (5, 102–109). Auch darin, dass die Mädchen sich im Fluss waschen und salben, sind sie Doppelgängerinnen der Nymphen, vgl. unten S. 132 f. mit Abb. 47 a. Siehe auch unten S. 130 f. mit Anm. 182.

¹³⁰ Larson 2001, 100–120: „Nymphs, Goddesses and the Female Life Cycle". Das komplementäre Wesen von Artemis und Aphrodite im Verein mit den Nymphen geht aus Strabon 8, 3, 12 hervor, wenn er über die Landschaft um die Alpheiosmündung sagt: „Das ganze Land ist erfüllt von Artemisia und Aphrodisia und Nymphaia in Hainen voller Blumen wegen des vielen und schönen Wassers." Vgl. Larson 2001, 157 f.

¹³¹ Aphrodite mit (Chariten und) Nymphen: Athenaios 15, 582 e–f (Kyprien-Fragment). Wie für Anchises im Homerischen *Hymnos an Aphrodite*, 5, 95, die ihm als verlockende *Parthenos* begegnende Göttin auch eine der Chariten oder Nymphen sein könnte, so stimmen in der Bildkunst seit der Spätklassik die bräutliche Aphrodite und die Nymphen ikonographisch überein, vgl. Mandel 1999. – Demeter und Persephone mit Nymphen: Larson 2001, 117; Votivrelief der Wäscherinnen an die Nymphen mit Demeter und Kore im Hauptbild: Blümel 1966, 77 f. Abb. 123. 124 Kat. Nr. 90; Nymphen unter den Terrakotta-Votivstatuetten in Demeterheiligtümern: Merker 2000, 328; die Okeaniden sind Gespielinnen der Kore vor ihrem Raub: Homer. *Hymnos an Demeter* 5, 5; zur Demeter Kabeiria gehören die Kabeiridischen Nymphen: Strabon 30, 3, 21; Hemberg 1950, 82. 165 f.; Larson 2001, 177 f. – Hera und Nymphen: Larson 2001, 113–117. – Meter-Kybele umgibt bekanntlich der Thiasos bakchisch rasender Nymphen, so auf dem kleinasiatischen Terrakotta-Reliefnaiskos in St. Petersburg: Trofimova 2007, 152 Kat. Nr. 128. – Siehe zu den Göttinnen assoziierten Nymphen auch die Belege in *Paulys Realencyclopädie der classischen Altertumswissenschaft* 17, 2 (1937) s. v. Nymphai (F. Heichelheim) Sp. 1572–1574.

¹³² Entenvogel zwischen Greifenvögeln: Winkler-Horaček 2015a, 603 f. Anhang II.4.3.2 (62-mal); Entenvogel zwischen Löwengreifen: Winkler-Horaček 2015a, 598 Anhang II.3.3.2 (11-mal). – Allgemein zum Löwengreif und seinen orientalischen Vorbildern: Winkler-Horaček 2015a, 207–225 („Greifenlöwe"), S. 226–231 zum (griechischen) Greifenvogel.

¹³³ Überwiegend auf südionischen Oinochoen: Milesisch-archaisch, Käufler 2004, 73 f. MilA Ic Nr. 1. 3. 7–11: Louvre Inv. E 658: Walter 1968, Taf. 116 f. Nr. 592; Denoyelle 1994, 24 Nr. 7 (= Levy-Oinochoe, hier Abb. 36, a. b). Heraklion: Walter 1968, Taf. 118 Nr. 594; CVA München (6) Taf. 273. 274; Walter 1968, Taf. 119 Nr. 600; CVA Zürich (1) Taf. 2; Dierichs 1981, Abb. 63; CVA Tübingen (1) Taf. 8–10. Rhodos: Iacopi 1931, 49 Abb. 19; Cook – Dupont 1998, 37 Abb. 8. 6. Fragment

Abb. 36 a–b Kleeblattkanne im südionischen Wildziegenstil, sog. Lévy-Oinochoe, Paris, Musée du Louvre, Inv. Nr. E 658
(© bpk / RMN - Grand Palais / Hervé Lewandowski)

Nachbarschaft anatolischer und levantinischer Zivilisationen, gehörte der Löwengreif vielleicht nicht nur zu einer Herrin, sondern auch zu einem jungen ‚Herrn der Natur', [134] der bereits mit Artemis' Zwillingsbruder Apollon identifiziert worden sein könnte, etwa dem Apollon Didymeus Milesios.[135] Dass Greif und Sphinx auf den südionischen Vasen nicht als Räuber, sondern als drohgewaltige Beschützer friedlicher Naturbereiche gemeint sind, illustrieren Schwalben, die auf den erhobenen Schwänzen sitzen und sich in der umgebenden pflanzlichen Streuornamentik tummeln.[136] Evident ist hier die punktuell aktualisierbare konkrete Bedeutung von (Halb-)Rosetten und Dreiecken, die – wie vorher schon in der frühorientalisierenden Phase der mutterländischen Vasenmalerei – ohne weiteres mit der Funktion horizontal anhaftender Ornamente zusammengeht, Grund- und Deckenlinie des Frieses zu bekräftigen.[137] Wenn im gleichen Kontext

---

Kunsthandel-London: Käufler 2004, 76 Abb. 24. – MilA Id, Käufler 2004, 91 f. Nr. 1. 10. 11. 13. Rhodos: Iacopi 1933, 218 Farbtaf. 6. 7; Walter 1968, Taf. 119 Nr. 599. Boston 03.89: Fairbanks 1928, Taf. 27; Boardman 1998, Abb. 288 (nur rechts Greif, links Stier); CVA Brüssel, Musées royaux d'art et d'histoire (3) Taf. 2. 3; Käufler 2004, 90 Abb. 29. CVA Rhodos, Mus. Arch. dello Spedale dei Cavalieri (2) II.D.H.1 Taf. (474) 6, 1–4 (hängendes Palmettenornament). Außerdem London, British Museum, Inv. 64,10–7.21: Schiering 1957, Taf. 7, 2. Louvre Inv. CA 330: Boardman 1998 Abb. 287. Rhodos: Iacopi 1931, 46 Abb. 15; Walter 1968, Taf. 120 Nr. 603; Iacopi 1931, 87 Abb. 67; Walter 1968, Taf. 121 Nr. 604. Kanne aus Vulci in Villa Giulia: Pugliese Caratelli 1996, 185. – Auf nordionisch-schwarzfigurigem Kessel: Walter-Karydi 1973, Taf. 114 Nr. 938. – Sphingen anstelle von Greifen auf südionischen Oinochoen: Malibu, Getty-Museum: Käufler 2004, 83 Abb. 26, http://www.getty.edu/art/collection/objects/9694/unknown-maker-oinochoe-east-greek-milesian-about-625-bc/. Louvre Inv. A 311 und N III 6344: CVA Louvre (1) II.d.c Taf. 5, 1. 2; Walter-Karydi 1973, Taf. 62 Nr. 514; CVA Rhodos, Mus. Arch. dello Spedale dei Cavalieri (2) II.D.H.1 Taf. (475) 7, 3. 4. Rhodos: Walter-Karydi 1973, Taf. 67 Nr. 511.

[134] Bei Winkler-Horaček 2015a, 220 flüchtige Erwähnung eines „Herrn der Tiere", der sich nicht näher bestimmen ließe: z. B. geflügelt mit Löwengreifen auf neuassyrischem Rollsiegel in Berlin, ebenda, S. 224 Abb. 180; auf dädalischem Tonrelief aus Gortyn: Rizza – Scrinari 1968, Taf. 21, 127; Blome 1999, Taf. 16, 1, sowie auf Beinrelief aus dem spartanischen Heiligtum der Artemis Orthia: Winkler-Horaček 2015a, 220 f. Abb. 173; Dawkins 1929, Taf. 105; weitere mit Greif ebenda, Taf. 122, 1; 126, 19. – Zum Herrn der Tiere: Spartz 1962; Blome 1999, 65–70; Counts – Arnold 2010; Nähe von „Mistress" und „Master of animals", Blome 1999, 65–76; in der Religion der ägäischen Bronzezeit (erstere auch mit Greifen): Nilsson 1950: 368.

[135] Besondere Nähe des Greifen zu Apollon im archaischen Ostgriechenland: Dierichs 1981, 271. 273; Apollon (Milesios) als Löwenbändiger: Nick 2001, 56 f.; Nick 2006: 89 f. (Beziehung zur mantischen Potenz des Gottes).

[136] Z. B. auf den Oinochoen Paris (Levy), Malibu, München, Boston, siehe Anm. 133, sowie Rhodos: Iacopi 1933, Farbtaf. 6. 7; auf den Fragmenten Walter 1968, Taf. 105 Nr. 556; Taf. 123 Nr. 609. 610; Taf. 125 Nr. 616 etc.

[137] Von der mutterländischen Vasenmalerei aus betrachtet, sehen wir diejenige Verteilung von Bildelementen, die am Übergang vom Spätgeometrischen zum Frühorientalisierenden entwickelt wurde, weiter ins Schmuckhafte elaboriert. Hängende knospenartige Elemente an der ‚Deckenlinie', ähnlich denjenigen auf den Mainzer Kratern, hier Abb. 13. 14, oben Anm. 50, auf der Oinochoe Vlastos, Walter 1968, Taf. 128, und noch auf einer Fikellura-Oinochoe, Padgett 2003, 273–276 Nr. 68.

Abb. 37 Zeichnerische Abrollung eines Schulterfriesabschnitts einer Kleeblattkanne im südionischen Wildziegenstil, sog. Arapides-Oinochoe, Athen, Archäologisches Nationalmuseum, Inv. Nr. 12717
(© Achim Ribbeck)

Entenvögel als Muttertiere auftauchen,[138] ja überhaupt Tier*kinder* (Abb. 36 a; 37-39),[139] dann ist es hochwahrscheinlich, dass Sphingen und Löwengreifen gleichermaßen als ausführende Organe der strengen Zwillingskinder des Zeus zu verstehen sind, Artemis und Apollon, die den Nachwuchs von Tier und Mensch schützen und als wahre Kinder ihres Vaters Übertretungen der göttlichen Ordnung generell erbarmungslos ahnden.[140]

---

[138] Im Schulterfries der ‚Arapides-Oinochoe' im Athener Nationalmuseum, Kardara 1953, schließt von der Mittelgruppe nach rechts ein großer Entenvogel an, der hinter einem kleinen her watschelt; der entsprechende Schulterfriesabschnitt links vom Henkel ist bei Kardara leider nicht abgebildet.

[139] Auf der Levy-Oinochoe (Abb. 36 a) ist der Entenvogel links des Mittelornaments deutlich kleiner als der normal große rechts davon; ein ebenfalls kleiner Entenvogel rechts des Pflanzenornaments auf der Kanne in Villa Giulia, siehe oben Anm. 133; kleiner Entenvogel, dem Greifen zugewandt, auf dem Fragment eines Kraters aus Samos, hier Abb. 37, Walter 1968, Taf. 105 Nr. 556. – Kleiner Entenvogel unterhalb des Greifen, davor aufspringender kleiner Capride auf Dinosfragment Metapont, Mus. Arch., Inv. St 25640: Guzzo 1978, 108 Taf. 62, 5; Ciafaloni 1986, 133 Nr. 72 Taf. 49. – Jungtiere mit kurzen Gehörn auch auf der Oinochoe aus Kamiros im Louvre, Inv. A 312, hier Abb. 39 (Ziegenböckchen) und dem Fragment aus Samos Abb. 38 (Damhirschkalb); springendes Kitz zwischen Wildziegen, Oinochoe Rhodos: Iacopi 1931, 53 Abb. 24; ein Kitz auch auf dem äolischen Oinochoenfragment aus Larisa in Göttingen: Cook – Dupont 1998, 57 f. Abb. 8. 21. – Die besondere Beziehung des Greifen zu Jungtieren zeigt sich vielleicht auch in dem bekannten Schildzeichen einer säugenden Greifin aus Olympia: Philipp 2004, 261–274 Nr. 37 Taf. 45–48.

[140] Mandel 2011.

Abb. 38 Zeichnung eines Kraterfragmentes im südionischen Wildziegenstil, Samos
(© E. Walter-Karydi / A. Clemente-Kubanek)

Abb. 39 Detail aus dem Schulterfries einer Kleeblattkanne im südionischen Wildziegenstil,
Paris, Musée du Louvre, Inv. Nr. A 312
(© bpk / RMN - Grand Palais / Hervé Lewandowski)

Die übrigen Friese der südostionischen Vasen machen Vegetation als Lebensgrundlage friedlicher Tiere zum Hauptthema, und zwar friedlicher Tiere im *Gruppenverband*. Wir sehen überwiegend Reihen gleichartiger und gleichgerichteter Grasfresser – also ‚Herden', meist weidend, von Wildziegen bzw. Steinböcken und Rot- bzw. Damwild (Abb. 36 b).[141] Begehrte

---

[141] Käufler 2004, 78; Winkler-Horaček 2015a, 245–253, insbesondere S. 248; Tietz 2001. Tietz ebenda, 208–221, nimmt ganz positivistisch den Tiertypus, generell mit dem Merkmal Gehörn bzw. Geweih versehen, als realistische Individualdarstellung, d. h. für ihn mit den in Reihe äsenden

Fleischlieferanten, erscheinen sie auch als Gejagte, als ganze Herde vor einem Trupp Hunde fliehend.[142] Der ostgriechische Tierfries ist also nicht in antagonistischen Paaren organisiert, und steht darin der orientalischen Kunst näher als der gleichzeitigen mutterländischen.[143] Es erscheint mir möglich und sinnvoll, in den Bildern friedfertiger Tierherden eine Metapher für städtische Population nach orientalischem Vorbild zu sehen. Anakreons oben bereits erwähnter Hymnos an die Artemis der Magnesier am Mäander[144] spricht für ein solches Selbstverständnis der Stadtbürger und ist überdies ein Beleg dafür, dass Tier- und Menschenwelt, ungezähmte-wilde und gezähmte Natur, als von denselben Gottheiten sinnvoll geordnete Systeme aufeinander bezogen werden konnten.

γουνοῦμαί σ᾽ ἐλαφηβόλε,
ξανθὴ παῖ Διός, ἀγρίων
δέσποιν᾽ Ἄρτεμι θηρῶν·
ἵκευ νῦν ἐπὶ Ληθαίου
δίνῃσι θρασυκαρδίων
ἀνδρῶν ἐσκατόρα πόλιν
χαίρουσ᾽, οὐ γὰρ ἀνημέρους
ποιμαίνεις πολιήτας.

---

oder gejagt fliehenden Tieren Rudel rein *männlicher* Tiere dargestellt, was Entsprechungen in der Lebensrealität der Bezoarziegen habe. In der frühgriechischen Kunst wird aber in der Regel die Gattung als solche durch den männlichen Phänotypus dargestellt, siehe z. B. die geometrische Bronzegruppe einer säugenden Hirschkuh mit Geweih in Boston, oben Anm. 42.

[142] Z. B. auf der frühen milesischen Kanne Berlin: Walter 1968, Taf. 127; Dierichs 1981, Abb. 64; auf der Oinochoe in Boston, siehe oben Anm. 133.

[143] Tierkampfgruppen einerseits, friedlich weidende Herden andererseits bestimmen die orientalische Bilderwelt. Herden auf Metallschalen, von denen bekanntlich viele ins frühe Griechenland (und Italien) gelangt sind: Rinder: Sammlung Ortiz: Gehrig – Niemeyer 1990, 31 Abb. 17. Olympia: Borell 1978, 58 Abb. 8. Heraklion: Matthäus 2000, 532 Abb. 11. New York, Metropolitan Museum of Art: Fontan – Le Meaux 2007, 341 Abb. 163; ebenda, Cesnola Collection: Mertens 1987, 12 Abb. 4; Fontan – Le Meaux 2007, 12 Abb. 1. Rethymnon: Stampolides 2003, 437 Abb. 742. Zweimal Tomba Bernardini: Fontan – Le Meaux 2007, 173 Abb. 1 (u. Pferdeherde) und S. 344 Abb. 170 (Pferdeherde). Pferdefriese werden nur in der geometrischen Vasenmalerei, Rinderfriese nur auf den attisch-spätgeometrisch-orientalisierenden Schalen übernommen, siehe Borell 1978. Cerviden- und Rotwildherden, wie sie den ostionischen Tierfriesstil bestimmen: Schale aus Francavilla in Sybaris: Stampolides 2003, 438 Abb. 74 (Rinder, Rotwild). Elfenbeinplättchen aus Arslan Taş (Rotwild, aber auch Rinder), z. B. Louvre: Moscati 1988, 415. Iran. Bronzegefäß und Elfenbeinrelief New York, Metropolitan Museum of Art: Muscarella 1988, 82–85 Nr. 145; Wilkinson 1975, 29 f. Abb. 10 b (Cerviden). – Auf einer Schale aus Vetulonia wechseln allerdings äsende Rehe und Löwen ab, aber ohne Konfrontation alle in gleicher Richtung gereiht.

[144] Fragment 348 Page; Snell, B. und Zoltan, F. (Hrsg.) 1976, *Frühgriechische Lyrik III. Sappho, Alkaios, Anakreon*. Berlin, vgl. oben mit Anm. 102. – Zu Artemis als „Göttin politischer Versammlungen" (Beinamen *Agoraia, Bulaia, Bulephoros*) vgl. Simon 1985, 152-154, die eine Ableitung von Artemis' Urfunktion einer Herrin über die Tieropfer vorschlägt; sie sei damit auch Herrin der männerbündisch-‚politischen' Speisegemeinschaften geworden.

Hör', Hirschjägerin, blonde Zeus-
Tochter Artemis, hör' mein Flehn,
Herrin über das Bergwild:
Die du nun an des Lethaios Strudeln
weilst und auf deine Stadt
und ihr mutiges Männervolk
huldvoll schaust, weidest du ja nicht
ungezügelte Bürger.[145]

Schauen wir nach diesem Ausflug in den korinthischen und ostionischen Tierfriesstil des 7. Jhs. v. Chr. zurück auf den Tierfries des Klitias-Kraters (Abb. 23)! Mittig zwischen Tierkampfgruppen flankieren dämonische ‚Übertiere' mit wehrhaft-huldigend erhobener Tatze ein monumentales, symmetrisch organisiertes Lotus-Palmetten-Ranken-Geschlinge, auf der einen Seite zwei weibliche Sphingen, auf der anderen zwei Löwengreifen.[146] Die Aussage des gesamten Bildfrieses dürfte den erwähnten korinthischen und milesischen Beispielen entsprechen: Dargestellt ist die ‚Natur' unter göttlichem, hier speziell Artemis' und Apollons Gesetz,[147] das aggressives Verlangen und friedliches Gedeihen als polare Spielarten organismischer Funktionsziele umfasst.

Sphingen und Greifen erscheinen hier nicht als zivilisationsgefährdende Monster, die ausgemerzt werden müssten, sondern sie beglaubigen die göttlichen Ordnungsmächte. Welche anderen Gestalten würden besser das Drohpotential übermenschlich dimensionierter Mächte und zivilisationsunabhängiger Gesetze veranschaulichen können, die in der gegebenen ‚Natur' wirken?

Wer möchte leugnen, dass diese Friese einen Grundlagenkommentar bilden zu den in den mythischen Friesen darüber erzählten ‚einmaligen' Menschen- und Göttergeschichten? Generieren die höher entwickelten Lebensäußerungen

---

[145] Übersetzung F. Zoltan 1976.
[146] Antithetische Sphingen wie auch Greifen zu Seiten eines Pflanzengeschlinges (‚Voluten-Palmetten-Baum') gehören fest zum Bildrepertoire der neuassyrischen Elfenbeinreliefs und der gleichzeitigen Toreutik aus vorderasiatischen Werkstätten: beide Machtwesenpaare nebeneinander auf der Silberschale aus Zypern in New York: Mertens 1987, 17 Abb. 4; nur Sphingen auf den Bronzeschalen aus Lefkandi: Popham – Lemos 1996, Taf. 133. 134; nur Löwengreifen auf der Bronzeschale aus Kastamon: Willinghöfer 2002, 231 Abb. 17. 18; ‚Baum' mit Greifen bereits rezipiert auf dem protokorinthischen Alabastron im British Museum: Boardman 1998, Abb. 182; Amyx 1988, 438; auf der prächtigen frühmilesischen Kanne in Berlin: Walter 1968, Taf. 127; Dierichs 1981, Abb. 64.
[147] Ein Bezug auf die göttlichen Geschwister wird dadurch nahegelegt, dass die Lippe auf der ‚Greifenseite' mit dem Tanz der von Theseus befreiten attischen Jugend für Apollon auf Delos geschmückt ist; auf der ‚Sphinginnenseite' aber mit der Jagd der artemisgleichen Atalante, wobei dieser Fries selbst von Feldern mit weiblichen Sphingen eingefasst ist.

hier doch nicht minder sowohl sozial Gedeihliches als auch tödliche Konflikte; was einen nicht endenden Diskurs über in der Gesamtordnung absolut gesetzte Grenzen mit sich bringt. Das Ensemble von ornamentalisierten Tierfriesen und Mythenerzählungen auf diesen Vasen lädt den Betrachter also eher zur Erkenntnis von Analogien als von Gegenweltlichkeit in der ‚Naturordnung' ein: Die Analogien ergeben sich als Bezüge einerseits auf die ‚naturgegeben' unvermeidlichen wie notwendigen Spannungsverhältnisse im Ganzen, andererseits auf die daraus für die Einzelexistenzen resultierenden Risiken.

Klitias' spiegelsymmetrische Komposition um ein zentrales, allseitig sprossendes, komplexes Pflanzenornament orientiert sich formal und inhaltlich am neuassyrischen Schema des ‚Heiligen Baumes',[148] das ja bereits seit spätgeometrischer Zeit für die griechische Vasenmalerei immer wieder anregend gewesen war.[149] Mit seiner Gesamtkomposition belegt Klitias nun aber eine vertiefte Rezeption der orientalischen Ikonographie, deren ornamentale und symmetrische Struktur er offenbar als angemessen für eine generalisierte Darstellung der ‚Natur' und ihrer göttlichen Ordnung verstand. Klitias hat den ornamentalen Darstellungsmodus ebenso zu ästhetischem Rang elaboriert wie den deskriptiven für die ‚einmaligen Geschichten' und damit die unterschiedlichen semantischen Ebenen erstmals kunstvoll erlebbar gemacht.

In der neuassyrischen Reliefkunst finden wir ebenfalls diese beiden unterschiedlichen Darstellungsmodi, ornamental und ikonisch-deskriptiv; und hier können wir ihren jeweiligen Einsatz sogar direkt beim Motiv des Baumes vergleichen, der – anders als im hocharchaischen Griechenland – auch in deskriptiven Darstellungen sehr häufig vorkommt.

Ikonisch-deskriptiv ist die neuassyrische Pflanzendarstellung in *narrativen* Bildkontexten auf den Wandreliefs der Paläste, die nun aber nicht Mythen, sondern ‚Historien' zum Inhalt haben. Vielfigurige Handlungsszenen, in großflächigen Landschaften auf verschiedenen Höhen gestaffelt, bezeugen quasi dokumentarisch die Taten des Herrschers als bestimmte Ereignisse in Raum und Zeit. Orte des Geschehens werden dabei überwiegend durch charakteristischen Pflanzenbewuchs bestimmt, wofür drei Baumtypen deutlich unterschiedlich stilisiert wurden. Nadelbäume, von Raubvögeln bewohnt, kennzeichnen etwa Bergregionen, die für Jagd (Abb. 40) und Holzgewinnung

---

[148] Zusammenfassung der Forschungsgeschichte jetzt bei Seidl – Sallaberger 2005/2006 und bei Giovino 2007; Beispiele des ‚Sacred Tree' im früheisenzeitlichen Luxus-Kunsthandwerk Vorderasiens, siehe oben Anm. 35. 36. 38. 57 (Elfenbeinreliefs und Metallschalen).
[149] Zur Rezeption im Spätgeometrischen, Protoattischen und (Proto-)Korinthischen siehe oben Anm. 33. 34. 39. 41. 44. 126.

Abb. 40 Alabaster-Wandrelief aus dem Palast Sargons II. in Khorsabad mit Jagdszene, London, Britisches Museum, Inv. Nr. 1851,0902.34
(© The Trustees of the British Museum)

aufgesucht werden.[150] Laubbäume sehen wir hügeliges Land bewachsen, das Hufwild beherbergen kann;[151] fruchttragende Laubbäume dagegen neben Weinstöcken in stadtnahem Gartenland.[152] Dattelpalmen werden in aller Regel

---

[150] Wandrelief aus dem Palast Sargons in Khorsabad mit Jagd auf Raubvogel, Wildziege, Hase in Nadelwald: Smith 1938, Taf. 31; vgl. Thomason 2001, 82, die die These vertritt, dass generell künstlich angelegte Jagdlandschaften gemeint sind. Berg: Barnett (ohne Jahr), Taf. 79 f.; Thomason 2001, 79. 81 Abb. 18. Holzgewinnung: Barnett (ohne Jahr), Taf. 110; Barnett – Bleibtreu – Turner 1998, Taf. 102–107. Allgemein zu Nadelgehölzen: Bleibtreu 1980, 31–34. 88. 170–176. Zusammenfassung/Jagdkontext: S. 247 f.

[151] Zu Laubgehölzen allgemein: Bleibtreu 1980, 26–30. 74. 83–87. 147–168. 213–224. 244–247. Lichter Laubwald: Barnett (ohne Jahr), Taf. 117; Barnett – Bleibtreu – Turner 1998, Taf. 61. 62. 130. 346–366; Lippolis 2011, Taf. 36–42. 60–67. 90–101. 114–121.

[152] Granatapfelbäume: Bleibtreu 1980, 139 f. Abb. 59; 162 Abb. 74; 213; Thomason 2001, 88 f. Abb. 23. 24. Vgl. die Inschrift auf der sog. Bankettstele Assurpanipals, auf der Granatapfelbäume und Weinstöcke die fruchtbare Lieblichkeit der bewässerten grasigen Palastgärten in besonderer Weise charakterisieren, Giovino 2007, 94 f. Anm. 246, Übersetzung zitiert nach Grayson 1991, 290.

Abb. 41 Neuassyrisches Alabaster-Wandrelief aus dem Nordwestpalast von Nimrud-Kalhu, New York, Metropolitan Museum of Art, Geschenk John D. Rockefeller Jr. 1932, Inv. Nr. 32.143.3 (CC0 Public Domain Dedication)

nicht mit Geländereliefangaben kontextualisiert;[153] da sie natürlicherweise am Wasser wachsen, dürften daher ebene Uferzonen gemeint sein.[154]

---

[153] ‚Isokephal' gereiht, z. B. Smith 1938, Taf. 47. 48. 52–55; Barnett – Bleibtreu – Turner 1998, Taf. 48. 49. 192–220. Zu Dattelpalmen allgemein: Bleibtreu 1980, 24 f. 71–73. 78–82. 127–131. 192–209. 243 f.

[154] Palmen bei „battle in the marshes", siehe vorige Anm. In der Wandmalerei der Ägäischen Bronzezeit sehen wir Palmen einen Fluss in seiner ganzen Länge begleiten: Miniaturfries im Westhaus von Thera/Akrotiri, Raum 5, Ostmauer: Doumas 1992, 64–67 Abb. 31–34.

In speziellen Palasträumen findet sich aber auch der ornamentale Baum, der in der Kleinkunst bereits seit dem frühen 2. Jahrtausend erscheint;[155] bezeichenderweise immer in einer isokephalen, streng symmetrischen Komposition: flankiert und rituell umsorgt von Herrschern oder menschen- bzw. mischgestaltigen ‚Dämonen', gelegentlich unter der Flügelsonne, woraus schon eine entsprechend *symbolische* Bedeutung erhellt.[156] Wie in der Kleinkunst[157] kann der ornamental geformte Baum auch im monumentalen Wandrelief in ‚unendlicher' Reihung wiederholt werden (Abb. 41),[158] was dann ein wiederum ornamentales Anordnungsprinzip ist.

Dieses in Stockwerktrieben aufgeschossene, in Form eines netzartigen Geschlinges reich entwickelte und ringsum dicht in Palmetten ‚blühende' Gebilde ist geeignet, das vitale Prinzip pflanzlicher ‚Natur' generalisierend und zugleich in der Vollkommenheit einer höheren Ordnung darzustellen: das lebensfreundliche Prinzip sich fortgesetzt erneuernden Sprießens und sich zur Fülle Entwickelns. Seine Verbindung mit Capriden, friedlichen Pflanzenfressern, stützt diese Deutung.[159] Den ornamentalen Modus als eine spezielle (übrigens universell vorkommende) Kunstform verlieren vorderasiatische Forscher aus dem Blick, wenn sie, wie jüngst Ursula Seidl, die stark regelhaften Form- und Formverbindungsspiele des reichen ornamentalen ‚Baums' für ein Abbild künstlicher dreidimensionaler Wirklichkeit nehmen. Methodisch ist das eine Wiederbelebung positivistischer Anschauungsweisen

---

[155] Seidl – Sallaberger 2005/2006, 59 f.; zum Beginn des Motivs in der altsyrischen Glyptik ebenda, S. 55 f., im elfenbeinernen Möbeldekor S. 60.

[156] Unter Flügelsonne z. B. auf einem altsyrischen Rollsiegel in New York, Metropolitan Museum of Art, Inv. 1989.361.2: Aruz 1995; auf neuassyrischen Wandreliefs im Louvre und im British Museum: Budge 1914, Taf. 11. 53, 4. 7; Paley 1976, 101 Taf. 17, a. Siehe auch Seidl – Sallaberger 2005/2006, 58 f. Die geflügelten Genien (*apkallū*) erscheinen entweder menschenartig mit Hörnerkrone oder mit Adlerköpfen.

[157] Siehe oben Anm. 35. 38.

[158] New York, Metropolitan Museum of Art, Inv. 32.143.3: Paley – Sobolewski 1987, Taf. 2, 7; horizontale Reihung in zwei Registern übereinander, getrennt durch die auf horizontalem Band umlaufende sog. Standardinschrift. Weitere bedeutende Reliefs der Art aus dem Nordwestpalast Ashurnasirpals II. in Nimrud (Kalhu) befinden sich im British Museum, im Louvre, im Vorderasiatischen Museum Berlin, im Brooklyn Museum, im Los Angeles County Museum of Art: Crawford – Harper – Pittman 1980; Albenda 1994; Mousavi 2012; übergreifend: Meuszynski 1981; Paley – Sobolewski 1987; Cohen – Kangas 2010. – Vgl. zur Anordnung in Räumen/Höfen und deren Funktion auch Seidl – Sallaberger 2005/2006, 59 f.

[159] Siehe oben Anm. 36; außerdem Herrmann – Laidlaw 2013, Taf. 231, T 129 (Wildziegen steigen auf bzw. knabbern abwechselnd an ‚deskriptiven' Bäumen und an ornamentalen Voluten-Palmetten-Bäumen); Mallowan – Davies 1970, Taf. 38. 39; Herrmann – Laidlaw 2009, Taf. 49, 235; Taf. 116, 374; Herrmann 1992, Taf. 93, 454 (Hirsch knabbert an Volutenbaum); Herrmann 1986, Taf. 182. 183. 723. 725. 726 (Rinder knabbern an Palmetten).

in der kunstwissenschaftlichen Tradition des 19. Jahrhunderts.[160] Auf Grund seiner Formeigenschaften und Anordnungsqualitäten handelt es sich bei dem Gebilde um ein genuines Schema der *Flächen*kunst[161] und nicht um die ikonisch-deskriptive Darstellung eines räumlich-körperhaften Artefakts, sei es eine künstliche Votiv- oder Kultpalme oder ein *giurigallu*, ein standartenförmiges, „aus Schilf geknüpftes Kultmittel".[162] Die These von der symbolischen Semantik des ornamentalen Darstellungmodus in der Flächenkunst wird nicht durch die Tatsache entkräftet, dass es Symbole pflanzlicher Vitalität auch in Form von dreidimensionalen Objekten gab.[163] Diese stellten in ihrer Kategorie gleichfalls eine generalisierende Abstraktion von ständig sich erneuernder, lebensspendender ‚Natur' dar.

Kehren wir zurück zur griechischen Flächenkunst. In der früh- bis hocharchaischen schwarzfigurigen Vasenmalerei interessieren an der ‚Natur' die vitalen Dynamiken der Organismen: die Dynamik des Treibens und Entfaltens der ortsfesten Pflanzen; die Dynamik des Selbsterhaltungstriebes

---

[160] Seidl – Sallaberger 2005/2006; expliziter Rekurs auf Alois Riegl ebenda, S. 55 f. – Bleibtreu 1980, 37–59. 75. 89. 251 f. gestand dem ornamentalen Bildschema noch die Sichtbarmachung eines Gegenstands des kollektiven Imaginären zu: Im Verständnis einer dreistufigen Entwicklung entwertet sie nur in der Endphase den ornamentalen Modus als entleerten Schematismus: 1. Der Baum wird als „Repräsentant des Pflanzenreiches erlebt"; 2. der Baum wird zum „Symbolon und erhält seine mensch- und gottbezogene Bedeutung", indem er mit verehrenden bzw. rituell manipulierenden bzw. schützenden Wesen bildlich kontextualisiert wird; 3. „das Baumsymbol wird zum Ornament abgeschliffen". – Überblick über die Deutungskontroversen im Laufe der Forschungsgeschichte bei Giovino 2007, zu ihrem Standpunkt siehe unten Anm. 163.

[161] Zu ornamentalen Pflanzenschemata neben deskriptiven in der griechischen Flächenkunst und ihrem künstlerischen ‚Mehrwert' siehe Himmelmann 2005. Bereits der protokorinthische Chigi-Maler bringt beides nebeneinander: zwei deskriptiv unterschiedlich gezeichnete Büsche als Deckung der Jäger im Hasenjagd-Fries der Chigi-Kanne (siehe oben Anm. 108), Mugione – Benincasa 2010, 209–211 Farbtaf. 7 a; 8 a; 9 a–c; ornamentale Volutendreiecke auf der Grundlinie desselben Frieses, ebenda, Farbtaf. 9 d; Voluten-Triskelis als deckender Busch auf dem Hasenjagdfries des Macmillan-Aryballos im British Museum: Smith 1890, 182 Farbtaf. 1. 2, 6. – Die in der vorigen Anmerkung genannten Beispiele zeigen, dass der spielerische Wechsel zwischen ornamentalem und deskriptivem Modus für lebendige natürliche Vegetation bereits in der neuassyrischen Kunst geübt wird.

[162] Ursula Seidl lehnt es ab, in dem Schema des sog. heiligen Baumes eine Kultpalme zu erkennen – Seidl – Sallaberger 2005/2006, 57: „dieser Nicht-Baum, der nicht im Zentrum kultischer Handlungen steht" – und meint seine Identifizierung mit einem *giurigallu* sichern zu können, als einem magischem Grenzmarker und Apotropaion aus Schilfrohr; die Textbelege für den *giurigallu* in rituellem Zusammenhang sind ebenda, 61–73 von Walther Sallaberger zusammengestellt. Dass nach Ritualtexten auf die Wand gemalte Figuren *giurigallu* mit/in den Händen hielten, Seidl – Sallaberger 67. 70, spricht eigentlich gegen die Identifizierung des Gegenstandes mit dem von *apkallū*-Figuren umhuldigten ‚ornamentalen Baum' der Flächenkunst. – Zu künstlichen (Palm-)Bäumen siehe folgende Anm.

[163] Giovino 2007, 145–176 („cult object"). 177–196 („artificial tree"); in der Zusammenfassung S. 201 neigt sie zu einer Deutung der Darstellungen des „AST" als künstliche Kultbäume.

Abb. 42 Attisch-schwarzfigurige Bauchamphora der Gruppe E, Vatikan,
Museo Gregoriano Etrusco Vaticano, Inv. Nr. 16589
(© Photo Vatican Museums)

der mobilen und interaktionsfähigen Tiere mit ihren psychosozialen Dimensionen, als affektgetriebene Taten und Leiden. Insofern diese Dynamiken als gesetzmäßig erkannt werden, bietet – wie in der orientalischen Kunst – ornamentale Typisierung den angemessenen Darstellungsmodus. Die als ‚natürlich' antagonistisch gesehene ‚Tiergesellschaft' taugt auf diese Weise dazu, Metaphern für soziale Konstellationen und affektbestimmte Verhaltensweisen in der Menschengesellschaft abzugeben; werden diese doch durch ‚naturgegebene' konstitutionelle und psychische Ausstattung wesentlich bestimmt. Die Annahme einer derart verwandten phylogenetischen Ausstattung bei Tier und Mensch steht mit heutigen evolutionären Erkenntnissen ja durchaus in Einklang.

Erst als zu diesem Generalthema der archaischen Bilder, den emotionsträchtigen sozialen Interaktionen, im spätarchaischen Athen als neues, packend gestaltetes Thema *Einsamkeit und Intimität* hinzukommen, sehen wir in deskriptivem Modus charakteristische Elemente eines passiven ‚Schauplatzes' dargestellt – Erdkrustenphänomene einschließlich Bewuchsarten.[164]

---

[164] In Form niedriger isolierter Erd- oder Felsbuckel zunächst, im Spätarchaischen dann in Form

Abb. 43 Attisch-schwarzfigurige Bauchamphora des Exekias, Boulogne-sur-Mer,
Musée Château-Comtal, Inv. 558.R3
(© Musée de Boulogne-sur-Mer / Philippe Beurtheret)

Ein sprechendes Beispiel ist die Bauchamphora aus dem Umkreis des Exekias im Vatikan (Abb. 42):[165] Dem vor Troja durch Achill gefallenen Memnon vollzieht nur die göttliche Mutter Eos die rituelle Totenklage, in der Abgeschiedenheit des nadelbaumbewaldeten Gebirges, gewissermaßen im lokalen Habitat der Göttin, dort, wo sie östlich von Troja aufgeht. Diese, der Menschengesellschaft entrückte,[166] intime Gemeinschaft von göttlicher Mutter und totem Sohn, hat auf der linken Bildseite als Komplement den heroischen Ruhm des Kriegsmannes, ebenfalls in Gestalt einer einsamen ‚Landschaft' anschaulich gemacht: ein von Laubbäumen bestandener Heroenhain mit der Waffenhülle des Toten.

---

von Höhlen-/ Grotteneingängen und von Karstquellen, ohne die zugehörige Bergmasse. Vgl. Dietrich 2010, 160–172. 327–341.

[165] Gruppe E: Simon 1976, 88 f. Taf. 77 (Deutung auf Europa und Sarpedon); Tiverios 1996, 88 Abb. 50; Theune-Großkopf 2001, 135 Abb. 138; Recke 2002, Taf. 44 a; Himmelmann 2005, 69 f. Abb. 36; Dietrich 2010, 363–365 Abb. 296; Böhr – Böhr 2009, 19 Abb. 3; Lang-Auinger – Trinkl 2015, 234 Abb. 3 c.

[166] Nach Dietrich a. O. umgeben die Bäume „den gefallenen Krieger und die einsame Trauernde anstelle einer zahlreichen Trauergemeinde, die für eine ehrenvolle Bestattung angebracht gewesen wäre. Ebenso ist die Leiche in Ermangelung eines ordentlichen Totenbetts auf Zweige gebettet. Die Bäume stehen also für das, was fehlt, nämlich die trauernde Familie." – Zu Nadelbäumen als Kennzeichen von gebirgiger Waldeinsamkeit, siehe oben Anm. 42. 150, unten Anm. 168.

Noch eindringlicher ist das Sterben als intimes und einsames Ereignis im Aiasbild des Meisters selbst (Abb. 43) gestaltet.[167] Abgeschiedenheit der Stätte, Heimlichkeit des Vorgangs und psychische Isolation des Protagonisten evoziert Exekias durch die formale Spannung der kauernden Figur zu dem großproportionierten freien Grund und zwei bildhohen, aber nichtmenschlichen, stummen ‚Zeugen', die den schicksalsgeschlagenen Aias überdauern werden: einer einzelnen Palme und einer Rüstung.

Wir sehen auf den spätschwarzfigurigen attischen Vasen übrigens dieselbe grobe Klassifizierung von drei Baumtypen wie in der neuassyrischen Kunst: Nadelbaum, Laubbaum und Palme. Die Baumtypen scheinen ebenfalls mit bestimmten Landschaftstypen konnotiert, wobei – wie im Mythos – natürlich auch die heimische Geografie von Einfluss war: mit Gebirge die Nadelbäume, deren Schösslinge und Äste den jägerischen Kentauren immer zur Hand sind, gelegentlich auch den Thiasoten des Dionysos;[168] ganz allgemein mit Gelände außerhalb menschlicher Siedlungen die Laubbäume, mit einer entsprechenden Fülle an Szenarien;[169] die nicht einheimischen Palmen mit ‚Asien',[170] aber auch mit Uferzonen, wie in der altägäischen und vorderasiatischen Kunst.[171]

---

[167] Boulogne-sur-Mer: Simon 1976, Taf. 76; Tiverios 1996, 88 Abb. 49; Holmberg 1992, 32 Abb. 20; Latacz u. a. 2008, 394.

[168] Zu Kentauren mit Fichtenstämmchen siehe oben Anm. 40, Böhr – Böhr 2009, 22 f., und Dietrich 2010, 77–89. 311–314. Sichere Belege für den Zusammenhang die Bezeichnung φῆρες ὀρεσκῶιοι („tierhafte Bergwesen") bei Homer, Ilias 1, 268, und der Name OROSBIOS , „Der auf dem Berg Lebende", der dem Kentauren am rechten Rand des Kaineusfrieses auf dem Klitias-Krater beigeschrieben ist, siehe Dietrich 2010, 313; insofern erschöpft sich die Vorstellung, die die Fichtenstämme der Kentauren auslösen, eben nicht darin, dass es „Antiwaffen" zu den artifiziellen Waffen der Lapithen sind. – Auf der schwarzfigurigen Bauchamphora der Leagrosgruppe in Neapel, Soprintendenza per i beni archeologici di Napoli e Caserta 2009, 40 f., und der Lekythos des Gela-Malers in Agrigent, CVA Mus. Arch. Naz. (1) 23 f. Taf. (2735. 2736) 51, 3. 4; 52, 3–5, schwingen Satyrn und Mänaden ‚Thyrsoi', deren symmetrische Verzweigung dem Nadelbaumtypus entspricht; Rehkitz und Panther passen dazu.

[169] Im Gebiet ‚alltäglicher' Jagd (auf Hasen, Rotwild, Eber), das auch der nemeische Löwe unsicher machte; bei Wohnhöhlen/Grotten von Tieren und Naturgottheiten; bei Naturquellen, siehe unten zu Polyxena S. 127–130, Anm. 176. 180; beim Eingang zur Unterwelt etc. Viele Beispiele bei Dietrich 2010.

[170] Stähler 2001, 195 f.; mit Troja besonders verbunden: ebenda, 197–201; bei den Freveln von Griechen an Trojanern (Kassandra, Priamos, Troilos) könnte die gelegentlich dargestellte Palme auch auf Apollon als den göttlichen Ahnder jedes Tabubruchs verweisen, der auf dem Klitias-Krater in persona hinter Troilos erscheint. – Zur Palme als Sphäre, weil ‚Geburtsraum', der Geschwister Apoll und Artemis siehe unten S. 136 mit Anm. 194 f.; davon abgeleitet die von Sourvinou-Inwood 1985 richtig herausgearbeitete Rolle der Palme in Entführungsszenen als Chiffre für den Bereich der Artemis, siehe unten Anm. 196, „as overseer of unmarried girls and of their preparation for marriage and transition to womanhood through marriage." Das Gleiche könnte für Apollon und Jünglinge gelten.

[171] Siehe oben Anm. 153. 154. – Die ‚Geburtspalme' von Artemis und Apollon stand am Ufer des

Abb. 44 Attisch-schwarzfigurige Augenschale mit Herakles im Löwenkampf, London, Britisches Museum, Inv. Nr. 1836,0224.14
(© The Trustees of the British Museum)

Die Semantik des Baumes in seinem natürlichen Lebensraum kann durch ein Wildtier – Säugetier wie Vogel[172] – verstärkt werden, das im Gegensatz zum Menschen im Wald seine Heimat und seinen Schutz hat. Ein Fels, eine

---

Flusses Inachos auf Delos. Beim Brettspiel von Achill und Aias lassen die Palmen den Betrachter nicht allgemein Asien, sondern dessen Küste und die Uferebene der Skamandermündung imaginieren, wo die Griechen ihr Lager hatten: Kelchkrater CVA Toledo Museum of Art (1) Taf. (797–799) 17, 1. 2; 18, 1. 2; 19, 1. 2. Kylikes Paris und San Antonio: CVA Musée du Louvre (10) Taf. (749 f.) 114, 13; 114, 15; 115, 4; Shapiro – Scott – Carlos 1995, 128 f.; Lekythen: CVA Kiel, Kunsthalle Antikenslg. (1) Taf. (2682) 17, 5. Columbia Museum of Art, Privatbesitz und Kunsthandel: Beazley Nr. 15560. 16650. 340636.

[172] Friedliche und aggressive Tiere unter einem Baum als Chiffre für gefährliches Jagdgebiet und Lebensraum der Kentauren (Peleus in der Wildnis, von Akastos waffenlos gemacht): Oinochoe New York und Halsamphora Villa Giulia: *Lexicon Iconographicum Mythologiae Classicae* 7 (1994) s. v. Peleus Nr. 9. 10 (R. Vollkommer) Sp. 253; nur Tiere und Baum auf der Oinochoe Brüssel: Cohen 2006, 250 Abb. 70, 1; auf den Skyphoi London, British Museum, Inv. 1920.216: Beazley Datenbank Nr. 351004, und Leiden: CVA Leiden, Rijksmuseum van Oudheden (3) Taf. (203) 109, 5–7; auf den Lekythen in Wien: Haspels 1936, Taf. 48, 1, a. b, und in Gotha: CVA Schlossmuseum (1) 47 Taf. (1163) 39, 3–5. Es ist das alte Thema des antithetischen Tierpaares, nun vereinzelt und weitgehend entornamentalisiert. – Vgl. auch den Baum voller Vögel über Herakles im Löwenkampf auf Augenschale London, unten Anm. 175 (Abb. 44).

Höhle können ein solches nicht-menschliches Habitat zusätzlich ausmalen.[173] Neues Thema ist nun, dass der einzelne Mensch in dieser von anderen Wesen bewohnten ‚Natur' eine besondere, existentielle Erfahrung macht. Oft ist Lebensgefahr mit dem Eindringen in die Wildnis verbunden, so beim einsamen Jäger, wenn er den Eber aufspürt;[174] und auch bei Herakles, dem exemplarischen Einzelkämpfer, den nicht einmal ein Hund begleitet (Abb. 44).[175] Erregender Beutetrieb, Jagen und Töten – das alte Thema der frültarchaischen Tierfriese – werden hier in abgeschiedener Natur als intime, existentiell entscheidende Begegnung mit dem Opfer gestaltet.

Es überrascht nicht, dass Natur nun auch als ‚intimer' Ort eines weiteren Exempels männlichen Bestrebens eingesetzt wird, als Schauplatz individuellen sexuellen Triebgeschehens. Im Tierfriesstil figurierten friedlich äsende Huftiere metaphorisch als gefährdete Verlockende. Jetzt aber wird die stimulierende Situation ‚idyllisch' verstärkt durch die ikonische Schilderung von Baum- und Fels-gesäumter Quelle als Aufenthalt einer einzelnen *Parthenos*; auf diese Weise wird sie für den ‚Jäger' als erfolgversprechend *abgeschieden* charakterisiert.

Polyxena und Achill sind in der spätschwarzfigurig-attischen Vasenmalerei die mythischen Exempel dieser polaren Rollen (Abb. 45 a. b; 46).[176] Im spähenden

---

[173] Höhle mit Baum als Habitat von Eber und Löwe, siehe folgende Anmerkung und die Lekythos im Kurashiki Ninagawa Museum: Simon 1982, 73 Nr. 32; Dietrich 2010, 162 f. Abb. 135; Höhle als Habitat von Naturgottheiten siehe unten S. 132 f. und Abb. 47 a.

[174] Einzelner Jäger mit Eber, Lekythos Basel: Bleibtreu – Borchhardt 2008, Taf. 18, 7; Dietrich 2010, 338 f. Abb. 275. Oinochoe Paris: Bleibtreu – Borchhardt 2008, Taf. 18, 8, Dietrich 2010, 162 f. Abb. 137 (mit Höhle); Halsamphora Altenburg: CVA Altenburg, Lindenau-Museum (1) Taf. (809) 24, 3. 4; Bleibtreu – Borchhardt 2008, Taf. 19, 1. 2; Dietrich 2010, 338 f. Abb. 274. – Eberjäger und Bäume bereits auf der Schale von Kastamon: Bleibtreu – Borchhardt 2008, Taf. 18, 4.

[175] Augenschale London, British Museum, Inv. 1836,0224.14: CVA British Museum (2) II.H.e Taf. 19, 1. – Darstellungen mit Herakles und Baum sind zahlreich, insbesondere beim Löwenkampf, siehe Dietrich 2010, 160 f. Abb. 134; 331–334 Abb. 267. Wie sehr der Baum überhaupt erst die bildhafte Vorstellung eines echten Ortes des Geschehens erzeugt, ergibt der Vergleich mit den älteren Bildern: Dietrich 2010, Abb. 264–266. Auf der Londoner Schale ersetzt der Baum als Vertreter der ‚geographischen Natur' die Zeugenschaft der vorher üblichen sog. *bystander*, und zwar zusammen mit seinen ‚Gästen', den Vögeln und den im Geäst aufgehängten Waffen des Heros. – Auf der Augenschale in München steigern die dickichtartig ineinanderwuchernden Baumkronen das Einsame und Urtümliche der Tat des nackten Menschen, der sich zum Häuten lang über den Körper des Tieres beugt, Wünsche 2003, 88 Abb. 10.54; Dietrich 2010, 206 Abb. 185.

[176] Lekythen Louvre Inv. F 366, hier Abb. 45, a. b (unpubliziert), und eh. Sammlung Hamilton, hier Abb. 46 nach Tischbein 1795, Taf. 18; die wenigen heute noch erhaltenen Fragmente wurden 1975 aus dem Wrack des 1798 vor England in einem Sturm gesunkenen HMS Colossus geborgen, das u. a. eine Ladung Antiken enthielt, CVA British Museum (10) 38 f. Abb. A.8 Taf. (944) 10, 8. – Reduktion auf eine intime Paar-Situation in der ‚Natur' (Baum, Quelle, Fels, Vogel) vor allem auf spätschwarzfigurigen Lekythen, siehe u. a. die Gefäße in St. Louis, Toledo, Karlsruhe und Amsterdam: Dietrich 2010, 184 Abb. 156; 336 Abb. 271; CVA Badisches Landesmuseum (1) 22 Taf.

128 Naturvorstellungen im Altertum

Abb. 45 Attisch-schwarzfigurig-weißgrundige Lekythos Paris,
Musée du Louvre, Inv. Nr. F 366
(© bpk / RMN - Grand Palais / Hervé Lewandowski)

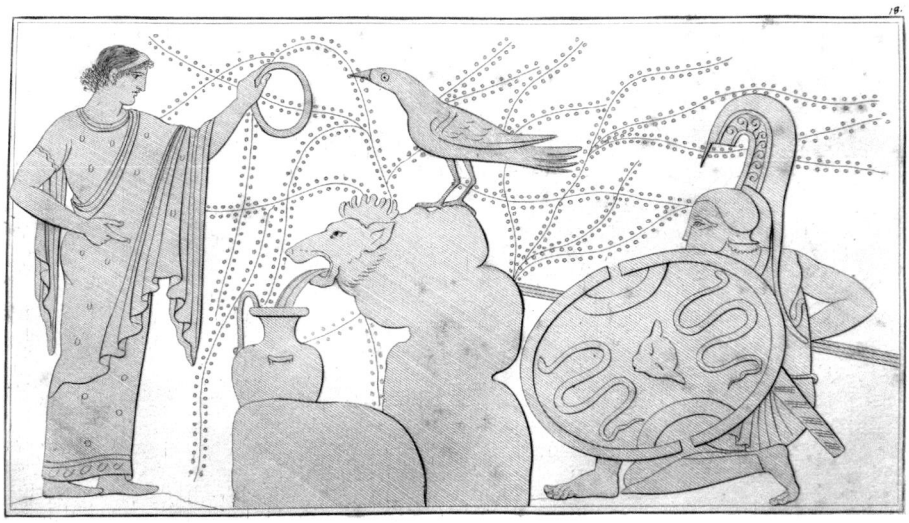

Abb. 46 Attisch-schwarzfigurige Lekythos ehemals Sammlung Hamilton
(nach Tischbein 1795: Taf. 18)

Raubvogel[177] auf dem Quellfelsen und im aufgerissenen Löwenrachen der Quellfassung sind Elemente der alten Tierfriese und ihrer Metaphorik bewahrt. Diese beiden statten das Bild mit dem ‚gesetzmäßigen' Komplement zu idyllisch-Friedlichem in der ‚Natur' aus, mit raubtierhafter Gier nach Beute, die sich auf menschlicher Ebene in Achills Überfall-Disposition verwirklicht. Wir erinnern uns an den frühprotokorinthischen Aryballos im Britischen Museum (Abb. 12 a–c), in dessen Bildfries zwischenmenschliches Ereignis und Ereignis in der menschenlosen ‚Natur' sukzessive nebeneinader veranschaulicht wurden, als zweierlei dramatische Verfolgungen. Schon hier waren Baum und Vögel bedeutsame Begleitelemente.[178] Jetzt ist der gesamte Diskurs in die Schilderung einer einzigen topographischen *Situation* verlegt; einer topographischen Situation, die in der Imagination der Antike prädestiniert ist für brisante

---

(311) 13, 1. 2; CVA Allard Pierson Museum (3) 41–43 Abb. 42, 1 Taf. (476. 478) 167, 3. 4; 169, 1–3. Aber auch auf breiteren Bildformaten kann Troilos jetzt weggelassen werden: Hydria London, British Museum: Dietrich 2010, 44 Abb. 22; Kylix New York, Metropolitan Museum of Art, Inv. 57.12.4: Beazley Datenbank Nr. 352035; Kilinski 1990, Taf. 36, 1; Schmidt 2002, 59 Abb. 10 (nur Mädchen). – Ein Baum an der (gefassten) Quelle schon bei den korinthischen und attischen Bildern des frühen 6. Jhs. v. Chr., die vielfigurig die Darstellung des Troilos einschließen: Flasche des Timonides in Athen: Schefold 1993, 306 Abb. 334. Tyrrhen. Amphora in München: ebenda, 307 Abb. 336. Dinos im Louvre: CVA (2) III.H.d Taf. (70) 22, 1.

[177] Merkmale für einen Raubvogel sind Stattlichkeit und relative Größe (auf allen Vasenbildern), krummer Schnabel (meistens), Halskrause und ‚Hosen' (gelegentlich).

[178] Im Kontrast zum Stelzvogel in der Nachbarschaft des Hirschkalbs – beides friedliche Weidegänger – dürfte der große fliegende Vogel hinter dem Löwen einen Raubvogel meinen.

intime Begegnungen, weil sie weniger kulturelle Regelung und damit geringere Sicherheit, aber höheres Ereignispotential bietet: Die gefasste Quelle in ungestörter ‚Natur' (Baum, Vogel) erscheint als wirklichkeitsplausibler Ort zweier ‚heimlicher' Akte, eines friedlichen und eines aggressiven Akteurs – sich ungeschützt zur ‚Tränke' wagen und versteckt lauern. Dabei sind die Naturelemente, die die Konfrontation des polaren Verhaltens codieren, nicht ausschließlich oder in erster Linie Mittel einer moralischen Verurteilung Achills, des männlichen Aggressors,[179] wie Nikolaus Dietrich meint. Für ihn zeigen Felsen und Laubbaum den Frevel Achills an, als Chiffren für den deplatzierten Einbruch elementarer Wildheit in die heile Welt der Zivilisation: „Das Motiv des Felsenbrunnens und der oft wiedergegebene Baum, welcher ebenfalls zur felsigen ‚Verfremdung' des Brunnens zu rechnen ist, entsprechen der Handlung des Achill, die den Raum des öffentlichen Brunnens als friedliche Zone nicht respektiert. Der Felsenbrunnen bezeichnet somit die Handlung des Achill als normverletzend und illegitim."[180] Doch ist im mythischen, poetischen und bildlichen Diskurs der „Brunnen vor dem Tor" – ebenso wie die (Ufer-)Wiese vor der Stadt – ja gerade der exemplarische Ort „en marge", wo sich der sozialen Kontrolle entzogene intime Begegnungen ereignen können, sei es mit oder ohne Gewalt.[181] Zu seinem Betreten gehört daher immer eine gewisse Risikobereitschaft. Wie der Vorstellungsbereich einer noch kindlichen *Parthenos*, die sich zu einem derartigen Ort aufmacht, geradezu zwangsläufig erotisch gefärbt und auf Paarung gerichtet wird, zeigt auf das Schönste die Nausikaa-Episode im 6. Buch der Odyssee.[182] Aus dem anspielungsreichen Text seien nur Nausikaas Seelenzustände vor dem Aufbruch und nach dem Kontakt mit dem fremden Mann zitiert:

---

[179] Einflussreich auf das zeitgenössisch-gebildete Achillbild wurde Christa Wolfs „Kassandra"-Roman, in dem die Autorin ihr Urteil homerisierend in ein *ent*schmückendes stehendes Beiwort kleidet: „Achill, das Vieh".
[180] Dietrich 2010, 340.
[181] Pfisterer-Haas 2002, insbesondere S. 1–6. In der frühgriechischen Dichtung ist die Wiese das häufigere Motiv, die aber ein ungeeignetes Sujet für die Bildmittel der archaischen Vasenmalerei ist; Wasser gehört auch dort meistens mit zum Ort der Lust: Calame 1999, 153–174. In der sog. Kölner Epode des Archilochos vermischen sich in V. 20–24 („unterhalb von Zinne und Tor [...] auf den grasigen Garten") die körperliche Topographie des sexuellen Aktes und dessen ‚klassischer' Ort außerhalb der Stadt, Merkelbach – West 1974; Bremer – van Erp Taalman Kip – Slings 1987; Latacz 1992. – Den schwarzfigurig-attischen Brunnenhausbildern spricht Stähli 2009, 48 ausdrücklich erotische Stimmung zu, sieht diese aber ausschließlich in männlich-voyeuristischem Bedürfnis begründet; die Antike ließ allerdings keinen Zweifel daran, auch den weiblichen Objekten des männlichen Begehrens komplementäre erotische Sehnsüchte zu unterstellen.
[182] Nausikaas sachtem erotischen Erwachen gelten vor allem die Verse 25–35. 66 f. 135–141. 238–245. Bezeichnend, dass Nausikaa einen Hymnos auf Artemis im Kreis ihrer Nymphen anstimmt, mit der der Dichter sie dann selbst vergleicht, wie später auch Odysseus: ebenda, Vers 103–109. 151; siehe oben Anm. 129. – Zur erotischen Konnotation des Ballspiels, ebenda, Vers 100–117, vgl. Mandel 1999.

(V 66 f.) So sprach sie, denn sie scheute sich, die blühende Hochzeit mit Namen zu nennen vor ihrem Vater, der aber merkte alles [...]

(V 244 f.) Wenn denn ein solcher mein Gatte heißen möchte, daß er hier wohnte und es gefiele ihm hierzubleiben.[183]

Der homerische Text zeigt aber zugleich, wie auch das Gefahrenpotential dieser Situation mit vorgestellt wird. Der Dichter vergleicht den entschlossenen, starken und nackten Mann, der aus seinem Versteck im Gebüsch (!) die *Parthenos* im Mädchenkreis überrascht, mit einem beutegierigen Löwen – obwohl er Odysseus hier doch moralisch ganz unanfechtbar zeichnet. Die Tiermetapher zielt auf ‚naturgesetzliche' Polarität, die das intime Zusammentreffen zwangsläufig riskant macht:

Und er schritt hin und ging, wie ein auf Bergen ernährter Löwe, auf seine Kraft vertrauend, der dahingeht, regennaß und winddurchweht, und die beiden Augen brennen ihm. Doch er geht nach Rindern oder Schafen oder wildlebenden Hindinnen, und es treibt ihn der Bauch, um an die Schafe heranzukommen, daß er sogar in ein festes Gehöft geht: So wollte Odysseus unter die flechtenschönen Jungfrauen gehen, so nackt er war, denn die Not war über ihn gekommen.[184]

Die Vasenmaler der Polyxena-Geschichte haben die beim Gang an die Quelle unterstellten geheimen hochzeitlichen Hoffnungen gelegentlich dadurch anschaulich gemacht, dass sie die *Parthenos* einen Kranz emporhalten lassen (Abb. 46)[185] oder den Quellfelsen bereits mit entsprechenden Votivgaben behängt sein lassen (Abb. 45 a. b).[186] Eine Quelle ist eben immer zugleich auch ein Heiligtum der Nymphen, von denen notorisch Hochzeit erbeten wird, und so ist das sexuelle Ereignis an der Quelle immer auch deren Epiphanie.

---

[183] Übersetzung W. Schadewaldt (1966).
[184] Übersetzung W. Schadewaldt (1966). Mädchen in den Übergangsbereichen zwischen Stadt und freier Landschaft lassen sich, je nach Standpunkt, entweder als Herde wilder Hindinnen oder eingehegter Schafe/Ziegen sehen.
[185] Zur Hamilton-Lekythos siehe oben Anm. 176. Der Kranz in der Hand des Mädchens als Zeichen erhörter heimlicher Werbung und Paarungsbereitschaft z. B. bei Ariadne neben Theseus als Minotaurosbezwinger, der bekanntlich nicht zwecks Heirat nach Kreta gereist ist: Kylix des Glaukytes und Archikles in München: CVA Antikensammlungen (11) Taf. 6, 2. Lekythen in Athen: Kerameikos 7, 2 (1999), Taf. 39, und Beazley Nr. 9034943. Stamnosfragment CVA Krakau (11) Taf. 6, 4. Schulterbild der Hydria im Kunsthandel: Beazley Nr. 8567; bei der zum Entführtwerden bereiten Helena: geometrischer Lebes in London: CVA British Museum (11) Taf. 45.
[186] Außer auf der Lekythos im Louvre auch auf derjenigen in Toledo: CVA Toledo Museum of Art (1) Taf. (808) 28, 4.

Abb. 47 a–b Attisch-schwarzfigurige Bauchamphora des Priamos-Malers, Rom, Museo Nazionale Etrusco di Villa Giulia, Inv. Nr. 106463
(© Soprintendenza Archeologia, Belle Arti e Paesaggio per l'area metropolitana di Roma, la provincia di Viterbo e l'Etruria meridionale)

Gewaltlosigkeit und Abwesenheit von Tragik garantieren die Nymphen ebensowenig wie Aphrodite.

‚Natur' erscheint in der spätarchaischen – wie schon in der früharchaischen – Vasenmalerei nicht nur als Heimat von Tieren, sondern auch als Terrain oder gar Domäne von Göttern, jenen anderen nicht-menschlichen Organismen. Deren wirkende Präsenz ist nun nicht mehr im zupackenden Gestus der *Potnia Theron* und der ihr assoziierten dämonischen Mächte veranschaulicht, sondern durch vertrauten Umgang mit ‚Natur': Genießend und wechselspielend sind die göttlichen Wesen hier „in ihrem Element".[187] Landschaftscharakterisierende Flora und Naturgottheiten können daher einander erläutern.

---

[187] Ein Modell friedlicher Erfahrung und rezeptiven Verhaltens in der ‚Natur' fassen wir auch z. B. in den spätschwarzfigurigen Bildern von Kentauren als Gastgebern: Herakles bei Pholos zum Symposion in der Höhle gelagert, Oinochoe Paris, Cab. des Medailles: CVA Bibliothèque Nationale (2) 48 f. Taf. (452) 66, 2. 9; Wolf 1993, Abb. 121. 122. Bauchamphora Florenz: Schauenburg 1971, Taf. 33; Wolf 1993, Abb. 119; Esposito – Tommaso 1993, 47 Abb. 60; Schnapp 1997, 450 Nr. 533; Padgett

Abb. 48 Zeichnerische Abrollung eines Innenfriesabschnitts einer chalkidisch-schwarzfigurigen Augenschale, Würzburg, Martin von Wagner-Museum, L 164 (nach Furtwängler, A. und Reichhold, K. 1901/1902, *Griechische Vasenmalerei. Auswahl hervorragender Vasenbilder 1.* München: Taf. 41)

Eine Felsgrotte mit Quelle zwischen Laubbäumen und Gewässer charakterisiert auf der Bauchamphora des Priamos-Malers im Museo di Villa Giulia in Rom die eigene Welt der Nymphen – unbekümmert frei in ihrem für-sich-Sein, auch wenn sie sexuelle Lockung ausstrahlen (Abb. 47 a).[188] Im Kontext mit anschleichenden Satyrn wird daraus auf der chalkidischen Augenschale in Würzburg (Abb. 48) eine ‚idyllische' Variation des Themas der alten Tierfriese und der Achill – Troilos/Polyxena-Bilder:[189] naturhaftes Verlockungsprinzip, am Beispiel von Naturgottheiten unter sich, ohne existentielle Gefährdung. Die Palmen können hier als Chiffre für ‚Ufer' verstanden werden, um den Betrachter auf eine Grotte am Meer in der Art derjenigen auf der Amphora des Priamos-Malers zu verweisen, die die berühmten Nymphenorte in der Odyssee in Erinnerung ruft, die Phorkysgrotte und die Grotte der Kalypso.[190]

2003, 21 Abb. 17. Halsamphora des Antimenes-Malers in Villa Giulia (mit Reh als Kennzeichen friedlicher Natur, wie auf der Gegenseite bei Artemis und Apollon, vgl. unten Anm. 193. 194): Burow 1989, 54 Nr. 54 Taf. 53 B; Schnapp 1997, 448 Nr. 544. – Peleus und Achill bei Chiron: Halsamphora Villa Giulia, siehe oben Anm. 172. Lekythos Palermo: Haspels 1953, 262 Nr. 2. Lekythos Privatbesitz: Padgett 2003, 207 f. 834 f. Lekythos Athen, Archäologisches Nationalmuseum: Haspels 1936, 217 Nr. 28; 88 f. Taf. 28; Shapiro 1994, 104 Abb. 70–72; Neils – Oakley 2003, 91 Abb. 4. Halsamphora Baltimore: Neils – Oakley 2003, 90; siehe auch Vivliodetis 2012.

[188] Charbonneaux – Martin – Villard 1985, 306 Abb. 349; Dietrich 2015, 40. 42 Abb. 20; D'Agostino 1999, 111–113 Abb. 1 mit Deutung auf Nymphen, ebenso schon Moon 1983, 110–113. 115 Nr. 5 mit Abb. 7. 19 a–c sowie Moon 1985, 63 mit Abb. 18, a. b.

[189] FR 2 Taf. 41; Beckel – Froning – Simon 1983, 49; Langlotz 1932, Taf. 27 oben, die Satyrn und Nymphen auf der Außenseite als kopulierende Paare, ebenda, Taf. 26 unten.

[190] Zu Palmen am Wasser siehe oben Anm. 153. 154. 171. – Phorkysgrotte: *Odyssee* 13, 96–112, in der Nähe eines Ölbaumes, mit Süßwasserquellen; siehe Byre 1994. – Kalypsos hainumgrünte Grotte:

 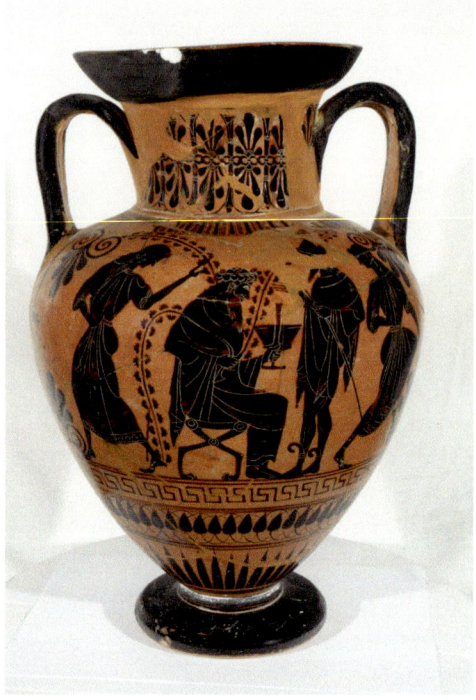

Abb. 49 Attisch-schwarzfigurige Halsamphora des Antimenes-Malers, Tarquinia, Museo Nazionale Tarquinese, Inv. Nr. RC 6991
(© Soprintendenza Archeologia, Belle Arti e Paesaggio per l'area metropolitana di Roma, la provincia di Viterbo e l'Etruria meridionale)

Diese Bilder problematisieren also gerade nicht das Verhältnis von Natur und Kultur als gegensätzlich, lassen es vielmehr im göttlichen Bereich in Harmonie sein. Die Nymphen freuen sich an den kulturellen Annehmlichkeiten der vitalisierenden Körper- und erotisierenden Schönheitspflege, deren Techniken wahrscheinlich sogar als ihre Erfindung und göttliches Geschenk an die Menschen gegolten haben.[191] Dionysos (Abb. 47 b; 49 b),[192] im urwaldtypischen

---

Odyssee 5, 55–77, öffnet sich anscheinend nicht unmittelbar zum Ufer. Die Efeuranken auf der chalkidischen Schale erinnern an den Kalypsos Felsgrotte umrankenden Wein.

[191] Die Nymphe ist wie Aphrodite Prototyp der badenden Frau, die als solche immer ‚Braut' ist, also sowohl passiv verlockend als auch erotisch disponiert. – Zu urbildlichen Vollzügen menschlicher Kultur durch die Götter, jeweils in dem von ihnen beherrschten und beschützten Bereich, siehe Himmelmann 2003, 12–14; auch Himmelmann sieht den Beginn der klassischen ‚Daseinsbilder', in denen die Götter in Genreszenen „allein für sich selbstgenügsame, für sie jeweils charakteristische Tätigkeiten" ausführen, in der spätarchaischen Kunst. Himmelmanns Hauptanliegen ist hier die Urbildlichkeit der Götter für menschliche Frömmigkeit, in den Akten des Libierens/Opferns, Betens und Schauens.

[192] Zur Bauchamphora Villa Giulia siehe oben Anm. 188: Auf der Gegenseite des Nymphenbades Dionysos ‚in seiner Natur', einem Rebenwald, der von einer Schar kleinfiguriger traubenbrechender

Abb. 50 Attisch-schwarzfigurige Halsamphora der leagros-Gruppe, Leiden,
Rijksmuseum van Oudheden, Inv. Nr. XVI 56
(© National Museum of Antiquities, Leiden, The Netherlands)

Efeugewuchere ebenso zuhause wie im kultivierten Weinberg, ist ein weiteres Beispiel.[193]

Satyrn belebt ist. – Auf der Halsamphora in Tarquinia auf der einen Seite Dionysos ‚in seiner Natur' = unter Efeuranken mit Nymphen und Hermes; auf der anderen Seite Apollon Kitharodos und Artemis ‚in ihrer Natur' = unter Palmen mit Rehen und Vogel: Burow 1989, Taf. 134, A. B; CVA Tarquinia, Mus. Naz. (1) III.H.4 Taf. (1136) 4, 2. 3.

[193] Zu Dionysos mit/in/unter wuchernden Ranken siehe Himmelmann 2005, 60–64; viele Beispiele auch bei Dietrich 2010, 69–79. 177–227. Dietrich behandelt die ‚freischwebenden Zweige', die in der spätarchaischen Vasenmalerei auch in nicht-dionysischen Szenen beliebt sind, ausgiebig und sieht richtig ihre eminent kompositorische und dekorative Rolle in dieser Flächenkunst; er versteht sie aber nicht im Kontext jener teils ornamentalen – Himmelmann würde sagen „idealen" – Formgebung, für die die griechischen Flächenkünstler bei Pflanzendarstellungen von Anfang an eine Bevorzugung hatten. Mit der ornamentalisierenden Gestaltung der Zweige – jetzt in neuartig freien dynamischen Rhythmen – verzichtet der Vasenmaler keineswegs auf die Möglichkeit, in bestimmten Kontexten pflanzliche Natur zu bezeichnen, die einen Ort, ein Ereignis, ein mythisches Wesen charakterisiert. Himmelmanns Analysen führen hier weiter als Dietrichs.

Wenn die jugendlichen Geschwister Apoll und Artemis mit Palme(n) dargestellt werden (Abb. 49 a; 50 a. b),[194] dann kann man sie in der ihnen durch Geburt heimatlich zugehörigen Natur imaginieren, am Ufer des Flusses Inopos auf Delos. Die Palme kann im weiteren dann generell die Sphäre der delischen Zwillinge, auch andernorts, veranschaulichen, sei es in einem ihrer Heiligtümer[195] oder bei einem Ereignis, das ihrem Wirkungsbereich zuzuordnen ist.[196] Zusammen mit Vogel und scheuem, den beiden jungen Göttern aber zutraulichem Rotwild kennzeichnet der Palmbaum eine menschen-entrückte ‚Natur', in der auch das hochkultivierte Saiteninstrument Apolls kein Fremdling oder gar Störenfried ist. Es ist möglich, in dieser Ikonographie ebenfalls die idyllisch-genrehafte, aber auch ‚naturalistischere' Fortführung jenes früharchaischen Themas zu sehen, des durch Greifen und Sphingen ‚geheiligten Baumes' (Abb. 23), an dessen ornamentalen Modus auch die symmetrische Anordnung noch erinnert: Die göttlichen Geschwister im Einklang mit der Naturordnung, als Wahrer ihrer gesetzesschönen Kontrastspannungen, für die auch Apollons kunstvolles Musizieren ein bekräftigendes Moment ist.[197]

Zusammenfasung

Die Frage nach Orientierungsleistungen frühgriechischer Vasenmaler hinsichtlich ‚Natur' kann nicht auf die Beachtung von ikonisch formulierten Landschaftselementen eingeschränkt werden. Vielmehr ist zu untersuchen, wann und wie sich in einer zum ‚Bild' werdenden Dekorfläche Merkmale zeigen, die als Naturkonstanten im umfassenden Sinn rekonstruierbar sind.

---

[194] Halsamphora in Tarquinia siehe Anm. 192. Halsamphora in Leiden: CVA Rijksmuseum van Oudheden (1) 24 f. Taf. (124. 145. 146) 30, 1. 2; 51, 8; 52, 12. Außerdem: Halsamphora CVA Louvre (4) III.He.28 Taf. (216) 50, 3–5. Bauchamphora in Oxford: CVA Museum of Fine Arts (1) Taf. (635) 13, 2. Lekythos des Amasis-Malers in London: Haspels 1936, Taf. 6, 1 A–C; von Bothmer 1985, 188 f. Nr. 49. – Auf einer Reihe spätschwarzfiguriger Vasen ist es allein das Reh, das, analog zum Baum, ungestörte, friedfertige Natur vertritt, z. B. auf der Halsamphora des Antimenes-Malers in Villa Giulia, siehe oben Anm. 187: bei Apoll und Artemis ebenso wie auf der Gegenseite bei Chiron als Gastfreund des Herakles.

[195] Auch das Apollonheiligtum von Delphi – etwa in Szenen des Dreifußraubes und der Pythontötung – wird häufig durch eine Palme bezeichnet, vgl. Stähler 2001, 190–193; auch hier mehrmals mit Reh(en) verbunden.

[196] Sourvinou-Inwood 1985 zeigt, wie die Palme den von Artemis beherrschten und beschirmten Bereich des Mädchenlebens anzeigt, als einen ‚Ort', an dem sich dann auch die dramatische Passage ins Sexualleben ereignet, vgl. Stähler 2001, 193–195 und oben Anm. 170.

[197] Burkert 2011, 326 mit Verweis auf Heraklit VS 22 B 51 Diels-Kranz: „Sie verstehen nicht, wie einander Entgegengespanntes mit sich selbst übereinstimmt: eine wider sich selbst gewendete Harmonie (παλίντροπος ἁρμονίη) wie beim Bogen und der Leier (Übers. H. Zimmermann). – Universell sänftigende Wirkung von Apollons Leierspiel bei Pindar, *Pythien* 1, 1–13, siehe Graf 2009, 39 f.; Mandel 2011, 84.

In der Spätphase der attisch-geometrischen Vasenmalerei etablierten sich in figürlich gefüllten Zonen allmählich Hinweise auf die einfachste Geometrie des natürlichen Raumes: Die horizontale untere Begrenzungslinie, früher nur Trennung von Ornamentbändern, wurde zunehmend semantisch aufgeladen zum tragenden Steh- und Laufhorizont. Zur Standlinie hinabgesenkte Köpfe äsender Tiere und auf ihr fortlaufend gründende Dreiecke stimulieren die Rekonstruktion der primären Raumkategorien ‚unten' – ‚oben' und festigen diese durch elementar-stoffliche Anmutungen von Bewuchs tragender Erde. Horizontal ausgerichtete Fische *unter* und Vögel *über* Schiffsdarstellungen sind Rekonstruktionsmerkmale für zwei weitere natürliche ‚Elemente': die folgerichtig geschichteten Kontinua Wasser und Luft.

Mit der Aneignung der kurvig-dynamisch geführten Linie aus der orientalischen Kleinkunst schufen sich protoattische und protokorinthische Vasenmaler das Mittel, wesentliche Qualitäten organismischer Natur in der Bildfläche erlebbar zu machen: entwicklungspotente Spannung. Pflanzliche Wuchsprinzipien wie Aufsprießen und biegsames sich-Entrollen und -Aufblättern bis zur Abwärtsneigung werden in den Formmerkmalen ornamentaler Voluten-Palmetten-Gebilde spezifisch erkennbar. Im Kontrast zu dieser aufwärts sich entfaltenden Dynamik der Pflanzen steht eine neue Statik kraftvoll gespreizter und konvex konturierter ‚Muskel'-Beine von Männern und Raubkatzen. Diese Kombination ergänzt beim Betrachter die Rekonstruktion des natürlich-geometrischen Raumes, indem er nun zum ersten Mal bei der Bildbetrachtung die physikalische Naturkonstante Schwerkraft mitfühlt, die unserer vertikalen Orientierung ja zugrundeliegt.

Mit diesen zunehmend eindeutigen Raumkategorien wurde nun auch eine raumsemantische Aufladung der Breitenausdehnung der Bildfläche möglich: Links und rechts wurden ebenfalls polar aufeinander beziehbare ‚Orte'. Gerichtete Anordnungen ließen sich ab jetzt im Sinne einer Beziehungsspannung oder Handlungsdynamik rekonstruieren, womit sich die narrativen Möglichkeiten des figurativen Flächenbildes exponentiell erweiterten. Protoattische Vasenmaler ‚materialisierten' in dieser Phase nicht nur die horizontalen Begrenzungslinien, sondern auch die seitlichen vertikalen durch ‚anhaftende', in die Bildfläche ‚sprossende' Ornamente. Durch diesen allseits definierten Rahmen wurde der Betrachter überzeugt, sich auf die Bildfläche als Handlungsraum einzustellen.

Mit dieser Entwicklung hatte pflanzlicher Bewuchs seine Rolle im Figurenbild vorerst weitgehend ausgespielt. Die mobilen Organismen beanspruchten nun die ‚Raumbühne' zunehmend allein für sich und ihre ‚natürlichen' Verhaltensweisen und dadurch determinierten Beziehungen. Die Vasenmaler gaben ihnen durch straffere und konvexere Konturen mehr vitale Prägnanz und schufen zugleich durch kontrolliert geformte Freiflächen eine kompositorische Spannung zwischen raumeinnehmenden Körpermassen und verfügbarem Raumvorrat.

Ein Großteil der im orientalisierenden 7. Jh. v. Chr. einflussreichen protokorinthischen Vasenmalerei beschränkte sich auf die Darstellung von Tieren und dämonischen Übertieren, also nichtmenschlichen Organismen. Anhand dieser authentischen Akteure der Natur ließ sich ein Diskurs über die natürlichen Gesetzmäßigkeiten führen: Starke, aggressive Raubtiere stehen schwächeren, sanftmütigeren Weidegängern in ‚naturgewolltem' Antagonismus gegenüber. Ihre ornamental alternierende Aufreihung erhält durch signifikant gerichtete Anordnungen die Spannung polarer Beziehung. Dabei wurde die konfliktträchtige Konstellation nur selten narrativ entwickelt zum tödlichen Überfall. Der ornamentale Modus der gleichgewichtigen Reihung war dem Bestreben, das Gesetzmäßige der langfristigen Ausgewogenheit darzustellen, am angemessensten.

Als Beglaubiger der Unausweichlichkeit und Strenge der ‚naturgesetzlichen' Existenzbedingung sind ‚übernatürliche' Ordnungsmächte drohend in die Tierfriese eingeschoben: die dämonischen Übertiere und gelegentlich die Große Göttin der organismischen Natur selbst, die *Potnia Theron*. Innerhalb der antagonistischen Bestrebungen ungleicher Lebewesen sorgen die Superwesen durch phasenweise Schirmung der relativ Schwächeren für einen Ausgleich und damit für das Überdauern der antagonistischen ‚Natur' als System.

Die vitalen Dynamiken in der Tierwelt taugen wegen ihrer psychosozialen Dimensionen auch als Metaphern für ‚naturgegeben' unsymmetrische Konstellationen und triebgesteuerte Verhaltensweisen unter Menschen. Unweigerliches Gewaltgefälle besteht hier vor allem zwischen männlich und weiblich und zwischen erwachsen und kindlich. Entenvögel beispielsweise, die in den (proto)korinthischen Tierfriesen bevorzugt der Drohung wie dem Schutz der Überwesen unterliegen, scheinen mit *Parthenoi* assoziiert worden zu sein. In der gleichzeitigen ostgriechischen Vasenmalerei („wild-goat-style") wurden sie einem zentralen Voluten-Palmetten-‚Baum' zugeordnet und zusammen mit dieser Chiffre für die Pflanzenwelt durch Greifen oder Sphingen geschirmt. Vegetation als Grundlage friedlichen Gemeinschaftslebens veranschaulichen auf denselben Vasen auch ‚Herden' von Weidegängern. Diese dominieren anstelle der mutterländischen antagonistischen Einzelpaare aus Fleisch- und Pflanzenfresser die südionischen Tierfriese.

Generalisierte Darstellung der vegetabilen Natur durch ornamentalen Modus war eine Möglichkeit bereits der vorbildhaften orientalischen Kunst, gleichberechtigt neben dem ikonisch-deskriptiven Darstellungsmodus für ‚Historisches', also die Narration wechselnder Ereignisse. In dieser substantiellen Bedeutung haben die frühgriechischen Vasenmaler das orientalische Motiv des ornamentalen sog. Heiligen Baumes rezipiert.

Deskriptive Darstellung von Pflanzen und anderen naturlandschaftlichen Charakteristika wurden in erzählerischen Kontexten der griechischen Vasenmalerei erst dann interessant, als den emotionsträchtigen sozialen Aktionen ein neues packendes Bildthema an die Seite gestellt wurde: intimes Erleben. Im spätarchaischen Athen gelang es Vasenmalern, die situative Einsamkeit einer Person durch einen Baum anschaulich zu machen, einerseits durch dessen analoge Vereinzelung am Ereignisort, andererseits durch dessen Verweischarakter auf das unverfügbare Ganze der ‚Natur'. Dieser ist oft verstärkt durch ein Wildtier, Konzentrat der alten Tierfriese.

‚Natur' erscheint jetzt erneut als Domäne von Gottheiten, aber ihr Wirken wird gewaltloser beschrieben. Bewirkend wie genießend sind bestimmte göttliche Wesen unter Pflanzen und Wildtieren ‚in ihrem Element'. Neben den Nymphen und Dionysos ist es die ‚alte' Herrin, Artemis, die zusammen mit ihrem Bruder Apollon als Musiker die Naturordnung souverän spielerisch beherrscht.

Bibliographie

Adam-Velene, P. und Tzanabare, K. (Hrsg.) 2012. *Dineessa. Timetikos tomos gia ten Katerina Romiopoulou. Δινήεσσα. Τιμητικός τόμος για την Κατερίνα Ρωμιοπούλου*. Thessaloniki.
Ahlberg, G. 1971. *Prothesis and Ekphora in Greek Geometric Art*. Göteborg.
Ahlberg, G. 1971a. *Fighting on Land and Sea in Greek Geometric Art*. Stockholm.
Albenda, P. 1994. Assyrian Sacred Trees in the Brooklyn Museum. *Iraq* 56: 123–133.
Alexandridis, A., Wild, M. und Winkler-Horaček, L. (Hrsg.) 2008. *Mensch und Tier in der Antike. Grenzziehung und Grenzüberschreitung. Symposion Rostock 2005*. Wiesbaden.
Alexandridou, A. 2011. *The Early Black-Figured Pottery of Attika in Context (c. 630-570 BCE)*. Leiden.
Amyx, D. A. 1962. The Honolulu Painter and the "Delicate Style". *Antike Kunst* 5: 3–8.
Amyx, D. A. 1988. *Corinthian Vase-Painting of the Archaic Period*. London.
van Andel, T. H. und Runnels, C. N. 1995. The earliest farmers in Europe. *Antiquity* 69.264: 481–500.
Arias, P. E. und Hirmer, M. 1960. *Tausend Jahre griechischer Vasenkunst*. München.

Aruz, J., Benzel, K. und Evans, J. M. 2008. *Beyond Babylon. Art, Trade, and Diplomacy in the Second Millennium B.C. Catalog of an exhibition at the Metropolitan Museum of Art, New York, November 18, 2008-March 15, 2009*. New York.

Badisches Landesmuseum Karlsruhe (Hrsg.) 2008. *Zeit der Helden. Die dunklen Jahrhunderte Griechenlands 1200-700 v. Chr. Katalog zur Ausstellung im Badischen Landesmuseum Schloss Karlsruhe, 25.10.2008-15.2.2009*. Darmstadt.

Bakır, G. 1981. *Sophilos. Ein Beitrag zu seinem Stil*. Mainz.

Barnett, R. D. (ohne Jahr). *Assyrische Palastreliefs*. Prag.

Barnett, R. D., Bleibtreu, E. und Turner, G. 1998. *Sculptures from the Southwest Palace of Sennacherib at Nineveh*. London.

Barnett, R. D. und Davies, L. G. 1975. *A catalogue of the Nimrud ivories with other examples of Ancient Near Eastern ivories in the British Museum*. London.

Başgelen, N. und Lugal, M. (Hrsg.) 1989. *Festschrift für Jale İnan*. Istanbul.

Beazley, J. D. 1951. *The Development of Attic Black-Figure*. Berkeley/Los Angeles/London.

Beckel, G., Froning, H. und Simon, E. (Hrsg.) 1983. *Werke der Antike im Martin-von-Wagner-Museum der Universität Würzburg*. Mainz.

Benson, J. L. 1989. *Earlier Corinthian Workshops. A Study of Corinthian Geometric and Protocorinthian Stylistic Groups*. Amsterdam.

Berard, C. (Hrsg.) 1989. *A City of Images. Iconography and Society in Ancient Greece*. Princeton.

Bevan, E. 1989. Water-birds and the Olympian Gods. *The Annual of the British School at Athens* 84: 163–169.

Bleibtreu, E. 1980. *Die Flora der neuassyrischen Reliefs*. Wien.

Bleibtreu, E. und Borchhardt, J. 2008. Wildschweinjagd zwischen Ost und West. In E. Winter (Hrsg.), *Vom Euphrat bis zum Bosporus, Kleinasien in der Antike. Festschrift für Elmar Schwertheim zum 65. Geburtstag*: 61–102. Bonn (= Asia Minor Studien 65,1).

Blome, P. (Hrsg.) 1999. *Antikenmuseum Basel und Sammlung Ludwig*. Genf.

Blümel, C. 1966. *Die klassisch griechischen Skulpturen der Staatlichen Museen zu Berlin*. Berlin.

Boardman, J. 1981. *Kolonien und Handel der Griechen. Vom späten 9. bis zum 6. Jahrhundert v. Chr.* München.

Boardman, J. [4]1994. *Schwarzfigurige Vasen aus Athen*. Mainz.

Boardman, J. 1998. *Early Greek Vase Painting*. London.

Böhlau, J. 1887. Frühattische Vasen. *Jahrbuch des Deutschen Archäologischen Instituts* 2: 33–66.

Böhr, E. und Böhr, H.-J. 2009. Spruce, Pine, or Fir – Which did Sinis Prefer? In J. H. Oakley und O. Palagia (Hrsg.), *Athenian Potters and Painters* 2: 18–26. Oxford.

Bol, P. C. (Hrsg.) 1999. *Hellenistische Gruppen. Gedenkschrift für Andreas Linfert*. Mainz.

Bol, P. C. (Hrsg.) 2003. *Zum Verhältnis von Raum und Zeit in der griechischen Kunst, Passavant-Symposion 8. bis 10. Dezember 2000*. Möhnesee.

Bol, P. C. 2005. *Frühgriechische Bilder und die Entstehung der Klassik. Perspektive, Kognition und Wirklichkeit*. München.

Bol, P. C., Kaminski, G. und Maderna, C. (Hrsg.) 2004. *Fremdheit – Eigenheit. Ägypten, Griechenland und Rom. Austausch und Verständnis, Symposion des Liebieghauses, Frankfurt am Main vom 28.-30. November 2002 und 16.-19. Januar 2003.* Stuttgart (= Städel-Jahrbuch 19).

Borell, B. 1978. *Attisch geometrische Schalen.* Mainz.

Borell, B. und Rittig, D. 1998. *Orientalische und Griechische Bronzereliefs aus Olympia. Der Fundkomplex aus Brunnen 17.* Berlin/New York (= Olympische Forschungen 26).

von Bothmer, D. 1985. *The Amasis Painter and his World.* Malibu.

Bremer, J. M., van Erp Taalman Kip, A. M. und Slings, S. R. (Hrsg.) 1987. *Some Recently Found Greek Poems. Text and Commentary.* Leiden/New York/Kopenhagen/Köln (= Mnemosyne-Supplements 99).

Brock, J. G. 1957. *Fortetsa. Early Greek Tombs near Knossos.* Cambridge.

Budge, E. A. W. 1914. *Assyrian Sculptures in the British Museum, Reign of Ashur-nasir-pal, 885-890 B.C.* London.

Budin, S. L. 2015. *Artemis.* London/New York.

Burkert, W. 1987. Die betretene Wiese. Interpretenprobleme im Bereich der Sexualsymbolik. In H. P. Duerr (Hrsg.), *Die wilde Seele. Zur Ethnopsychoanalyse von Georges Devereux*: 32–46. Frankfurt am Main.

Burkert, W. 1992. *The Oriental Revolution.* Cambridge, Mass.

Burow, J. 1989. *Der Antimenesmaler.* Mainz.

Burkert, W. ²2011. *Griechische Religion der archaischen und klassischen Epoche.* Stuttgart.

Bushnell, L. 2008. The Wild Goat-and-Tree Icon and its special significance for Ancient Cyprus. In G. Papantoniou, A. Fitzgerald und S. Hargis (Hrsg.), *Proceedings of the Fifth Annual Meeting of Young Researchers on Cypriot Archaeology, Trinity College Dublin, October 2005*: 65–76. Oxford (= POCA 2005).

Byre, C. S. 1994. On the Description of the Harbor of Phorkys and the Cave of the Nymphs, Odyssey 13.96–112. *American Journal of Philology* 115: 1–13.

Calame, C. 1997. *Choruses of Young Women in Ancient Greece. Their Morphology, Religious Role, and Social Functions.* Lanham.

Calame, C. 1999. *The Poetics of Eros in Ancient Greece.* Princeton.

Centre National de la recherche scientifique 1978. *Les céramiques de la Grèce de l'Est et leur diffusion en Occident. Actes du colloque international du Centre national de la recherche scientifique, Centre Jean Bérard (Institut français de Naples), 6-9 juillet 1976.* Paris.

Charbonneaux, J., Martin, R. und Villard, F. ²1985. *Das archaische Griechenland. 620-480 v. Chr.* München.

Christou, C. 1968. *Potnia Theron. Eine Untersuchung über Ursprung, Erscheinungsformen und Wandlung der Gestalt einer Gottheit.* Thessaloniki.

Ciafaloni, D. 1986. Ceramica greca d'importazione. In C. Sacchi (Hrsg.), *I Greci sul Basento. Mostra degli scavi archeologici all'Incoronata di Metaponto, 1971-1984, Milano, Galleria del Sagrato, 16 gennaio-28 febbraio 1986*: 121–125. Como.

Cohen, B. 1991. The Literate Potter. A Tradition of Incised Signatures on Attic Vases, *Metropolitan Museum Journal* 26: 49–98.

Cohen, B. (Hrsg.) 2006. *The Colors of Clay. Combining Special Techniques in Athenian Vases*. Los Angeles.

Cohen, A. und Kangas, S. E. (Hrsg.) 2010. *Assyrian Reliefs from the Palace of Ashurnasirpal 2. A Cultural Biography*. Hanover/London.

Coldstream, J. N. ²2003. *Geometric Greece*. Oxford.

Coldstream, J. N. ²2008. *Greek geometric pottery. A survey of ten local styles and their chronology*. Exeter.

Comstock, M. und Vermeule, C. 1971. *Greek, Etruscan and Roman Bronzes in the Museum of Fine Arts Boston*. Meriden.

Cook, J. M. 1934/1935. Protoattic Pottery. *The Annual of the British School at Athens* 35: 165–219.

Cook, R. M. und Dupont, P. 1998. *East Greek Pottery*. London/New York.

Coulié, A. 2013. *La Céramique grecque aux époques géometrique et orientalisante (XIe-VIe siècle av. J.-C.)*. Paris.

Counts, D. B. und Arnold, B. 2010. *The Master of Animals in Old World Iconography*. Budapest.

Couve, L. 1897. Amphoreus rhythmou protattikou. *Ephēmeris archaiologikē* 1897: 67–86.

Crawford, V. E., Harper, P. O. und Pittman, H. 1980. *Assyrian Reliefs and Ivories in the Metropolitan Museum of Art. Palace Reliefs of Assurnasirpal II and Ivory Carvings from Nimrud*. New York.

Cristofani, M. und Martelli, M. 1983. *L'oro degli etruschi*. Novara.

D'Acunto, M. 2013. *Il mondo del vaso Chigi. Pittura, guerra e società a Corinto alla metà del VII secolo a. C*. Berlin/Boston.

D'Agostino, B. 1999. Oinops pontos. Il mare come alterità nella percezione arcaica. *Mélanges de l'École française de Rome. Antiquité* 111/1: 107–117.

Dawkins, R. M. 1929. *The Sanctuary of Artemis Orthia*. London.

Delivorrias, A. (Hrsg.) 1987. *Greece and the sea*. Amsterdam.

Denoyelle, M. 1994. *Chefs-d'oeuvre de la céramique grecque dans les collections du Louvre*. Paris.Dierichs, A. 1981. *Das Bild des Greifen in der frühgriechischen Flächenkunst*. Münster.

Dietrich, N. 2010. *Figur ohne Raum? Bäume und Felsen in der attischen Vasenmalerei des 6. und 5. Jhs. v. Chr*. Berlin.

Dietz, W. 2001. Wild Goats. Wechselwirkungen über die Ägäis hinweg bei Vasendarstellungen wildlebender Paarhufer in der archaischen Epoche. In H. Klinkott (Hrsg.), *Anatolien im Lichte kultureller Wechselwirkungen. Akkulturationsphänomene in Kleinasien und seinen Nachbarregionen während des 2. und 1. Jahrtausends v. Chr.*: 181–247. Tübingen.

Doumas, C. 1992. *The wallpaintings of Thera*. Athen.

Duerr, H. P. (Hrsg.) 1987. *Die wilde Seele. Zur Ethnopsychoanalyse von Georges Devereux*. Frankfurt am Main.

Esposito, A. M. und Tommaso, G. (Hrsg.) 1993. *Museo Archeologico Nazionale di Firenze. Vasi Attici*. Florenz.

Fairbanks, A. 1928. *Catalogue of Greek and Etruscan Vases in the Museum of Fine Arts, Boston 1*. Cambridge, Mass.

Fischer-Hansen, T. 2009. Artemis in Sicily and South Italy. A Picture of Diversity. In T. Fischer-Hansen und B. Poulsen (Hrsg.), *From Artemis to Diana. The Goddess of Man and Beast*: 207–260. Kopenhagen (= Acta Hyperborea. Danish Studies in Classical Archaeology 12).

Fischer-Hansen, T. und Poulsen, B. (Hrsg.), *From Artemis to Diana. The Goddess of Man and Beast*. Kopenhagen (= Acta Hyperborea. Danish Studies in Classical Archaeology 12).

Fontan, É. und Le Meaux, H. 2007. *La Méditerranée des Phéniciens de Tyr à Carthage*. Paris.

von Freeden, J. 1985. *Ausgewählte Werke, Museum für Vor- und Frühgeschichte Frankfurt am Main*. Frankfurt am Main (= Archäologische Reihe Antikensammlung 5).

Gehrig, U. und Niemeyer, H. G (Hrsg.) 1990. *Die Phönizier im Zeitalter Homers*. Mainz.

Giovino, M. 2007. *The Assyrian Sacred Tree. A History of Interpretations*. Göttingen.

Gombrich, E. ²1986. *Kunst und Illusion. Zur Psychologie der bildlichen Darstellung*. Stuttgart/Zürich.

Graf, F. 2009. *Apollo*. London.

Grayson, K. 1991. *Assyrian Rulers of the Early First Millennium B.C. 2 (858–745 B.C.). The Royal Inscriptions of Mesopotamia. Assyrian Periods 3*. Toronto/Buffalo/London.

Grossman, J. B. 2002. *Athletes in Antiquity. Works from the Collection of the J. Paul Getty Museum*. Utah.

Guzzo, P. G. 1978. Importazioni fittili greco-orientali sulla costa ionica d'Italia. In *Les céramiques de la Grèce de l'Est et leur diffusion en Occident. Actes du colloque international du Centre national de la recherche scientifique, Centre Jean Bérard (Institut français de Naples), 6–9 juillet 1976*: 107–130. Paris.

Hampe, R. 1960. *Ein frühattischer Grabfund*. Mainz.

Haspels, C. 1936. *Attic Black-figured Lekythoi*. Paris.

Haug, A. 2012. *Die Entdeckung des Körpers. Körper- und Rollenbilder im Athen des 8. und 7. Jahrhunderts v. Chr.* Berlin/Boston.

Haug, A. 2015. *Bild und Ornament im frühen Athen*. Regensburg.

Hemberg, B. 1950. *Die Kabiren*. Uppsala.

Herrmann, G. 1986. *Ivories from Room SW37 Fort Shalmaneser*. London (= Ivories of Nimrud 4).

Herrmann, G. 1992. *The small Collection from Fort Shalmaneser*. London (= Ivories of Nimrud 5).

Herrmann, G. und Laidlaw, S. 2009. *Ivories from the North-West Palace (1845–1992)*. London (= Ivories of Nimrud 6).

Herrmann, G. und Laidlaw, S. 2013. *Ivories from SW 11/12 and T10 Fort Shalmaneser*. London (= Ivories of Nimrud 7).

Hermary, A. 2000. De la Mère des Dieux à Cybèle et Artémis. In P. Linant de Bellefonds (Hrsg.), *Agathos Daimon. Mythes et Cultes, Études d'iconographie en l'honneur de Lilly Kahil*: 193–210. Paris (= Bulletin de correspondance hellénique Supplement 38).

Heubeck, A. 1979. Schrift. *Archaeologia Homerica III.X*. Göttingen.

Himmelmann-Wildschütz, N. 1964. *Bemerkungen zur geometrischen Plastik*. Berlin.

Himmelmann-Wildschütz, N. 1967. *Erzählung und Figur in der archaischen Kunst.* Mainz.

Himmelmann, N. 1967a. Eine geometrische Ekphora-Scherbe in Bonn. *Archäologischer Anzeiger* 1967: 160–171.

Himmelmann-Wildschütz, N. 1968. *Über einige gegenständliche Bedeutungsmöglichkeiten des frühgriechischen Ornaments.* Mainz.

Himmelmann-Wildschütz, N. 1969. *Über bildende Kunst in der homerischen Gesellschaft.* Mainz.

Himmelmann, N. 1990. *Ideale Nacktheit in der griechischen Kunst.* Berlin/New York.

Himmelmann, N. 1994. *Realistische Themen in der griechischen Kunst der archaischen und klassischen Zeit.* Berlin.

Himmelmann, N. 1996. Die gesellschaftliche Funktion von Luxus und Ausschweifung. In N. Himmelmann, *Minima Archaeologica. Utopie und Wirklichkeit in der Antike*: 41–45. Mainz.

Himmelmann, N. 1997. *Tieropfer in der griechischen Kunst.* Opladen.

Himmelmann, N. 2003. *Alltag der Götter.* Paderborn.

Himmelmann, N. 2005. *Grundlagen der griechischen Pflanzendarstellung.* Paderborn.

Hölscher, T. (Hrsg.) 2000. *Gegenwelten zu den Kulturen Griechenlands und Roms in der Antike.* München/Leipzig.

Hömke, N. und Baumbach, M. (Hrsg.) 2006. *Fremde Wirklichkeiten. Literarische Phantastik und antike Literatur.* Heidelberg.

Hurwit, J. M. 2002. Reading the Chigi Vase. *Hesperia. Journal of the American School of Classical Studies at Athens* 71: 1–22.

Iacopi, G. 1931. *Esplorazione archeologica di Camiro 1. Scavi nelle necropoli camiresi 1929-1930.* Rhodos/Bergamo (= Clara Rhodos 4).

Iacopi, G. 1933. *Esplorazione archeologica di Camiro 2. Necropoli.* Rhodos/Bergamo 1933 (= Clara Rhodos 6–7).

Isler, H. P. 1978. The meaning of the Animal frieze. *Numismatica e antichità classische. Quaderni ticinesi* 7: 7–28.

Kaeser, B. 1976. *Zur Darstellungsweise der griechischen Flächenkunst von der geometrischen Zeit bis zum Ausgang der Archaik. Eine Untersuchung an der Darstellung des Schildes.* Bonn.

Kaltsas, N. 2001. *Ethniko Archaiologiko Moueseio. Ta Glypta.* Athen.

Kardara, C. 1953. The Arapides Oinochoe. *American Journal of Archaeology* 57: 277–280. Taf. 77–79.

Katz, P. B. 1997. Hill-Stead 46.1.95. A „lost" work of the Painter of Athens 931. *Bulletin antieke beschaving. Annual Papers on Classical Archaeology* 72: 1–20.

Käufler, S. 2004. *Die archaischen Kannen von Milet.* Dissertation Ruhr-Universität Bochum, http://www-brs.ub.ruhr-uni-bochum.de/netahtml/HSS/Diss/KaeuflerSteffen/diss.pdf.

Kepinski, C. 1982. *L'Arbre Stylisé en Asia Occidentale 2e Millénaire avant J.-C.* Paris.

Kilinski, K. 1990. *Boeotian Black Figure Vase Painting of the Archaic Period.* Mainz.

Kirk, G. S. 1949. Ships on Geometric Vases. *The Annual of the British School at Athens* 44: 93–153.

Kistler, E. 2006. Satyreske Zecher auf Vasen, kontrakulturelle Lesarten und Tyrannendiskurs im archaisch-klassischen Athen. *Göttinger Forum für Altertumswissenschaft* 8: 107–156.

Klinkott, H. (Hrsg.) 2001. *Anatolien im Lichte kultureller Wechselwirkungen. Akkulturationsphänomene in Kleinasien und seinen Nachbarregionen während des 2. und 1. Jahrtausends v. Chr.* Tübingen.

Kübler, K. 1950. *Altattische Malerei*. Tübingen.

Kübler, K. 1980. *Die Nekropole des späten 8. bis frühen 6. Jahrhunderts*. Berlin (= Kerameikos 6, 2).

Kunisch, N. (Hrsg.) 1996. *Erläuterungen zur Griechischen Vasenmalerei. 50 Hauptwerke der Sammlung antiker Vasen in der Ruhr-Universität Bochum*. Köln.

Kustermann, A.-C. 1979. Die früheste Darstellung von Achill und Troilos. *Archäologischer Anzeiger* 1979: 157–158.

Lang-Auinger, C. und Trinkl, E. (Hrsg.) 2015. *Phyta kai Zoia. Pflanzen und Tiere auf griechischen Vasen*. Wien (= CVA Österreich Beih. 2).

Langlotz, E. (Hrsg.) 1932. *Griechische Vasen in Würzburg*. Würzburg.

Larson, J. 2001. *Greek Nymphs*. Oxford.

Latacz, J. 1986. Zu den ‚pragmatischen' Tendenzen der gegenwärtigen gräzistischen Lyrik-Interpretation. *Würzburger Jahrbücher für die Altertumswissenschaft* 12: 35–56.

Latacz, J. 1992. „Freuden der Göttin gibt's ja für junge Männer mehrere...". Zur Kölner Epode des Archilochos (Fr. 196a W.). *Museum Helveticum* 49: 3–12.

Latacz, J., Greub, T., Blome, P. und Wieczorek, A. (Hrsg.) 2008. *Homer. Der Mythos von Troia in Dichtung und Kunst. Antikenmuseum Basel und Sammlung Ludwig, 16. März–17. August 2008, Reiss-Engelhorn-Museen mit Curt-Engelhorn-Zentrum, Mannheim, 13. September 2008–18. Januar 2009*. München.

Lembke, K. und Wildung, D. 1996. *Faszination Antike. The George Ortiz Collection*. Bern.

Lenz, D. 1995. *Vogeldarstellungen in der ägäischen und zyprischen Vasenmalerei des 9.-7. Jahrhunderts v. Chr. Untersuchungen zu Form und Inhalt*. Rahden.

Lippolis, C. (Hrsg.) 2011. *The Sennacherib Wall Reliefs at Niniveh*. Florenz.

Lonsdale, S. H. 1990. *Creatures of Speech. Lion, Herding, and Hunting Similes in the Iliad*. Stuttgart.

Mallowan, M. M. und Davies, L. G. 1970. *Ivories in Assyrian Style*. London (= Ivories of Nimrud 2).

Mallowan, M. M. und Herrmann, G. 1974. *Furniture from SW.7 Fort Shalmaneser*. London (= Ivories of Nimrud 3).

Mandel, U. 1999. Die ungleichen Spielerinnen. Zur Bedeutung weiblicher Ephedrismosgruppen. In P. C. Bol, (Hrsg.). *Hellenistische Gruppen. Gedenkschrift für Andreas Linfert*: 213–266. Mainz.

Mandel, U. 2004. Ägyptische Schemata in ostgriechischer Aneignung. Figürliche Salbgefäße und Terrakotten des 6. Jhs. v. Chr. In P. C. Bol, G. Kaminski und C. Maderna (Hrsg.), *Fremdheit - Eigenheit. Ägypten, Griechenland und Rom. Austausch und Verständnis, Symposion des Liebieghauses, Frankfurt am Main vom 28.-30. November 2002 und 16.-19. Januar 2003*: 47–70. Stuttgart (= Städel-Jahrbuch 19).

Mandel, U. und Ribbeck, A. 2003. Form – Raum – Bewegung. Ästhetisches Erleben der Plastik des 3. Jhs. v. Chr. In P. C. Bol (Hrsg.), *Zum Verhältnis von Raum und Zeit in der griechischen Kunst, Passavant-Symposion 8. bis 10. Dezember 2000*: 209–237. Möhnesee.

Mandel, U. 2011. Zwischen Gewaltbereitschaft und Sensibilität. Die Evidenz des Körpers beim klassischen Apollon. *Mythos. Rivista di storia delle religioni* n. s. 5: 73–99.

Mandel, U. und Gossel-Raeck, B. 2004. Votivterrakotten von der pergamenischen Oberburg, Festschrift für Wolfgang Radt. *Istanbuler Mitteilungen* 54: 311–330.

Markoe, G. und Serwint, N. J. 1985. *Animal Style on Greek and Etruscan Vases. An Exhibition at the Robert Hull Fleming Museum, University of Vermont*. Burlington.

Matthäus, H. 2000. Die Idäische Zeusgrotte auf Kreta. Griechenland und der Vordere Orient im frühen 1. Jahrtausend v. Chr. *Archäologischer Anzeiger* 97: 517–547.

Maul, St. 2000. Der Sieg über die Mächte des Bösen. Götterkampf, Triumphrituale und Torarchitektur in Assyrien. In T. Hölscher (Hrsg.), *Gegenwelten zu den Kulturen Griechenlands und Roms in der Antike*: 19–46. Leipzig.

Merkelbach, R. und West, M. L. 1974. Ein Archilochos-Papyrus. *Zeitschrift für Papyrologie und Epigraphik* 14: 97–113.

Merker, G. S. 2000. *The Sanctuary of Demeter and Kore. Terracotta Figurines of the Classical, Hellenistic, and Roman Periods, Corinth*. Princeton (= Corinth 18, 4).

Mertens, J. R. (Hrsg.) 1987. *The Metropolitan Museum of Art. Greece and Rome*. New York.

Mertens, J. R. (Hrsg.) 2010. *How to Read Greek Vases*. New York.

Merthen, C. 2008. *Beobachtungen zur Ikonographie von Klage und Trauer. Griechische Sepulkralkeramik vom 8. bis 5. Jh. v. Chr.* Dissertation Julius-Maximilians-Würzburg. https://opus.bibliothek.uni-wuerzburg.de/files/2828/Dissertation_Merthen.pdf.

Metzger, W. 1974. Figuralwahrnehmung. In W. Metzger und H. Erke (Hrsg.), *Handbuch der Psychologie 1, Allgemeine Psychologie. Der Aufbau des Erkennens. 1. Wahrnehmung und Bewusstsein*: 693–744. Göttingen.

Metzger, W. und Erke, H. (Hrsg.) 1974. *Handbuch der Psychologie 1, Allgemeine Psychologie. Der Aufbau des Erkennens. 1. Wahrnehmung und Bewusstsein*. Göttingen.

Meuszynski, J. 1981. *Die Rekonstruktion der Reliefdarstellungen und ihrer Anordnung im Nordwestpalast von Kalhu (Nimrud)*. Mainz (= Baghdader Forschungen 2).

Milne, M. 1947. Peleus and Akastos. *Bulletin of the Metropolitan Museum of Art* 5: 255–260.

Minto, A. 1959. *Il vaso François*. Florenz.

Moon, W. G. 1983. The Priam Painter. Some Iconographic and stylistic Considerations. In W. G. Moon (Hrsg.), *Ancient Greek Art and Iconography*: 97–118. Madison.

Moon, W. G. 1985. Some New and Little-Known Vases by the Rycroft and Priam-Painters. In *Greek Vases in the J. Paul Getty Museum 2. Occasional Papers on Antiquity* 3: 41–70.

Moore, M. B. 2003. The Passas Painter: A Protoattic 'Realist'? *Metropolitan Museum Journal* 38: 15–44.

Moore, M. B. 2004. Horse Care as Depicted on Greek Vases before 400 B.C. *Metropolitan Museum Journal* 39: 35–67.

Morris, S. P. 1984. *The Black and White Style. Athens and Aigina in the Orientalizing Period*. New Haven/London.

Moscati, S. (Hrsg.) 1988. *I Fenici*. Mailand.

Mousavi, A. 2012. *Ancient Near Eastern art at the Los Angeles County Museum of Art*. Los Angeles.

Mugione, E. und Benincasa, A. (Hrsg.), *L'Olpe Chigi. Storia di un agalma. Atti Convegno Internazionale Salerno, 3-4 giugnio 2010*. Paestum.

Muscarella, O. W. 1988. *Bronze and Iron. Ancient Near Eastern Artifacts in the Metropolitan Museum of Art*. New York.

Mylonas, G. E. 1957. *O prōtoattikos amphoreus tēs Eleusinos*. Athen.

Neeft, C. W. 2000. What Is in a Name? The Painter of Vatican 73 in the Getty. In *Greek Vases in the J. Paul Getty Museum 6. Occasional Papers on Antiquity* 9: 1–34.

Neils, J. und Oakley, J. H. (Hrsg.) 2003. *Coming of Age in Ancient Greece. Images of Childhood from the Classical Past*. New Haven.

Nick, G. 2001. Apollon als Löwenbändiger im östlichen Mittelmeergebiet. *Istanbuler Mitteilungen* 51: 191–216.

Nick, G. 2006. *Zypro-ionische Kleinplastik aus Kalkstein und Alabaster*. Möhnesee (= Archäologische Studien zu Naukratis 1).

Oakley, J. H. und Palagia, O. (Hrsg.) 2009. *Athenian Potters and Painters 2*. Oxford.

Padgett, J. M. (Hrsg.) 2003. *The Centaur's Smile. The Human Animal in Early Greek Art*. New Haven/London.

Palaiokrassa, L. 1994. Ein neues Gefäss des Nessos-Malers. *Mitteilungen des Deutschen Archäologischen Instituts. Athenische Abteilung* 109: 1–10.

Paley, S. M. 1976. *King of the World. Ashur-nasir-pal II of Assyria 883-859 B.C.* Brooklyn.

Paley, S. M. und Sobolewski, R. P. 1987. *The Reconstruction of the relief representations and their positions in the Northwest-palace at Kalhu (Nimrud) 2*. Mainz (= Baghdader Forschungen 10).

Papantoniou, G., Fitzgerald, A. und Hargis, S. (Hrsg.) 2008. *Proceedings of the Fifth Annual Meeting of Young Researchers on Cypriot Archaeology, Trinity College Dublin, October 2005*. Oxford (= POCA 2005).

Payne, H. 1931. *Necrocorinthia. A study of corinthian art in the archaic period*. Oxford.

Pelagatti, P. 1999. L'oinochoe di Artimide, *Siracusa* 1999: 29–31.

Pfisterer-Haas, S. 2002. Mädchen und Frauen am Wasser. Brunnenhaus und Louterion als Ort der Frauengemeinschaft und der möglichen Begegnung mit einem Mann. *Jahrbuch des Deutschen Archäologischen Instituts* 117: 1–79.

Popham, M. und Lemos, I. (Hrsg.) 1996. *The Toumba Cemetery. The Excavations Part 2*. Oxford (= Lefkandi 3).

Philipp, H. 2004. *Archaische Silhouettenbleche und Schildzeichen in Olympia*. Berlin (= Olympische Forschungen 30).

Pugliese Caratelli, G. (Hrsg.) 1996. *I Greci in Occidente*. Mailand.

de Puma, R. D. 2003. *Etruscan Art in the Metropolitan Museum*. New Haven/London.

Recke, M. 2002. *Gewalt und Leid. Das Bild des Krieges bei den Athenern im 6. und 5. Jh. v. Chr.* Istanbul.
Rombos, T. 1988. *The Iconography of Attic Late Geometric II Pottery.* Jonsered.
Richter, G. M. A. 1923. Early Greek Vases. *Bulletin of the Metropolitan Museum of Art* 18: 176–179.
Richter, G. M. A. 1953. *Handbook of the Greek Collection.* Cambridge, Mass.
Rizza, G. und Scrinari, V. S. M. 1968. *Il santuario sull`Acropoli di Gortina.* Rom.
Rocco, G. 2008. *La ceramografia protoattica. Pittori e botteghe (710-630 a.C.).* Rahden.
Rösler, W. 1980. *Dichter und Gruppe. Eine Untersuchung zu den Bedingungen und zur historischen Funktion früher griechischer Lyrik am Beispiel Alkaios'.* München.
Sacchi, C. (Hrsg.) 1986. *I Greci sul Basento. Mostra degli scavi archeologici all'Incoronata di Metaponto, 1971-1984, Milano, Galleria del Sagrato, 16 gennaio-28 febbraio 1986.* Como.
Schäfer, A. 1997. *Unterhaltung beim griechischen Symposion. Darbietungen, Spiele und Wettkämpfe von homerischer bis in spätklassische Zeit.* Mainz.
Schauenburg, K. 1971. Herakles bei Pholos. Zu zwei frührotfigurigen Schalen. *Mitteilungen des Deutschen Archäologischen Instituts. Athenische Abteilung* 86: 43–54.
Schefold, K. 1993. *Die Götter- und Heldensagen der Griechen in der Früh- und Hocharchaischen Kunst.* München.
Scheibler, I. 1960. *Die symmetrische Bildform in der frühgriechischen Flächenkunst.* Kallmünz.
Scheibler, I. 1961. Olpen und Amphoren des Gorgomalers. *Jahrbuch des Deutschen Archäologischen Instituts* 76: 1–47.
Schmidt, G. 2002. *Rabe und Krähe in der Antike. Studien zur archäologischen und literarischen Überlieferung.* Wiesbaden.
Schmölder-Veit, A. 2008. Zwischen Leben und Tod. Tiere in Prothesisbildern. In A. Alexandridis, M. Wild und L. Winkler-Horaček (Hrsg.), *Mensch und Tier in der Antike. Grenzziehung und Grenzüberschreitung. Symposion Rostock 2005:* 119–137. Wiesbaden.
Schnapp, A. 1997. *Le chasseur et la cité. Chasse et érotique dans la Grèce ancienne.* Paris.
Schneider, L. 1975. *Zur sozialen Bedeutung der archaischen Korenstatuen.* Bonn.
Schweitzer, B. 1969. *Die geometrische Kunst Griechenlands. Frühe Formenwelt im Zeitalter Homers.* Köln.
Seidl, U. und Sallaberger, W. 2005/2006. Der "Heilige Baum". *Archiv für Orientforschung* 51: 54–74.
Shapiro, H. A. 1994. *Myth into Art, Poet and Painter in Classical Athens.* London.
Shapiro, H. A., Scott, G. D. und Carlos, C. A. (Hrsg.). *Greek Vases in the San Antonio Museum of Art.* San Antonio.
Shapiro H. A., Iozzo, M. und Lezzi-Hafter, A. (Hrsg.) 2003. *The François vase. New perspectives, Papers of the International Symposium. Villa Spelman, Florence 23-24 May, 2003.* Kilchberg.
Simon, E. 1976. *Die griechischen Vasen.* München.
Simon, E. 1982. *The Kurashiki Ninagawa Museum.* Mainz.
Simon, E. ²1985. *Die Götter der Griechen.* München.

Singer, W. 2002. *Der Beobachter im Gehirn. Essays zur Hirnforschung.* Frankfurt am Main.

Slings, S. R. 1987. Archilochus: First Cologne Epode. In J. M. Bremer, A. M. van Erp Taalman Kip und S. R. Slings (Hrsg.), *Some Recently Found Greek Poems. Text and Commentary*: 24–61. Leiden/New York/Kopenhagen/Köln (= Mnemosyne-Supplements 99).

Smith, C. A 1890. Protocorinthian Lekythos in the British Museum. *The Journal of Hellenic Studies* 11: 167–180.

Soprintendenza per i beni archeologici di Napoli e Caserta (Hrsg.) 2009. *Vasi Antichi. Museo archeologico nazionale di Napoli.* Neapel.

Sourvinou-Inwood, C. 1985. Altars with Palm-Trees and "Parthenoi". *Bulletin of the Institute of Classical Studies of the University of London* 32: 125–146.

Spartz, E. 1962. *Das Wappenbild des Herrn und der Herrin der Tiere in der Minoisch-Mykenischen und frühgriechischen Kunst.* München.

Spathari, E. 1995. *Sailing through time, the ship in Greek art.* Athen.

Stähler, K. 2001. *Der Herrscher als Pflüger und Säer. Herrschaftsbilder aus der Pflanzenwelt.* Münster.

Stampolides N. C. (Hrsg.) 2003. *Sea Routes. From Sidon to Huelva. Interconnections in the Mediterranean 16th-6th c. BC.* Athen.

von Steuben, H. 1989. Zur Geneleos-Gruppe in Samos. In N. Başgelen und M. Lugal (Hrsg.), *Festschrift für Jale İnan*: 137–144. Istanbul.

Steuernagel, D. 1991. Der gute Staatsbürger. Zur Interpretation des Kuros. *Hephaistos* 10: 35–48.

Sweeney, J., Curry, T. und Tzedakis, Y. (Hrsg.) 1988. *The Human Figure in Early Greek Art. Ausstellung Washington.* Washington.

Theune-Großkopf, B. (Hrsg.) 2001. *Troia. Traum und Wirklichkeit.* Darmstadt.

Thomason, A. K. 2001. Representations of the North Syrian Landscape in Neo-Assyrian Art. *Bulletin of the American Schools of Oriental Research* 323: 63–96.

Thomsen, A. 2011. *Die Wirkung der Götter. Bilder mit Flügelfiguren auf griechischen Vasen des 6. und 5. Jahrhunderts v. Chr.* Berlin (= Image & Context 9).

Tietz, W. 2001. *Wild Goats.* Wechselwirkungen über die Ägäis hinweg bei Vasendarstellungen wildlebender. Paarhufer in der archaischen Epoche. In H. Klinkott (Hrsg.), *Anatolien im Lichte kultureller Wechselwirkungen. Akkulturationsphänomene in Kleinasien und seinen Nachbarregionen während des 2. und 1. Jahrtausends v. Chr.*: 181–247. Tübingen.

Tischbein, W. 1795. *Collection of Engravings from Ancient Vases Mostly of Pure Greek Workmanship discovered in Sepulchres in the Kingdom of the Two Sicilies but chiefly in the Neighbourhood of Naples during the course of the years MDCCLXXXXIX and MDCCLXXXX now in the Possession of Sir William Hamilton 4.* Neapel.

Tiverios, M. A. 1996. *Elliniki techni archaia angaia.* Athen.

Torelli, M. 2007. *Le strategie di Kleitias. Composizione e programma figurativo del vaso Francois.* Mailand.

Trofimova, A. (Hrsg.) 2007. *Alexandr Velikiy. Put' na Vostok (Alexander the Great. The Road to the East).* St. Petersburg.

Vierneisel-Schlörb, B. 1997. *Die figürlichen Terrakotten 1. Spätmykenisch bis späthellenistisch.* München (= Kerameikos 15).

Vivliodetis, E. 2012. He anatrophe tou Achillea apo ton Cheirona. Parallagestou thematos sta tou Zographou tou Edimbourgou. Η ανατροφή του Αχιλλέα από τον Χείρωνα: παραλλαγές του θέματος στα έργα του Ζωγράφου του Εδιμβούργου. In P. Adam-Velene und K. Tzanabare (Hrsg.), *Dineessa. Timetikos tomos gia ten Katerina Romiopoulou*. Δινήεσσα. Τιμητικός τόμος για την Κατερίνα Ρωμιοπούλου: 235–253. Thessaloniki.

Walter, H. 1968. *Frühe samische Gefäße. Chronologie und Landschaftsstile ostgriechischer Gefäße*. Bonn (= Samos 5).

Walter-Karydi, E. 1973. *Samische Gefäße des 6. Jahrhunderts v. Chr.* Bonn (= Samos 6, 1).

Webster, T. B. L. 2014. *From Mycenae to Homer. A Study in Early Greek Literature and Art*. Oxford.

Wertheimer, M. 1923. Untersuchungen zur Lehre von der Gestalt 2. *Psychologische Forschung* 4: 301–350.

Wilkinson, C. K. 1975. *Ivories from Ziwiye and Items of Ceramic and Gold*. Bern.

Williams, D. 1983. Sophilos in the British Museum. In *Greek Vases in the J. Paul Getty Museum 1. Occasional Papers on Antiquity* 2: 9–34.

Willinghöfer, H. (Hrsg.) 2002. *Die Hethiter und ihr Reich. Volk der 1000 Götter*. Stuttgart.

Winkler-Horaček, L. 2006. Mischwesen in der frühgriechischen Kunst. Die Grenzen der Welt und die Grenzen der Phantastik. In N. Hömke und M. Baumbach (Hrsg.), *Fremde Wirklichkeiten. Literarische Phantastik und antike Literatur*: 203–235. Heidelberg.

Winkler-Horaček, L. 2015a. *Monster in der frühgriechischen Kunst. Die Überwindung des Unfassbaren*. Berlin/Boston.

Winkler-Horaček, L. 2015b. Tiere, Monster, Pflanzen: Zwischen mythologischer Erzählung und beschreibendem Dekor. In C. Lang-Auinger und E. Trinkl (Hrsg.), *Phyta kai Zoia. Pflanzen und Tiere auf griechischen Vasen*: 107–119. Wien (= CVA Österreich Beih. 2).

Winter E. (Hrsg.) 2008. *Vom Euphrat bis zum Bosporus, Kleinasien in der Antike, Festschrift für Elmar Schwertheim zum 65. Geburtstag*. Bonn (= Asia Minor Studien 65, 1).

Wünsche R. (Hrsg.) 2003. *Herakles-Herkules*. München.

Wolf, S. R. 1993. *Herakles beim Gelage. Eine motiv- und bedeutungsgeschichtliche Untersuchung des Bildes in der archaisch- frühklassischen Vasenmalerei*. Köln.

Abbildungsnachweise

Mein Dank für Fotografien und Publikationserlaubnis geht an Leiter und Mitarbeiter folgender Museen, Institutionen und Agenturen:
Athen, Archäologisches Nationalmuseum (M. Chidiroglou, G. Kavvadias)
Deutsches Archäologisches Institut, Abteilung Athen (K. Brandt, A. Heiden)
Bochum, Antikenmuseum der Ruhr-Universität (C. Weber-Lehmann)
Boulogne-sur-Mer, Musée Chateau (F. Fourcroy)
Cleveland Museum of Art (J. Kohler)

Frankfurt am Main, Archäologisches Museum (N. Bagherpour-Kashani, T. Maletschek)
Genf, Collection George Ortiz (M. Rotzetter)
Heidelberg, Institut für Klassische Archäologie der Universität (N. Zenzen)
Karlsruhe, Badisches Landesmuseum (A. Hildenbrand, K. Horst)
Leiden, Rijksmuseum van Oudheden (R. J. Looman)
London, British Museum (M. Bonardi)
Mainz, Universitätsmuseum (P. Schollmeyer)
München, Staatliche Antikensammlungen und Glyptothek (J. Gebauer)
Paris, Musée du Louvre (A. Remy; RMN Grand Palais: J. Pierrick; bpk-Bildagentur: A. Schulte)
Soprintendenza Archeologia, Belle Arti e Paesaggio per l'Area Metropolitana di Roma, la Provincia di Viterbo e l'Etruria Meridionale (A. Argento, M. Piemonte)
Syrakus, Museo Archeologico Regionale Paolo Orsi (A. M. Manenti, M. Musumeci)
Vatikan, Museo Gregoriano Etrusco Vaticano (R. Di Pinto, B. Jatta, F. Petrignani, M. Sannibale)
Würzburg, Martin von Wagner-Museum (C. Goll, J. Griesbach)

Für freundschaftliche und kollegiale Hilfe bei Bildrecherche und -beschaffung bedanke ich mich herzlich bei Gerhild Hübner, Andrea Salcuni, Marta Scarrone, Dagmar Stutzinger und Elena Walter-Karydi; bei Katherine Stroczan für die fabelhafte Korrektur der englischen Zusammenfasssung. Die Zeichnungen verdanke ich Achim Ribbeck, der die ganze Sache durch klärende Betrachtungen am meisten gefördert hat.

Naturdarstellungen in der griechischen Vasenmalerei klassischer Zeit.
Ein Beitrag zu Natur und Raum

Marta Scarrone

Frankfurt

Abstract

It is generally held that the Greeks were not interested in the representation of nature and landscape, and that where motives of nature are present, they merely have a symbolic value. This article uses the case of Athenian vase-painting to show that this widespread view is mistaken, and that the Greeks did take an artistic interest in nature and landscape. It is argued that recent symbolic interpretations of nature in Athenian vase-painting are deeply anachronistic, as they project distinctively modern schemes of thought onto ancient culture. Instead, an alternative approach is offered that contextualizes Athenian vase-painting both with regard to the means, forms and conventions specific to their genre and era, and with regard to the actual landscape of Greece and its archaeological sites.

In particular, it is argued that motives of trees and rocks on Athenian vases do not symbolize wild nature as opposed to the civilized space of the polis, as it has been suggested. Rather, they are concrete landscape elements that indicate a localisation for the represented scenes in Athens and its surroundings.

Moreover, it is shown how natural motives create landscape fields, whose chronological development closely interacts with that of perspective in vase-painting.

Das Thema meines Beitrages sind Naturdarstellungen in der attischen Vasenmalerei. Für viele Forscher ist dies ein Thema, das es eigentlich gar nicht gibt. Eine verbreitete Ansicht in der Forschung besagt nämlich, dass die griechische Kunst insgesamt kein Interesse an dem Thema der Natur und der Landschaft hatte.[1] So heißt es teils, dass die Griechen im Allgemeinen kein Interesse an der Natur hatten; teils wird behauptet, dass sie zwar einzelne Naturelemente dargestellt, aber kein Genre der Landschaftsmalerei entwickelt haben, also Veduten von Natur und Landschaft – Hügel, Berge, Täler –, wie wir sie erst in der Renaissance finden. Die griechische Kunst sei eine anthropomorphe Kunst gewesen, die auf den Menschen und seine Darstellung konzentriert ist; wenn Natur vorkommt, und das erst in spätklassischer Zeit, diene sie nur dazu, die Handlungen der Menschen zu begleiten oder ihnen einen Hintergrund zu geben. Erst in späthellenistischer und römischer Zeit entwickele sich die Landschaft zum autonomen Bildthema: Die ersten Beispiele sind das Nilmosaik von Palestrina (als Landkartenmalerei) und die Odysseefresken des

---

[1] Heinemann 1910; Schefold 1984, 39–44; Hurwit 1991; Schnapp 2006; La Rocca 2008.

Esquilin (als Landschaftsmalerei).[2] In diesen Bildern stehen im Mittelpunkt der Darstellung breite und tiefe Landschaften, in denen die Menschen betont klein und nebensächlich sind.

Zu einem ähnlichen Resultat ist unlängst auch Nikolaus Dietrich in seiner 2010 erschienenen Analyse der Naturdarstellungen in der Vasenmalerei gelangt.[3] Dietrich zeigt zwar, dass Naturelemente wie Bäume und Felsen sehr häufig vorkommen, aber er spricht ihnen den Stellenwert als landschaftliche Elemente ab, indem er ihnen symbolischen Charakter zuschreibt. Damit schließt auch er sich der These an, dass die Natur als ‚landschaftlicher Raum' für die Griechen nicht von Interesse war.

In der Tat kann kein Zweifel daran bestehen, dass das Hauptthema der griechischen Kunst der Mensch und seine Darstellung ist – es genügt, die Vasen des Berliner Malers zu betrachten, die isolierte Menschen durch den schwarzen Hintergrund hervorheben, oder die antiken Autoren über die Großmalerei zu lesen, die fast nur von Darstellungen menschlicher Geschehnisse berichten. Aber heißt das auch, dass den Griechen in ihrer Kunst jedes Interesse an Natur und Landschaft fehlt?

Ehe ich speziell auf die Vasenmalerei zu sprechen komme, lohnt es sich klarzumachen, dass die These in dieser Allgemeinheit nicht haltbar ist. Schon ein Blick auf Homer (*Ilias* 16, 297–300) zeigt, dass die Betrachtung der Landschaft zur griechischen Kultur gehört:

> Wie von dem hohen Gipfel des großen Felsengebirges
> Zeus die dichte Wolke verjagt, der Schwinger des Blitzes;
> Gleich erhellen sich Warten und vorgelagerte Zinnen
> Alle die Schluchten; den Himmel durchbricht der unendliche Äther.[4]

Auch in der bildenden Kunst gibt es zahlreiche Beispiele sowohl für einzelne Naturphänomene – so stellte der Großmaler Pausias die unendliche Vielfalt der Blumen dar (Plin. nat. 35, 125), während Apelles sogar Blitze malte (Plin. nat. 35, 96) – als auch, schon in der Vorgeschichte, für Landschaftspanoramen (etwa in der minoischen Malerei[5]) oder Darstellungen von Menschen in der Landschaft (z. B. die mykenischen Vaphio-Becher, und in archaischer Zeit die etruskischen Malereien der *Tomba della Caccia e della Pesca*).

---

[2] Zu diesen Werken s. vor allem La Rocca 2008, insb. 19. 48 f. und auch Schefold 1956, 211–217; Pollitt 1986, 185–209; Scheibler 1998, 126–128. 176–180; Mielsch 2001, 50–53.
[3] Dietrich 2010.
[4] Übersetzung H. Rupé 1968.
[5] Vgl. Farnoux 1996.

Eine überzeugende Darstellung von Natur als Landschaft in der bildenden Kunst ist freilich nicht einfach; man benötigt dazu Techniken und mathematische Kenntnisse über optische Phänomene und Perspektive, die sich in der griechischen Kunst erst im Laufe der Zeit entwickelt haben. Das hat zur Folge, dass Landschaftsdarstellungen in der griechischen Kunst leicht missverstanden oder übersehen werden können. Werden die jeweiligen Darstellungen aber im Zusammenhang mit den Formen und Konventionen der jeweiligen Epoche und Kunstgattung gesehen, kann meines Erachtens gezeigt werden, dass die griechische Kunst entgegen der Meinung der Forschung versucht, die Natur als ‚landschaftlichen Raum' darzustellen. Mein Ziel im Folgenden ist es, diese These anhand der Vasenmalerei in ihrer diachronen Entwicklung zu verteidigen.

Zu diesem Zweck müssen wir aber zunächst danach fragen, was ‚Raum' in der Vasenmalerei genau bedeutet. Dabei sind zwei verschiedene Begriffe von Raum einschlägig: erstens der reale Raum der Vase und zweitens der von der Darstellung auf der Vase geschaffene, also ein illusorischer Raum. Ein Bewusstsein darüber, wie die Vasenmalerei den realen Vasenraum verwendet und selbst Raum darstellt, ist eine wichtige Voraussetzung für eine angemessene Analyse dessen, wie und in welchen Formen Naturdarstellungen auf Vasen einen landschaftlichen Raum suggerieren können und wie sich die Verwendung von Naturelementen zur Erzeugung von Tiefenräumlichkeit im Laufe der Zeit entwickelt. Deshalb werde ich das Thema der Naturdarstellungen in der Vasenmalerei aus einer neuen Perspektive untersuchen, nämlich der des Verhältnisses zwischen Natur und Raum.

Der Raum der Vase

Anders als die Großmalerei, die über eine breite Fläche verfügt, muss sich die Vasenmalerei an die Maße und die Form der Vase anpassen. Außerdem ist eine Vase ein bewegliches Objekt mit unterschiedlichen Funktionen. Die attischen Maler spielen mit Form, Darstellung und Funktion und schaffen erstaunliche optische Spiele und Täuschungen, die die Natur simulieren. Ich nenne nur ein Beispiel aus klassischer Zeit: die Gattung der Fischteller, die sich in Athen in der zweiten Hälfte des 5. Jhs. v. Chr. entwickelt. Wenn wir der Vermutung von Kunisch[6] folgen, die auf einer einschlägigen Passage bei Athenaios (15, 667) fußt, wurden diese bisher enigmatischen Gefäße für das Spiel des Kottabos verwendet. Die Teller schwammen dabei in einem Behälter mit Wasser; Ziel der Spieler war es, sie mit Wein zu treffen und dadurch möglichst viele von ihnen zu versenken. Neben dem Kottabos-Spiel ging es hier meiner Meinung nach aber auch um ein optisches Spiel zur Nachahmung der Natur: Die gemalten Fische,

---

[6] Kunisch 1989.

Abb. 1 Volutenkrater des Malers der zottigen Silene, Mitte 5. Jh. v. Chr., Amazonomachie (New York, Metropolitan Museum Inv. 07.286.84, aus: Furtwängler, A. und Reichhold, K. 1904–1932. *Griechische Vasenmalerei 2*. München: Taf. 116)

die schon aufgrund der Schattierungen plastisch wirkten, mussten unter der wirklichen Wasseroberfläche so aussehen, als würden sie zwischen Muscheln im Meer schwimmen.

Der attische Maler kann auch mit dem Verhältnis der ganzen Fläche der Vase zum Bildfeld spielen, um weitere illusionistische Effekte zu schaffen. Die Grundlinie, die durch das Dekor angezeigt wird, simuliert den Boden und wird in besonderen Fällen überschritten. In einem Fall dient dies als Mittel, um dem Betrachter die Figur plastischer erscheinen zu lassen: So streckt die tanzende Mänade auf einer Schale des Brygos-Malers ihren Fuß auf den Dekor aus.[7] In anderen Fällen wird der Betrachter noch stärker einbezogen (Abb. 1): Die Amazone, die auf einem Krater aus der Mitte des 5. Jhs. v. Chr. von einem Griechen getötet wird,[8] fällt nicht nur aus dem Bildfeld heraus, wie Dietrich gesehen hat,[9] sondern es wird ein Fallen nach vorne in Richtung des Betrachters simuliert. Diese Darstellung zeigt also ein Spiel, das den erschaffenen Raum des Geschehens in Beziehung zum realen Raum des Betrachters setzt.[10]

---

[7] Dietrich 2010, Abb. 141 (Basel, Antikenmuseum Inv. BS441).
[8] Dietrich 2010, Abb. 101. 202 (New York, Metropolitan Museum Inv. 07.286.84).
[9] Dietrich 2010, 126 f.
[10] In anderen Fällen kann die Überschneidung des Dekors eine Bewegung der Figur nach unten, unter die Erde, d. h. in die Unterwelt, darstellen, statt eine Bewegung zum Betrachter hin zu simulieren; so z. B. auf dem etruskischen Stamnos Vaticano Z83 des sog. Malers der Biga Vaticana aus der ersten Hälfte des 4. Jhs. v. Chr. (Trendall 1955, Taf. 58 d–e). Auf einer Seite unterhalten sich zwei Turms (Hermes) neben einem nackten Jugendlichen. Auf der anderen Seite öffnet sich gleichsam ein Blick in die Unterwelt: Turms Aitas steht Hades und Persephone auf dem Wagen

Die Beispiele zeigen auch bereits, dass die Vasen nicht nur einen realen Raum besitzen, sondern durch das Geschehen der Darstellungen einen anderen Raum suggerieren. Analysieren wir nun den durch die Darstellung erschaffenen Raum.

Der Raum der Darstellung

Anders als die Großmalerei ist die Vasenmalerei eine graphische Kunst, die mit der dekorativen Wirkung der Bichromie Schwarz-Rot arbeitet. Der Maler kann daher mit dem schwarzen oder roten Hintergrund spielen: Manchmal wird er als neutraler, abstrakter Raum betrachtet – so ist der Raum des Zweikampfes zwischen Achill und Penthesilea auf einer bekannten Vase des Exekias durch Beischriften mit den Namen der Figuren und der Signatur des Malers ausgefüllt;[11] üblicherweise aber zeigt er die Umgebung der Darstellung. Es ist diese Funktion des Hintergrundes, die für unsere Fragestellung wichtig ist.

Die Darstellung des Raums kann unterschiedliche ‚Standpunkte' annehmen: Der Maler kann uns das ganze Geschehen ohne einen realen Standpunkt im Raum darbieten, sodass wir es – z. B. eine Schlacht – vollständig vor Augen haben können;[12] oder aber er kann es von einem bestimmten Standpunkt aus darstellen, auf den der Betrachter versetzt wird. So sehen wir auf einer Schale des Brygos-Malers[13] (Abb. 2) nicht Selene, den ganzen Wagen und das Meer, sondern nur einen Teil des Wagens der Selene, die ins Meer eintaucht, als ob wir uns selbst unten rechts von der Szene befänden. Das Medaillon der Kylix von Douris[14] (Abb. 3), die nicht zufällig eine frontale Betrachtung fordert – der Symposiast trinkt und sieht das Medaillon frontal vor sich –, versetzt uns auf ein Schiff im Meer, von dem aus wir das Brechen der Welle auf den aufsteigenden Strand und den Kampf des Theseus gegen Skiron sehen.

Oftmals wird der Raum und das – landschaftliche oder städtische – Umfeld der Darstellung in der Vasenmalerei aber nur impliziert: Es wird nicht selbst

---

bei. Die Seite A könnte den Verstorbenen (der nackte Jugendliche mit Waffen) darstellen, der von Turms (jung, mit Chlamys, Kerykeion, geflügelten Schuhen und Pilos) zur Schwelle des Hades geführt wird. Davor taucht ein anderer Turms, der bärtige Turms Aitas, auf. Die Schwelle des Hades wird durch den Fels, auf dem der Gott emblematisch einen Fuß anlehnt, aber auch durch ein Detail, das bisher keine Beachtung gefunden hat, angezeigt: die Versenkung des anderen Fußes des Gottes unter die fiktive Bodenlinie ins ornamentale Dekor. Dieses Detail ist nicht etwa ein Fehler des Malers, sondern eine wichtige semantische Eigenheit: Der Maler spart absichtlich einen Raum aus, der einem ornamentalen Ei entspricht, und zeichnet dort den Fuß des Gottes. Auch der Fuß des Verstorbenen überschneidet die Bodenlinie: Der letzte Weg zum Hades beginnt, die Richtung führt offensichtlich nach unten.

[11] London, British Museum Inv. B210 (Beazley Archive Nr. 310389).
[12] s. z. B. Dietrich 2010, Abb. 204 (Basel, Antikenmuseum Inv. BS486).
[13] Dietrich 2010, Abb. 105 (Berlin, Antikensammlung Inv. F2293).
[14] Dietrich 2010, Abb. 9 (Berlin, Antikensammlung Inv. F2288).

Abb. 2 Schale des Brygos-Malers, Selene, um 490 v. Chr.
(Staatliche Museen zu Berlin, Antikensammlung Inv. F 2293. Fotograf Johannes Laurentius)

dargestellt, sondern man muss es sich vorstellen. Gründe dafür können hauptsächlich der graphische und abstrakte Charakter der Kunst der Vasenmalerei sein, deren Hauptmittel die abstrakte Bichromie Rot-Schwarz und graphische Relieflinien sind, die kleinen Maße der Gefäße und die zeitweise begrenzten Kenntnisse der Perspektive, sowie möglicherweise eine künstlerische Tendenz dazu, sich auf den Kern dessen, was man erzählen oder darstellen möchte, zu konzentrieren, ohne Nebensächliches zu zeigen (man beschränkt sich z. B. auf die *akmé* des Kampfes des Herakles gegen den Löwen[15]).

Nichtsdestotrotz gibt es viele Fälle, in denen neben häuslichen[16] oder städtischen[17] Motiven, die private oder öffentliche Räume wiedergeben, Naturelemente[18] dargestellt werden. Im Folgenden betrachten wir, wie und in welchen Formen sie für den Betrachter einen illusorischen Raum schaffen.

---

[15] s. z. B. Dietrich 2010, Abb. 136.
[16] s. z. B. Cohen 2006, 158 Abb. 8 (Athen, Archäologisches Nationalmuseum Inv. 1629).
[17] s. z. B. Cohen 2006, 173 Abb. 45 (Malibu, Getty Museum Inv. 84.AE.38).
[18] s. z. B. Dietrich 2010, Abb. 186 (London, British Museum Inv. B226).

Abb. 3 Schale des Douris, um 480 v. Chr., Theseus und Skiron
(Staatliche Museen zu Berlin, Antikensammlung Inv. F 2288. Fotograf Johannes Laurentius)

Die Natur

Die Darstellungen der Natur – worunter ich in erster Linie Pflanzen, Felsen und Landschaften fasse, während ich Tiere für meine Zwecke weitgehend ausklammere – nehmen unterschiedliche Funktionen an, die zu allen Zeiten vorkommen.

a. Die Darstellungen der Natur können in Form einzelner Naturelemente auftreten, die als Attribute oder genauer als topographische Hinweise funktionieren: Betrachten wir den klassischen Kelchkrater des Nikias-Malers (um 410 v. Chr.) mit der Geburt des Erichthonios.[19] Darauf ist der Olivenbaum nicht nur ein Attribut der Athena, sondern auch ein topographischer Hinweis auf die Akropolis von Athen, wo der heilige Baum auf einem Felsen wächst. Auf einem anderen Kelchkrater des Kadmos-Malers (um 400 v. Chr.)[20] wird die Begrüßung von Apollon und Dionysos vor der apollinischen Palme dargestellt. Es liegt nahe, die Palme nicht nur als Attribut des Apollon, sondern auch als

---

[19] Dietrich 2010, Abb. 243 (Palermo, Museo Archeologico Nazionale Inv. 2365).
[20] Rühfel 2003, Abb. 13 (Sankt Petersburg, Ermitage Inv. ST1807).

topographischen Hinweis darauf zu deuten, dass das Geschehen in einem Apollonheiligtum (evtl. sogar auf Delos?) zu lokalisieren ist.

b. Die Darstellungen der Natur kommen ferner als einzelne Elemente oder Gruppen von Elementen vor, die die Funktion haben, eine Umwelt zu schaffen.

Schon in archaischer Zeit stellt eine Phiale in Six-Technik einen Jagdfries in einem Wald dar, der durch Bäume in rhythmischer Reihung angedeutet wird,[21] während ionische[22] und chalkidische[23] Vasen das phytomorphe Ornament nicht wie üblich als Nebendekor, sondern als Hauptdarstellung zeigen: In einer stilisierten oder, in den Worten Himmelmanns[24], ornamental-poetischen Form, die die idealen Eigenschaften des Pflanzlichen fasst und damit seine Lebendigkeit steigert, wird auf diesen Amphoren ein Wald angedeutet. Diese schematische oder ornamentale und stilisierte Weise der Naturdarstellung passt gut zur dekorativen Vasenmalerei.

In anderen Fällen suggerieren mehrere realistischere Naturelemente ein Natur-Umfeld: Ein Bild von wilder Natur bietet eine archaische Oinochoe,[25] die neben einem Baum auch Tiere darstellt.

Als Hintergrund kommt die Natur in anderen Szenen auf schwarzfigurigen Vasen vor. In den mythologischen Szenen verweist sie auf die landschaftliche Zone, in der die Mythen lokalisiert sind – so kämpft Herakles gegen den Löwen in den nemeischen Bergen.[26] Die alltäglichen Szenen von Menschen unter Weinreben bei einem Symposium im Freien,[27] oder beim Pflücken von Oliven[28] oder der Weinlese[29], müssen in den landwirtschaftlichen Betrieben vorgestellt werden, die für die ländliche Umgebung von Athen nachgewiesen sind.[30] Darstellungen von Trauben und Reben schaffen den landschaftlichen Rahmen für dionysische Kulte im Freien.[31]

---

[21] Cohen 2006, 90 Abb. 19 (Berlin, Antikensammlung Inv. V.I. 3311).
[22] s. die Northampton-Amphora, ionisch, um 530 v. Chr. (Castle Ashby): Simon 1981, Taf. XVI.
[23] s. die sog. chalkidische Amphora von Würzburg, um 540 v. Chr. (Würzburg, Universität Inv. L162): Himmelmann 2005, 80 Abb. 39.
[24] Himmelmann 2005, 12–26.
[25] Cohen 2006, 250 f. Abb. 70; Dietrich 2010, Abb. 272 (Brüssel, Bibliothèque Royale de Belgique 5).
[26] Vgl. Rühfel 2003, Abb. 41 (München, Antikensammlungen Inv. 2085).
[27] Cohen 2006, 259 Abb. 74, 3 (Oxford, Ashmolean Museum Inv. 1974.344).
[28] s. z. B. Dietrich 2010, Abb. 186 (London, British Museum Inv. B226).
[29] Carroll-Spillecke 1989, 27 Abb. 8 (Hannover, Kestner-Museum Inv. 1966.32).
[30] Man denke z. B. an das ‚Dema-Haus': s. Sackett – Graham 1962, 65–114; Pesando 2006, 138–160.
[31] Z. B. Dietrich 2010, Abb. 52. 54. 181. Die Funktion, ein landschaftliches Umfeld zu zeigen, haben m. E. auch, anders als in der Forschung gedeutet, die Trauben und Traubenzweige, die mit oder ohne Dionysos auf vielen Vasen vorkommen. Rühfel 2003 und vor allem Dietrich 2010, 69–79. 198–230 deuten sie nicht als landschaftliche Elemente, sondern als bloße Symbole oder Attribute des

Im 5. Jh. v. Chr. entwickeln sich Zyklus-Schalen, die die Taten des Theseus am Weg von Troizen, dem Geburtsort des Theseus, nach Athen, dessen König und Hauptheros er wird, darstellen. Die Kämpfe des Theseus gegen Sinis und Skiron[32] (Abb. 3) werden von Naturelementen wie Bäumen, Felsen, Meer und Schildkröte begleitet. Neben einer kompositorischen Funktion, die die Bäume in einigen Fällen haben – sie trennen die unterschiedlichen Taten von Theseus[33] – geben diese Darstellungen landschaftliche Elemente wieder, die in den jeweiligen Mythen selbst vorkommen: Sinis zerreißt seine Gefangenen durch die Spannung der Baumzweige; Skiron stößt sie von den Felsen ins Meer hinab, wo sie eine riesige Schildkröte frisst. Doch erschöpft sich die Funktion dieser Naturdarstellungen nicht in derartigen mythologischen Referenzen und sie dienen wohl auch nicht als symbolische Motive, die, wie Dietrich meint,[34] den unkultivierten Raum der Räuber im Gegensatz zu Theseus charakterisieren, der ohne landschaftliche Attribute Vertreter der Polis sei. Vielmehr handelt es sich hier um konkrete landschaftliche Hinweise auf den schwierigen felsigen Weg mit Felsvorsprüngen direkt am Meer, der noch heute zu sehen ist (der sog. skironische Weg, Abb. 4. 5) und den man kennt, wenn man in Griechenland gewesen ist und die Landstraße – nicht die Autobahn – zwischen Korinth und Athen gefahren ist.

Dietrichs Deutung der Szenen von Theseus gegen den Räuber ist symptomatisch für ein binomes Schema, das derzeit in der Interpretation der Naturelemente in der Vasenmalerei allgemein verbreitet ist. Dieses Schema besagt: *Kein Naturelement* bedeutet *Polis*; *Naturelemente* wie Bäume und Felsen bedeuten *wilder, unkultivierter oder normwidriger Bereich*. Ich finde, dass dieses Modell irreführend ist und eine moderne Art zu denken auf die Antike projiziert. Die strikte Trennung Natur/Stadt ist ein Ergebnis der Industrialisierung und des Lebens in unseren Metropolen: Es genügt, z. B. Frankfurt mit seinen Hochhäusern (Abb. 6) mit der antiken griechischen Stadt Melos zu vergleichen, die auf ein atemberaubendes Naturpanorama blickt (Abb. 7). Im Übrigen sind Natur und Naturelemente auch wichtige Teile der griechischen Polis selbst:

Gottes: „Der Gott sitzt nicht im Weinberg, sondern der Weinberg sammelt sich um den sitzenden Dionysos" (Dietrich 2010, 74 f.). Selbst wenn dem so wäre, würde der Maler allein dadurch schon ein natürliches Umfeld suggerieren. Gottheit (gerade im Fall von Dionysos, dem Gott des Weines und der Vegetation) und Natur können nicht getrennt werden. Um mit Himmelmann 2005, 92 zu sprechen: Die Pflanzen – konkrete Naturelemente – lassen den Gott in Erscheinung treten. So ist Dionysos auf der Vase (Dietrich 2010, Abb. 52. 54) in einem Weinberg dargestellt, in dem die Menschen seine Präsenz wahrnehmen. Und auf den Augenschalen (Dietrich 2008, Abb. 181) findet sich nichts Abstraktes, sondern ein Bild des Dionysos-Kultes im Freien.

[32] Dietrich 2010, Abb. 9. 48. 347 (Berlin, Antikensammlung Inv. F2288; Paris, Louvre Inv. G104; London, British Museum Inv. E84).
[33] Dietrich 2010, Abb. 48 (Paris, Louvre Inv. G104).
[34] Dietrich 2010, 414–430.

Abb. 4 Der sog. Skironische Weg
(Marta Scarrone)

Abb. 5 Der sog. Skironische Weg
(Marta Scarrone)

Abb. 6 Frankfurt am Main
(Marta Scarrone)

Abb. 7 Melos
(Marta Scarrone)

Abb. 8 Stamnos des Syriskos-Malers, 480–470 v. Chr., Bürger im Gespräch,
teils auf Felshockern sitzend
(Archäologisches Museum Frankfurt am Main Inv. ß411)

Abb. 9 Schale des Erzgießerei-Malers, um 490 v. Chr., Bürger im Gespräch,
teils auf Felshockern sitzend
(München, Antikensammlungen Inv. SH 2650 WAF. Aufnahme Museum)

Carroll-Spillecke[35] hat in einer nach wie vor unübertroffenen Monographie gezeigt, dass die Athener Agora mit schattenspendenden Pappeln und Platanen u. a. unter Kimon verschönert wurde; sicher hatten Gymnasien und Akademien breite Baumbestände, sogar Parks; in den griechischen Poleis befanden sich heilige Haine oder Gärten sowie Brunnen.[36]

Die Projektion eines strikten Stadt-Natur-Kontrasts auf die Antike ist also anachronistisch. Im Übrigen führt sie teils zu unzutreffenden Resultaten, wie z. B. in Dietrichs Interpretation der Bürger, die in Unterhaltungsszenen auf Felshockern sitzen[37] (Abb. 8. 9): In einer kultivierten Form werden nach Dietrich die Felsen zu Sitzen für die Bürger, die auf diese Weise den Triumph der Menschen über die Natur zeigen würden. Denken wir aber nur an den felsigen Areopag, die berühmte Gerichtsstätte Athens, oder an die felsige Natur von Athen selbst, wie sie vor allem im Gebiet des Wohnviertels auf der Pnyx (Demos Melite)[38] vorkommt (Abb. 10. 11), und es wird klar, warum Felsen als Sitzgelegenheiten verwendet wurden. Dass das Sitzen auf Felsen keine Besonderheit ist, durch die der Maler eine tiefe kulturelle Bedeutung kommuniziert, sondern zum alltäglichen Leben der Griechen gehörte, wird im Übrigen auch von vielen literarischen Quellen bezeugt. So erzählt z. B. Pausanias (1, 35, 3), dass Telamon auf einem Felsen sitzend seine Söhne sah, während sie sich vom Hafen von Salamis entfernten. (Eine andere Bedeutung haben die Frauen auf Felsen, die mit dionysischen Attributen oder Figuren auftreten: Hier wird durch wilde Felsen der dionysisch-naturräumliche Bereich suggeriert, in dem eingeweihte Frauen – wie Bron gezeigt hat[39] – die bakchische Initiation durchführen.)

c. Die Darstellungen der Natur haben meiner Meinung nach also die Funktion, eine Umwelt oder Landschaft zu zeigen: Diese können durch einzelne Elemente gleichsam in Abkürzungen suggeriert oder durch mehrere Naturelemente ganz konkret geschaffen werden. In diesem letzten Fall können sie auch versuchen, Tiefenraum zu erzeugen. In chronologischer Ordnung möchte ich nun im letzten Teil meines Beitrags das Verhältnis zwischen der Darstellung von Natur und der Darstellung des Bildraumes untersuchen und dabei die Errungenschaften der Tiefenräumlichkeit beleuchten.

---

[35] Carroll-Spillecke 1989, 28–40.
[36] Man denke hier nur an das Aphrodite-Heiligtum und die Klepsydra-Quelle an den Hängen der Athener Akropolis.
[37] Dietrich 2010, 362. 447–459 insb. 455 f. Abb. 295. 382 (München, Antikensammlungen Inv. SH 2650 WAF; Frankfurt, Archäologisches Museum Inv. B411).
[38] Zum Wohnviertel Melite auf der Pnyx s. Laufer 1971; Travlos 1971, 392–401.
[39] Bron 1984, 145–153 insb. Abb. 1. 5. 6.

Abb. 10 Wohnviertel Melite auf der Pnyx
(Marta Scarrone)

Abb. 11 Wohnviertel Melite auf der Pnyx, von der Akropolis beherrscht
(Marta Scarrone)

In archaischer Zeit werden Natur- und Landschaftsszenen entsprechend dem Stil der Epoche noch flach dargestellt: Die figürlichen Elemente – Bäume, Tiere und Menschen – werden nebeneinander gezeigt, damit sie klar wahrgenommen werden.[40] Es gibt aber auch schon erstaunliche Versuche, den Tiefenraum darzustellen. Die Olpe Chigi (um 640 v. Chr.)[41] bildet ein herausragendes Beispiel: Der Jagdfries zeigt Epheben, die zwischen Gebüschen lauern und mit Hunden Hasen und Füchse jagen. In diesen lebendig erzählerischen Szenen werden die Hunde in verschiedenen Farben – bald in Braun, bald in Weiß – und mit unterschiedlichen Techniken für die Details – teils mit dem Pinsel gemalt, teils eingeritzt – dargestellt, um gestaffelte Ebenen zu suggerieren. Hinzu kommt die realistische Note des Gebüschs, das nicht wie in dieser Zeit üblich im Umriss eingeritzt, sondern mit unscharfer Firnis gemalt ist, was eine Bewegung der Zweige im Wind andeutet. Im ersten Fries mit der bekannten Darstellung der Phalanx wird die Tiefenräumlichkeit durch die Staffelung der Krieger gezeigt, die nebeneinander in der gleichen Pose dargestellt werden.

Mehr als ein Jahrhundert später zeigt der Priamos-Maler (um 520 v. Chr.; Abb. 12) weitere Versuche der Darstellung eines konkreten Raumes: Die bekannte Amphora in der Villa Giulia stellt Mädchen beim Baden im Meer bei einem Wasserfall mit Bäumen, Felsen und einem Springturm dar. Mit den seitlichen Felsen schafft der Maler nicht einfach nur ein symmetrisch-ornamentales Rahmen-Motiv.[42] Er versucht vielmehr in der abstrakten schwarzfigurigen Technik, die besonders auf Symmetrie bedacht ist, eine landschaftliche Umgebung der Szene durch einen konkreten, breit beschriebenen Raum darzustellen, der das ganze Bildfeld einnimmt (statt etwa die Umgebung nur durch einzelne Elemente anzudeuten). Der Maler zeigt dadurch eine konkrete idyllische Landschaft am Meer – eine kleine Bucht zwischen felsigen Wänden, wie es in Griechenland viele zu sehen gibt (Abb. 13). Dabei gelingt es ihm zugleich, die Felsen gleichsam als Vorhang zu inszenieren und dem (männlichen) Betrachter einen voyeuristischen Blick auf die Badeszene zu bieten.
Eine konkrete landschaftliche Umgebung, die das ganze Bildfeld umfasst, bietet auch der um 470 v. Chr. geschaffene Stamnos des Sirenen-Malers[43] (Abb. 14) mit der Tat des Odysseus gegen die Sirenen, die Felsen und Vorsprünge am Meer bewohnen. Die seitlichen Felsen sind hier nicht nur einfache Bildgrenzen,[44] sondern reale Objekte, die die gefährliche Meerenge verdeutlichen und die auch durch die Überschneidung des Schiffes auf dem rechten Felsen eine Art von

---

[40] Cohen 2006, 250 f. Abb. 70 (Brüssel, Bibliothèque Royale de Belgique 5).
[41] Zu der Vase zuletzt D'Acunto 2013, insbesondere 35 f.
[42] s. Dietrich 2010, 40. 162 Abb. 20 (Rom, Villa Giulia Inv. 106463).
[43] Dietrich 2010, Abb. 144 (London, British Museum Inv. E440).
[44] s. Dietrich 2010, 170.

Abb. 12 Amphora des Priamos-Malers, um 520 v. Chr., Mädchen beim Bad (Rom, Museo Nazionale Etrusco di Villa Giulia Inv. 106463. © MiBACT – Soprintendenza Archeologica, Belle Arti e Paesaggio per l'Area Metropolitana di Roma, la provincia di Viterbo e l'Etruria Meridionale)

Abb. 13 Bucht bei der antiken Stadt Phalasarna, Kreta (Marta Scarrone)

Abb. 14 Stamnos des Sirenenmalers, um 470 v. Chr., Odysseus und die Sirenen
(London, British Museum Inv. E440 © The Trustees of the British Museum)

Tiefenräumlichkeit für die Meerenge durch noch archaische und spätarchaische Mittel erzeugen: Dem Betrachter wird klar, dass das Schiff zwischen den beiden Felsen hindurchfahren muss.

In spätarchaischer Zeit versucht man die Tiefenräumlichkeit des Naturraumes tatsächlich durch Überschneidungen sowohl zwischen Figuren untereinander als auch zwischen Figuren und Bäumen oder Felsen zu erzeugen.[45] Die gestaffelten Figuren sind jetzt frei in der Bewegung – man muss ihre Pose nicht aufgrund des Schemas der gestaffelten Reihe erschließen, wie es auf der älteren Olpe Chigi der Fall war[46] –, aber der Raum bleibt trotz solcher Überschneidungen noch flach. Die Dreidimensionalität gelingt nur bei einzelnen Objekten (häufig Schildern) sowie Gliedern durch Verkürzungen.[47]

Wer die künstlerische Entwicklung in der Erzeugung der Dreidimensionalität im Laufe der Zeit nicht beachtet, verfällt in falsche Deutungen: So wollten die archaischen Maler nicht Polyphem darstellen, wie er den Ausgang der Höhle

---

[45] Vgl. z. B. Dietrich 2010, Abb. 49. 296.
[46] Vgl. Borchhardt 1980, 257–267.
[47] Vgl. Werke des Euphronios, wie z. B. Beazley Archive Nr. 200088 (Paris, Louvre Inv. G108), Seite B.

verschließt. Diese Deutung von Dietrich[48] vernachlässigt, dass die Darstellung des Raumes in dieser Zeit noch flach wirkt. In Wirklichkeit wird Odysseus natürlich neben Polyphem vorbeikommen.[49]

Die Erzeugung von Dreidimensionalität nicht nur einzelner Glieder und Objekte, sondern des Raumes, in dem die Figuren agieren, ist eine Errungenschaft der klassischen Zeit. Das zeigt uns der bekannte Niobiden-Krater um 460–450 v. Chr.[50] Die Figuren – auf einer Seite athenische Krieger bei dem Herakleion vor Marathon, auf der anderen Seite die Niobiden – sind in Höhenstaffelung auf den sogenannten Geländelinien, die ein felsiges und unebenes Terrain wiedergeben möchten, dargestellt, als ob sie sich – und das ist wichtig – auf verschiedenen, in der Tiefe aufeinander folgenden Ebenen befänden. Einige Figuren werden sogar von felsigem Terrain überschnitten.

Die Inspiration hierzu stammt sicher aus der Großmalerei, und in diesem Fall von Gemälden des Polygnotos. Während dies neuerdings bestritten wird, genügt eine Lektüre des Textes von Pausanias (10, 25–31) über die Malereien von Polygnotos in der Lesche der Knidier in Delphi,[51] um zu verstehen, dass der große Maler derartige Versuche unternommen hatte: Die Darstellung des eroberten Troia und der Abfahrt der Griechen erstreckt sich von der Stadt Troia über ihre Mauern bis hin zum Strand, was selbst schon unterschiedliche Tiefenebenen suggeriert, und zeigt vielfältige Figuren in Höhenstaffelung (wie die topographischen Hinweise von Pausanias zeigen), die auf einer Art Geländelinie gemalt sein mussten: Einige sitzen auf der Erde (Μέδουσα […] ἐπὶ τοῦ ἐδάφους κάθηται; 10, 26, 9), viele andere auf Felsen.

Die zweite Darstellung in der Lesche der Knidier – die Katabasis des Odysseus – gibt einen Überblick über die Bewohner der Unterwelt, als ob Odysseus, der gerade das notwendige Totenopfer durchgeführt hat, von oben – wo Pausanias ihn im Gemälde lokalisiert – die toten Seelen in aufeinanderfolgenden Reihen sähe. Vom Standpunkt des Betrachters aus muss der Maler sie in Höhenstaffelung darstellen. Um die Tiefenwirkung der Reihen zu erzeugen, muss er auch hier Geländelinien verwendet haben, von denen offenbar Teile der Figuren überschnitten wurden. So schreibt Pausanias z. B., dass „Orpheus auf einer Art Anhöhe sitzt" (10, 30, 6) und dass „Tityos nicht einmal vollständig ist" (10, 29, 3).

---

[48] Dietrich 2010, 93–95 Abb. 73 f.
[49] Daneben ist auch der Baum in diesen spätarchaischen Szenen mit Odysseus und Polyphem nicht so zu verstehen, dass er wirklich in der Höhle der Riesen wächst (wie Dietrich 2010, 92–95 meint), sondern als landschaftlicher Hinweis auf die nach Homer (*Od.* 9, 18) „waldige" Insel, auf der sich die Höhle befindet, und somit auch als Anspielung auf den Erfolg des Helden, dem die Flucht aus der Höhle gelingt.
[50] Dietrich 2010, Abb. 197 (Paris, Louvre Inv. G341). Dazu zuletzt Giuliani 2015.
[51] Zur Rekonstruktion der Malereien bleibt der Versuch von Robert 1888 unübertroffen.

Abb. 15 Lekythos des Eretria-Malers, um 420 v. Chr., Amazonomachie
(New York, Metropolitan Museum Inv. 31.11.13, aus: Richter, G. M. A. und Hall, L. F. 1936. *Red-figured Athenanian Vases in the Metropolitan Museum of Art 2*. London: Nr. 139, Taf. 144)

Abb. 16 Kelchkrater des Dinos-Malers,
um 420–410 v. Chr.,
Männer im Gespräch
(Bologna, Museo Civico Archeologico
Inv. 300, aus: Comparetti, D. (Hg.) 1888.
Museo italiano di Antichità Classica 2.
Florenz: Taf. 2)

Während die Vasenmalerei klassischer Zeit durch dieses Vorbild offenkundig stark beeinflusst wurde, geht sie in ihrer Erforschung des Raumes und der Natur noch über Polygnots Leistungen hinaus. So können die mit Grasschöpfen bestückten Geländelinien nun auch zur Erzeugung der Tiefe mit den schräg diagonalen Ebenen kombiniert werden, die sich durch die Position der Figuren ergeben[52] (Abb. 15 und Abb. 1). Aber nicht nur das: Einige Beispiele zeigen etwas ganz Neues, das die Forschung bisher als spätklassisch-hellenistische Errungenschaft gesehen hat, und zwar Landschaftsveduten im Hintergrund. Der Krater des Dinos-Malers (420–410 v. Chr.; Abb. 16)[53] lokalisiert die Unterhaltung von Männern (die übrigens nicht auf einer geraden Linie stehen, sondern in schrägen Ebenen zur Erzeugung des Tiefenraumes positioniert sind, als ob sie

---

[52] Vgl. Cohen 2006, 112 Abb. 5; Dietrich 2010, Abb. 437 (New York, Metropolitan Museum Inv. 31.11.13).
[53] Dietrich 2010, Abb. 223, Seite B (Bologna, Museo Civico Archeologico Inv. 300).

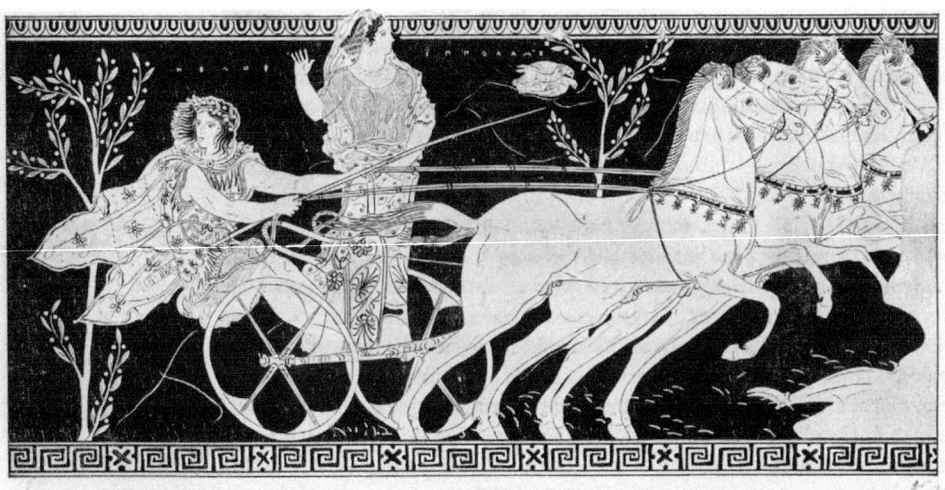

Abb. 17 Amphora in der Art des Dinos-Malers, um 410 v. Chr., Pelops und Hippodameia (Arezzo, Museo Archeologico Nazionale Gaio Cilnio Mecenate Inv. 1460, aus: Furtwängler, A. und Reichhold, K. 1904–1932. *Griechische Vasenmalerei*. München: Taf. 67)

im Kreis stünden) vor einer felsigen Wand, von der Gebüsch herabwächst.[54] Auf der Amphora in Arezzo (Abb. 17)[55] geht der Maler selbst (oder seine Werkstatt) noch weiter: Er skizziert hinter der rasanten Fahrt von Pelops und Hippodameia durch Linien Berge in der Ferne. Die Vase zeigt die mythologische Fahrt zwischen dem Festland, das durch Bäume und die skizzierten Berge definiert wird, und dem Meer, das durch die Brandungszone, wo sich die Wellen verlaufen, und Delphine dargestellt wird.

Wie schwierig es ist, Berge auf kleinen Vasen konkret darzustellen, macht der Vergleich zwischen dem realen Berg Helikon mit seinem Musenheiligtum (Abb. 18) und einem bekannten weißgrundigen Lekythos[56] (Abb. 19) deutlich. Auf der Vase musiziert eine Muse auf dem Berg Helikon: Um ihn zu zeigen, schreibt der Maler ganz klar „Helikon" und macht durch Geländelinien und ein Vögelchen eine Skizze, die den Berg andeuten soll.

Im reichen Stil (420–400 v. Chr.) werden die Geländelinien weiter verwendet: Ihr Hauptziel ist es jetzt nicht mehr, Tiefenräumlichkeit zu erzeugen, sondern zahlreiche (und – wie Dietrich treffend bemerkt[57] – meist ganze, nicht überschnittene) Figuren auf verschiedenen Punkten und Ebenen einer breiten und durch unterschiedliche Gebüsche bereicherten Landschaft zu lokalisieren (Abb. 20).

---

[54] Nach der Zeichnung von D. Comparetti, Museo Italiano di Antichità Classica (Florenz 1888) II, Taf. 2, die in den Fotografien nicht sichtbare Details zeigt.
[55] Nach der Zeichnung von Reichhold, die in den Fotografien nicht sichtbare Details zeigt.
[56] Dietrich 2010, Abb. 244 (München, Antikensammlungen Inv. SCH 80).
[57] Dietrich 2010, 259–271.

Abb. 18 Das Musen-Heiligtum, dahinter der Helikon
(Marta Scarrone)

Abb. 19 Weißgrundige Lekythos des
Achilleus-Malers, um 440 v. Chr.,
Muse auf dem Helikon
(München, Antikensammlungen Inv.
SCH 80. Aufnahme Museum)

Abb. 20 Hydria des Kadmos-Malers, um 420–410 v. Chr., Parisurteil
(Staatliche Museen zu Berlin, Antikensammlung Inv. F2633 (verschollen), aus: Gerhard'scher Apparat Blatt XVIII, 26. Fotografin Ilona Ripke)

Der neue Akzent auf der Natur in dieser Zeit drückt sich insbesondere in den Darstellungen von Gärten aus, die von der Göttin Aphrodite und ihrer Entourage und/oder anonymen Frauen bevölkert sind.[58] Nicht zufällig war der Kult der Aphrodite ἐν κήποις (en kepois), also in den Gärten, zwischen 430 und 400 v. Chr. am Ufer des Flusses Ilissos direkt bei den Stadtmauern sehr populär, als der berühmte Bildhauer Alkamenes die entsprechende Kultstatue schuf. Die Forschung hat gezeigt, dass das Epitheton ἐν κήποις (en kepois) auf den Garten als Bestandteil des Kultes und auf den Charakter des Heiligtums am Ufer des Ilissos, wo sonst Gärten nachzuweisen sind, als *locus amoenus* verweist.[59] Der Kult dürfte insbesondere für Frauen wichtig gewesen sein, da Aphrodite die Göttin der Schönheit und der Liebe sowie der Fruchtbarkeit und der Hochzeit ist. Zu ihren Heiligtümern gehörte eine besondere naturräumliche, sinnliche Atmosphäre mit fruchtreichen Bäumen und wohlriechenden Blumen.[60]
Die Vasen mit solchen Darstellungen, deren Formen – Pyxides, Lekythoi usw. – nicht auf eine Funktion im Symposion, sondern als Objekte wie Parfümbehälter auf eine weibliche Sphäre verweisen (noch nicht überprüfbar ist eine kultische Funktion), können somit eine Vorstellung von den genau in dieser Zeit in Athen populären heiligen Gärten der Aphrodite geben.

Im 4. Jh. v. Chr. erreicht die spätklassische Großmalerei wichtige neue Ziele, wie vor allem der Jagdfries des Philippsgrabes[61] zeigt: Die Figuren erscheinen nicht nur aufgrund von Verkürzungen, verschiedenen Ansichten, Helldunkelmalerei, Schlagschatten und Lichtglanz dreidimensional, sondern agieren auch in einem plastischen (nicht nur angedeuteten oder skizzierten), realistischen, konkreten

---

[58] s. z. B. Bumke 2015, Abb. 7–10.
[59] s. Greco 2011, 436 f.
[60] Zuletzt: Bumke 2015, 45–61. Zum Kult von Aphrodite *en kepois*: Rosenzweig 2004, 29–44.
[61] Zuletzt: Franks 2012.

Abb. 21 Kelchkrater, Kertscher Stil, Griechen und Arimaspen kämpfend
(Athen, Nationalmuseum Inv. 14899. © Hellenic Ministry of Culture and Sports /Archaeological Receipts Fund)

Landschaftsraum mit Bäumen, Felsen und Bergen im Hintergrund, der – und das ist neu! – zum ersten Mal die Regeln der Optik und der atmosphärischen Perspektive befolgt: Die Objekte werden umso kleiner, blasser und damit auch unschärfer gemalt, je weiter entfernt sie erscheinen sollen. Die Vasenmalerei, die keine große Fläche und keine Polychromie zur Verfügung hat, kann dieser Entwicklung nicht folgen. Stattdessen konzentriert sie sich auf ihre Stärken, die dekorativen und graphischen Aspekte. Die Kertscher Vasen[62], die letzte rotfigurige Produktion Athens im 4. Jh. v. Chr., zeigen noch eine Höhenstaffelung der Figuren, aber sie erzeugt keine Tiefe, und ihre Funktion ist rein dekorativ: Nur die Figuren in der unteren Reihe stehen auf der Bodenlinie, die anderen ‚hängen' im schwarzen, abstrakten Hintergrund. Naturelemente kommen

---

[62] s. z. B. Simon 1981, Taf. LII (London, British Museum Inv. E424).

häufig vor, aber nur als isolierte Elemente und in abgekürzter Form: Säulen[63] wie auch Bäume[64] (Abb. 21) werden nur zur Hälfte dargestellt. Die attische Vasenmalerei entscheidet sich so am Ende für einen flachen Raum und eine symbolische Natur. Nur in einzelnen Studien von Figuren bemüht sie sich um eine gelungene Wiedergabe der Dreidimensionalität: Die Figuren, die durch Relieflinien bestimmt werden, wirken plastisch statuarisch in verdrehten Ansichten und kühnen Verkürzungen.[65]

In diesem Beitrag habe ich versucht zu zeigen, dass, anders als in der Forschung angenommen, die Naturelemente in der antiken Vasenmalerei nicht symbolische Zeichen, sondern landschaftliche Elemente sind, deren Darstellungen aufgrund der stilistischen Entwicklung, der Eigenschaften der Gattung und nicht zuletzt auch des realen Raums von Athen und seiner Umgebung erklärbar sind. Die Naturelemente können einen Ort *pars pro toto* oder in stilisierten Formen andeuten, ihn aber auch als eine Gesamtheit zeigen. Im Laufe der dargestellten zeitlichen Entwicklung werden sie außerdem zur Erzeugung von Raumtiefe verwendet. Durch Naturelemente können uns die Vasenmaler unterschiedliche landschaftliche Orte für alltägliche reale, für mythologische oder für imaginäre Szenen präsentieren.

In all diesen Fällen bleiben die Naturelemente landschaftliche Zeugnisse, die belegen, dass die Griechen sogar in der dekorativen und eher abstrakten Kunst der Vasenmalerei das Thema von Natur und Landschaft in ihrer Kunst entwickelt haben, das dann so prominente Endresultate wie im Philippsgrab und vor allem in der hellenistisch-römischen Landschaftsmalerei gehabt hat.

Bibliographie

Beazley Archive. http://www.beazley.ox.ac.uk/XDB/ASP/dataSearch.asp.

Borchhardt, J. 1980. Zur Darstellung von Objekten in der Entfernung. Beobachtungen zu den Anfängen der griechischen Landschaftsmalerei. In H. A. Cahn und E. Simon (Hrsg.), *Tainia. Festschrift für Roland Hampe*: 257–267. Mainz.

Bron, C. 1984. Porteurs de thyrse ou bacchants. In C. Bérard, C. Bron und A. Pomari (Hrsg.), *Images et sociétés en Grèce ancienne. L'iconographie comme méthode d'analyse. Actes du colloque international, Lausanne, 8–11 février 1984*: 145–153. Lausanne.

---

[63] Cohen 2006, 321 Abb. 1 (London, British Museum Inv. GR 1865.0103.14).
[64] Schefold 1934, Taf. 39 Nr. 227 (Athen, Archäologisches Nationalmuseum Inv. 14899).
[65] Simon 1981, Taf. LII (London, British Museum Inv. E424).

Bumke, H. 2015. Griechische Gärten im sakralen Kontext. In K. Sporn, S. Ladstätter und M. Kerschner (Hrsg.), *Natur - Kult - Raum, Akten des internationalen Kolloquiums Paris-Lodron-Universität Salzburg, 20.-22. Jänner 2012*: 45–61. Wien (= Sonderschriften des Österreichischen Archäologischen Instituts 51).

Carroll-Spillecke, M. 1989. *Κῆπος. Der antike griechische Garten*. München (= Wohnen in der klassischen Polis 3).

D'Acunto, M. 2013. *Il mondo del vaso Chigi. Pittura, guerra e società a Corinto alla metà del VII secolo a.C.* Berlin (= Image & Context 12).

Dietrich, N. 2010. *Figur ohne Raum. Bäume und Felsen in der attischen Vasenmalerei des 6. und 5. Jahrhunderts v. Chr.* Berlin (= Image & Context 7).

Farnoux, A. 1996. Image et paysage. L'exemple des fresques de la Maison ouest de Théra. In G. Siebert (Hrsg.), *Nature et paysage dans la pensée et l'environnement des civilisations antiques. Actes du Colloque de Strasbourg, 11-12 juin 1992*: 21–31. Paris.

Franks, H. M. 2012. *Hunters, Heroes, Kings. The Frieze of Tomb II at Vergina.* Princeton (= Ancient art and architecture in context 3).

Giuliani, L. 2015. *Das Wunder vor der Schlacht. Ein griechisches Historienbild der frühen Klassik.* Basel (= Jakob Burckhardt-Gespräche auf Castelen 30).

Greco, E. (Hrsg.) 2011. *Topografia di Atene. Sviluppo urbano e monumenti dalle origini al III secolo d.C.* Paestum.

Heinemann, M. 1910. *Landschaftliche Elemente in der griechischen Kunst bis Polygnot.* Bonn (= Arbeiten aus dem akademischen Kunstmuseum zu Bonn 2).

Himmelmann, N. 2005. *Grundlagen der griechischen Pflanzendarstellung.* Paderborn (= Nordrhein-Westfälische Akademie der Wissenschaften. Geisteswissenschaften. Vorträge G393)

Hurwit, J. M. 1991. The Representation of Nature in Early Greek Art. In D. Buitron-Oliver (Hrsg.), *New Perspectives in Early Greek Art.* Washington (= Studies in the history of art 32).

Kunisch, N. 1989. *Griechische Fischteller. Natur und Bild.* Berlin (= Gebr. Mann Studio-Reihe).

La Rocca, E. 2008. *Lo spazio negato. La pittura di paesaggio nella cultura artistica greca e romana.* Mailand.

Laufer, H. 1971. Wohnhäuser und Stadtviertel des klassischen Athen. *Mitteilungen des Deutschen Archäologischen Instituts. Athenische Abteilung* 86: 109–124.

Mielsch, H. 2001. *Römische Wandmalerei.* Darmstadt.

Pesando, F. 2006. *La casa dei Greci.* Bergamo.

Pollitt, J. J. 1986. *Art in the Hellenistic Age.* Cambridge.

Robert, C. 1888. *Beschreibung der Gemälde des Polygnotos von Thasos in der Lesche zu Delphi.* Berlin.

Rosenzweig, R. 2004. *Worshipping Aphrodite. Art and Cult in Classical Athens.* Ann Arbor.

Rühfel, H. 2003. *Begleitet von Baum und Strauch. Griechische Vasenbilder.* Dettelbach (= Würzburger Studien zur Sprache & Kultur 7).

Sackett, L. H. und Graham, A. J. 1962. The Dema House in Attica. *The Annual of the British School at Athens* 57: 65–114.

Schefold, K. 1934. *Untersuchungen zu den Kertscher Vasen*. Berlin (= Archäologische Mitteilungen aus russischen Sammlungen 4).
Schefold, K. 1956. Vorbilder römischer Landschaftsmalerei. *Mitteilungen des Deutschen Archäologischen Instituts. Athenische Abteilung 71*: 211–231.
Schefold, K. 1984. *Die Griechen und ihre Nachbarn*. Berlin (= Propyläen-Kunstgeschichte 1).
Scheibler, I. 1994. *Griechische Malerei der Antike*. München.
Schnapp, A. 2006. L'immagine della natura nella pittura vascolare. In I. Colpo, I. Favarett und F. Ghedini (Hrsg.), *Iconografia 2005. Immagini e immaginari dall'antichità classica al mondo moderno. Atti del convegno internazionale, Venezia, Istituto Veneto di Scienze, Lettere e Arti, 26–28 gennaio 2005*: 73–81. Rom.
Simon, E. 1981. *Die griechischen Vasen*. München.
Trendall, A. D. 1955. *Vasi antichi dipinti del Vaticano. Vasi italioti ed etruschi a figure rosse 2*. Vatikanstadt.
Travlos, Y. 1971. *Bildlexikon zur Topographie des Antiken Athens*. Tübingen.

Naturdarstellungen im attischen Drama[1]

Dominik Berrens

Innsbruck

Abstract

This article deals with depictions of 'nature' in the Athenian drama of the 5th century BC. For this purpose four different plays, namely the tragedies *Philoctetes* and *Oedipus Coloneus* by Sophocles, the satyr play *Cyclops* by Euripides, and the comedy *Birds* by Aristophanes are examined in detail. All these plays are set in a natural environment, more or less undisturbed and untouched by human beings and their civilization. A first question the study wants to address is how this natural setting is represented, and which elements (e.g. trees, rocks, rivers, and animals) could be considered as typical markers for a natural environment. The possible realization on stage and the usage of props to represent different elements will also be discussed in this context. Since ancient dramas did not feature any stage directions, this question is not always easy to answer. Descriptions of the surroundings by *dramatis personae* – the so called 'verbal scene painting' – can give us hints, how the setting was imagined. The relation between man and nature as it is shown in the four plays mentioned is another important topic. Often, there seems to be a sharp distinction between the 'wild nature', which is sometimes linked to the divine, and the human civilization. When these two spheres collide, both, man and nature, undergo a certain 'transformation' and adapt to each other.

Einführung

Gegenüber den meisten anderen literarischen Gattungen zeichnet sich das attische Drama vor allem dadurch aus, dass es nicht primär zum Lesen gedacht war, sondern die Stücke an den beiden Festen für Dionysos, den Lenäen und den Großen Dionysien, im Theater inszeniert wurden. Aus diesem Grund lieferten sie ihren ursprünglich intendierten Rezipienten auch einen optischen Eindruck. Aristoteles schreibt der Inszenierung (ὄψις), die er in der *Poetik* (6, 1450 b 16 f.) als ψυχαγωγικόν bezeichnet, durchaus einen Einfluss auf das Gemüt zu. Der Raum oder die Landschaft, in der ein Stück spielt, gehört konstitutiv zu diesem dazu und kann fast schon zu einem „Mitspieler"[2] werden. Insofern sind Dramen noch mehr als Texte anderer Gattungen auf eine Gestaltung des Handlungsraums angewiesen (sowohl im wörtlichen Sinne als auch auf textlicher Ebene). Allerdings liegt es ebenso in der Besonderheit dieser Gattung begründet, dass es kaum Darstellungen einer vom Menschen völlig unberührten Natur geben kann.[3]

---

[1] Neben meinen Mitherausgeberinnen und -herausgebern bin ich auch Herrn Prof. Dr. Jochen Althoff und Frau Helga Schmidt für ihre Korrekturen und hilfreichen Anmerkungen sehr zu Dank verpflichtet.
[2] Zimmermann 2011, 506.
[3] Elliger 1975, 453 hält fest, dass es in der griechischen Dichtung generell kaum Darstellungen

Vielmehr wird in den meisten Fällen die Interaktion eines Einzelnen oder einer Gruppe von Menschen mit der ‚wilden' Natur auf der Bühne gezeigt. Wenn überhaupt einmal gänzlich unberührte Natur beschrieben wird, so geschieht dies meist in Chorliedern. Trotzdem kann man gerade an der genannten Interaktion zwischen Mensch und Natur erschließen, in welchem Verhältnis Kultur und Natur zueinander gesehen wurden und welchen Einfluss Mensch und Natur aufeinander ausübten.

Diese Fragen werden im Folgenden anhand ausgewählter Stücke von Sophokles, Euripides und Aristophanes untersucht, in denen der Natur eine besondere Bedeutung zukommt und deren Bühnenbild einen Naturraum zeigt. Dabei soll auch auf mögliche Unterschiede und Gemeinsamkeiten in den Darstellungen dieser drei zeitgenössischen Dichter eingegangen werden. Zur besseren Einordnung wird jedoch zunächst ein kurzer Überblick über die antiken Gestaltungsmöglichkeiten der Szenerie gegeben sowie der Frage nachgegangen, inwieweit diese aus den uns überlieferten Quellen rekonstruiert werden können.

Die Inszenierung

Da in den antiken Dramen keine direkten Regieanweisungen enthalten sind, wie sie aus modernen Stücken bekannt sind, lässt sich nicht mit letzter Sicherheit sagen, wie ein einzelnes Drama inszeniert wurde. Zwar können z. B. Vasenmalereien Hinweise auf Ausstattung und Kostüme liefern, allerdings sind sie nicht als Illustrationen zu einem Text zu verstehen, sondern stellen eigenständige Kunstwerke dar.[4]

Aus den Dramen selbst kann man schließen, dass vor allem das Kostüm und die Maske der Schauspieler und des Chores aufwändig gestaltet waren. Dies lässt sich etwa an der Tatsache erkennen, dass der Chor in vielen der erhaltenen Komödien des Aristophanes in einer speziellen Partie – der sogenannten Parabase – unter anderem über seine Kostümierung spricht. Vor allem die Tierchöre der Alten Komödie können dabei einen Einblick in Naturvorstellungen geben. Ein besonders eindrückliches und detailreiches Beispiel für einen solchen Chor sind die *Vögel* des Aristophanes, die im Folgenden noch besprochen werden.

---

einer unberührten Landschaft gibt.

[4] Vgl. z. B. Green – Handley 1995, 13. Ohnehin gibt es kaum Vasen, die sicher eine Szene aus einem erhaltenen Stück zeigen. Dies gilt im Übrigen wohl auch für die berühmte Vase aus dem Getty Museum, von der man immer wieder liest, sie stelle eine Szene aus den *Vögeln* des Aristophanes dar (vgl. Rothwell 2007, 54). Auf einem Glockenkrater scheint tatsächlich eine Szene aus den *Thesmophoriazusen* abgebildet zu sein (vgl. Green – Handley 1995, 52 f.), allerdings stammt er aus Tarent und ist vermutlich erst über dreißig Jahre nach der Erstaufführung des Stückes erstellt worden, sodass er kaum die ursprüngliche Aufführung zeigen kann.

Darüber hinaus spielen bestimmte Gegenstände in vielen Komödien und Tragödien eine große Rolle, die als Requisiten sicherlich auf der Bühne zu sehen waren.[5] Dazu gehören etwa die sogenannten Wiedererkennungszeichen (γνωρίσματα), handlungsentscheidende Objekte wie der Bogen des Philoktet in der gleichnamigen Tragödie des Sophokles oder sogar eigentlich abstrakte Begriffe wie die σπονδαί, was „Weihegüsse" oder im übertragenen Sinne „Waffenstillstand" bedeutet. Sie werden in den *Acharnern* (175–201) des Aristophanes in Form von Weinschläuchen dargestellt.

Wichtiger für die Frage nach den Naturdarstellungen sind jedoch Bühnenmalereien. Wie umfangreich und vor allem wie realistisch sie waren, lässt sich schwer rekonstruieren. Das steinerne Bühnenhaus des Dionysos-Theaters von Athen, die sogenannte Skene (σκηνή), deren Reste heute noch zu sehen sind, ließ erst Lykurg im 4. Jh. v. Chr. in dieser Form errichten. Im 5. Jh., aus dem die hier besprochenen Stücke stammen, handelte es sich dabei vermutlich noch um eine einfache Konstruktion aus Holz,[6] die aus diesem Grund leichter an die Erfordernisse des jeweiligen Stückes angepasst werden konnte.[7]

Die Skene diente wohl zunächst als eher neutraler Bühnenhintergrund, vor dem sich der sichtbare Teil der Handlung vollzog.[8] An der Skene konnten jedoch Bühnenbilder angebracht werden. Nach Aristoteles (*Poetik* 4, 1449 a 18 f.)[9] soll Sophokles als erster die Bühnenmalerei (σκηνογραφία) eingeführt haben, nach Vitruv (7, *Praef.* 11)[10] aber bereits Agatharchos bei der Aufführung einer Tragödie des Aischylos.[11] Besonders ausgefeilt und realistisch scheint diese σκηνογραφία jedoch nicht gewesen zu sein.[12] Wiederum bei Vitruv (5, 6, 9)[13] heißt es, dass es nur drei verschiedene Typen des Bühnenhintergrunds gegeben habe, für jede dramatische Gattung einen: So sollen bei einer Tragödie Säulen, Giebel, Statuen und andere Gegenstände eines königlichen Hauses zu sehen gewesen sein, bei einer

---

[5] Vgl. auch Zimmermann 2011, 505 f.
[6] Vgl. Götte 1995, 28 f. und ders. 2011, 475.
[7] Vgl. Zimmermann 2006, 26.
[8] Vgl. Zimmermann 2011, 506.
[9] τρεῖς (sc. ὑποκριτὰς) δὲ καὶ σκηνογραφίαν Σοφοκλῆς.
[10] *Namque primum Agatharchus Athenis, Aeschylo docente tragoediam, scaenam fecit et de ea commentarium reliquit.*
[11] Zu Schwierigkeiten bei der Datierung vgl. z. B. Webster 1956, 13 f.
[12] Vgl. Zimmermann 2006, 26 f.
[13] *Genera autem sunt scaenarum tria, unum quod dicitur tragicum, alterum comicum, tertium satyricum. Horum autem ornatus sunt inter se dissimili disparique ratione, quod tragicae deformantur columnis et fastigiis et signis reliquisque regalibus rebus; comicae autem aedificiorum privatorum et maenianorum habent speciem prospectusque fenestris dispositos imitatione communium aedificiorum rationibus; satyricae vero ornantur arboribus, speluncis, montibus reliquisque agrestibus rebus in topeodis speciem deformati.*

Komödie ein Privathaus und bei einem Satyrspiel Naturelemente wie Bäume, Höhlen, Berge und Ähnliches. Diese Einteilung kann jedoch nur schematisch und an dem Milieu orientiert sein, in dem die jeweilige dramatische Gattung meistens spielt. Die hier besprochenen Stücke weichen freilich teilweise davon ab, sodass man Vitruvs Aussage in ihrer Absolutheit sicherlich nicht als zutreffend für das attische Drama des 5. Jhs. ansehen kann.[14]

Bedeutender als die reale war aber ohnehin wohl die „verbale Bühnenmalerei"[15]. Darunter versteht man, dass der zunächst recht neutrale Bühnenraum durch die Worte des Dichters erst „im Verlauf des Stücks [...] als Handlungsort definiert wird"[16]. Schon wenige Schlüsselwörter reichen aus, um einen bestimmten Raum zu imaginieren und die Handlung so verorten zu können. Diese finden sich zu einem großen Teil bereits im Prolog, aber auch im Verlaufe des Stücks wird immer wieder auf den Handlungsraum Bezug genommen. Dabei wird er oft in Abhängigkeit von der Gefühlslage des Sprechers unterschiedlich beschrieben. Der verbalen Bühnenmalerei, die im Gegensatz zur realen Inszenierung nach wie vor greifbar ist,[17] soll im Folgenden nachgegangen werden und dabei untersucht werden, wie die in unserem Sinne verstandene ‚Natur' in ausgewählten Stücken aus dem späten 5. Jh. v. Chr. imaginiert wurde. In einem zweiten Schritt wird überlegt, welche Rolle der Naturraum in dem jeweiligen Stück spielt und in welchem Verhältnis Mensch und Natur zueinander stehen.

Sophokles

Philoktet

Die im Jahre 409 v. Chr. aufgeführte Tragödie spielt auf der einsamen Insel Lemnos, von der Neoptolemos und Odysseus den dort zurückgelassenen Philoktet holen wollen, damit er oder vielmehr sein Bogen die Entscheidung im troianischen Krieg herbeiführen kann. An diesem Stück lässt sich die eben erwähnte verbale Bühnenmalerei gut demonstrieren, wobei ein Teil der genannten Naturelemente wohl tatsächlich in der einen oder anderen Form

---

[14] Lämmle 2013, 62 betont zudem, dass der Reiz und die Komik vieler Satyrspiele darin gelegen habe, die Satyrn „in fremde Kontexte" zu bringen. Auch im Satyrspiel gibt es also zahlreiche Ausnahmen von einem eher naturnahen Setting.
[15] Zimmermann 2006, 27 und ders. 2011, 506. Zimmermann bezieht sich hier freilich auf den von Handley 1965, 23 geprägten Ausdruck ‚verbal scene painting'.
[16] Zimmermann 2011, 506.
[17] Ohnehin hält zumindest Aristoteles (Poetik 6, 1450 b 16–19) die Inszenierung für ἀτεχνότατον („das Kunstloseste") und ihre Wirkung (δύναμις) – so heißt es weiter – könne die Tragödie auch ohne Aufführung und Schauspieler (ἄνευ ἀγῶνος καὶ ὑποκριτῶν) entfalten. Ausgeführt wird dies auch in Aristoteles, Poetik 14, 1453 b 1–14.

auf der Bühne sichtbar war.[18] Gleich in den ersten beiden Versen des Prologs beschreibt Odysseus die Szenerie:

Ἀκτὴ μὲν ἥδε τῆς περιρρύτου χθονὸς
Λήμνου, βροτοῖς ἄστιπτος οὐδ' οἰκουμένη,
[...]

Dies ist das steinige Ufer des von Wasser umströmten Landes
Lemnos, von Sterblichen (i.e. Menschen) nicht betreten und nicht bewohnt,
[...]

Die Insel Lemnos wird hier als eher unwirtlicher, felsiger und vor allem menschenleerer Ort beschrieben. Philoktet ist völlig isoliert von der menschlichen Gesellschaft und Kultur und muss in diesem unfreiwilligen Exil überleben. Es ist dabei wichtig hervorzuheben, dass diese Isolation des Philoktet ein Spezifikum der sophokleischen Tragödie ist. Der Stoff an sich wurde auch von vielen anderen Tragödiendichtern verwendet,[19] unter anderem von Aischylos (fr. 249-257 TrGF[20]) und Euripides (fr. 787-803 TrGF), die jedoch beide einen Chor aus Lemniern auftreten ließen, wie wir aus den erhaltenen Fragmenten und vor allem aus einer Rede (*Or.* 52, 7)[21] des Dion Chrysostomos wissen. Daher ist die fast schon pleonastische Hervorhebung der Menschenleere bereits im zweiten Vers so wichtig, weil sie gewissermaßen mit den Erwartungen der Rezipienten bricht.[22] Die Isolation wird vielleicht auch durch die Betonung der Insellage im ersten Vers (τῆς περιρρύτου χθονός) ausgedrückt. Später wird von Philoktet ebenfalls erwähnt, dass seine Insel keinen guten Ankerplatz besitzt (οὔτ' εὔορμον [221] bzw. οὐ γάρ τις ὅρμος ἔστιν [302]) und somit kein Schiff freiwillig dort vorbeikommt (301-305). Bis auf den einen oder anderen Seefahrer, der sich versehentlich dorthin verirrt, aber Philoktet niemals in die Heimat zurückgebracht hat (305-313), musste er dort ganz allein sein beschwerliches Leben fristen.

Die Landschaft, die, wie gesagt, wohl teilweise auch auf der Bühne zu sehen war, wird zunächst folgendermaßen beschrieben (16-21):

[...]
σκοπεῖν θ' ὅπου 'στ' ἐνταῦθα δίστομος πέτρα
τοιάδ', ἵν' ἐν ψύχει μὲν ἡλίου διπλῆ

---

[18] Zur Inszenierung des *Philoktet* vgl. z. B. Craik 1990, 81-83; Schein 2013, 13-15.
[19] Vgl. dazu Schein 2013, 3-7.
[20] TrGF = *Tragicorum Graecorum Fragmenta*.
[21] ἄμφω γὰρ ἐκ τῶν Λημνίων ἐποίησαν τὸν χορόν.
[22] Vgl. z. B. Elliger 1975, 228; Schein 2013, 7. 116.

πάρεστιν ἐνθάκησις, ἐν θέρει δ' ὕπνον
δι' ἀμφιτρῆτος αὐλίου πέμπει πνοή.
βαιὸν δ' ἔνερθεν ἐξ ἀριστερᾶς τάχ' ἂν
ἴδοις ποτὸν κρηναῖον, εἴπερ ἐστὶ σῶν.

[...]
und zu schauen, wo hier ein Fels mit zwei Öffnungen ist,
so beschaffen, damit in der Kälte ein zweifacher Sitzplatz an der Sonne
zur Verfügung steht, in der Hitze aber ein Lüftchen Schlaf
durch die Höhle mit zwei Öffnungen bringt.
Ein bisschen weiter unten, auf der linken Seite, könntest du vielleicht
eine Trinkquelle finden, wenn sie denn noch unversehrt ist.

Diese Höhle, die als Behausung des Philoktet eine wichtige Rolle spielt, befindet sich in gewisser Höhe (ἐξύπερθε; 29) und am äußersten Rand der Insel (ἐσχατιαῖς; 144).

Auffällig ist, dass Lemnos in dieser Tragödie in erster Linie als felsig beschrieben wird.[23] Andere Naturelemente wie etwa Wälder oder gar Wiesen und Bäche – Charakteristika eines *locus amoenus* – tauchen dagegen kaum auf und wenn, dann vor allem in einem Kontext, in dem Philoktet seine Mühen beschreibt, mit denen er im Winter das gefrorene Wasser zum Trinken gewinnen und Feuerholz schlagen musste.[24] Wilde Tiere gibt es zwar auf dieser Insel,[25] doch dienen sie Philoktet hauptsächlich als Nahrung. Eine emotionale Beziehung kann er zu ihnen nicht aufbauen. Vielmehr befürchtet er, im Gegenzug von ihnen aufgefressen zu werden, nachdem er seinen Bogen verloren hat (954–960).

Die Beschreibung der Natur kennzeichnet die Insel also als lebensfeindlichen und unwirtlichen Raum fernab von jeglicher menschlichen Kultur. Diese Einsamkeit des Philoktet wird, wie gesagt, zu einem Leitmotiv[26] der sophokleischen Tragödie, und führt Philoktet gar so weit, dass er die Elemente der Landschaft anthropomorphisiert. Die Natur wird also gewissermaßen zum Mitspieler. Dies zeigt sich am eindrucksvollsten an den Stellen, an denen Philoktet sich an die Natur wendet, weil er sich sonst von allen alleingelassen fühlt.[27] Nachdem ihm

---

[23] Dies gelingt durch die Verwendung von Wörtern wie πέτρα (16. 272. 937. 952. 1002), πέτρος (296) oder πέτρινος (160) und dem *hapax legomenon* πετρήρης (1262). Dazu kommen noch Wörter wie ἀκτή (272. 1017) oder προβολή (1455) bzw. προβλής (936), die eine ähnliche Vorstellung evozieren können.
[24] [...] εἴ τ' ἔδει τι καὶ ποτὸν λαβεῖν,/καί που πάγου χυθέντος, οἷα χείματι,/ξύλον τι θραῦσαι, ταῦτ' ἂν ἐξέρπων τάλας/ἐμηχανώμην· [...] (292–295).
[25] Erwähnungen z. B. in 184 f. 287–292. 954–960. 1146–1150.
[26] Z. B. 182 f. 227 f. (pleonastisch: [...] μόνον,/ἔρημον ὧδε κἄφιλον [...]); 486 f. 938 f. 954.
[27] Vgl. Elliger 1975, 229; Lesky 1977, 179. Ersterer spricht auch davon, dass die Natur die Menschen

Neoptolemos die Intrige offenbart hat, mit der Odysseus den Bogen gewinnen will, wendet sich Philoktet zunächst mit Beschimpfungen an Neoptolemos und darauf relativ unvermittelt an die Natur (936–940):[28]

ὦ λιμένες, ὦ προβλῆτες, ὦ ξυνουσίαι
θηρῶν ὀρείων, ὦ καταρρῶγες πέτραι,
ὑμῖν τάδ', οὐ γὰρ ἄλλον οἶδ' ὅτῳ λέγω,
ἀνακλαίομαι παροῦσι τοῖς εἰωθόσιν,
οἷ' ἔργ' ὁ παῖς μ' ἔδρασεν οὑξ Ἀχιλλέως·

Oh ihr Buchten, ihr Felsvorsprünge, ihr Gesellschaften
mit wilden Tieren der Berge, ihr schroffen Felsen,
euch, die ihr hier seid und es gewohnt seid,
klage ich – denn ich kenne keinen anderen, dem ich es sagen kann –,
welche Untaten mir das Kind Achills angetan hat.

Eine besondere Beziehung hat Philoktet zu seiner Höhle,[29] die ihm all die Jahre Schutz geboten hat und gewissermaßen zu seinem Zuhause geworden ist. An sie wendet er sich mehrmals, um ihr seinen Schmerz zu klagen (952 f.) und um sie um Schutz anzuflehen (1081–1094). Zum Abschied spricht er sie gar als μέλαθρον ξύμφρουρον ἐμοί („Haus, das mit mir gemeinsam wachte"; 1453) an und offenbart damit die „Schicksalsgemeinschaft"[30] zwischen ihm und der Höhle.

Ohnehin nimmt die Höhle, dadurch dass sie Philoktet als Behausung dient, eine Mittelstellung zwischen Natur und Kultur ein. Folgerichtig wird sie sowohl mit spezifisch natürlichen Termini wie πέτρα oder ἄντρον bezeichnet als auch mit spezifisch menschlichen wie z. B. οἶκος, μέλαθρον oder στέγη.[31] Es wird zudem hervorgehoben, dass sie über zwei Eingänge verfügt.[32] Besonders

---

als Bezugspersonen ersetzen muss. Das Motiv, dass sich der tragische Held in seiner (empfundenen) Einsamkeit und Not an die Naturelemente wendet, findet sich beispielsweise auch im pseudo-aischyleischen *Prometheus* (88–100. 1091–1093) und im sophokleischen *Aiax* (412–427. 859–865). Vgl. dazu auch Elliger 1975, 219–225.

[28] Vgl. Elliger 1975, 230.
[29] Zur Darstellung der Höhle in diesem Stück vgl. auch Jobst 1970, 38–44.
[30] Elliger 1975, 231.
[31] Z. B. πέτρα (16. 272. 952); ἄντρον (27. 1263); οἶκος (159); οἴκησις (31); ἐξοίκησις (534); μέλαθρον (147. 1453); στέγη (286. 298. 1262). Vgl. Elliger 1975, 228 und Craik 1990, 81. Auch αὔλιον wird in dieser Tragödie (19. 954. 1087. 1149) für die Höhle gebraucht.
[32] Z. B. δίστομος πέτρα (16); ἀμφιτρὴς αὔλιον (19); οἶκος ἀμφίθυρος (159); σχῆμα πέτρας δίπυλον (952). Müller 1991, 263 weist darauf hin, dass die Anlage mit zwei Türen und zwei Sitzplätzen, die im Sommer durch Zugluft angenehme Kühlung und im Winter Wärme durch Sonnenschein bieten, mit der Beschreibung der idealen Lage eines Hauses in Xenophons *Memorabilien* 3, 8, 8 f. übereinstimme. Er ist jedoch im Gegensatz zu vielen anderen Forschern nicht der Meinung,

passend beschreibt Philoktet sie selbst mit dem Oxymoron ἄοικος ἐξοίκησις („unwohnliche Wohnung"; 534), womit auch sein zwiespältiges Verhältnis zur Insel selbst ausgedrückt wird, das zwischen ihrer Unwirtlichkeit auf der einen Seite und der im Laufe der Jahre gewachsenen Vertrautheit zu ihr auf der anderen changiert.[33] Ebenso gleicht sich Philoktet selbst an die ihn umgebende Natur an und fällt gezwungenermaßen in einen eher vorzivilisatorischen Zustand zurück. Kennzeichen dafür sind seine Lebensweise als Jäger und Sammler, die einfache und grobe Einrichtung seiner Höhle (33–39) sowie seine Selbstbeschreibung als ἀπηγριωμένος („wild" bzw. „unzivilisiert geworden"; 226).

Als sich Philoktet bei der glücklichen Abfahrt am Schluss von der Insel verabschiedet und sie wie einen Gott[34] um eine sichere Fahrt ersucht, offenbart sich jedoch, wie stark der Eindruck der Natur bzw. einer Landschaft von der Gemütslage des Betrachters abhängt (1452–1468):[35]

> φέρε νῦν στείχων χώραν καλέσω.
> χαῖρ', ὦ μέλαθρον ξύμφρουρον ἐμοί,
> Νύμφαι τ' ἔνυδροι λειμωνιάδες,
> καὶ κτύπος ἄρσην πόντου προβολῆς,
> οὗ πολλάκι δὴ τοὐμὸν ἐτέγχθη
> κρᾶτ' ἐνδόμυχον πληγῇσι νότου,
> πολλὰ δὲ φωνῆς τῆς ἡμετέρας
> Ἑρμαῖον ὄρος παρέπεμψεν ἐμοὶ
> στόνον ἀντίτυπον χειμαζομένῳ.
> νῦν δ', ὦ κρῆναι Λύκιόν τε ποτόν,
> λείπομεν ὑμᾶς, λείπομεν ἤδη,
> δόξης οὔ ποτε τῆσδ' ἐπιβάντες.
> χαῖρ', ὦ Λήμνου πέδον ἀμφίαλον,
> καί μ' εὐπλοίᾳ πέμψον ἀμέμπτως,
> ἔνθ' ἡ μεγάλη Μοῖρα κομίζει,
> γνώμη τε φίλων χὠ πανδαμάτωρ
> δαίμων, ὃς ταῦτ' ἐπέκρανεν.

---

dass diese beiden Eingänge im *Philoktet* bühnentechnisch genutzt wurden, sondern sieht die Beschreibung der Höhle mit zwei Eingängen als Möglichkeit, diese eindeutig identifizieren zu können. Darüber hinaus ist er der Meinung (S. 270 f.), dass sowohl der sophokleische *Philoktet* als auch der euripideische *Kyklops*, wo das ansonsten nicht belegte Wort ἀμφιτρής ein weiteres Mal für eine Höhle gebraucht wird (in *Cycl.* 707; dazu s. u. 196 f.), auf den nicht erhaltenen *Philoktet* des Euripides anspielt. Dies bleibt aber wohl Spekulation und nach der *communis opinio* rekurriert Euripides im *Kyklops* auf den sophokleischen *Philoktet*.

[33] Vgl. Lesky 1977, 179.
[34] Vgl. dazu Elliger 1975, 231.
[35] Vgl. ebd.

> Wohlan nun, scheidend will ich dem Land Lebewohl sagen.
> Lebe wohl, mein Haus, das mit mir gemeinsam wachte,
> und ihr Quellnymphen auf den Wiesen
> und das männliche Schlagen des Meeres an den Felsvorsprung,
> wo oft mein Haupt tief im Inneren (der Höhle) durch die Stöße des Südwindes benetzt wurde, oftmals aber das Hermesgebirge mir in meiner Bedrängnis ein Stöhnen als Antwort auf unsere Stimme zurücksandte.
> Nun aber, ihr Quellen und Lykisches Trinkwasser,
> verlassen wir euch, wir verlassen (euch) jetzt,
> zu einem solchen Glauben verstiegen wir uns noch nie.
> Lebe wohl, du lemnisches Land umgegeben von Meer,
> und sende mich auf guter Fahrt ohne Tadel,
> wohin die große Moire (i.e. Schicksalsgöttin) führt
> und der Beschluss der Freunde und das alles bezwingende
> göttliche Wesen, das dies vollbracht hat.

Hier sind vor allem die Quellnymphen auf den Wiesen zu nennen, die zumindest teilweise das Schroffe und Abweisende der Insel mildern und sie in einem weit positiveren Licht erscheinen lassen. Zuvor war freilich nicht von ihnen die Rede und auch die Quelle neben der Höhle, aus der Philoktet im Winter nur mühsam Wasser schöpfen konnte, ist hier wohl mit dem Epitheton Λύκιον versehen, was sie als dem Apollon heilig kennzeichnet.[36] Zusammen mit dem ebenfalls erwähnten Ἑρμαῖον ὄρος zeigt sich an dieser Stelle auch, dass der Naturraum der Insel Lemnos zwar als menschenleer beschrieben wird, aber doch bestimmte Stellen offenbar als numinos bzw. als Aufenthaltsorte göttlicher Wesen wahrgenommen werden. Hier zeigt sich das Motiv einer Sakralisierung der Natur. Bereits gesagt wurde, dass darüber hinaus die Insel Lemnos als Ganze am Schluss wie eine Schutzgottheit angesprochen wird.

Auffällig ist ebenfalls, dass das angesprochene Ἑρμαῖον ὄρος hier stets eine Antwort in Form eines Stöhnens gegeben haben soll (παρέπεμψεν ἐμοὶ στόνον ἀντίτυπον χειμαζομένῳ). Zwar ist auch zuvor gesagt, dass Philoktet den Naturelementen der Insel sein Leid geklagt habe (z. B. in den oben S. 185 zitierten Versen 936–940), erst an dieser Stelle wird aber der Kommunikationsprozess mit dem Gegenüber als nicht völlig einseitig beschrieben. Die Einsamkeit des Philoktet ist an dieser Stelle zumindest etwas gemildert.

---

[36] Vgl. Schein 2013, 344.

Das unfreiwillige Exil ist in diesen Abschiedsworten also zwar auch nicht durchgängig als *locus amoenus* gekennzeichnet, wird jedoch weit positiver beschrieben als im gesamten Rest der Tragödie.

Oidipus auf Kolonos

Im erst im Jahre 401 v. Chr. postum aufgeführten *Oidipus auf Kolonos* gelangt der geblendete Oidipus mithilfe seiner Tochter Antigone nach Kolonos, dem attischen Demos, aus dem Sophokles selbst stammte. Hier erhält Oidipus – nach einigen Wirren – Asyl in einem Hain der Eumeniden und stirbt schließlich, wodurch er zu einem Heros und Schutzgott für Athen wird.

Schon gleich zu Beginn des Stückes beschreibt Antigone ihrem blinden Vater und damit gewissermaßen auch dem Publikum die Szenerie (14–20):

> πάτερ ταλαίπωρ' Οἰδίπους, πύργοι μὲν οἳ
> πόλιν στέφουσιν, ὡς ἀπ' ὀμμάτων, πρόσω·
> χῶρος δ' ὅδ' ἱερός, ὡς σάφ' εἰκάσαι, βρύων
> δάφνης, ἐλαίας, ἀμπέλου πυκνόπτεροι δ'
> εἴσω κατ' αὐτὸν εὐστομοῦσ' ἀηδόνες
> οὗ κῶλα κάμψον τοῦδ' ἐπ' ἀξέστου πέτρου·
> μακρὰν γὰρ ὡς γέροντι προὐστάλης ὁδόν.

> Mein Vater, leidgeprüfter Oidipus, die Türme, die
> die Stadt bekränzen, sind, nach meinem Blick zu schließen, weit entfernt.
> Dieser Ort aber ist heilig, wie man sicher vermuten kann, dicht bewachsen
> mit Lorbeer, Olive und Weinstock; darin aber lassen
> Nachtigallen mit dichten Federn süße Lieder ertönen.
> Setz dich doch hier nieder auf diesem unbehauenen Fels,
> denn für einen alten Mann bist du einen weiten Weg gegangen.

Antigone und Oidipus befinden sich also in einem Waldstück[37] außerhalb der Stadt, die man jedoch in der Ferne noch sehen kann. Auf der Bühne befanden sich wohl ein oder mehrere Felsblöcke, sodass sich der erschöpfte Oidipus hier auf einen setzen kann.[38] Eine Verortung der Handlung in der Natur ist also

---

[37] Auf die Umgebung wird an anderen Stellen etwa mit ἄλσος (98. 114. 126. 505), νάπος (157) oder βῆσσα (673) rekurriert.
[38] Dieser Felsblock wird in den Versen (100 f.) als σεμνὸν βάθρον ἀσκέπαρνον („heiliger, unbehauener Sitz") bezeichnet (weitere Erwähnung als ἕδρα in 36, 45 und 112). Später fordert der Chor Oidipus auf, aus dem Hain, in dem er sich zunächst verborgen hat, herauszutreten und sich auf einen Stein an der Grenze des Heiligtums zu setzen (193–196). Dieses αὐτόπετρον βῆμα (193) ist nach Jebb 1928, 41 und Elliger 1975, 233 nicht mit dem Fels identisch, auf dem sich Oidipus ursprünglich niedergelassen hat.

unmittelbar ersichtlich. Die Heiligkeit des Ortes wird zudem für Antigone an den dort wachsenden Pflanzen Lorbeer, Ölbaum und Weinstock deutlich, die mit den Göttern Apollon, Athene und Dionysos assoziiert wurden.[39]

Der Naturraum wird vor allem in den Liedern des Chors,[40] der aus ortsansässigen alten Männern besteht, gepriesen und mit typischen Elementen eines *locus amoenus* dargestellt.[41] Der heilige Hain wird so etwa in der Parodos „grasreich" (ποιήεις; 158) genannt. Besonders das berühmte erste Stasimon (668–719) beschreibt zunächst die Szenerie vor Ort und weitet dann den Blick auf ganz Attika aus.[42] Die erste Strophe besingt dabei den „weißen Kolonos" (ὁ ἀργής Κολωνός; 670), der hier im Gegensatz zu „den grünen Waldtälern" (χλωραὶ βᾶσσαι; 673) steht,[43] die im Folgenden als Aufenthaltsort der singenden Nachtigall genannt werden. Dieser Aufenthaltsort wird als „weinfarbiger Efeu" (οἰνωπὸς κισσός; 673 f.) sowie als „eines Gottes unbetretenes/unbetretbares/ reines Laubwerk mit unzähligen Früchten, von der Sonne nicht beschienen und frei von allen Stürmen" (ἄβατος θεοῦ φυλλὰς μυριόκαρπος ἀνήλιος ἀνήνεμός τε πάντων χειμώνων; 675–678) näher definiert. Unschwer ist in dem zunächst unbenannten θεός Dionysos zu erkennen, dem der Efeu neben dem Wein ebenfalls heilig ist.[44] In den abschließenden Versen (677–680) der Strophe wird er in Begleitung der Nymphen, die seine Ammen waren, auch explizit genannt.

Der hier positiv beschriebene Naturraum, in dem sich die Handlung vollzieht, steht im Gegensatz zur Schilderung der Widrigkeiten, denen sich Antigone stellen muss, als sie Oidipus ins Exil folgte (347–352):

ἀεὶ μεθ' ἡμῶν δύσμορος πλανωμένη,
γερονταγωγεῖ, πολλὰ μὲν κατ' ἀγρίαν
ὕλην ἄσιτος νηλίπους τ' ἀλωμένη,
πολλοῖσι δ' ὄμβροις ἡλίου τε καύμασι
μοχθοῦσα τλήμων δεύτερ' ἡγεῖται τὰ τῆς
οἴκοι διαίτης, εἰ πατὴρ τροφὴν ἔχοι.

---

[39] Vgl. Kelly 2009, 100.
[40] Zu den sophokleischen Chorliedern vgl. jetzt auch Reitze 2017, speziell 528–649 zu dieser Tragödie. Leider konnte die Monographie für diesen Beitrag nicht mehr ausreichend berücksichtigt werden.
[41] Ausführlich wird dieser Aspekt bei Schönbeck 1962, 88–102 besprochen.
[42] Vgl. zur genaueren Interpretation dieses Stasimons McDevitt 1972. Seiner Einschätzung (gegenüber Jebb 1928, 112), dass man keine genaue Trennung der einzelnen Strophen als auf Kolonos im Speziellen und auf Attika im Allgemeinen bezogen vornehmen kann, ist wohl zuzustimmen.
[43] Vgl. z. B. Jebb 1928, 113; McDevitt 1972, 232.
[44] Vgl. z. B. Jebb 1928, 114; Schönbeck 1962, 91; Kamerbeek 1984, 105.

> Stets irrt sie unglückselig mit uns umher
> und führt (mich) alten Mann. Lange Zeit streift sie durch wilden
> Wald ohne Nahrung und mit bloßen Füßen,
> gequält durch häufige Regenschauer und die Hitze der Sonne,
> leidgeprüft stellt sie die (Annehmlichkeiten) des Lebens zuhause hintan,
> wenn nur der Vater zu essen hat.

Die Beschwernisse in der Wildnis werden hier dem angenehmen Leben im Haus (τὰ τῆς οἴκοι διαίτης) entgegengestellt. Wird von dem Hain im ersten Stasimon gesagt, er sei „von der Sonne nicht beschienen und frei von allen Stürmen" (ἀνήλιος ἀνήνεμός τε πάντων χειμώνων; 676–678), so heißt es in diesen Versen, Antigone habe unter Regenschauern und der Hitze der Sonne zu leiden gehabt. Der Hain in Kolonos steht also in einem Gegensatz zur übrigen Naturlandschaft. Der Unterschied im wahrgenommen Charakter der Landschaft zeigt sich auch in der Benennung: Wenn von Kolonos die Rede ist (s. auch o. Anm. 37), werden Begriffe wie ἄλσος, νάπος oder βῆσσα verwendet, was einen *locus amoenus* bzw. einen sakralen Ort impliziert.[45] Der Wald wird in diesem Bericht über die Widrigkeiten der Flucht jedoch als ἀγρία ὕλη („wildes Gehölz") bezeichnet. Es ist also keineswegs so, dass in dieser Tragödie die Natur allgemein als positiver Sehnsuchtsort dargestellt wird, sondern dies gilt nur für den Eumenidenhain, wo Oidipus erkennt, dass er ans Ende seiner Leiden gekommen ist (dies drückt er vor allem in den Versen 88–110 aus).

In der ersten Antistrophe des ersten Stasimons werden als weitere Elemente die „durch täglichen himmlischen Tau blühende schöntraubige Narzisse" (θάλλει δ' οὐρανίας ὑπ' ἄ-/χνας ὁ καλλίβοτρυς κατ' ἦμαρ αἰεὶ/νάρκισσος [...]; 681–683) sowie „der goldglänzende Krokus" ([...] ὅ τε/χρυσαυγὴς κρόκος [...]; 684 f.) genannt. Erstere wird dabei explizit mit Demeter und Kore verbunden (diese sind wohl mit den beiden μεγάλαιν θεαῖν [683] gemeint[46]), indem gesagt wird, sie sei das ἀρχαῖον στεφάνωμα („die Krone von alters her"[47]) der beiden Göttinnen. Beide Blumen gehören zu denen, die Kore nach dem pseudo-homerischen *Demeterhymnos* (6–8) gepflückt haben soll, als sie von Hades in die Unterwelt entführt wurde.[48]

Im Folgenden (685–691) werden die „schlaflosen" (ἄυπνοι [685 f.]; d. h. „nicht versiegenden") Quellen des Kephisos besungen, der mit seinem reinen Wasser

---

[45] Zum Hain als idealer Landschaft vgl. z. B. Schönbeck 1962, 49–56.
[46] Vgl. z. B. Jebb 1928, 115; Kamerbeek 1984, 106.
[47] Zu dieser Übersetzung von ἀρχαῖον vgl. Jebb 1928, 115 und Kamerbeek 1984, 106, der Jebb zustimmt.
[48] Vgl. auch Jebb 1928, 115 f.; Schönbeck 1962, 97; McDevitt 1972, 234; Kamerbeek 1984, 106.

das Land täglich überströmt und so für ein schnelles Wachstum der Pflanzen sorgt (ὠκυτόκος; 689). Die Gegend sei auch ein bevorzugter Aufenthaltsort der Musen und der Aphrodite.

Das zweite Strophenpaar ist den Geschenken der Athene (Ölbaum) und Poseidon (Pferdezucht, Seemacht) an Athen gewidmet und daher für diese Untersuchung weniger relevant. Die im ersten Strophenpaar genannten Naturelemente, wie laubreicher Wald, Vogelgesang, Blumen und Quellen, wirken auf den ersten Blick durchaus angenehm. In ihnen ist jedoch auch eine gewisse Assoziation mit dem Tod und der Unterwelt, die das Ende des Oidipus bereits andeuten, enthalten.[49] Dies trifft vor allem auf die gleich zu Beginn des Stückes von Antigone (17 f.) sowie im ersten Stasimon (670–678) vom Chor genannte Nachtigall[50] (dazu s. auch Anm. 79) sowie auf die beiden konkret genannten Blumenarten Narzisse und Krokus zu,[51] die mit den Göttinnen Demeter und Kore verbunden werden. Nicht zuletzt befindet sich in dem Hain wohl außer dem Heiligtum der Eumeniden,[52] das an einer nie versiegenden Quelle (ἀείρυτος κρήνη; 469 f.) liegt, auch ein Zugang zur Unterwelt.[53]

Wie bereits angesprochen, spielt in diesem Stück die Sakralisierung des Naturraumes eine große Rolle und sie zeigt sich auch im ersten Stasimon, in dem viele Naturelemente mit konkreten Gottheiten verknüpft werden. Die Grenze zwischen profanem Bereich und Sakralraum wird in dieser Tragödie klar gezogen und auf der Bühne wohl durch das αὐτόπετρον[54] βῆμα („Schwelle/Stufe/Sitz aus unbearbeitetem Felsen"; 193) markiert,[55] an dessen Rand sich Oidipus auf Geheiß des Chores setzt, weil er das Heiligtum noch nicht betreten darf. Bereits zu Beginn des Stückes (10), noch bevor Oidipus seinen Aufenthaltsort kennt, lässt Sophokles ihn zwischen βέβηλα („profane Bereiche, die betreten werden dürfen") und ἄλση θεῶν („heilige Haine der Götter") unterscheiden, ohne dass an dieser Stelle der Grund dafür ersichtlich wird. Es zeigt jedoch bereits die strikte Trennung des Profanen und des Heiligen an, die für diese Tragödie wichtig wird.[56] Die Respektierung der Grenze zwischen dem Eumenidenhain und der profanen Welt der Menschen wird vor allem von den Bewohnern

---

[49] Vgl. dazu McDevitt 1972, 234.
[50] Speziell zur Rolle der Nachtigall in diesem Stück vgl. Suksi 2001.
[51] Vgl. z. B. Jebb 1928, 115; McDevitt 1972, 234; Kamerbeek 1984, 106.
[52] Dieses Heiligtum befindet sich im hinterszenischen Raum und wird vom Chor als auf der anderen Seite des Hains gelegen (τοὐκεῖθεν ἄλσους, […], τοῦδ' […]; 505) beschrieben.
[53] Dieser ist wohl mit dem χαλκόπους ὀδός (57) bzw. dem καταρρήκτης ὀδὸς χαλκοῖς βάθροισι γῆθεν ἐρριζωμένος (1590 f.) gemeint. Vgl. dazu z. B. Jebb 1928, 21. 245; Kamerbeek 1984, 32. 216.
[54] Zu dieser Konjektur, der sich die meisten Editionen anschließen, vgl. z. B. Jebb 1928, 41 und Kamerbeek 1984, 49.
[55] Vgl. z. B. Jebb 1928, 41; Elliger 1975, 233 f.
[56] Vgl. Elliger 1975, 233.

von Kolonos immer wieder eingefordert.[57] Die unberührte bzw. unberührbare Natur dieses Ortes wird somit als Aufenthaltsort der Götter gekennzeichnet, in den der Mensch nicht oder nur unter bestimmten Umständen eintreten darf, etwa um im Heiligtum der Eumeniden ein Reinigungsritual (καθαρμός; 466) zu vollziehen (beschrieben in 469–490).[58] Allerdings gilt es auch hier, die Ruhe des Ortes nicht zu stören und daher sogar das Gebet schweigend zu sprechen (ἄπυστα φωνῶν μηδὲ μηκύνων βοήν; 489).[59]

Auch wenn die Umstände und der Kontext völlig anders als im zuvor besprochenen *Philoktet* sind, so zeigen sich doch einige Gemeinsamkeiten. Dies betrifft zum einen die Sakralisierung des Naturraumes, die im *Oidipus auf Kolonos* freilich ungleich stärker hervorgehoben wird. Daraus ergibt sich ebenfalls, dass eine scharfe Trennung zwischen der Welt der Menschen und der (weitgehend) unberührten Natur gezogen wird. Der Naturraum in Kolonos erscheint dabei zwar trotz aller darin enthaltenen Assoziationen mit dem Tod und der Unterwelt durchaus als ein *locus amoenus*, dies bedeutet jedoch nicht, dass die unberührte Natur als Ganze zu einem Sehnsuchtsort stilisiert wird. Dies zeigt sich eindrücklich in der Schilderung der für Antigone beschwerlichen Flucht. Das unfreiwillige Ausgestoßensein aus der menschlichen Gesellschaft ist sowohl im *Philoktet* als auch im *Oidipus auf Kolonos* als Unglück dargestellt. Ohnehin wird letztlich hauptsächlich für Oidipus der Eumenidenhain zu einem Sehnsuchtsort, nachdem er erkannt hat, dass er hier ein Ende seiner Leiden finden wird.

Beim Übertreten der Grenze zwischen der profanen menschlichen Welt und der sakralisierten Natur gilt es sich dem besonderen Charakter des Ortes anzupassen und daher etwa ein besonderes Reinigungsritual durchzuführen und zu schweigen. Für den dauerhaften Aufenthalt in diesem Hain ist freilich noch eine weitaus tiefgreifendere Transformation vorzunehmen. Diese besteht für Oidipus darin, seine Menschlichkeit völlig aufzugeben und mit seinem Tod zu einem Heros und Schutzgott für Attika zu werden. Durch diese Transformation geht Oidipus gewissermaßen in der ihn umgebenden sakralen Natur auf.

---

[57] Z. B. in den Worten des ξένος, auf den Oidipus und Antigone zunächst treffen: [...] ἔχεις γὰρ χῶρον οὐχ ἁγνὸν πατεῖν. (37); ἄθικτος οὐδ' οἰκητός [...] (39) sowie ausführlich auch in den Worten des Chors: 155–169. 193–196.

[58] Der in diesem Zusammenhang auch genannte ἔποικος, an den sich Ismene wenden soll, wenn sie etwas brauche (505 f.), ist wohl der Hüter des Heiligtums. Da dieser jedoch als ἔποικος (an dieser Stelle wohl „einer, der daneben wohnt") bezeichnet wird, kann man davon ausgehen, dass er sich nicht am Heiligtum selbst aufhält. Vgl. Jebb 1928, 88.

[59] Das Schweigegebot findet sich bereits in den Versen 36 f. und 166–169. Zudem wird der Hain als ἄφθεγκτον νάπος (156 f.) bezeichnet.

Euripides

Kyklops

Der *Kyklops* des Euripides ist das einzige vollständig erhaltene Satyrspiel. Das Stück ist nicht datiert, meist geht man in der Forschung jedoch vom Jahr 408 v. Chr. als Aufführungsdatum aus,[60] was nicht zuletzt an der Beschreibung der Höhle festgemacht wird, die auf einen Vers aus dem bereits besprochenen *Philoktet* des Sophokles anspielen könnte (dazu s. o. Anm. 32 und im Folgenden). Das Stück behandelt die berühmte Episode aus dem 9. Gesang der *Odyssee*, in der Odysseus mit seinen Männern auf den Zyklopen Polyphem trifft. Das Satyrspiel weist freilich einige Unterschiede gegenüber der *Odyssee* auf.[61] Der bedeutendste ist sicherlich, dass gattungsbedingt ein Chor aus Satyrn mit dem Silen auftritt. Die Satyrn sind auf der Suche nach ihrem Herrn Dionysos, der in die Hände von Seeräubern gefallen ist. Dabei sind die Satyrn jedoch durch einen Seesturm vom Kurs abgekommen und auf Sizilien am Fuße des Ätna gelandet. Hier hat sie der Zyklop Polyphem gefangen genommen und lässt sie als Sklaven für sich arbeiten. Diese Vorgeschichte schildert der Silen im Prolog (1–31). Die Handlung setzt an dem Tag ein, an dem Odysseus mit seinen Gefährten auf der Insel der Zyklopen landet. Er trifft zunächst auf den Silen, dem er im Austausch für Nahrung Wein anbietet, weil es diesen zum Leidwesen des Silens und der Satyrn auf dieser Insel nicht gibt.[62] Als der Silen Odysseus die versprochenen Nahrungsmittel aus der Höhle bringt, tritt jedoch der Zyklop hinzu. Weil der Silen befürchtet, von Polyphem für seinen Ungehorsam bestraft zu werden, gibt er allein Odysseus und seinen Männern die Schuld. Nachdem diese gefangen genommen und bereits zwei Männer vom Zyklopen verspeist worden sind, kommt Odysseus die Idee, den Zyklopen mit Wein betrunken zu machen, mit dem jener, wie gesagt, in der euripideischen Version des Mythos nicht vertraut ist. Odysseus macht Polyphem in der Folge betrunken und nutzt die anschließende Schläfrigkeit dazu, ihn zu blenden. Daraufhin gelingt es ihm mit seinen verbliebenen Männern, dem Silen und den Satyrn zu entfliehen.

---

[60] Vgl. z. B. Dale 1956, 106; Seaford 1982 und ders. 1984, 48–51; Lämmle 2011, 650 und dies. 2013, 327.

[61] Zum Verhältnis der homerischen Epen zum *Kyklops* vgl. z. B. Seaford 1984, 51–59; Lange 2002, 191–223; Lämmle 2011, 651–658 und dies. 2013, 335–350.

[62] Dies ist ein weiterer wesentlicher Unterschied zur *Odyssee*. Das Fehlen des Weins unterstreicht einerseits die Distanz der Zyklopeninsel von der menschlichen Kultur, andererseits – und dies ist sicherlich wichtiger für ein Satyrspiel – verstärkt es die Charakterisierung des Zyklopen als Gegner des Dionysos und seiner Anhänger. Vgl. Lämmle 2011, 657. Zur Ab- und Anwesenheit des Dionysos in diesem Satyrspiel vgl. auch ausführlicher dies. 2013, 113–125.

Die Szenerie wird vor allem in der an den Prolog anschließenden, fast schon bukolischen[63] Parodos (41–81) gezeichnet: Im Hintergrund befinden sich Felsspitzen (σκόπελοι; 43), wohl die des Ätna (in Vers 62 ist von den Αἰτναῖοι σκόπελοι die Rede). Weitere Naturelemente lassen die Umgebung als einen *locus amoenus* erscheinen. Die Hänge sind grasreich und taubedeckt und bieten somit eine gute Weide für die Schafe (ποιηρὰ βοτάνα [45]; κλειτὺς δροσερά [50]). Auch als der Zyklop zum Gelage vor seine Höhle tritt, preist Odysseus den mit frischem Gras bedeckten Boden (καὶ μὴν λαχνῶδές γ' οὖδας ἀνθηρᾶς χλόης; 541) an, auf dem sich Polyphem niederlassen soll. Zudem muss es in der Nähe einen Fluss geben, der das Wasser (δινᾶέν θ' ὕδωρ ποταμῶν;[64] 46) für die Tränke der Schafe liefert. Darüber hinaus ist von einer leichten und daher wohl angenehmen Brise die Rede (ὑπήνεμος αὔ-/ρα;[65] 44 f.).[66] Auf der Insel soll es auch noch ein Waldgebiet (δρυμοί; 447) geben, welches freilich nicht näher lokalisiert wird.

Obgleich der Naturraum vor allem in der Parodos zumindest mit wenigen Worten beschrieben wird, scheint er im Folgenden keine große Rolle mehr zu spielen.[67] Da abgesehen von der Höhle des Zyklopen keine Naturelemente deutlich in die Handlung einbezogen werden, lässt sich auch schwer ermitteln, was tatsächlich im Bühnenbild zu sehen war. Die Beschreibung der Szenerie am Anfang des Stückes dient wohl in erster Linie dazu, die Handlung in der Natur und in einer ‚bukolischen' Umgebung zu lokalisieren. So wird die Ferne zum städtischen Kulturraum demonstriert.

Das wichtigste Naturelement ist, wie gesagt, die Höhle[68] selbst, in der der Zyklop mit seinen Tieren und nun auch seinen Sklaven lebt. Bemerkenswert häufig wird die Lage der Höhle auf Sizilien und speziell ihre Nähe zum Ätna betont.[69]

---

[63] Vgl. z. B. Elliger 1975, 254; Seaford 1984, 106.
[64] Hierbei handelt es sich wohl um eine Enallage: „das Wasser strudelreicher Flüsse". Vgl. Biehl 1986, 83.
[65] Diese Stelle ist textkritisch umstritten. Die hier übernommene Lesart findet sich in den Handschriften und wird nicht nur in der Edition von Diggle, sondern etwa auch von Biehl 1986, 82 und Seaford 1984, 109 f. übernommen. Vor allem die Bedeutung von ὑπήνεμος (Grundbedeutung wohl „windgeschützt") bereitet Probleme, da nicht sicher ist, ob dieses Adjektiv in Verbindung mit αὔρα tatsächlich „eine leichte Brise" bezeichnen kann (das Lexikon von Liddell, Scott und Jones [LSJ] führt dies in seinem Lemma ὑπήνεμος freilich als metaphorische Bedeutung mit Verweis auf diese Stelle auf). Ganz außer Acht lassen kann man daher die Konjektur αὐλά von Musgrave nicht, womit die Stallungen der Schafe gemeint sein könnten. Dieser Konjektur schließt sich beispielsweise Willink 2001, 516 an.
[66] Zur aura als Element eines *locus amoenus* vgl. Schönbeck 1962, 18. Auch in der Beschreibung der Höhle des Philoktet durch Odysseus ist von einem angenehmen „Lüftchen" (πνοή; 19) die Rede.
[67] So auch Elliger 1975, 244.
[68] Dazu ausführlich auch Jobst 1970, 50–59.
[69] Z. B. Αἰτναία πέτρα (20); Αἰτναῖοι σκόπελοι (62); Σικελὸς Αἰτναῖος πάγος (95); Αἰτναῖος ὄχθος

Darin unterscheidet sich Euripides zwar von der *Odyssee*, in der die Zyklopeninsel nicht weiter identifiziert wird, er scheint jedoch nicht der einzige zu sein, der eine solche Lokalisierung vornimmt. So heißt es etwa bei Thukydides (6, 2, 1), dass bereits nach den ältesten Quellen die Zyklopen und die Laistrygonen in einem Teil des Landes leben sollen (παλαίτατοι μὲν λέγονται ἐν μέρει τινὶ τῆς χώρας Κύκλωπες καὶ Λαιστρυγόνες οἰκῆσαι).[70] Tatsächlich finden sich auf Sizilien und speziell am Fuße des Ätna viele Höhlen,[71] sodass diese Gegend einen passenden Schauplatz für die Geschichte bietet.[72] Eine gewisse Entfernung scheint allerdings schon zwischen der Höhle des Polyphem und dem Ätna zu liegen, da der Silen auf Odysseus' Frage, wo sich denn der Zyklop befinde, Folgendes antwortet (130): φροῦδος, πρὸς Αἴτνῃ θῆρας ἰχνεύων κυσίν. – „(Er ist) fort, beim Ätna wilde Tiere mit Hunden jagen."

Die Höhle ist einsam gelegen (ἄντρ' ἔρημα; 22), doch gibt es noch andere Zyklopen auf der Insel, weshalb Polyphem erwägen kann (445 f. 531–540), weitere Brüder (κασίγνητοι [445]; ἀδελφοί [531]; φίλοι [533]) zu einem Trinkgelage einzuladen. Die Gegend ist jedoch frei von menschlicher Kultur, wie aus dem Dialog des Odysseus mit dem Silen deutlich wird (115–118):

> Ὀδ. τείχη δὲ ποῦ 'στι καὶ πόλεως πυργώματα;
> Σι. οὐκ ἔστ'· ἔρημοι πρῶνες ἀνθρώπων, ξένε.
> Ὀδ. τίνες δ' ἔχουσι γαῖαν; ἦ θηρῶν γένος;
> Σι. Κύκλωπες, ἄντρ' ἔχοντες, οὐ στέγας δόμων.

> Od.: Aber wo sind hier Stadtmauern und die Türme einer Stadt?
> Si.: Die gibt es nicht. Die Vorgebirge sind menschenleer, Fremder.
> Od.: Wer aber besitzt (dieses) Land? Etwa eine Art der wilden Tiere?
> Si.: Die Zyklopen, sie bewohnen Höhlen, nicht Häuser.

Σικελίας ὑπέρτατος (114); [...] γῆς γὰρ Ἑλλάδος μυχοὺς/οἰκεῖς ὑπ' Αἴτνῃ, τῇ πυριστάκτῳ πέτρᾳ (297 f.); Κύκλωψ Αἰτναῖος (366); Αἴτνας μηλονόμος (660).

[70] Vgl. z. B. Seaford 1984, 100; Lange 2002, 196 Anm. 611 mit weiteren (späteren) Belegstellen. Die Lokalisierung verschiedener mythischer Wesen in der Nähe von Vulkanen ist auch ein wichtiges Element der im Entstehen begriffenen Dissertation von Katharina Hillenbrand.

[71] In der Antike hielt man gar die ganze Insel für hohl und mit Strömen von Feuer und Wasser gefüllt, wie aus einer Stelle (6, 2, 9) bei Strabon deutlich wird (ἅπασα δ' ἡ νῆσος κοίλη κατὰ γῆς ἐστι, ποταμῶν καὶ πυρὸς μεστή). Vgl. Kingsley 1995, 71–78 mit dieser und weiteren Stellen. Ich danke Katharina Hillenbrand für den Hinweis.

[72] Seaford 1982, 171 f. und ders. 1984, 55 schlägt darüber hinaus vor, dass die Qualen, die die Satyrn und die Männer des Odysseus auf Sizilien erleben müssen, eine Anspielung auf die schlimme Lage der Athener in den Steinbrüchen von Syrakus nach dem Desaster der Sizilischen Expedition sein könnten. Dies setzt freilich ein Aufführungsdatum bald nach 413 v. Chr. voraus.

Die Zyklopen werden hier also eher in die Nähe von wilden Tieren gerückt und von den Menschen abgegrenzt. Dies zeigt sich nicht zuletzt an der Tatsache, dass die Zyklopen in einer typischen Tierbehausung, der Höhle, und gerade nicht wie die Menschen in einem Haus leben. Im Gegensatz etwa zur Höhle des sophokleischen Philoktet soll diese Höhle keine Mittelstellung zwischen natürlicher Behausung einerseits und menschlicher Wohnung andererseits einnehmen. Dennoch wird auch in diesem Satyrstück teilweise mit Begriffen aus der menschlichen Sphäre auf die Höhle bzw. den Haushalt des Polyphem rekurriert,[73] meist ist jedoch von einer (Felsen-)Höhle die Rede.[74] Das Ausmaß der Höhle wird als gewaltig imaginiert,[75] was aber nicht bedeutet, dass dies im Bühnenbild tatsächlich der Fall war.[76]

Ein zentraler Unterschied zur *Odyssee* ist auch die Tatsache, dass die Höhle nicht durch einen Stein verschlossen ist, sodass die Akteure stets problemlos in den hinterszenischen Raum treten können. Erst ganz zum Schluss wird deutlich, dass die Höhle sogar einen zweiten Eingang besitzt, der sich wohl zum Meer hin öffnet. Der geblendete Zyklop droht hier (704–707) nämlich von der Anhöhe mit Felsbrocken nach den Flüchtenden zu werfen und dazu die wohl tunnelartige Höhle zu durchqueren (707): δι' ἀμφιτρῆτος τῆσδε προσβαίνων ποδί – „durch diesen auf beiden Seiten durchbohrten (Felsen?) zu Fuß hinaufsteigend". Das in diesem Vers verwendete Wort ἀμφιτρής (wörtlich „auf beiden Seiten durchbohrt") ist, wie bereits oben (Anm. 32) angemerkt, nur noch einmal in der erhaltenen Literatur verwendet, nämlich in einem bereits besprochenen Vers (19) aus dem sophokleischen *Philoktet*. Viele Forscher[77] sind der Meinung,

---

[73] Z. B. δόμοι (23. 129. 455. 679); στέγαι (29); μέλαθρα (491. 512). Vgl. auch Jobst 1970, 57.

[74] Z. B. αὔλιον bzw. αὔλια (222. 345. 593); ἄντρον bzw. ἄντρα (22. 87. 100. 118. 206. 252. 255. 375); ἄντρα πετρηρεφῆ (82); πέτρα (195. 197. 324. 407. 666); φάραγξ (668). Dazu auch πέτρινα μέλαθρα (491). Vgl. auch Jobst 1970, 57.

[75] Nicht nur finden der riesenhafte Zyklop, seine Schafherde, die Satyrn und die Griechen darin Platz, sie bietet nach Auskunft des Silens auch zahlreiche Schlupfwinkel, in die man sich flüchten könne ([...] εἰσὶ καταφυγαὶ πολλαὶ πέτρας [197]; dazu auch die Aussage des Odysseus: ἄλλοι δ' ὅπως ὄρνιθες ἐν μυχοῖς πέτρας/πτήξαντες εἶχον, [...] [407 f.]).

[76] Jobst 1970, 59 geht sogar davon aus, dass die Höhle „nach den Spielangaben des Dichters [...] nicht allzu groß sein" konnte.

[77] Zuerst wohl Dale 1956, 106. Dazu z. B. auch Jobst 1970, 51; Seaford 1982, 171 und ders. 1984, 225; Lämmle 2011, 650. 657 und dies. 2013, 329. Anders aber Müller 1991 (dazu s. auch Anm. 32). Biehl 1986, 237 bestreitet gar, dass die Höhle zwei Ausgänge besitze, und meint, dass es sich um einen natürlichen Pfad handle, der durch das ringsherum verstreute Felsgestein hindurchführe. Es erscheint allerdings fraglich, ob ἀμφιτρής wirklich diese Bedeutung haben kann. Sein Argument, dass gemäß der Handlung ein zweiter Eingang eigentlich unpassend wäre, verfängt nicht unbedingt. Es liegt möglicherweise ein komisches Potential in der Tatsache, dass Odysseus und seinen Männern nicht nur ein Ausgang, sondern sogar zwei zur Verfügung gestanden hätten, sodass es eigentlich nicht zum Verspeisen der Gefährten und der Blendung des Zyklopen hätte kommen müssen. Vgl. Dale 1956, 105; Lämmle 2011, 656 f.

dass hier eine Anspielung auf eben jenes Stück vorliegt, sodass der *Kyklops* mit einiger Wahrscheinlichkeit bald nach 409 v. Chr. aufgeführt worden sein muss.

Auch in diesem Satyrspiel lässt sich eine scharfe Trennung zwischen menschlicher Kultur und Natur feststellen. Zwar wird der Naturraum, in dem das Stück spielt, zumindest in der Parodos relativ positiv beschrieben, es wird aber deutlich, dass dies kein geeigneter Ort für Menschen ist. Vielmehr ist die Insel die Heimat der fast tierartigen Zyklopen (und zunächst auch unfreiwillig die der ebenfalls halbtierischen Satyrn). Im Gegensatz zur ambivalenten Stellung der Höhle des Philoktet bleibt die Höhle des Zyklopen in höherem Maße eine kulturlose und tierische Behausung. Dies wird explizit in der oben angeführten Beschreibung des Silens herausgestellt.

Aristophanes

Vögel

Von den erhaltenen Komödien des Aristophanes sind vor allem die *Vögel* für unsere Fragestellung interessant. Dieses Stück hat an den Großen Dionysien des Jahres 414 v. Chr. den zweiten Platz belegt. Die Handlung lässt sich folgendermaßen grob umreißen:

Die beiden Athener Euelpides und Peisetairos, deren sprechende Namen man vielleicht mit „Optimist" und „Ratefreund"[78] übersetzen könnte, sind ihrer Stadt und der dort herrschenden Prozesssucht (φιλοδικία) überdrüssig und begeben sich daher zu Tereus, der der Sage[79] nach einst ein Mensch war, dann aber in einen Wiedehopf verwandelt wurde und nun der König der Vögel ist. Da Tereus sowohl die menschliche Gesellschaft als auch die der Vögel kennt, erhoffen sich Euelpides und Peisetairos von ihm einen guten Rat, wo sie einen ruhigeren und weniger geschäftigen Ort (τόπος ἀπράγμων; *Av.* 44)

---

[78] Vgl. Zimmermann 2006, 122.
[79] Die vielleicht bekannteste Version dieser Sage stammt aus den *Metamorphosen* (6, 424–674) Ovids. Tereus war der König der Thraker und mit Prokne verheiratet. Er begehrte jedoch auch seine Schwägerin Philomela, die er vergewaltigte, anschließend einsperrte und deren Zunge er herausschnitt, damit sie Prokne die Schandtaten nicht schildern konnte. Philomela wob ihre Geschichte jedoch in ein Gewand ein und konnte Prokne so das Verbrechen des Tereus mitteilen. Prokne befreite daraufhin ihre Schwester und gemeinsam setzten sie Tereus seinen Sohn Itys zum Mahl vor. Zeus verwandelte sie schließlich in Vögel: Tereus in einen Wiedehopf, Prokne in eine Nachtigall und Philomela in eine Schwalbe. Diese Geschichte muss man wohl als bekannt voraussetzen, wenngleich Tereus in den *Vögeln* des Aristophanes weit positiver dargestellt wird und er sich sogar darüber beschwert, dass ihn Sophokles in seiner wenige Jahre zuvor aufgeführten Tragödie *Tereus* (vgl. dazu Dunbar 1995, 139–141; von dieser Tragödie sind die Fragmente 581–595b TrGF erhalten) zu negativ wegkommen ließ: Τοιαῦτα μέντοι Σοφοκλῆς λυμαίνεται/ἐν ταῖς τραγῳδίαισιν ἐμὲ τὸν Τηρέα. (Ar. *Av.* 100 f.)

finden können.[80] Der nennt ihnen tatsächlich eine geeignete Stadt am Roten Meer (*Av.* 143–145) sowie einige weitere griechische Städte, die jedoch den beiden Athenern nicht genehm sind. Schließlich stellt er den beiden auch das Leben der Vögel als positiv dar ([...] οὐκ ἄχαρις εἰς τὴν τριβήν; 156) und Euelpides stimmt mit ein (ὑμεῖς μὲν ἄρα ζῆτε νυμφίων βίον; 161). Peisetairos als typischer Athener erkennt sofort die gute Lage und die potentielle Macht der Vögel und ersinnt ein Vogelimperium, von dem er mit Tereus' Hilfe auch die zunächst skeptischen übrigen Vögel überzeugen kann. Man errichtet eine Stadt in den Wolken, die Peisetairos Νεφελοκοκκυγία (819; im Deutschen meist mit „Wolkenkuckucksheim" übersetzt) nennt. Diese befindet sich zwischen der Erde der Menschen und der himmlischen Sphäre der Götter, sodass die Vögel die Opferdämpfe, von denen sich die Götter ernähren, abfangen und so die Götter aushungern können. Diese senden bald auch eine Gesandtschaft bestehend aus dem aristokratischen Poseidon, dem proletarischen Herakles und einem Triballer, einem barbarischen Gott, der nicht einmal richtig Griechisch spricht. Von diesen verlangt Peisetairos das Zepter des Zeus und die Basileia (die Königin) zur Frau, was ihm der hungrige Herakles und der Triballer gewähren. Die Komödie endet mit der triumphalen Hochzeit des Peisetairos mit Basileia, wodurch dieser zum neuen Herrscher der Welt wird.

Als Szenerie[81] am Anfang des Stücks, die für unsere Zwecke am wichtigsten ist, muss man sich wohl ein Waldstück und einen felsigen Untergrund vorstellen. Dies wird bereits im ersten Vers deutlich, wo von einem Baum (δένδρον) die Rede ist und schon durch dieses Wort eine erste Verortung der Handlung in der Natur vollzogen wird. Im Folgenden ist auch von Felsen ([...] κατὰ τῶν πετρῶν/ἡμᾶς ἔτ' ἄξεις; [...]; 20 f.) die Rede, die auf dem Weg zur Wohnung des Tereus liegen. Die Felsen selbst müssen wohl tatsächlich auf der Bühne zu sehen gewesen sein, denn Euelpides fordert Peisetairos dazu auf, gegen sie zu treten ([...] τῷ σκέλει θένε τὴν πέτραν; 54) bzw. mit einem Stein, der wohl ebenfalls als Requisite auf der Bühne lag, dagegen zu stoßen (σὺ δ' οὖν λίθῳ κόψον λαβών. [...]; 56).[82] Der Felsen, an den Peisetairos hier klopft, scheint der Eingang zum Nest des Tereus gewesen zu sein. Dieser Eingang dürfte zudem mit Zweigen oder Ähnlichem ausstaffiert gewesen sein.[83] Dies wird aus verschiedenen Aussagen ersichtlich: Zum einen spricht der Wiedehopf Tereus vom Bühnenhintergrund aus, bevor er aus der Tür hinaustritt, die Worte (92): ἄνοιγε τὴν ὕλην, ἵν' ἐξέλθω ποτέ. –

---

[80] Zu Reflexen auf die generell angenommene Umtriebigkeit der Athener sowie konkret zur in dieser Zeit stattfindenden Sizilischen Expedition (415–413 v. Chr.) in den *Vögeln* vgl. Zimmermann 1983, 66–72.
[81] Eine ähnliche Beschreibung findet sich etwa auch bei Craik 1990, 83 f.; Dunbar 1995, 16–19. 130–132; Althoff 2003, 130–133.
[82] Vgl. Althoff 2003, 131.
[83] Vgl. ebd.

„Öffne den Wald, damit ich dann hinaustreten (kann)." Hier liegt ein Wortspiel mit dem Begriff ὕλη, der unter anderem „Gehölz" oder „Wald" bedeutet, und dem Wort πύλη, das einen Türflügel oder eine Eingangstür bezeichnet, vor.[84] Auf das Nest des Wiedehopfs Tereus, in dem er mit seiner Gattin Prokne, der Nachtigall, lebt, wird im Folgenden an mehreren Stellen[85] mit λόχμη („Dickicht"; „Gebüsch") angespielt.

Ein wichtiges Element der Naturdarstellung ist auch die Kostümierung des Chors, die in dieser Komödie besonders aufwändig gestaltet gewesen sein muss. Der Chor besteht nämlich aus insgesamt 24 individuell genannten Vögeln (297–304), die in der Parodos nacheinander auftreten und wohl auch unterschiedlich maskiert gewesen sein dürften.[86] Interessanterweise werden die Vögel in einer bestimmten Ordnung von Tereus aufgerufen und zwar nach den Bereichen gegliedert, von denen sie ihre Nahrung gewinnen, sodass in dieser Arie eine gewisse Einteilung der Landschaft vorliegt.[87] Darunter befinden sich sowohl Kulturlandschaften wie Äcker (230–236) und Gärten (238 f.) als auch naturbelassenere Orte wie Berge (240 f.), Sümpfe (244 f.), Wiesen (245–249) und die Küste (250 f.).

Darüber hinaus zeigt sich der Charakter des Tierchores auch in seinen Liedern, die zwar durchaus in menschlicher, griechischer Sprache gehalten sind, aber Koloraturen enthalten, die den Vogelgesang nachahmen und dann teilweise in ein artikuliertes Wort übergehen.[88] Besonders viele solcher Koloraturen enthalten die Lieder des Tereus, die teilweise den natürlichen Gesang eines Wiedehopfs nachahmen.[89]

Sehr kunstvoll imaginiert der Chor einen *locus amoenus* in der Ode der Parabase (737–751):

> Μοῦσα λοχμαία,
> τιοτιοτιοτιοτίγξ,
> ποικίλη, μεθ' ἧς ἐγὼ νά-
> παισί τε καὶ κορυφαῖς ἐν ὀρείαις,

---

[84] Vgl. z. B. Dunbar 1995, 161. Das Wortspiel erklären allerdings bereits die Scholien RVEΓ zu dieser Stelle.
[85] Z. B. 202. 207. 265. 737 (Μοῦσα λοχμαία als Bezeichnung der Nachtigall).
[86] Vgl. Dunbar 1995, 15 f.
[87] Vgl. Elliger 1975, 275. Er scheint hier allerdings nicht ganz richtig zu liegen, wenn er von „Nistplätzen" spricht.
[88] Z. B. ποποποποποποπο ποῦ μ' ὅς ἐκάλεσε; [...] (310); τιτιτιτιτιτιτι τίνα λόγον ἄρα ποτὲ/πρὸς ἐμὲ φίλον ἔχων; (314 f.).
[89] Z. B. ἐποποποῖ ποποποποῖ ποποῖ/ἰὼ ἰὼ ἰτὼ ἰτὼ ἰτὼ ἰτὼ (228 f.); τιὸ τιὸ τιὸ τιὸ τιὸ τιὸ τιὸ τιὸ (237). Vgl. Dunbar 1995, 154. 213 f.

τιοτιοτιοτιοτίγξ,
ἱζόμενος μελίας ἔπι φυλλοκόμου,
τιοτιοτιοτιοτίγξ,
δι' ἐμῆς γένυος ξουθῆς μελέων
Πανὶ νόμους ἱεροὺς ἀναφαίνω
σεμνά τε Μητρὶ χορεύματ' ὀρείᾳ,
τοτοτοτοτοτοτοτοτίγξ,
ἔνθεν ὡσπερεὶ μέλιττα
Φρύνιχος ἀμβροσίων μελέων ἀπεβόσκετο καρπὸν ἀεὶ
φέρων γλυκεῖαν ᾠδάν,
τιοτιοτιοτίγξ.

Muse des Gebüsches,[90]
tiotiotiotiotinx,
mit facettenreichem Gesang[91], mit der ich in Waldtälern und auf Berggipfeln,
tiotiotiotiotinx,
sitzend auf der dichtbelaubten Manna-Esche,
tiotiotiotiotinx,
aus meiner hellsingenden/trillernden Kehle der Gesänge
heilige Melodien dem Pan hervorbringe
und die ehrwürdigen Reigentänze für die Mutter der Bergwelt,
totototototototototinx,
von dort, wo Phrynichos einer Biene gleich
stets die Frucht ambrosischer Lieder abweidete
und eine süße Weise davontrug,
tiotiotiotinx.

Die Naturbeschreibung ist in diesem Chorlied rein literarisch und wird kaum eine Entsprechung in der Bühnenmalerei gehabt haben. Als *locus amoenus* wird in der Ode die unberührte Bergwelt mit ihren Waldtälern imaginiert und als konkrete Baumart die Manna-Esche (μελία) genannt. Zudem findet sich der Topos vom Dichter, der seine Lieder von der Blumenwiese der Musen pflückt, wie eine Biene den Honig sammelt.[92]

Die Antode (769–784) hat den Gesang von Schwänen und dessen Wirkung auf die Natur und die Götter zum Thema.

---

[90] Gemeint ist wohl die Nachtigall, die in Büschen nistet. Vgl. auch Dunbar 1995, 462 für eine Diskussion.
[91] Für diese Bedeutung des Wortes ποικιλός vgl. Dunbar 1995, 463.
[92] Dieser Topos findet sich in Bezug auf Phrynichos bei Aristophanes auch in den *Wespen* 220 und den *Fröschen* 1298–1300. Vgl. dazu allgemein z. B. Waszink 1974 sowie Berrens 2018, 363–376.

τοιάδε κύκνοι,
τιοτιοτιοτιοτίγξ,
συμμιγῆ βοὴν ὁμοῦ πτε-
ροῖσι κρέκοντες ἴαχον Ἀπόλλω,
τιοτιοτιοτιοτίγξ,
ὄχθῳ ἐφεζόμενοι παρ' Ἕβρον ποταμόν,
τιοτιοτιοτιοτίγξ,
διὰ δ' αἰθέριον νέφος ἦλθε βοά·
πτῆξε δὲ ποικίλα φῦλα τὰ θηρῶν,
κύματά τ' ἔσβεσε νήνεμος αἴθρη,
τοτοτοτοτοτοτοτοτίγξ·
πᾶς δ' ἐπεκτύπησ' Ὄλυμπος·
εἷλε δὲ θάμβος ἄνακτας· Ὀλυμπιάδες δὲ μέλος Χάριτες
Μοῦσαί τ' ἐπωλόλυξαν,
τιοτιοτιοτίγξ.

Solches ließen die Schwäne,
tiotiotiotiotinx,
zu Ehren Apollons erklingen und zusammen mit ihren Flügel(schlägen)
vermischt gaben sie einen Ruf von sich,
tiotiotiotiotinx,
sitzend am Ufer den Fluss Ebros entlang,
tiotiotiotiotinx,
drang durch den Dunst des Äthers ihr Rufen;
es duckten sich aber ängstlich die bunten Scharen wilder Tiere
und der windstille Äther löschte die Wogen,
totototototototototinx;
der ganze Olymp aber hallte dazu wider;
Staunen ergriff die herrschenden (Götter); die olympischen Chariten aber
und die Musen jauchzten dazu ein Lied,
tiotiotiotinx.

Als geographischer Raum wird hier der Nordosten Griechenlands evoziert, was durch die Nennung des Flusses Ebros in Thrakien und des Olymps gelingt. Auffällig ist die Verbindung von Naturelementen und göttlichen Wesen wie dem Adressaten des Schwanengesangs Apollon, den übrigen Göttern am Olymp sowie den besonders hervorgehobenen Chariten und Musen, wodurch die Anmut und die Kunstfertigkeit des Schwanengesangs betont werden. Diese Sakralisierung des Naturraumes konnte bereits in den zuvor besprochenen Tragödien des Sophokles festgestellt werden.

Interessant ist auch das Verhältnis des Menschen zur Natur in dieser Komödie. Im Vergleich etwa zum sophokleischen *Philoktet* wird die Natur in den *Vögeln* eher zu einem Sehnsuchtsort und steht im Gegensatz zum negativ besetzten hektischen Leben in der Großstadt Athen. Ähnlich ist jedoch der Einfluss des Menschen auf die Natur, die hier – wohl auch gattungsbedingt – noch deutlicher herausgestellt wird. Dies kann man zum einen an der Figur des Peisetairos festmachen, der sofort, nachdem er die Welt der Vögel als angenehmen Zufluchtsort erkannt hat, diese nach menschlichem Vorbild umgestalten will und damit kurioserweise den hektischen und geschäftigen Zustand, vor dem er eigentlich fliehen wollte, in noch extremerer Form herstellt. Dieses Verhalten ist ebenfalls in der Figur des Wiedehopfs Tereus angelegt, der ohnehin ein Mittler zwischen der Welt der Vögel und der der Menschen ist. Dies zeigt sich rein äußerlich in seinem Kostüm, das – wie die Reaktion des Euelpides und des Peisetairos auf sein erstes Auftreten (93–106) zeigt – eher eine notdürftige Verkleidung aus einigen wenigen Federn und einem wohl lächerlich wirkenden Schnabel[93] gewesen sein dürfte, unter der man den Menschen noch gut erkennen konnte. Ähnlich improvisiert wirkte wohl auch das Kostüm des Peisetairos und des Euelpides (801–808) nach ihrer Verwandlung in Vögel mittels eines Würzelchens (654 f.).

Tereus hat zudem als einziger Vogel einen Diener, was damit begründet wird, dass er einmal ein Mensch war (74 f.). Darüber hinaus beschreibt Tereus, als er Euelpides und Peisetairos in sein Nest bittet, dieses so, als handle es sich um ein Haus (640–643):[94]

> [...] πρῶτον δέ γε
> εἰσέλθετ' εἰς νεοττιάν τε τὴν ἐμὴν
> καὶ τἀμὰ κάρφη καὶ τὰ παρόντα φρύγανα,
> καὶ τοὔνομ' ἡμῖν φράσατον. [...]

> [...] Zunächst aber
> tretet nun in mein Nest
> und zu meinem dürren Stroh und dem trockenen Holz, das dort liegt,
> und sagt uns beide eure Namen. [...]

Die bedeutendste Kulturleistung des Tereus ist jedoch, dass er die Vögel durch seinen langen Umgang mit ihnen die Sprache der Menschen gelehrt hat, sodass sie keine Barbaren – wie er es selbst sagt – mehr sind.[95] Natürlich

---

[93] τὸ ῥάμφος ἥμιν σου γέλοιον φαίνεται. (99).
[94] Vgl. Dunbar 1995, 415.
[95] ἐγὼ γὰρ αὐτοὺς βαρβάρους ὄντας πρὸ τοῦ/ἐδίδαξα τὴν φωνήν, ξυνὼν πολὺν χρόνον. (199 f.).

ist die Fähigkeit des Chores, sich in griechischer Sprache ausdrücken zu können, schon aus Gründen der Aufführung eine praktische Notwendigkeit. Aristophanes geht in dieser Komödie jedoch nicht stillschweigend darüber hinweg, sondern entwickelt eine ‚rationale' Erklärung dafür, warum die Tiere auf eine zivilisatorisch höhere Stufe gestellt sind. Wie es auch in den sophokleischen Tragödien festgestellt werden konnte, kann die prinzipielle Trennung der Natur und der menschlichen Kultur bis zu einem gewissen Grade überwunden werden. Eine Voraussetzung dafür ist aber, dass der Mensch seine Menschlichkeit zumindest teilweise aufgibt und Teil der Natur wird. Die Natur wiederum erfährt durch das Wirken des Menschen ebenfalls eine Veränderung, sodass sich beide Bereiche einander anpassen.

Fazit und Ausblick

Es wäre vermessen, anhand dieser vier untersuchten Stücke allgemeingültige Aussagen zu Naturdarstellungen im attischen Drama oder gar zum Naturverständnis in Athen gegen Ende des fünften vorchristlichen Jahrhunderts treffen zu wollen. Bei allen Unterschieden im Detail, die nicht nur dem jeweiligen Plot, sondern sicherlich auch der Tatsache geschuldet sind, dass es sich um Stücke aus allen drei Gattungen des Dramas sowie von drei verschiedenen Dichtern handelt, lassen sich aber doch gewisse Gemeinsamkeiten in der Naturdarstellung und -wahrnehmung erkennen, die im Folgenden noch einmal kurz zusammengefasst werden sollen.

Die genaue Inszenierung der Stücke ist im Einzelnen kaum sicher zu rekonstruieren, doch alle bieten gewisse Anhaltspunkte, wie man sich das Setting vorzustellen hat. Dies geschieht mithilfe „verbaler Bühnenmalerei" oft am Anfang eines Stückes. Bereits mit wenigen Worten lässt sich so ein bestimmter Naturraum evozieren. Schattige Haine, feuchte Wiesen, klare Bäche, Vogelgesang und eine angenehme Brise lassen dabei an einen *locus amoenus* denken, Felsen, wilde Tiere und ein ungünstiges Klima kennzeichnen dagegen einen eher unwirtlichen Ort.

Die Natur wird oftmals relativ scharf von der Kultur der Menschen getrennt. Sie wird nicht allgemein zu einem Sehnsuchtsort, sondern kann höchstens vereinzelt für bestimmte Menschen zu einem solchen werden. Dies gilt etwa für den sophokleischen Oidipus, Euelpides und Peisetairos in den *Vögeln* des Aristophanes oder beispielsweise auch für Hippolytos in der gleichnamigen Tragödie des Euripides.[96] Dieses Stück wurde hier freilich nicht untersucht, weil sich die auf der Bühne sichtbare Handlung nicht in der Natur vollzieht.

---

[96] Zur Beziehung der einzelnen Personen zum Naturraum vgl. z. B. Ellinger 1975, 248–251.

Hält sich der Mensch für einen längeren Zeitraum oder gar dauerhaft in der Natur auf, gibt er in der Regel einen Teil seiner Menschlichkeit auf. So wird etwa Philoktet zu einem ‚Wilden', Tereus, Euelpides und Peisetairos werden zu Vögeln und auch Oidipus passt sich gewissermaßen der ihn umgebenden Natur an, indem er mit seinem Tod zu einem Heros für Attika wird. Ähnliches gilt für die Bakchantinnen in den *Bakchen* des Euripides, die wie der *Hippolytos* in diesem Beitrag nicht ausführlicher besprochen wurden. Auch sie geben unter der Einwirkung des Dionysos ihre menschliche Kultur für einen gewissen Zeitraum auf, um in die Wälder des Kithairongebirges zu ziehen. Ein festes Element des Mythos nicht nur in dieser Tragödie, sondern auch in anderen antike Texten,[97] ist die Ablehnung, auf die Dionysos als ursprünglicher Vegetationsgott stößt und der Versuch, ihn aus den Städten der Menschen auszuschließen. Die Zyklopen und die Satyrn, die Tierisches und Menschliches in sich vereinen, können dagegen dauerhaft in der Natur leben.

Zugleich wird die Natur durch das Wirken des Menschen oftmals bis zu einem gewissen Grade ‚kultiviert'. Dies gilt etwa für die Höhle des Philoktet, die auch Züge eines menschlichen Hauses erhält und entsprechend bezeichnet wird, oder für das Wirken der verwandelten Menschen auf die Welt der Vögel in der aristophanischen Komödie. Mensch und Natur passen sich so einander an und die ursprünglich scharfe Trennung zwischen beiden Bereichen wird teilweise aufgehoben.

Ein weiterer wichtiger Aspekt, der sich wohl gattungsbedingt vor allem in der Tragödie zeigt, ist die Rolle der Natur als Bereich des Göttlichen. So werden bestimmte Pflanzen- oder Tierarten mit einer Gottheit verknüpft oder gewisse Naturelemente wie Quellen, Gebirge und Haine als einem Gott geweiht beschrieben. Diese Bereiche können ebenfalls scharf von der profanen Welt der Menschen abgegrenzt werden. Dies zeigt sich eindrücklich etwa im *Oidipus auf Kolonos*, aber beispielsweise auch in den *Bakchen* und dem *Hippolytos* des Euripides. So sind die Waldtäler des Kithairongebirges in den *Bakchen* durchaus als *locus amoenus* beschrieben,[98] allerdings ausschließlich den Bakchantinnen vorbehalten. Die Katastrophe tritt ein, wenn sich Pentheus unerlaubt in diesen Bereich begibt. Ebenso ist die unberührte Wiese, von der Hippolytos der Artemis einen Blumenkranz geflochten hat, nicht von jedem zu betreten (*Hipp.* 73–81):

> σοὶ τόνδε πλεκτὸν στέφανον ἐξ ἀκηράτου
> λειμῶνος, ὦ δέσποινα, κοσμήσας φέρω,
> ἔνθ' οὔτε ποιμὴν ἀξιοῖ φέρβειν βοτὰ

---

[97] Z. B. Homer, *Ilias* 6, 130–140, *Scholien* zu Aristophanes, *Acharner* 243a.
[98] Dies findet sich vor allem in den beiden Botenberichten, jeweils bevor die Bakchantinnen den männlichen Eindringling entdecken (677–727 bzw. 1048–1057). Vgl. Ellinger 1975, 254.

οὔτ' ἦλθέ πω σίδηρος, ἀλλ' ἀκήρατον
μέλισσα λειμῶν' ἠρινὴ διέρχεται,
Αἰδὼς δὲ ποταμίαισι κηπεύει δρόσοις,
ὅσοις διδακτὸν μηδὲν ἀλλ' ἐν τῇ φύσει
τὸ σωφρονεῖν εἴληχεν ἐς τὰ πάντ' ἀεί,
τούτοις δρέπεσθαι, τοῖς κακοῖσι δ' οὐ θέμις.

Dir (i.e. Artemis) bringe ich diesen geflochtenen Kranz von einer
unversehrten Wiese, oh Herrin, bereitet,
wo es weder ein Hirte wagt, seine Schafe zu weiden,
noch jemals ein Eisen (i.e. eine Sense) gekommen ist, sondern eine
Frühlingsbiene die unversehrte Wiese durcheilt,
die Scham aber den Garten pflegt mit Tropfen eines Flusses.
Denjenigen, die man nichts lehren musste, sondern in deren Natur
die Enthaltsamkeit immer in allen Belangen enthalten ist,
denjenigen ist das göttliche Recht (gewährt hier Blumen) zu pflücken, den
Schlechten aber nicht.

Die unberührte Wiese ist hier wie die Biene[99] ein Sinnbild für die sexuelle Enthaltsamkeit, für die Artemis ebenso wie ihr Anhänger Hippolytos steht, was ihn auch gewissermaßen außerhalb der menschlichen Gesellschaft stellt. Allen übrigen Menschen, die diese von Natur aus angelegte Eigenschaft nicht teilen, müssen sich von dieser Wiese fernhalten.

Notwendigerweise konnten in diesem Beitrag die Naturdarstellungen nur exemplarisch anhand einiger Stücke untersucht werden, in denen die Szenerie tatsächlich einen Naturraum zeigt. Es lohnte sich aber sicherlich in einer umfangreicheren Untersuchung weitere Werke, nicht zuletzt die *Bakchen* und den *Hippolytos* des Euripides, und Fragmente einzubeziehen, um die hier herausgearbeiteten Ergebnisse in einem größeren Kontext zu betrachten und zu prüfen.

Verwendete Editionen

Aischylos, *Tragoediae*, ed. M. L. West, Stuttgart 1990.
Aristophanes, *Fabulae*, Vol. I et II, ed. N. G. Wilson, Oxford 2007.
Aristoteles, *Poetics*. Editio maior of the Greek Text with Historical Introductions and Philological Commentaries, ed. L. Tarán und D. Gutas, Leiden/Boston 2012 (= Mnemosyne Supplements 338).
Dion Chrysostomos, *Opera omnia*, Vol. II, ed. H. von Arnim, Berlin 1896.
Euripides, *Fabulae*, Vol. I–III, ed. J. Diggle, Oxford 1981–1994.

---

[99] Vgl. dazu Elliger 1975, 256 sowie Berrens 2018, 228.

Homer, *Ilias*, Pars I, ed. M. L. West, Stuttgart/Leipzig 1998.
Homer, *Opera*, Tomus V. *Hymni, Cyclus, Fragmenta, Margites, Batrachomyomachia, Vitae*, ed. T. W. Allen, Oxford 1946.
Ovid, *Metamorphosen*, ed. W. S. Anderson, Berlin/New York ²1982.
Scholia in Aristophanem I 1B. *In Acharnenses*, ed. N. G. Wilson, Groningen 1975.
Scholia in Aristophanem II.3 *Scholia vetera et recentiora in Aristophanis* Aves, ed. D. Holwerda, Groningen 1991.
Sophokles, *Fabulae*, ed. H. Lloyd-Jones und N. G. Wilson, Oxford 1990.
Strabon, *Geographika*, Bd. 2, Buch V–VIII: Text und Übersetzung, hrsg. von S. Radt, Göttingen 2003.
Thukydides, *Historiae*, Tomus II, Libri V–VIII, ed. H. S. Jones, Oxford 1942.
Tragicorum Graecorum Fragmenta (TrGF), Vol. 3. Aeschylus, ed. S. Radt, Göttingen 1985.
Tragicorum Graecorum Fragmenta (TrGF), Vol. 4. Sophocles, ed. S. Radt, Göttingen 1977.
Tragicorum Graecorum Fragmenta (TrGF), Vol. 5.2. Euripides, ed. R. Kannicht, Göttingen 2004.
Vitruve, *De l'architecture*. Livre V, texte établi, traduit et commenté par C. Saliou, Paris 2009 (= Collection Budé 393).
Vitruve, *De l'architecture*. Livre VII, texte établi, traduit par B. Liou, M. Zuinghedau, commenté par M.-T. Cam, Paris 1995 (= Collection Budé 327).
Xenophon, *Opera omnia*, Tomus II, ed. E. C. Marchant, Oxford 21949.

Bibliographie (Sekundärliteratur)

Althoff, J. 2003. Die Inszenierung des Raumes in den „Vögeln" des Aristophanes. In P. C. Bol und M. Kreikenbom (Hrsg.), *Zum Verhältnis von Raum und Zeit in der griechischen Kunst, Passavant-Symposion 8. bis 10. Dezember 2000*: 123–141. Möhnesee.
Berrens, D. 2018. *Soziale Insekten in der Antike. Ein Beitrag zu Naturkonzepten in der griechisch-römischen Kultur*. Göttingen (= Hypomnemata 205).
Biehl, W. 1986. *Euripides Kyklops*. Heidelberg.
Craik, E. M. 1990. The Staging of Sophocles' Philoctetes and Aristophanes' Birds. In E. M. Craik (Hrsg.), *"Owls to Athens". Essays on Classical Subjects Presented to Sir Kenneth Dover*: 81–84. Oxford.
Dale, A. M. 1956. Seen and Unseen on the Greek Stage. *Wiener Studien* 69: 96–106.
Dunbar, N. 1995. *Aristophanes Birds*. Oxford.
Elliger, W. 1975. *Die Darstellung der Landschaft in der griechischen Dichtung*. Berlin/New York (= Untersuchungen zur antiken Literatur und Geschichte 15).
Götte, H. R. 1995. Griechische Theaterbauten der Klassik. Forschungsstand und Fragestellungen. In E. Pöhlmann (Hrsg.), *Studien zur Bühnendichtung und zum Theaterbau der Antike*: 9–48. Frankfurt (= Studien zur Klassischen Philologie 93).

Götte, H. R. 2011. IX 1.2. Die Architektur des klassischen Theaters unter besonderer Berücksichtigung Athens und Attikas. In B. Zimmermann (Hrsg.), *Die Literatur der archaischen und klassischen Zeit*: 474–484. München (Handbuch der Altertumswissenschaft, Abt. 7; Handbuch der griechischen Literatur der Antike 1).

Green, J. R. und Handley, E. W. 1995. *Images of the Greek Theatre*. London.

Handley, E. W. 1965. *The Dyskolos of Menander*. London.

Jebb, R. C. 1928. *Sophocles. The Plays and Fragments. Part 2. The Oedipus Coloneus*. Cambridge.

Jobst, W. 1970. *Die Höhle im griechischen Theater des 5. und 4. Jahrhunderts v. Chr.* Wien.

Kamerbeek, J. C. 1984. *The Plays of Sophocles. Commentaries. Part 7. The Oedipus Coloneus*. Leiden.

Kelly, A. 2009. *Sophocles: Oedipus at Colonus*. London (= Duckworth Companions to Greek and Roman Tragedy).

Kingsley, P. 1995. *Ancient Philosophy, Mystery and Magic. Empedocles and Pythagorean Tradition*. Oxford.

Lämmle, R. 2011. IX 3. Das Satyrspiel. In B. Zimmermann (Hrsg.), *Die Literatur der archaischen und klassischen Zeit*: 611–663. München (Handbuch der Altertumswissenschaft, Abt. 7; Handbuch der griechischen Literatur der Antike 1).

Lämmle, R. 2013. *Die Poetik des Satyrspiels*. Heidelberg.

Lange, K. 2002. *Euripides und Homer. Untersuchungen zur Homernachwirkung in Elektra, Iphigenie im Taurerland, Helena, Orestes und Kyklops*. Stuttgart (= Hermes Einzelschriften 86).

Lesky, A. 1977. Vom Naturbild der griechischen Tragödie. In H. Bannert (Hrsg.), *Latinität und Alte Kirche. Festschrift für Rudolf Hanslik zum 70. Geburtstag*: 171–186. Wien (= Wiener Studien. Beiheft 8).

Liddell, H. G., Scott, R. und Jones, H. S. (LSJ) ⁹1996. *A Greek-English Lexicon*. Oxford.

McDevitt, A. S. 1972. The Nightingale and the Olive. Remarks on the First Stasimon of Oedipus Coloneus. In R. Hanslik, A. Lesky und H. Schwabl (Hrsg.), *Antidosis. Festschrift für Walther Kraus zum 70. Geburtstag*: 227–237. Wien (= Wiener Studien. Beiheft 5).

Müller, C. W. 1991. Höhlen mit doppeltem Eingang bei Sophokles und Euripides. *Rheinisches Museum für Philologie* 134: 262–275.

Reitze, B. 2017. *Der Chor in den Tragödien des Sophokles. Person, Reflexion, Dramaturgie*. Tübingen (= Drama 20).

Rothwell, K. S. 2007. *Nature, Culture, and the Origins of Greek Comedy. A Study of Animal Choruses*. Cambridge.

Schein, S. L. 2013. *Sophocles. Philoctetes*. Cambridge (= Cambridge Greek and Latin Classics).

Schönbeck, G. 1962. *Der locus amoenus von Homer bis Horaz*. Dissertation, Ruprecht-Karls-Universität Heidelberg.

Seaford, R. 1982. The Date of Euripides' Cyclops. *Journal of Hellenic Studies* 102: 161–172.

Seaford, R. 1984. *Euripides. Cyclops*. Oxford.

Suksi, A. 2001. The Poet at Colonus. Nightingales in Sophocles. *Mnemosyne* 54: 646–658.

Waszink, J. H. 1974. *Biene und Honig als Symbol des Dichters und der Dichtung in der griechisch-römischen Antike.* Opladen (= Rheinisch-Westfälische Akademie der Wissenschaften. Geisteswissenschaftliche Vorträge G 196).

Webster, T. B. L. 1956. *Greek Theatre Production.* London.

Willink, C. W. 2001. Notes on the Parodos and Other Cantica of Euripides' "Cyclops". *Mnemosyne* 54: 515–530.

Zimmermann, B. 1983. Utopisches und Utopie in den Komödien des Aristophanes. *Würzburger Jahrbücher für die Altertumswissenschaft* 9: 57–77.

Zimmermann, B. 2006. *Die griechische Komödie.* Frankfurt.

Zimmermann, B. 2011. IX.2. Die attische Tragödie. In ders. (Hrsg.), *Die Literatur der archaischen und klassischen Zeit*: 484–610. München (Handbuch der Altertumswissenschaft, Abt. 7; Handbuch der griechischen Literatur der Antike 1).

Raumschemata griechischer ‚Naturheiligtümer'
Separierte Naturmale und die additive Sakralisierung natürlicher Elemente

Florian Schimpf

Mainz

Abstract

By comparing different kinds of 'natural sanctuaries', in particular rather remote monuments with intraurban, yet natural precincts, this paper aims to contribute to a better understanding of spatial contexts and concepts of sacred nature in ancient Asia Minor. Due to its variety of relevant spots and its historico-cultural coherence, the western coast of modern Turkey is well suited for an investigation of requirements, developments and forms of such precincts in an epoch-spanning context.
The sanctuaries situated inside the city walls represent a fascinating kind of natural, yet urbanised sacred landscape to contrast with rather small-scale monuments – though this paper can only provide an insight into the diversity of questions and will focus on selected find spots, chosen by their location and their spatial contexts. A diachronic perspective, starting from single monuments in archaic times (e.g. stepped rock altars) to rather extensive sanctuaries in Hellenistic times (within an urban, yet geogenic scenery), not only indicates structural transformations, but implies a shift in cultic practices. It will be highlighted that spatial changes that occurred at the latest in Classical times, must have had an impact on the place of worship that led to transformations in the performance of rituals.

Einführung

Natur im weitesten Sinne ist ein wesentlicher, wenn nicht sogar konstitutiver und mithin raumdeterminierender Bestandteil des griechischen Heiligtums. Dieses konnte mit natürlichen Wasservorkommen (Flüssen, Quellen), Hainen und künstlich angelegten Gärten ausgestattet sein oder den eigenen Gründungsmythos an ortsfesten Natur- respektive Kultmalen im Temenos vergegenwärtigen.[1] Neben solchen integralen gab es immer auch raumbildende Naturelemente und -formationen, die selbst den eigentlichen (Natur) Kultplatz darstellten bzw. diesen in hohem Maße prägten, die sogenannten Naturheiligtümer. Entgegen der Annahme, entsprechende Heiligtümer lägen als Orte primordialer Götterdienste zwingend, ja per se außerhalb der Stadt (= in der Natur)[2], besetzten sie durchaus auch Rand- und v. a. Hangzonen des städtischen

---

[1] Zu heiligen Bäumen, Hainen und Gärten s. Bumke 2015; vgl. Edlund 1987, 51–54; zu Hainen, Holz und Pflanzen und speziell zum regelkonformen Umgang mit Natur im Heiligtum s. Horster 2015, bes. 172–175.

[2] In der Forschung sind Natur und Kultur bzw. Stadt häufig strukturalistisch organisiert und ist

Gefüges – und das nicht nur „bevor die Menschen Tempel bauten".[3] Ein stetig wachsender Denkmälerbestand – zahlreiche Heiligtümer dieses Typs wurden in den vergangenen Jahren neu- und wiederentdeckt und systematisch erforscht[4] – erlaubt es, das ‚Naturhafte', das diese vermeintlich einfachen Kultstätten auszeichnet, besser zu fassen, raum-zeitliche Muster herauszuarbeiten und mögliche Konzepte, die dazu führten, dass Natur sakralisiert oder in sakrale Kontexte eingebunden wurde, zu diskutieren. Anhand ausgewählter Befunde aus dem griechisch geprägten Teil der kleinasiatischen Küstenregion behandelt dieser Beitrag den Aspekt des rituellen Raumes in diachroner Perspektive, speziell den raumdeterminativen Unterschied zwischen einzelnen Natur- und Kultmalen und raumprägenden Naturelementen und -formationen.

Natur- und Kultmale

Im 17. Gesang der *Odyssee* (204–211) wird beschrieben, wie Odysseus zurück in der Heimat und der Stadt nahend eine Felsquelle passiert (κατὰ δὲ ψυχρὸν ῥέεν ὕδωρ ὑψόθεν ἐκ πέτρης). Diese, so berichtet ihm der Schweinehirt Eumaios, speise einen Laufbrunnen und versorge die Menschen aus dem Umland mit Wasser. Weiter erfahren wir mit Odysseus (210 f.), dass oberhalb des Wasseraustritts, also auf dem Felsen, ein Altar für die Nymphen stehe, an dem Wanderer ihre Opfer darbrächten (βωμὸς δ' ἐφύπερθε τετύκτο Νυμφάων, ὅθι ἐπιρρέζεσκον ὁδῖται). Unter der Prämisse, dass sich der Opferplatz nicht zufällig in der Nähe der Wasserstelle befindet, wird das Labsal frischen Wassers in dieser Passage zu einem imaginären Bruch mit der Homogenität des physischen Naturraums und damit zu einem Ort mit religiösem Potential stilisiert, das sich am Wegesrand in einem Altar manifestiert.

Ganz ähnlich wie bei diesem literarischen Konstrukt handelt es sich bei den bekannten ‚Naturheiligtümern' aus archaischer Zeit tendenziell eher um ausgewählte Naturelemente und -formationen, die kultstiftend wirkten und separiert vom physischen Naturraum selbst den eigentlichen Kultbezirk definierten. So machte die Festgemeinde während der Prozession von Milet in das Apollonheiligtum von Didyma, die über das Akron – ein bis auf etwa 200 m ansteigendes Kalkfelsplateau – führte, halt an einer den Nymphen geweihten Quelle; inschriftlich überliefert ist zwar lediglich eine „Wiese bei den

---

die Disposition von Natur- und Stadträumen tendenziell eher polar angelegt, vgl. Edlund 1987, 42; Pedley 2005, 39.
[3] Porph. de antr. nymph. 20. Die bereits in den antiken Quellen angelegte lineare Entwicklung von Naturbelassenheit hin zu Monumentalität ist stark vereinfachend und entspricht nicht dem archäologischen Befund, vgl. Sporn 2013, 204.
[4] Ephesos: Kerschner 2011; Erythrai: Akalın Orbay 2012; Pergamon: Pirson – Ateş – Engels 2015; Priene: Filges 2015a.

Nymphen" (παιωνίζεται [...] ἐπὶ λειμωνι ἐπ' Ἄκρῳ παρὰ Νύμφαισ'),⁵ doch gilt die Lokalisierung der Festwiese und v. a. ihre Verbindung mit einem Quellaustritt etwa 3,5 km südlich der Passhöhe als gesichert, da hier eine archaische Sitzstatue mit einer Widmung an die Nymphen gefunden wurde.⁶

Auch zwei Grenzsteine, die einen Nymphenkult auf Samos im 6. Jh. v. Chr. bezeugen, wurden sehr überzeugend mit einer Quelle in Verbindung gebracht, die den berühmten Tunnel des Eupalinos speiste und Samos-Stadt mit Wasser versorgte.⁷ Das Nutzungs- respektive Versorgungspotential, konkret die Versorgung von Individuen (Reisenden, Hirten) oder Gruppen (Siedlungen, Festgemeinschaften) mit Wasser, konnte demzufolge zur Sakralisierung von Wasserstellen beitragen.

Ebenfalls kultkonstituierend und in hohem Maße raumdeterminierend waren auffällige Felsen und Felsformationen. Der ‚Lehrerfelsen' (*Daskalopetra*) genannte Felsklotz auf Chios – ein gleichermaßen markanter und imposanter Felsen am Hang des Aipos an der Ostküste der Insel – bildet an dem abschüssigen Gelände einen höhlenartigen Raum an seiner Unterseite (Abb. 1). Die Oberseite des Felsblocks wurde horizontal zu einer Plattform abgearbeitet, auf der etwa mittig ein Block ausgespart wurde (Abb. 2). In diesen ist eine flache Nische mit dem Relief einer Thronenden eingearbeitet (Abb. 3), das stilistisch in das späte 6. Jh. v. Chr. datiert wird.⁸ Gestalterisch und vermutlich auch zeitlich steht dieser Anlage ein Felsmonument auf dem Bülbüldağ bei Ephesos nahe. Im Gegensatz zum chiotischen Felsen, bei dem das Geländeprofil einen einfachen Zugang von ‚oben' ermöglichte, führen bei der ephesischen Anlage Stufen auf eine Standfläche mit seitlichen Wangen.⁹ Diese wird rückwärtig von einer Wand abgeschlossen, in der vermutlich, ähnlich wie am chiotischen Felsen, eine Darstellung der hier verehrten Gottheit zu sehen war.¹⁰

---

⁵ Z. 29 der berühmten Molpoi-Satzung. Herda 2006, bes. 10. 13 f. 293–295.
⁶ Theodor Wiegand fand im Bereich der Felsquelle mehrere archaische Sitzstatuen, die heute jedoch allesamt als verschollen gelten, dazu Gödecken 1986, 246; Herda 2006, 293 mit Anm. 2087–2089; zur Inschrift (Faksimile der Abschrift Wiegands): Erhardt 1993, bes. 6. Zudem ist die Felsquelle der einzige Wasseraustritt zwischen dem Aufgang zum Akron und dem Apollonheiligtum, der ganzjährig Wasser führt, s. Herda 2006, 264.
⁷ Wiegand 1995, 151; Dunst 1972, 162. Zur Quelle und ihrer Fassung: Fabricius 1884, 163–197, bes. 165–173; Kienast 1995, 14–37. 99–101.
⁸ Rubensohn – Watzinger 1928, 115; Kaletsch 1980, 227 f.
⁹ Bammer – Muss 2006, 65–69. Beide Felsdenkmäler sind sicherlich nicht ohne den Einfluss jener Felsmonumente zu denken, die im phrygischen Hinterland seit dem frühen 7. Jh. v. Chr. belegt sind, vgl. Naumann 1983, 41–62.
¹⁰ Bammer – Muss 2006, 65. Anhand von Vergleichen mit phrygischen Stufenaltären (vgl. oben Anm. 9) wird die Anlage gleichfalls in archaische Zeit datiert, s. Bammer – Muss 2006, 69. Vor wenigen Jahren wurde auf ein Felsmonument nahe Milas in Karien aufmerksam gemacht. Wie beim Felsen am Bülbüldağ gelangt man über Stufen auf eine Plattform, deren südliches Ende ein

Abb. 1 Chios, *Daskalopetra* nach de Choiseul-Gouffier (1782)
(De Choiseul-Gouffier, M. G. F. A. 1782. *Voyage pittoresque de la Grece 1*. Paris.
Nachdr. Paris 1842: Taf. 47)

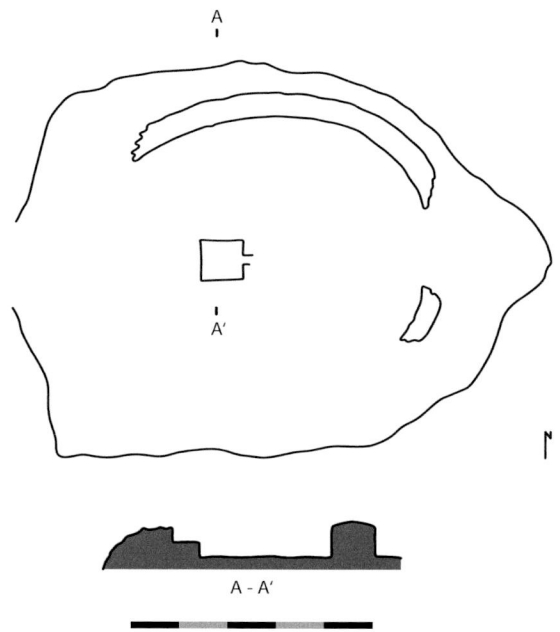

Abb. 2 Chios, *Daskalopetra*: Plan und Profilskizze (1:150)
(Umzeichnung M.-C. Junghans, nach Rubensohn – Watzinger 1928: Abb. 1)

Abb. 3 Chios, *Daskalopetra*: Umzeichnung des reliefierten Steinblocks auf der Plattform (Conze, A. 1859. Miscellen. A. Mittheilungen aus Griechenland. 2. Skalopetra und Phanai auf Chios. *Philologus 14*: 155 f. Taf. 1. 2)

Neben ihrer Entstehungszeit ist der Felsenplattform am Abhang des Aipos und dem stufenaltarähnlich gestalteten Felsen auf dem ephesischen Stadtberg die räumliche Fokussierung auf einen Felsklotz gemein. Einzelmonumente wie diese können aufgrund ihrer abgeschiedenen Lage und v. a. ihrer Raumbindung kaum anders als Manifestationen eines eher individuellen Gottesdienstes gedacht werden, an denen zum einen bevorzugt kleinere Gruppen wie etwa Reisende oder Hirten teilhatten und die zum anderen einer einzigen Gottheit geweiht waren. Das sakrale Potential dieser Kultstellen bemaß sich an den Parametern ‚Nutzen'/‚Versorgung' (Quellen) und ‚Gestalt' (Felsen) – aber auch, wie noch zu zeigen sein wird, am vermeintlich hohen Alter des Naturmals.

Denn wie bereits angedeutet, führten viele der nachmals prächtigen Heiligtümer ihre Entstehung auf Epiphanien zurück, von denen ein im Temenos bewahrtes Naturelement zeugte. Wichtig erscheint bei diesen *Kultmalen* weniger, ob sie nach antiker Vorstellung tatsächlich numinos wirkten, sondern vielmehr,

etwa 0,8 m hoher Block darstellt. Dieser ist heute stark zerstört, doch ziehen seine Entdecker in Erwägung, dass er, wie der Block auf dem *Lehrerfelsen* und die Rückwand der ephesischen Anlage, einst mit einem Relief verziert war, s. Kızıl 2006/2007, 233. Zur Datierung der Anlage: Kızıl 2006/2007, 239.

dass ihr Epiphaniepotential, ihr vermeintlich hohes Alter und damit ihre Verbindung mit dem Gründungsakt glaubhaft waren. Die folgenden Beispiele machen wahrscheinlich, dass unverrückbare Naturelemente und -formationen, besonders in archaischer Zeit, legitimatorisches Potential durch visuelle Vergegenwärtigung und mitunter rhetorische Artikulation erhalten konnten: die Naturmale im Didymaion (Abb. 4)[11] und im ephesischen Artemision, in deren Nähe Branchos das Apollonheiligtum (Kallimachos *Branchos* 229, 12 f.) bzw. die Amazonen das Artemisheiligtum (Kallimachos *Artemis-Hymnos* 237–250, bes. 237–239) gegründet haben sollen, wurden in die hypäthralen Tempel inkorporiert und waren vermutlich die Gründe dafür, dass die Lage sowie das Bodenniveau der Innenhöfe auch in den nacharchaischen Bauphasen beibehalten wurde.[12] Die Orientierung der kleineren geometrischen und früharchaischen Altäre im Heraion von Samos, die erst mit dem Bau des ersten Dipteros und dem Altarneu- und ausbau im 6. Jh. v. Chr. auf die Tempelfront ausgerichtet wurde, erscheint mit der Bezugnahme auf den (freilich hypothetischen) Standort des Lygos, dem Mönchspfeffer-Strauch, unter dem Hera geboren worden sein soll (Pausanias 7, 4, 4), erklärlich.[13] Entsprechende Visualisierungsstrategien wurden auch für eine Grotte im Heiligtum der Athena

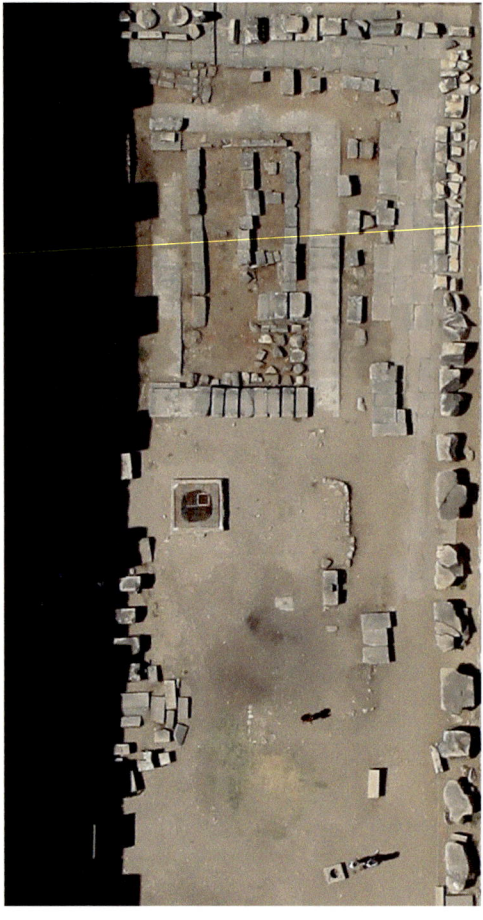

Abb. 4 Didyma, Blick in den Innenhof des Tempels mit Naiskos und ‚heiliger Quelle' im rückwärtigen Bereich
(Akademie-Projekt Kulte-im-Kult 2015. Fotograf Erhan Küçük)

---

[11] Für die freundliche Überlassung der Fotografie danke ich H. Bumke.
[12] Ausführlich dazu: Kerschner 2015, passim.
[13] Ohly 1953, 27: „Der ‚Lygosaltar' ist eindeutig zum Altar des Tempels umgeschaffen worden." Zur Neuausrichtung des Altars und zur Axialität von Tempel und Altar: Kienast 1998, 118. Zum Standort des Lygos vgl. Walter 1990, 130 mit Abb. 146; zuletzt: Kerschner 2015, 225.

Abb. 5 Lindos, Blick von der Akropolis auf die große Grotte
(Sabine Neumann)

Lindia und einen Kalkstein im Quellbezirk innerhalb des Temenos der Artemis in Magnesia am Mäander diskutiert: Die kleine Anlage, die Orhan Bingöl für älter als das prächtige Artemision von Magnesia hält, liegt exakt in der Westflucht des hellenistischen Pseudodipteros.[14] Der Standort des frühhellenistischen Amphiprostylos für Athena Lindia an der Abbruchkante des Akropolisfelsens von Lindos wiederum erscheint mit der Bezugnahme des Tempels auf eine Grotte in ihrer Achse (Abb. 5) sinnfällig.[15] Diese wenigen Beispiele sollen genügen, um zu verdeutlichen, wie eine Beglaubigung durch axiale Bezüge in gestalterische Form übertragen und wie mit Naturbezügen eine Verbindung mit dem Gründungsmythos konstruiert werden konnte. Abgesehen vom Einbezug in einen architektonisch determinierten Kontext besteht der wesentliche Unterschied zu den zuvor genannten Naturmalen somit im architektonisch

---

[14] Bingöl – Kökdemir 2007, 544. 562 Abb. 4; Bingöl – Kökdemir – Oral 2010, 28 f. 44 Abb. 6. 7.
[15] Gottfried Gruben 2001, 451 schloss aus der erklärungsbedürftigen Disposition des Tempels, dass es die Absicht seiner Erbauer gewesen sein muss, „die Wohnung des Kultbildes genau über diesem seit Urzeiten numinosen Ort zu errichten, – welchem sonst, als der ältesten Behausung des Holzbildes der Lindia?"

inszenierten (und mitunter rhetorisch stilisierten) memorialen Charakter der Kultmale.

Prädestiniert wegen ihrer imposanten Gestalt oder ungewöhnlichen Lage (Felsanlage Chios), beglaubigt durch ihr vermeintlich hohes Alter (integrale Naturelemente in großen Heiligtümern) oder ihr Nutzungs- und Versorgungspotential (starke Quellen, die die Versorgung einer Siedlung sicherstellten oder Reisenden einen Rastplatz boten), wurden natürliche Elemente in vorwiegend außerstädtischen Kontexten als Natur- (= Naturelemente, die selbst das eigentliche Heiligtum darstellen) und Kultmale (= integrale Naturelemente in Heiligtümern) artikuliert. In beiden Fällen manifestierte sich das Göttliche in separierten und eigenständigen Naturelementen, in alleinstehenden Felsen und Bäumen, tiefen Höhlen und starken Quellen.

‚Naturheiligtümer'

Einhergehend mit dem Aufkommen von weitläufigen Befestigungsanlagen in der Mitte des 6. Jhs. v. Chr. lässt sich ein Wandel, sowohl die Situierung als auch die oben beschriebene Raumbindung der ‚Naturkultplätze' betreffend, feststellen. Durch die Berücksichtigung von stadtnahen Anhöhen bei der Führung der Stadtmauer entstanden in der Peripherie des städtischen Gefüges un- oder nur schwer bebaubare ‚naturräumliche' Randzonen, die sich durch kleine Höhlen, Wasserläufe und v. a. zahlreiche Felsformationen mit z. T. unzähligen darin eingetieften Felsnischen zur Deponierung von Figürchen oder zur Anbringung von Reliefs auszeichnen. Die Vielzahl und nachbarschaftliche Nähe der Kultplätze sowie der Mangel an (erkennbaren) Grenzen macht wahrscheinlich, dass die natürlichen Elemente (zahlreiche Felsen, Quellen, Wasserstellen und -läufe, Höhlen) fortan auch kumulativ als Kontaktstellen mit der göttlichen Sphäre gestaltet wurden und es ist anzunehmen, dass sich einhergehend mit einer veränderten Votivpraxis – man darf davon ausgehen, dass in den unzähligen Felsnischen, aber auch auf geebneten Felsrücksprüngen und in kleinen Höhlen eine Vielzahl an Votiven deponiert wurde – auch die kultische Praxis, von einer tendenziell individuellen hin zu einer eher kollektiven, wandelte.

Die den Nischenfelsen vorgelagerten Plätze sind in der Regel einfach gehalten und zeichnen sich durch eine geringe bauliche Ausgestaltung aus. Die Felspartien selbst sind augenscheinlich nicht oder nur grob geglättet und weniger stark überformt als die zuvor beschriebenen Felsanlagen auf Chios und bei Ephesos. Am Ampelos, dem samischen Stadtberg, erstrecken sich entsprechende ‚Nischenplätze' (Abb. 6) vom äußersten Osten der Stadt bis hin zum Ausgang des

Abb. 6 Samos, Felsnischen am Ampelos
(Florian Schimpf)

Eupalinos-Tunnels im Westen, also über die gesamte Breite des Stadtberges.[16] In besonders hoher Konzentration finden sich entsprechende Plätze im äußersten Westen des Ampelos, zwischen den Heiligtümern der Artemis im Süden und der Demeter im Norden. Immer wieder öffnen sich kleine Hohlräume in der Felsstufe. Umfassungsmauern oder Grenzsteine, welche diese Nischenplätze und Hohlräume eingefasst und sie als eigenständige, kleinräumige Kultbezirke ausgezeichnet hätten, konnten bislang nirgends festgestellt werden.

In Samos besetzen die Nischenplätze einen Streifen zwischen Wohnstadt und Stadtberg sowie das stadtmauernahe Vorfeld im äußersten Westen der Stadt. In Erythrai liegen sie an einem Abhang, welcher das Stadtgebiet im Südosten bis zum Meeresufer begrenzt.[17] Am Fuße des Hügels fließt der Aleon, ein kleiner Bachlauf, der einer Quelle im südlichen Stadtgebiet entspringt. Wiederum sind die Felsflächen nur grob geglättet und wie auf Samos fehlen bislang Spuren einer Umfassungsmauer. Es hat auch hier den Anschein, als ob jeder Felsen dem heiligen Bezirk zugerechnet wurde und der sakrale Raum entweder mit

---

[16] Yannouli 2004, 118: „la continuité des groupes est ininterrompue tout au long de la montagne sacrée et […] Cybèle protégeait ainsi au nord toute la ville."
[17] Erdoğan 2006, bes. 121–132.

Abb. 7 Ephesos, Felsnischen am Nordosthang des Panayırdağ
(Florian Schimpf)

Abb. 8 Ephesos, Felsnischen am Nordosthang Panayırdağ
(Florian Schimpf)

Abb. 9 Phokaia, Blick auf den Değirmen Tepesi von Süden
(Florian Schimpf)

der Verbreitung der Nischenfelsen gleichzusetzen oder im stadtmauernahen ‚Naturraum' als Ganzem zu erblicken ist.

Auch der schroffe Nordosthang des Panayırdağ bei Ephesos (Abb. 7. 8) zeichnet sich durch entsprechende Kultterrassen aus, die hangaufwärts bis an einen Abschnitt der spätarchaischen Stadtmauer reichen und nicht erkennbar architektonisch gefasst waren. Hinsichtlich ihrer Vielzahl und räumlichen Ausdehnung „zeigte sich [...], dass der ganze Bergabhang bis zu den Steilwänden einer ihn überragenden Rückfallskuppe hinauf überall, wo der anstehende Fels geeignete Plätze dafür bot, mit [...] Votivnischen verschiedener Größe übersät war".[18] Eine Gleichsetzung der Terrassen mit einzelnen Kultorten erscheint demzufolge fraglich. Vielmehr scheinen wir auch in den natürlich terrassierten Hängen des nordöstlichen Panayırdağ einen Kultraum zu erblicken, an dem Kulte für die Bergmutter Meter-Kybele, Zeus und eine dritte, jüngere Gottheit bezeugt sind.[19] Wasseraustritte und -läufe prägten das Aussehen dieses ‚Nischenheiligtums' gleichermaßen:[20] Die Abhänge des ephesischen Stadtbergs

---

[18] Keil 1926, 258.

[19] Durch Felsinschriften ist Meter mit der Epiklese *Oreia* als Kultempfängerin bezeugt, s. Keil 1915, passim; Keil 1926, 256–261. Eine Felsinschrift benennt Apollon als die neben Meter am Panayırdağ verehrte, jüngere Gottheit. Petasosartige Kopfbedeckungen auf den hier geborgenen Votivreliefs weisen zudem auf Hermes, s. Naumann 1983, 21.

[20] Feristah Soykal-Alanyalı 2004, 704 stellte starke Sinterspuren auf der zweithöchsten Terrasse im Westen des Bezirks sowie an der rückwärtigen Felswand der höchsten Terrasse fest. – Der antike

Abb. 10 Phokaia, Blick auf den Altınmağarası Tepesi von Norden
(Florian Schimpf)

sind von tiefen Schluchten durchzogen; das Regenwasser, welches in dieses Karstsystem eindrang, trat, wie Kalksinterablagerungen zeigen, aus den Rissen und Spalten der Felsstufen wieder aus, ist also die Felsen herabgeflossen und wird ein prägendes Element dieses Kultbezirks gewesen sein – ohne dass Hinweise auf eine spezifische Nutzung vorlägen.

Im Osten von Phokaia erheben sich drei Hügel, welche das in der Ebene westlich davon gelegene Stadtgebiet gleich einer natürlichen Barriere abschirmten (Abb. 9. 10). Das Erscheinungsbild ihrer Gipfelplateaus prägen imposante Felsformationen; kleinere Felsvorsprünge überziehen den gesamten Westhang des Değirmen Tepesi. Diese wurden z. T. grob geglättet, vereinzelt kammerartig ausgestaltet und mit insgesamt über 100 Nischen versehen.[21] Die ersten ‚Nischenfelsen' setzen wenig oberhalb des Theaters ein und reichen wie bei den zuvor betrachteten Nischenplätzen hangaufwärts bis an den Ostzug der archaischen Stadtmauer. Darüber hinaus verbinden aus dem Felsen geschnittene Treppen die verschiedenen Niveaus miteinander. Auf dem benachbarten Altınmağarası Tepesi konzentrieren sich die Felsnischen auf das Gipfelplateau (Abb. 10).

Name *Pion* leitet sich von der Verbform πιών (‚der Trinkende') ab, s. Merkelbach 1980, 90 mit Anm. 13. Der Wasserreichtum des Stadtbergs lässt sich aber nicht nur etymologisch erschließen, sondern wurde in einem Epigramm der Prytanin Claudia Trophime aus dem Jahr 92 n. Chr. explizit ausgedrückt, siehe Engelmann 1979, 90; vgl. Merkelbach 1980, 89 f.

[21] Özyiğit – Erdoğan 2000, 17–21; Naumann 1983, 153–155. Die Felsheiligtümer Phokaias wurden 2003 von A. Erdoğan in seiner Doktorarbeit *Phokaia Kaya Kutsal Alanları* vorgelegt. Die Arbeit befindet sich in Vorbereitung zum Druck.

Abb. 11 Priene, sog. Felsheiligtum Ost: Ansicht der Nischenwand von Südwesten
(Florian Schimpf)

Das bewohnte Stadtgebiet von Priene wird durch einen weitgehend unbebauten Geländestreifen von der steil aufragenden, Teloneia genannten Oberstadt getrennt. Mit Ausnahme des Demeterheiligtums ließen sich hierin keine Spuren großflächiger Bebauung nachweisen. Dennoch scheint diese naturräumliche Hangzone nicht ausschließlich zum Schutz gegen herabstürzende Felsbrocken gedient zu haben.[22] In eine Felskante unweit des östlichen Stadtmauerzuges sind zwei Nischen eingetieft (Abb. 11); davor wurden jüngst auf einer etwa 35 x 50 m großen Geländestufe die Reste einer kleinen Kultstätte aufgedeckt.[23] Wie Schrotspuren im Felsen nahelegen, wurde am Felssporn des Heiligtums zuvor Steinmaterial, vermutlich für den nahebei verlaufenden Ostzug der Mauer, gebrochen.[24] So entstanden stellenweise tiefe Rücksprünge, in denen nach Ansicht von Axel Filges Votive abgelegt bzw. aufgestellt werden konnten, sowie eine teilweise geglättete Front, in welche zu einem späteren Zeitpunkt die beiden Nischen eingetieft wurden. Auch (Regen)Wasser, das aus natürlichen Karstquellen austrat und mit Hilfe eingetiefter

---

[22] Vgl. Wiegand – Schrader 1904, 51.
[23] Filges 2015a; s. Filges 2015b zu den Untersuchungen in diesem Hangabschnitt und einem vergleichbaren Fundplatz weiter westlich.
[24] Die Stadtmauer wird als eine der ersten Baumaßnahmen Prienes in die Mitte des 4. Jhs. v. Chr. datiert, s. Wiegand – Schrader 1904, 45; Rumscheid 1998, 43.

Abb. 12 Hellenistischer Meter-Votivnaiskos im Archäologischen Museum Pythagorio (Samos) (Florian Schimpf)

Wasserrinnen und gebauter Kanäle abgeführt wurde, war ein prägendes Element dieses Heiligtums.[25]

Im Vergleich mit den zuvor betrachteten Natur- und Kultmalen fällt auf, dass in diesen Sakrallandschaften zahlreiche Felsen und z. T. auch natürliche Hohlräume Spuren von Kultaktivität aufweisen. Die Präsenz von Wasser konnte ebenfalls eine wichtige Rolle spielen, ohne dass für die z. T. künstlich angelegten und gestalteten Wasseraustritte und -läufe Hinweise auf eine kultimmanente Funktion (Reinigungsvollzüge, Opfer, Kultmahl) vorlägen. Im Unterschied zu den sakralisierten, den Nymphen geweihten Quellen ist daher anzunehmen, dass temporär schüttende Wasserstellen und pseudonatürlich gestaltete Wasserläufe zwar raumprägend, aber nicht zwingend konstitutiv wirkten.

Raumschemata

Ausgewählte Naturelemente können die eigentliche Kultstätte bilden oder integrale Bestandteile in zuweilen prächtigen Heiligtümern sein. Das

---
[25] Filges 2015a, 87.

Ort	Datierung Stadtmauer	Älteste Funde			
Phokaia	2. Viertel 6. Jh. v. Chr. Frederiksen 2011, 182 f.	Mittel- oder spätarchaische Zeit (Felsreliefs) Naumann 1983, 153–155			
Samos	Mitte 6. Jh. v. Chr. (1. Phase) Frederiksen 2011, 185	6. Jh. v. Chr. (Votivnaiskoi) Freyer-Schauenburg 1974, 146 f. Nr. 169. 173 f. Nr. Nr. 87 Taf. 73)			
Ephesos	1. Hälfte 5. Jh. v. Chr. Frederiksen 2011, 9. 84. 137 f. 139 Abb. 32	2. Hälfte 5. Jh. v. Chr. (Felsinschrift) Scherrer 1999, 384	Ende 5. Jh. v. Chr. (Felsinschrift) Keil 1926, 258	2. Hälfte 4. Jh. v. Chr. (Votivnaiskoi) Keil 1926, 258 f. Taf. 50. 51; Engelmann – Merkelbach 1980, Nr. 107. Nr. 108; Naumann 1983, Nr. 479 Taf. 36,1. Nr. 502	
Priene	Mitte 4. Jh. v. Chr. Wiegand – Schrader 1904, 45; Rumscheid 1998, 43	hellenistisch (Keramik, Terrakotten) Filges 2015b, 266			
Erythrai	4. Jh. v. Chr. Maier 1959, 212. 214–216	–			

Tab. 1 Datierungen der Stadtmauern und älteste Funde aus den Heiligtümern

sakrale Potential der ionischen ‚Naturlandschaften', die von der Trasse der Stadtmauer begrenzt und mit kleinen, oft nicht voneinander abgesetzten Kultplätzen besetzt wurden, ist allerdings weder mit einem denkmalhaften Charakter noch mit dem Nutzungspotential einzelner Naturelemente erklärlich. Weitaus sinnvoller erscheint hier ein Ansatz, der die zahlreichen Kultterrassen als raumkonstitutives Ensemble begreift: Entstanden durch die aus fortifikatorischen Gesichtspunkten notwendige Berücksichtigung des Geländes bei der Führung der Stadtmauer über siedlungsnahe Anhöhen und den Einbezug geogener Natur in den Stadtraum erscheinen diese Randzonen mit all ihren Quellen, Felsen, Schluchten und Höhlen geradezu prädestiniert für eine Besetzung mit naturaffinen Kulten und nach Ausweis der Felsreliefs und der hier geborgenen Votivnaiskoi ganz besonders mit Kulten der Meter (Abb. 12).[26]

Da diese Zonen weder über definierte Grenzen (Periboloi, Horoi) noch über sonstige Binnengliederungen verfügen und in sämtlichen Kultplätzen Meter als Kultinhaberin auftritt, wird man in ihnen weniger kleinräumig-eigenständige als vielmehr zusammenhängend-großflächige Kultbezirke erkennen können; es erscheint erwägenswert, die peripheren Hangzonen als

---

[26] Naumann 1983, passim.

sakrale Bedeutungsräume zu interpretieren, in deren natürlicher Szenerie der Ausbreitung kleinräumiger Nischenplätze kaum Grenzen gesetzt waren.

Obwohl sich eine präzise Datierung dieser Nischenlandschaften schwierig gestaltet, könnte die stilistische Einschätzung der Reliefs, sowohl der wenigen Felsreliefs als auch der hier gefundenen Votivnaiskoi, für eine jeweils zeitnah zum Stadtmauerbau erfolgte Einrichtung der Kulte sprechen (Tab. 1).[27]

Unter der Prämisse, dass der Bau der Befestigungsanlagen jeweils einen *terminus post quem* für die Einrichtung erster Kultstätten darstellt, kann die Entstehung der Nischenlandschaften in einzelne Schritte unterteilt werden: In einem ersten Schritt werden mit dem Mauerbau schroffe Hangzonen in Stadtrandlage definiert. In einem zweiten Schritt werden natürliche Geländestufen zu kleinen Kultplätzen ausgestaltet, indem Felskanten und -formationen grob geglättet, Felsnischen zur Deponierung von Statuetten oder zur Anbringung von Weihreliefs und Pinakes herausgeschnitten und Wasserläufe angelegt werden. An diesen Befund knüpft das prozessuale Raumkonzept der Soziologin Martina Löw an:[28] Wenn wir (Kult)Raum zum einen relativistisch, also als das Ergebnis von Platzierungen denken und ihn zum anderen mit Löw gleichzeitig als Ergebnis *und* als Voraussetzung menschlichen Handelns begreifen, dann lassen sich konstituierende Wahrnehmungs- und Vorstellungsprozesse diskutieren.[29] Eine entsprechende Syntheseleistung setzt allerdings voraus, dass es das Konzept einer konstruierten Landschaft der Meter, die als Hauptgottheit[30] in den Nischenlandschaften erscheint, gegeben hat. Eine Affinität dieser Gottheit für Gebirgslandschaften ist bereits bei Homer angelegt und drückt sich auch in den Berichten Herodots und Strabons aus.[31] Dass Meter eng mit gebirgigen Landschaften verbunden war, spiegelt sich in der Epiklese *Oreia* wider, mit der sie u. a. in Ephesos als ‚Bergmutter' verehrt wurde. Auch die phrygischen Felsdenkmäler des 7. und 6. Jhs. v. Chr. stehen für das Konzept einer im Gebirge heimischen Gottheit, ihr Name Kybele wurde als ‚zum Berg

---

[27] Vgl. zur Datierung der Fels- und Votivreliefs und Inschriften: Naumann 1983, 153–155 Taf. 20 (Phokaia). Freyer-Schauenburg 1974, 146 f. Nr. 69; 173 f. Nr. 87 Taf. 73; Horn 1972, 112–115 Nr. 84 a–f Taf. 59 mit Beilage 12. 26; 212–214 Nr. 174 a–d mit Beilage 26 (Samos). Scherrer 1999, 384; Keil 1926, 258; Büyükkolancı 1999, 21; Naumann 1983, 216; Knibbe 1998, 45. 82 (Ephesos).
[28] Löw 2001, 158.
[29] Löw 2001, 158–161; die dynamische Wechselwirkung zwischen Handlungsvollzügen und räumlichen Strukturen – räumliche Strukturen werden im Handeln geschaffen, strukturieren umgekehrt aber auch das Handeln – basiert auf der dualen Strukturdefinition von Anthony Giddens und fügt der Dualität von Struktur und Handlung die Dimension Raum hinzu.
[30] Meter ist auf allen bekannten Fels- und Votivreliefs dargestellt, entweder alleine oder als zentrale Figur einer Göttertrias.
[31] Hom. Il. 8, 48; Hdt. 1, 80; Strab. 12, 8, 11.

gehörend' von *Kubileia*, ihrer phrygischen Bezeichnung, abgeleitet[32]. Wenn es also einen etymologischen Bezug zum Gebirge gab, der Namenszusatz *Oreia* die Göttin sogar explizit mit den Bergen verband und Poeten, Historiker und Periegeten Meter in Gebirgslandschaften verorten, dann könnte die Situierung ihrer Kultstätten Ausdruck einer imaginierten Landschaft gewesen sein. Unter der Prämisse, dass dem zerklüfteten Naturraum eine entsprechende Dimension inhärent war, dass er als Herrschaftsbereich der Meter-Kybele konzeptualisiert wurde, wäre er nicht nur bloße Kulisse für rituelle Praktiken, sondern mithin ein konstitutives Element für kultische Aktivität in ihm.

Das Fehlen sichtbarer Begrenzungen muss nicht zwangsläufig bedeuten, dass diese Kulträume unbegrenzt oder die Grenzen des sakralen Raumes dem Besucher unbekannt waren; das Ende der regulären Wohnbebauung sowie die Steigung des Geländeprofils einerseits und die hoch aufragenden Mauerzüge der Wehranlage andererseits können durchaus als implizite Grenzen fungiert haben. Eine Stelle in Sophokles' *Ödipus auf Kolonos* legt nahe, dass die Grenzen eines scheinbar undefinierten heiligen Bezirks im Naturraum sehr wohl zu erkennen respektive bekannt gewesen waren: Nach seiner Ankunft auf Kolonos bittet Ödipus seine Tochter Antigone, ihm einen Ruheplatz zu weisen. Diese ahnt die Heiligkeit des Ortes (16) und berichtet dem blinden Vater von den Olivenbäumen, dem wilden Lorbeer und dem wilden Wein darin (9–16) und weist ihm einen unbehauenen Felsen als Sitzplatz. Antigone begreift das sakrale Potential von den Bewuchsmerkmalen und der Beschaffenheit des Ortes her; Gewissheit, dass die beiden ihr Ziel, den heiligen Bezirk der Eumeniden, erreicht haben, bringt schließlich ein Fremder, der ihnen erklärt, dass sie sich bereits auf heiligem Grund befänden (39). Seine Schilderung verdeutlicht, dass den Athenern trotz fehlender Periboloi oder Horoi der Grenzverlauf des Bezirks im Naturraum wohlbekannt war (195 f.).[33] Die schroffen und weitgehend unbebauten, von Höhlen und natürlichen Wasserstellen geprägten Steilhänge der Stadtberge werden – ähnlich wie die von Antigone als auffallend charakterisierte Vergesellschaftung von Ölbaum, Lorbeer und Rebstock – sicherlich einen imaginären Bruch mit der Homogenität des bebauten Stadtraums markiert und so die Vorstellung einer Zone mit religiösem Potential evoziert haben, die keiner weiteren Grenzziehung bedurfte. Die Anwendung der normierten Heiligtumsvorstellung auf die Nischenlandschaften, die neben

---

[32] Zu den Kultstätten im Gebirge: Thomas 2004, 250. Zur antiken Herleitung des Namens: Roller 1999, 65–69. 123–125.

[33] Vgl. den Beitrag von Dominik Berrens in diesem Band. Zu dieser Passage im Speziellen und zu fehlenden Grenzmarkierungen, die im Bewusstsein der Menschen existierten, im Allgemeinen s. Patera 2010, 538 f. Zu Grenzsteinen, der Sichtbarkeit von Grenzen und dem Fehlen von Markierungen bei Naturheiligtümern s. Horster 2010, 440–446, bes. 445. Vgl. Yannouli 2004, 117, der die Grenzen der samischen Wohnstadt ebenfalls am Fuße des Stadtbergs vermutet.

einem Altar und gegebenfalls einem Kultmal erkennbare Grenzen, real in Form von Horoi oder Periboloi oder imaginierte, wie oben beschrieben, erwarten lässt, erscheint daher nicht problematisch.[34]

Markante und imposante Naturformationen markierten in archaischer Zeit einen Bruch mit der Homogenität des physischen Naturraumes und machten abgeschiedene Naturelemente zu religiösen Bedeutungsorten, die aufgrund ihrer Lage und ihrer Größe vermutlich dem Gottesdienst kleiner(er) Gruppen dienten. Der Anbindung an das städtische Gefüge, dem additiven Einbezug zahlreicher Felsformationen, Wasseraustritte und Höhlen in einen religiösen Bedeutungs*raum* entspricht eine bemerkenswerte Veränderung der Votivpraxis, manifestiert in z. T. unzähligen gleichartigen Felsnischen.

Fazit

Die kumulative Sakralisierung natürlicher Elemente und Formationen unterscheidet sich sehr von den zuvor betrachteten, separierten Natur- bzw. Kultmalen. Nicht mehr nur herausragende Naturmale, die man jenseits der Stadt entdeckte, wurden sakralisiert bzw. in einen sakralen Kontext eingebunden, sondern natürliche Elemente additiv. Dieser gestalterische Wandel lässt auf entsprechende Veränderungen im kulturhistorischen Kontext schließen. Es waren vermutlich nicht mehr ausschließlich kleine Gruppen vorbeiziehender Hirten und Reisender, die hier opferten; die Vielzahl an Felsnischen respektive Nischenfelsen spricht gegen einen eher individuellen Götterdienst am ausgewählten Naturmal. Vielmehr ist von einer verstärkt kollektiven Kultperformanz in der stadtmauernahen – einer gleichermaßen realtopographischen und imaginären – Randzone auszugehen. Die implizierte Entwicklung von Deutungsmustern und Raumschemata verläuft dabei keineswegs linear. Einerseits lässt sich die Anlage weitläufiger Nischenheiligtümer erst in (spät)klassischer Zeit einigermaßen sicher fassen, könnte jedoch bereits in archaischer Zeit erfolgt sein. Andererseits lässt sich der Einbezug einzelner Naturelemente in einen sakralen Kontext über die Klassische Antike hinaus verfolgen.

Bibliographie

Akalın Orbay, A. G. 2000. Erythrai'da Ana Tanrıçanın izleri II. In T. Yiğit, M. A. Kaya und A. Sina (Hrsg.), *Festschrift Ömer Çapar*: 1–12. Ankara.

---

[34] Burkert 1977, 146: „Eigentlich konstituiert ist das griechische Heiligtum […] durch die Begrenzung, die es aus dem Profanen heraushebt. […] Die Grenze wird durch Grenzsteine markiert, die oft beschriftet sind, oder aber durch eine massive Steinmauer;" vgl. Bergquist 1967; Edlund 1987, 37 f.

Bammer, A. und Muss, U. 2006. Ein Felsdenkmal auf dem Bülbüldağ von Ephesos. *Anatolia Antiqua* 14: 65–69.

Bergquist, B. 1967. *The Archaic Greek Temenos. A Study of Structure and Function.* Lund (= Acta Instituti Atheniensis regni Sueciae 13).

Bingöl, O. und Kökdemir, G. 2007. Magnesia ad Meandrum 2006 (23. yıl). *Kazı Sonuçlar Toplantısı* 29/3: 541–566.

Bingöl, O., Kökdemir, G. und Oral, M. 2010. Magnesia ad Meandrum 2008–2009. *Kazı Sonuçlar Toplantısı* 32/4: 25–41.

Börker, Ch. und Merkelbach, R. 1980. *Die Inschriften von Ephesos 2*. Bonn (= Inschriften griechischer Städte aus Kleinasien 14, 2).

Bumke, H. 2015. Griechische Gärten im sakralen Kontext. In K. Sporn, S. Ladstätter und M. Kerschner (Hrsg.), *Natur - Kult - Raum. Akten des internationalen Kolloquiums Paris-Lodron-Universität Salzburg, 20.-22. Jänner 2012*: 45–61. Wien (= Sonderschriften des Österreichischen Archäologischen Instituts 51).

Burkert, W. 1977. *Griechische Religion der archaischen und klassischen Epoche.* Stuttgart (= Die Religionen der Menschheit 15).

Büyükkolancı, M. 1999. Ein Vierfigurenrelief des Meterkultes vom Panayırdağ in Ephesos. In P. Scherrer, H. Taeuber und H. Thür (Hrsg.), *Steine und Wege. Festschrift Dieter Knibbe*: 19–21. Wien (= Sonderschriften des Österreichischen Archäologischen Instituts 32).

Dunst, G. 1972. Archaische Inschriften und Dokumente der Pentekontaetie aus Samos. *Mitteilungen des Deutschen Archäologischen Instituts. Athenische Abteilung* 87: 99–163.

Edlund, I. E. M. 1987. *The Gods and the Place. Location and Function of Sanctuaries in the Countryside of Etruria and Magna Graecia (700-400 B.C.).* Stockholm (= Skrifter utgivna av Svenska institutet i Rom. Opuscula archaeologica 4).

Engelmann, H. 1979. Zum Gedicht der Prytanin Claudia Trophime. *Zeitschrift für Papyrologie und Epigraphik* 36: 90.

Erdoğan, A. 2006. Erythrai kaya kutsal alanları. *Olba. Mersin Üniversitesi Kilikia Arkeolojisini Araştırma Merkezi yayınları* 13: 115–144.

Erhardt, N. 1993. Zwei archaische Statuen mit Nymphen-Weihungen aus Milet. *Epigraphica Anatolica. Zeitschrift für Epigraphik und historische Geographie Anatoliens* 21: 3–8.

Fabricius, E. 1884. Alterthümer auf der Insel Samos. *Mitteilungen des Deutschen Archäologischen Instituts. Athenische Abteilung* 9: 163–197.

Filges, A. 2015a. Ein Felsheiligtum im Stadtgebiet von Priene. Privater Kult im öffentlichen Raum? In K. Sporn, S. Ladstätter und M. Kerschner (Hrsg.), *Natur - Kult - Raum. Akten des internationalen Kolloquiums Paris-Lodron-Universität Salzburg, 20.-22. Jänner 2012*: 81–110. Wien (= Sonderschriften des Österreichischen Archäologischen Instituts 51).

Filges, A. 2015b. In W. Raeck, A. Hennemeyer und A. Filges. Interdependenzen urbanistischer Veränderungen im hellenistischen Priene. In A. Matthaei und M. Zimmermann (Hrsg.), *Urbane Strukturen und bürgerliche Identität im Hellenismus*: 255–282. Heidelberg (= Die hellenistische Polis als Lebensform 5).

Frederiksen, R. 2011. *Greek City Walls of the Archaic Period 900-480 BC*. New York.

Freyer-Schauenburg, B. 1974. *Bildwerke der archaischen Zeit und des Strengen Stils.* Bonn (= Samos 11).

Gödecken, K. G. 1986. Beobachtungen und Funde an der Heiligen Straße zwischen Milet und Didyma, 1984. *Zeitschrift für Papyrologie und Epigraphik* 66: 217–253.

Gruben, G. 2001. *Griechische Tempel und Heiligtümer.* München.

Herda, A. 2006. *Der Apollon-Delphinios-Kult in Milet und die Neujahrsprozession nach Didyma. Ein neuer Kommentar der sog. Molpoi-Satzung.* Mainz (= Milesische Forschungen 4).

Horn, R. 1972. *Hellenistische Bildwerke auf Samos.* Bonn (= Samos 12).

Horster, M. 2010. Religious Landscape and Sacred Ground. Relationships between Space and Cult in the Greek World. *Revue de l'histoire des religions* 227: 435–458.

Horster, M. 2015. Natural Order and Order(liness) in Nature. In K. Sporn, S. Ladstätter und M. Kerschner (Hrsg.), *Natur - Kult - Raum, Akten des internationalen Kolloquiums Paris-Lodron-Universität Salzburg, 20.-22. Jänner 2012*: 169–186. Wien (= Sonderschriften des Österreichischen Archäologischen Instituts 51).

Kaletsch, H. 1980. Daskalopetra – ein Kybeleheiligtum auf Chios. In F. Krinzinger, B. Otto und E. Walde-Psenner (Hrsg.), *Forschungen und Funde. Festschrift Bernhard Neutsch*: 223–235. Innsbruck (= Innsbrucker Beiträge zur Kulturwissenschaft 21).

Keil, J. 1915. Denkmäler des Meter-Kultes. *Jahreshefte des Österreichischen Institutes in Wien* 18: 66–78.

Keil, J. 1926. XII. vorläufiger Bericht über die Ausgrabungen in Ephesos. *Jahreshefte des Österreichischen Institutes in Wien* 23: Beiblatt 247–300.

Kerschner, M. 2011. Ephesos in vorhellenistischer Zeit: Die Siedlung am Nordosthang des Panayırdağ. *Wissenschaftlicher Jahresbericht des Österreichischen Archäologischen Instituts* 2011: 29.

Kerschner, M. 2015. Der Ursprung des Artemisions von Ephesos als Naturheiligtum. Naturmale als kultische Bezugspunkte in den großen Heiligtümern Ioniens. In K. Sporn, S. Ladstätter und M. Kerschner (Hrsg.), *Natur - Kult - Raum, Akten des internationalen Kolloquiums Paris-Lodron-Universität Salzburg, 20.-22. Jänner 2012*: 187–244. Wien (= Sonderschriften des Österreichischen Archäologischen Instituts 51).

Kienast, H. J. 1995. *Die Wasserleitung des Eupalinos auf Samos.* Bonn (= Samos 19).

Kienast, H. J. 1998. Der Niedergang des Tempels des Theodoros. *Mitteilungen des Deutschen Archäologischen Instituts. Athenische Abteilung* 113: 111–131.

Kızıl, A. 2006/2007. An Open Air Stepped Rock Altar at Kalem Köy in Milas, Karia. *Anodos. Studies of Ancient World* 6/7: 233–239.

Knibbe, D. 1998. *Ephesus. ΕΦΕΣΟΣ: Geschichte einer bedeutenden antiken Stadt und Portrait einer modernen Großgrabung im 102. Jahr der Wiederkehr des Beginnes österreichischer Forschungen (1895-1997).* Frankfurt am Main.

Löw, M. 2001. *Raumsoziologie.* Frankfurt am Main.

Maier, F. G. 1959. *Griechische Mauerbauinschriften 1. Texte und Kommentare.* Heidelberg.

Merkelbach, R. 1980. Der Kult der Hestia im Prytaneion der griechischen Städte. *Zeitschrift für Papyrologie und Epigraphik* 37: 77–92.

Naumann, F. 1983. *Die Ikonographie der Kybele in der phrygischen und der griechischen Kunst*. Tübingen (= Istanbuler Mitteilungen Beiheft 28).

Ohly, D. 1953. Die Göttin und ihre Basis. *Mitteilungen des Deutschen Archäologischen Instituts. Athenische Abteilung* 68: 25–50.

Özyiğit, Ö. und Erdoğan, A. 2000. Les sanctuaires de Phocée à la lumière des dernières fouilles. In A. Hermary und H. Tréziny (Hrsg.), *Les cultes des cités phocéennes. Actes du colloque international Aix-en-Provence / Marseille, 4.-5. juin 1999*: 11–23. Aix-en-Provence (= Études massaliètes 6).

Patera, I. 2010. Espace et structures cultuels du sanctuaire grec. La construction du vocabulaire. *Revue de l'histoire des religions* 227: 535–551.

Pedley, J. 2005. *Sanctuaries and the Sacred in the Ancient Greek World*. New York.

Pirson, F., Ateş, G. und Engels, B. 2015. Die neu entdeckten Felsheiligtümer am Osthang von Pergamon – ein innerstädtisches Kultzentrum für Meter-Kybele? In K. Sporn, S. Ladstätter und M. Kerschner (Hrsg.), *Natur – Kult – Raum, Akten des internationalen Kolloquiums Paris-Lodron-Universität Salzburg, 20.-22. Jänner 2012*: 281–301. Wien (= Sonderschriften des Österreichischen Archäologischen Instituts 51).

Rubensohn, O. und Watzinger, C. 1928. Die Daskalopetra auf Chios. *Mitteilungen des Deutschen Archäologischen Instituts. Athenische Abteilung* 53: 109–116.

Rumscheid, F. 1998. *Priene. Führer durch das Pompeji Kleinasiens*. Istanbul.

Scherrer, P. 1999. Bemerkungen zur Siedlungsgeschichte von Ephesos vor Lysimachos. In H. Friesinger und F. Krinzinger (Hrsg.), *100 Jahre österreichische Forschungen in Ephesos, Akten des Symposions Wien 1995*: 379–387. Wien.

Soykal-Alanyalı, F. 2004. Wasser und Baum als Kultobjekte im Felsheiligtum am Panayırdağ. In T. Korkut (Hrsg.), *Anadolu'da doğdu. Festschrift Fahri Işık*: 701–709. Istanbul.

Sporn, K. 2013. Mapping Greek Sacred Caves: Sources, Features, Cults. In F. Mavridis und J. T. Jensen (Hrsg.), *Stable Places and Changing Perceptions. Cave Archaeology in Greece*: 202–215. Oxford (= British Archaeological Reports International Series 2558).

Walter, H. 1990. *Das griechische Heiligtum dargestellt am Heraion von Samos*. Stuttgart.

Wiegand, Th. und Schrader, H. 1904. *Priene. Ergebnisse der Ausgrabungen und Untersuchungen in den Jahren 1895-1898*. Berlin.

Wiegand, Th. 1995. *Halbmond im letzten Viertel. Archäologische Reiseberichte*. Mainz (= Kulturgeschichte der antiken Welt 2).

Yannouli, V. 2004. Les sanctuaires de Cybèle dans la ville de Samos. In G. Labarre (Hrsg.), *Les cultes locaux dans les mondes grec et romain. Actes du colloque de Lyon 7-8 Juin 2001*: 115–128. Paris.

Zwischen ‚Wissenschaft' und Fiktion – Menschen, Götter und Heroen in Naturlandschaften der hellenistischen Dichtung

Annemarie Ambühl

Mainz

Abstract

Poetic representations of landscape in Hellenistic poetry not only depict the well-known *locus amoenus* but also – from the human point of view – wild, uncivilized and hostile nature. This paper studies selected examples of the works by Theocritus, Callimachus and Apollonius of Rhodes in order to explore possible interconnections between such fictional descriptions and the contemporary sciences that flourished both in Ptolemaic Alexandria. By using specific geographical and botanic terms Theocritus gives his illusionary bucolic landscapes a realistic touch, Callimachus in his *Hymn to Zeus* bases the mythical prehistory of Arcadia on a geological-hydrological subtext of subterranean rivers, and the epic poet Apollonius blends his quasi-scientific description of the Syrtes with psychological and supernatural elements. In all three of these texts 'science' and 'fiction' are thus inextricably interwoven.

Der historische und kulturelle Kontext – Alexandria und die hellenistische Literatur

Die im Folgenden unternommene Untersuchung von Naturdarstellungen in der hellenistischen Dichtung anhand ausgewählter Beispiele reflektiert den Aufbau des zugrunde liegenden Workshops, bei dem der Hellenismus nach Vorträgen zu Naturvorstellungen im Vorderen Orient und in der griechischen Archaik und Klassik den Abschluss bildete, soll aber keineswegs eine lineare oder gar teleologische Entwicklung implizieren. Der Hellenismus ist ja bekanntlich ein moderner Epochenbegriff und auch in der Literaturgeschichte ist die hellenistische Periode eine zwar eingebürgerte, aber nicht fest abgegrenzte Größe.[1] Manche der angeblich typisch hellenistischen Merkmale sind bereits in der griechischen Literatur des fünften und vierten Jahrhunderts angelegt, und die hellenistische Literatur bezieht sich ihrerseits ganz bewusst intertextuell auf die ihr vorangehende literarische Tradition.

Dennoch kristallisieren sich bestimmte Charakteristika der hellenistischen Literatur heraus, die den soziokulturellen Wandel von der klassischen, stark auf Athen konzentrierten politischen Landschaft zur globalisierten Welt der

---

[1] Vgl. etwa den jüngsten Band des Handbuchs der griechischen Literatur der Antike zur Literatur der klassischen und hellenistischen Zeit (Zimmermann – Rengakos 2014).

Diadochenreiche widerspiegeln. Im Unterschied zur hellenistischen Prosa wurde der Hauptteil jedenfalls der überlieferten hellenistischen Dichtung in Alexandria produziert. Diese von Alexander dem Großen im Nildelta gegründete Metropole war seit dem Beginn des 3. Jhs. v. Chr. in ihrer Eigenschaft als Hauptstadt des Ptolemäerreiches auch das neue kulturelle Zentrum der griechischen Welt. Insbesondere das vom Königshof finanzierte Museion mit der angegliederten Bibliothek fungierte als Magnet für Wissenschaftler und Literaten, die aus allen Teilen der griechischen Welt nach Alexandria kamen. In diesem Sinne verkörpern die von den Ptolemäern geförderten Wissenschaften wie die Geographie, Astronomie oder Medizin und die philologische Beschäftigung mit dem literarischen Erbe, die zugleich dichterische Neuschöpfungen inspirierte, zusammen die ptolemäische Ideologie der Weltbeherrschung durch die Akkumulation von Wissen und kulturellem Kapital.[2]

Natur und Landschaft in der hellenistischen Literatur: Fragestellungen und neuere Forschungsansätze

Der vorliegende Beitrag befasst sich primär aus literaturwissenschaftlicher Perspektive mit Naturbeschreibungen in der hellenistischen Literatur und nähert sich der Fragestellung daher nicht über abstrakte philosophische Begriffsdefinitionen von ‚Natur',[3] sondern über die Lektüre poetischer Landschaftsräume. Im Zuge des *spatial turn* in den Literatur- und Kulturwissenschaften sind in jüngerer Zeit auch die Raumdarstellungen in der antiken Literatur unter narratologischen, intertextuellen und kulturhistorischen Gesichtspunkten untersucht worden.[4] Solche Studien zu ganzen Landschaftszusammenhängen oder zu einzelnen Phänomenen wie Bergen oder Flüssen im mythisch-religiösen, literarisch-poetischen oder politisch-ökonomischen *imaginaire* der griechischen und römischen Kultur lassen sich unter dem Stichwort ‚Geopoetik' zusammenfassen, das Geographie, Poetik und Ideologie miteinander verbindet.[5]

---

[2] Zum ptolemäischen Alexandria und dem Museion siehe immer noch das Standardwerk von Fraser 1972 sowie die Beiträge von Engster und Nesselrath in einem rezenten Sammelband zu Alexandria (Georges – Albrecht – Feldmeier 2013). Zu den Wissenschaften im Hellenismus vgl. Irby-Massie – Keyser 2002 und in der Antike insgesamt das Kompendium von Irby 2016.

[3] Vgl. dazu etwa Heinemann 2001.

[4] Einen narratologischen Zugang bietet der nach Gattungen und Autoren gegliederte Teilband „Space in Ancient Greek Literature" (de Jong 2012) aus der Reihe *Studies in Ancient Greek Narrative*. Neuere Sammelbände mit einem breiten Spektrum von Ansätzen sind Klooster – Heirman 2013; Gilhuly – Worman 2014; Skempis – Ziogas 2014 sowie McInerney – Sluiter 2016. Zu Landschaften als metapoetischen Chiffren in der antiken Literaturtheorie vgl. Worman 2015. Weber 2010 ist für die antike Literatur dagegen nicht sehr ergiebig.

[5] Der Begriff wird hier nicht in der universalen ökologischen Bedeutung des im Jahre 1989 von Kenneth White gegründeten *Institut International de Géopoétique* verwendet, sondern als ein

Ein solcher integrativer Ansatz ist gerade auch für die hellenistische Literatur sehr fruchtbar. Schon die ältere Forschung hatte sich mit den hellenistischen Landschaftsdarstellungen befasst, insbesondere mit dem Topos des *locus amoenus*,[6] dabei aber oft moderne, von der Romantik geprägte Vorstellungen auf die hellenistischen Texte projiziert, wie etwa die angebliche Sehnsucht des alexandrinischen Großstadtmenschen nach der erholsamen Natur.[7] Der vorliegende Beitrag richtet sich aber bewusst gerade nicht auf die ‚schöne' Natur, sondern eher auf das Spannungsfeld von Natur und Kultur, in dem die tendenziell zivilisationsfeindliche, ‚wilde' Natur im Zentrum stehen soll. Dabei stellt sich jedoch die auch in anderen Beiträgen dieses Workshops aufgeworfene Frage, ob es solche Darstellungen von Natur an sich im Sinne eines eigenständigen Raumes überhaupt gibt. Auch in der hellenistischen Dichtung werden Natur und Landschaft nämlich kaum je um ihrer selbst willen beschrieben, sondern fast immer in Interaktion mit Menschen oder anthropomorphisierten Figuren wie Göttern und mythischen Heroen gesetzt.[8] Selbst in der Gattung des Lehrgedichts oder Sachepos, die die direktesten Verbindungen zu der Herangehensweise der zeitgenössischen Wissenschaften zeigt, wenn auch in literarisch-fiktiver Überformung, steht der Nutzen für den Menschen im Vordergrund; so dienen in Arats stoisch geprägtem astronomischem Lehrgedicht *Phainomena* die Sternbilder und Wetterzeichen als Orientierungshilfe für den Menschen und werden in Nikanders *Theriaka* und *Alexipharmaka* Zoologie, Botanik, Mineralogie

---

literaturwissenschaftliches Instrument (siehe Marszałek – Sasse 2010 aus der Perspektive der modernen Philologien) zur Erfassung von Charakteristika der hellenistischen Literatur und Kultur (vgl. Asper 2011 und Ager – Faber 2013). Zur Schaffung imperialer kosmischer Raummythen in der hellenistischen und römischen Literatur vgl. auch Meyer 2012.

[6] Zur griechischen, inklusive hellenistischen, Literatur bildet Elliger 1975 immer noch die ausführlichste Studie. Speziell zum *locus amoenus* in der antiken Literatur vgl. Schönbeck 1962 und Haß 1998. Spezifische Literatur zu den einzelnen hellenistischen Dichtern wird unten in den jeweiligen Kapiteln angeführt.

[7] Diese Vorstellung durchdringt etwa den Aufsatz von Hartwell 1922 zu Theokrit, Spuren davon finden sich aber noch – auch *ex negativo* in der Kritik daran – in der neueren Forschung. Vgl. etwa Elliger 1975, 297 f. 318 f. 362 f. 451 f.; Schmitt 1998, 323 und Klooster 2012b, 99: „Still, it would be a mistake to call Theocritus a 'poet of nature' in the Romantic sense of the phrase: natural beauty is hardly ever admired for its own sake in his poems." Siehe auch Alpers 1990 zum nachhaltigen Einfluss von Schillers *Über naive und sentimentalische Dichtung* (1795) auf die moderne Sicht der Bukolik und Rosenmeyer 1969, 18–20. 179–203, zur Rolle von ‚Natur' in der Tradition der Hirtendichtung. In einem ganz anderen Sinn vergleicht Sistakou 2012 die Ästhetik der hellenistischen Dichtung mit dem *Dark Romanticism* (s. u. S. 242–246 zu den fantastischen Landschaften des Apollonios).

[8] So auch Elliger 1975, 453: „Die Landschaften der griechischen Dichter sind so gut wie immer bewohnte, und zwar vom Menschen, nicht nur (und schon gar nicht an erster Stelle) von Göttern bewohnte Landschaften; mindestens wird die Landschaft immer in enger Beziehung zum Menschen gesehen." Zu Theokrit vgl. auch Schönbeck 1962, 125 (*Der Mensch als Bezugspunkt der Ideallandschaft*) und Levi 1993 (*People in a Landscape*).

und Medizin zur Behandlung von durch Gifttiere verursachten Krankheiten eingesetzt, die sich mit ihren teils ans Absurde grenzenden Beschreibungen der Paradoxographie nähern.⁹

Solche Interaktionen mit der hellenistischen Naturwissenschaft sind jedoch nicht auf das Genre des Sachepos beschränkt,¹⁰ sondern lassen sich auch in anderen Gattungen der hellenistischen Dichtung aufzeigen, was etwa Graham Zanker mit dem Schlagwort des *scientific realism*, der fiktionalen Erzeugung eines Realitätseffekts durch den anschaulichen Bezug zu wissenschaftlichen Forschungsergebnissen, umschreibt.¹¹ Dass Dichtung und Wissenschaft in Alexandria nicht als strikt getrennte Sphären aufgefasst wurden, zeigt sich zudem in der Tatsache, dass die am Museion tätigen Literaten oft Dichter und Gelehrte in Personalunion waren, die sich in ihren – meist leider gar nicht oder nur fragmentarisch überlieferten – Prosawerken mit philologisch-grammatischen, antiquarischen und auch im engeren Sinne naturwissenschaftlichen Themen beschäftigten. So werden etwa Kallimachos Titel wie Περὶ ἀνέμων (Über Winde: fr. 478 Asper = 404 Pfeiffer) oder Περὶ τῶν ἐν τῇ οἰκουμένῃ ποταμῶν (Über die Flüsse auf der Welt: fr. 502–504 Asper = 457–459 Pfeiffer) sowie eine paradoxographische Sammlung (fr. 481–483 Asper; fr. 407–411 Pfeiffer) zugeschrieben.¹² Neben Kallimachos sollen im Folgenden auch seine Zeitgenossen Theokrit und Apollonios Rhodios kurz vorgestellt und jeweils ein ausgewähltes Textbeispiel aus ihren Werken näher betrachtet werden.

Überblicke zu den drei Autoren und ausgewählte Textbeispiele

Theokrits bukolische Landschaften mit Hirten

Der wohl aus Syrakus stammende, nach Alexandria emigrierte und dort unter Ptolemaios II. Philadelphos aktive Theokrit gilt als der Archeget der Hirtendichtung. Seine bukolischen Gedichte machen jedoch nur einen Teil der (wohl erst postum in der überlieferten Form zusammengestellten) Sammlung seiner *Eidyllia* aus, was übrigens noch nicht die moderne Assoziation ‚idyllisch'

---

⁹ Vgl. dazu die Kommentare von Kidd 1997 und Overduin 2015. Generell zur Interaktion von hellenistischer Wissenschaft und Dichtung vgl. Cuypers 2010, bes. 332.
¹⁰ Siehe dazu etwa die Sammelbände von Horster – Reitz 2005 und Cusset 2006.
¹¹ Zanker 1987, bes. 113–131 (*The Appeal to Science*). Vgl. auch die Beiträge in dem aus einem Groninger Workshop hervorgegangenen und von der Verfasserin mitbetreuten Band *Nature and Science in Hellenistic Poetry* (Harder – Regtuit – Wakker 2009).
¹² Zu den Prosawerken des Kallimachos und zu ‚wissenschaftlichen' Elementen in seiner Dichtung vgl. Krevans 2004; Asper 2009 (an den sich der Titel des vorliegenden Beitrags anlehnt; Asper behandelt jedoch vor allem meteorologisches und medizinisches Wissen), Prioux 2009 und Sistakou 2009.

evoziert, sondern vielmehr so etwas wie „kleine Gedichte" bedeutet; sie umfasst auch städtische und mythische Themen. Die mimetisch-dramatische Form der bukolischen *Eidyllia*, die hier in den Fokus genommen werden sollen, hat zur Folge, dass keine Beschreibungen durch einen auktorialen Erzähler erfolgen; auch Naturbeschreibungen sind daher immer in den Mund eines der Dialogpartner gelegt.[13] Da es sich dabei in der Regel um Hirten handelt, spielen sich deren Dialoge oder eher Wettgesänge in einer von verschiedenen zahmen und wilden Pflanzen und Tieren besiedelten, teils naturbelassenen, teils kultivierten Landschaft ab.

Die in der Forschung kontrovers diskutierte Frage, ob es sich bei Theokrits bukolischen Naturbeschreibungen um realistische oder idealtypische Landschaften handle,[14] lässt sich dahingehend präzisieren, ob die in den Gedichten evozierte Flora und Fauna eine exakte Wiedergabe konkreter Biotope in Sizilien, Süditalien und der Ägäis intendiere oder zur imaginativen Illustration einer fiktiven Szenerie diene.[15] Gerade in den *Eidyllia* 1 und 7, die sich durch ihre besonders raffinierte Struktur mit selbstreflexiven Passagen als programmatische Gedichte zu erkennen geben,[16] finden sich eher generische Elemente der umgebenden Natur wie schattenspendende Bäume mit rauschenden Zweigen, sprudelnde Quellen und zirpende Zikaden oder singende Vögel (1, 1–23; 7, 1–9. 131–146), die einen musikalischen Hintergrund für die darin eingebetteten Lieder konstruieren und daher eher metapoetische *songscapes* als konkrete *landscapes* konstituieren.[17] Passagen in anderen bukolischen

---

[13] Siehe die narratologische Analyse von Klooster 2012b.

[14] Vgl. oben Anm. 7 und Elliger 1975, 318–364, der eher den „typischen Charakter" (324) von Theokrits Landschaften betont. Der Kontrast kann sich auch innerhalb einer Deutung manifestieren; so macht etwa Halperin in seiner *Response* zu Levi 1993 (ebd. 129 f.) auf den Widerspruch zwischen dessen Beschreibung des 4. *Eidyllion* (siehe dazu gleich unten) als „the real world" (118) und „a timeless world" (120) aufmerksam. Laut Segal 1981b, bes. 212 f., ist die Spannung zwischen ‚Sentimentalität' und ‚Realismus' den Figuren und Landschaften Theokrits bereits inhärent (speziell zum 4. *Eidyllion* vgl. ebd. 228 und Segal 1981a).

[15] Die Ägäisinsel Kos, auf der unter anderem das 7. *Eidyllion* spielt, genoss als Geburtsort des Ptolemaios II. Philadelphos eine besondere Stellung im Einflussbereich des Ptolemäischen Reiches und war wohl für eine gewisse Zeit auch Aufenthaltsort Theokrits. Lindsell (1937; wiederabgedruckt in Raven 2000, 63–75; vgl. ebd., 23 f.) rekonstruiert aufgrund der botanischen Angaben sogar dessen genaue Biographie mit Kos als prägendstem Ort (vgl. unten Anm. 18). Elliger 1975, 324 f. mit Anm. 22, warnt jedoch davor, Orts- und Pflanzennamen für biographische oder Datierungsfragen auszuwerten, da sie die Funktion hätten, den Gedichten „einen höheren Grad historischer und geographischer Genauigkeit" – allerdings eben im Sinne einer literarischen Stilisierung – zu verleihen.

[16] Solche programmatischen Passagen sind insbesondere die Ekphrasis des Hirtenbechers und das Lied von Daphnis im 1. und die Begegnung mit dem mysteriösen Hirtendichter Lykidas und das Erntefest für Demeter im 7. *Eidyllion*.

[17] Zum Begriff *songscape* vgl. Segal 1981b, 228 und Klooster 2012b, 105 f. Die poetologische

Eidyllia wirken dagegen auf den ersten Blick realistischer, da Ortsnamen und spezifische botanische Termini – insgesamt nennt Theokrit 87 oder nach einer anderen Zählung sogar 107 verschiedene Spezies – verwendet werden, die sich unter anderem ebenfalls in den botanischen Werken des Aristoteles-Schülers Theophrast, eines etwas älteren Zeitgenossen Theokrits, finden.[18]

Als Beispiel für die letztere Art von Naturbeschreibungen soll hier eine kurze Passage aus dem vierten *Eidyllion* herangezogen werden, in der sich zwei Hirten, Battos und Korydon, über ihre Herden unterhalten.[19] Battos wirft Korydon spöttisch vor, dass er die Rinder vernachlässige, da sie so mager seien, aber dieser verteidigt sich und gibt ihrem Besitzer Aigon die Schuld, der als Faustkämpfer zu den Olympischen Spielen gefahren sei und seine Tiere im Stich gelassen habe. Er dagegen lasse sie nur an den besten Plätzen weiden (4, 17–19. 23–25):

> ΚΟ. οὐ Δᾶν, ἀλλ' ὅκα μέν νιν ἐπ' Αἰσάροιο νομεύω
> καὶ μαλακῶ χόρτοιο καλὰν κώμυθα δίδωμι,
> ἄλλοκα δὲ σκαίρει τὸ βαθύσκιον ἀμφὶ Λάτυμνον.
> [...]
> ΚΟ. καὶ μὰν ἐς στομάλιμνον ἐλαύνεται ἔς τε τὰ Φύσκω,
> καὶ ποτὶ τὸν Νήαιθον, ὅπα καλὰ πάντα φύοντι,
> αἰγίπυρος καὶ κνύζα καὶ εὐώδης μελίτεια.

> KO[RYDON]: Nein, beim Zeus, sondern mal lasse ich es (*sc.* das Kalb) am Aisaros weiden und gebe ihm ein schönes Bündel von weichem Gras, mal springt es herum am tiefverschatteten Latymnon.
> [...]
> KO. Und doch wird er (*sc.* der Stier) zur Lagune getrieben, zu den Hängen des Physkos und zum Neiathos, wo alles Gute wächst: Ziegenbrand und Alant und duftende Melisse.

Durch die Namen der Flüsse Aisaros und Neaithos und vielleicht auch durch die anderen, obskuren Ortsnamen wird eine Szenerie in der Gegend von Kroton in Süditalien suggeriert; ob diese aber in einer bestimmten geographischen

---

Dimension von Theokrits Naturbeschreibungen betont auch Cusset 1999. Zur Kreation einer in sich geschlossenen imaginären Welt und den verschiedenen Graden von Fiktionalität in den bukolischen Gedichten siehe auch Payne 2007.

[18] Die Zahl 87 nach Lindsell 1937, 78 (= Raven 2000, 65), die Zahl 107 nach Lembach 1970, 11. Laut Lindsell (ebd.) habe Theokrit auf Kos Medizin und Botanik nach der von Theophrast begründeten Methode studiert. Zu Theophrasts botanischer Methode siehe Wöhrle 1985 und Amigues 2013; vgl. auch die weiteren Beiträge zur Kulturgeschichte der Botanik in Bauks – Meyer 2013.

[19] Textausgabe und Kommentar: Gow 1952; Übersetzung (mit Ergänzungen der Verfasserin): Effe 1999. Vgl. auch den Kommentar von Hunter 1999.

und historischen Situation zu verorten ist oder eine mimetische Illusion von Realismus erzeugen soll, ist in der Forschung umstritten.[20] Dasselbe gilt für die Pflanzennamen, die nicht alle eindeutig zu identifizieren sind (die oben zitierte Übersetzung von αἰγίπυρος ist nur eine poetische Annäherung);[21] gerade die als letzte genannte Pflanze μελίτεια – ein *hapax legomenon* – könnte auch wegen ihrer klanglichen Assoziation mit Honig gewählt sein und als metrisches Äquivalent für das von Theophrast (*Historia Plantarum* 6, 1, 4) erwähnte μελισσόφυλλον fungieren.[22] Der Vers αἰγίπυρος καὶ κνύζα καὶ εὐώδης μελίτεια (25) wirkt trotz der möglicherweise botanisch korrekten Aufzählung der drei Futterpflanzen ja vor allem durch seine musikalische Harmonie. Auch wenn gewisse Elemente eines *locus amoenus* vorhanden sind, wird hier aber nicht einfach ‚schöne Natur' inszeniert: Die üppige Vegetation kann ja gerade nicht verhindern, dass die Tiere abmagern, vielleicht aus Sehnsucht nach ihrem früheren Herrn analog zu dem für die Bukolik typischen Liebeskummer der Hirten.[23]

Dass die Natur aber auch für die Hirten selber nicht idyllisch ist, wird im zweiten Teil des Gedichts deutlich, wenn Battos beim Versuch, die „Mistviecher" von den Ölbäumen wegzuscheuchen, an deren Trieben sie sich gütlich tun (44 f.), von einem Disteldorn in den Fuß gestochen wird, der von Korydon wieder entfernt werden muss (50–57).[24] Die Widerwärtigkeiten der Natur bleiben bei

---

[20] So betrachtet Gallo 2003, bes. 119, die Passage als ein realistisches Testimonium für das Sumpf- und Weideland um Kroton; vgl. Prioux 2009, 125. Zu den mit dem Biotop verbundenen botanischen Angaben vgl. Lindsell 1937, 81 f. (= Raven 2000, 67), der Raven 2000, 24 f., in einzelnen Punkten widerspricht. Im Gegensatz zu den Flüssen sind die Namen für die Berge(?) und die Salzlagune um Kroton sonst nicht belegt und könnten von anderswo stammen oder als fiktive ‚Realitätsmarker' eingeführt sein (vgl. Gow 1952, 2, 80–82 und Hunter 1999, 135 f.). Dieselbe Opposition prägt auch die Deutungen des 4. *Eidyllion* insgesamt; so verortet etwa Barigazzi 1974 gegen die metapoetische Lektüre von Van Sickle 1970, bes. 74–78, das Gedicht in der politischen Geschichte von Kroton und dessen Zerstörung im Pyrrhischen Krieg. Piacenza 2006 verbindet beide Deutungsebenen, indem er die Hirten mit historischen süditalischen Dichtern wie Leonidas von Tarent und Theokrit selber identifiziert.

[21] Raven 2000, 5 f., demonstriert gerade am Beispiel von αἰγίπυρος die Schwierigkeit einer exakten botanischen Bestimmung aufgrund der dürftigen Angaben in den antiken Texten.

[22] Zu den drei Pflanzen vgl. die Kommentare von Gow 1952, 2, 82 f., und Hunter 1999, 136, sowie botanisch ausführlicher Lembach 1970, 29–31 und 50–56.

[23] Für Lawall 1966 bildet die Parallele zwischen tierischem und menschlichem Liebesbegehren das strukturelle Zentrum des Gedichts; er sieht sogar im Dorn (siehe dazu gleich unten) ein Gegenstück zum Pfeil des Eros. Schmitt 1998 definiert die Funktion der Natur bei Theokrit analog zu derjenigen der Hirtendichtung generell als Befreiung vom quälenden Eros, berücksichtigt dabei aber nur die ‚schöne' Natur der *Eidyllia* 1 und 7; ähnlich Hunter 1999, 12–17.

[24] Auch in dieser Passage verwendet Theokrit verschiedene botanische Namen für Dorngewächse (vgl. Lembach 1970, 72 f. 77–79. 82–84). Vielleicht steckt in dem von einem Dorn gestochenen Battos aber auch ein witziges Wortspiel mit βάτος (vgl. ebd. 74 f.) in der Bedeutung „stachliger Brombeerstrauch" (so Paschalis 1991; vgl. Hunter 1999, 143); Piacenza 2006 sieht darin eine Anspielung auf Kallimachos und dessen Poetik (vgl. den Brombeerstrauch im 4. *Iambos*).

Theokrit allerdings auf einer relativ harmlosen Ebene stehen, bei der manches wohl auch der spottenden Übertreibung im Streitgespräch der beiden Hirten zuzuschreiben ist. Zudem lässt sich ein interessanter Vergleich mit dem in der hellenistischen bildenden Kunst beliebten Motiv des Dornausziehers anstellen.[25] Die beiden Hirten sind ja letztlich ebenfalls literarische Kunstfiguren in einer künstlich geschaffenen Naturkulisse, sodass nur ein gradueller Unterschied besteht zum explizit metapoetischen ersten *Eidyllion*, wo programmatisch der *locus amoenus* als *songscape* eingeführt und die Pflanzendekoration auf dem imaginären geschnitzten Becher minutiös beschrieben wird (1, 29–31).[26]

Urzeitlandschaften mit Göttern in Kallimachos' Hymnen

Aus dem verschiedene Gattungen umfassenden, aber großenteils nur fragmentarisch überlieferten Werk von Theokrits Zeitgenossen Kallimachos von Kyrene, der als Hauptvertreter der innovativen alexandrinischen Poesie gilt, sollen hier die *Hymnen* ausgewählt werden, die als Sammlung ganz überliefert sind. Natur und Landschaft spielen vor allem im ersten *Hymnos* auf Zeus und im vierten *Hymnos* auf Delos eine wichtige Rolle, allerdings in einem ganz anderen Sinn als bei Theokrit. Da die *Hymnen* von den Geburtsgeschichten ihrer göttlichen Adressaten handeln, spielen sie sich in urzeitlichen mythischen Landschaften ab, in die die Götter gestaltend eingreifen.[27] So ist etwa Asteria im vierten *Hymnos* eine umherschwimmende Insel, die erst durch die Geburt Apollons ihren festen Platz und ihren Namen Delos erhält.[28] Frederick Williams spricht im Zusammenhang mit diesem göttlichen *large-scale landscape gardening* von Surrealismus oder Hyperrealismus, was aber eben realistische Elemente voraussetzt, von denen sich die surrealistischen erst abheben.[29] Wie am folgenden Beispiel gezeigt werden soll, können solche Urzeitlandschaften auch auf einer ‚wissenschaftlichen' Folie imaginiert werden.

Im *Zeus-Hymnos* durchirrt Rhea nach der Geburt des Zeus die vorzivilisatorische Naturlandschaft Arkadiens auf der Suche nach Wasser, um sich und ihren

---

[25] Vgl. dazu Gutzwiller 1991, 150–152, die das Motiv des Schmerzes als Bruch mit der bukolischen Harmonie zwischen Mensch und Natur und als Spiegelung der agonistischen Asymmetrie des 4. *Eidyllion* deutet, Hunter 1999, 130 und 141 f., der einen Hinweis auf den Illusionseffekt mimetischer Kunst erkennt, Stanzel 1995, 141–144, der sich gegen ironisierende Deutungen von Theokrits Hirtenfiguren wendet, und Zanker 2004, 132–136, der für beide Medien einen Kontrast zwischen der künstlerischen Form und dem alltäglichen Sujet postuliert.
[26] Auch diese Beschreibung ist in viel höherem Maße von intertextuellen und poetologischen Motiven als von botanischem Realismus geprägt, wie Gutzwiller 1986 aufzeigt.
[27] Zur Sammlung der *Hymnen* und der Rolle der Götterkinder vgl. u. a. Ambühl 2005, 225–363, und Schlegelmilch 2009, 154–256.
[28] Speziell zum Aspekt der instabilen Landschaft vgl. Nishimura-Jensen 2000 und Klooster 2012c.
[29] Williams 1993, bes. 220 und 224 f.

neugeborenen Sohn zu waschen.³⁰ Das Land ist jedoch ausgetrocknet, da alle Flüsse noch unterirdisch fließen, sodass Rhea in ihrer Not zur Selbsthilfe greift und einen Felsen spaltet, aus dem eine Quelle entspringt. Was wie eine Szene aus einem Werk der phantastischen Literatur wirken könnte, wird durch präzise geographische Angaben auf der realen Landkarte Arkadiens verankert, denn die späteren Flüsse Ladon, Erymanthos, Iaon, Melas, Karion, Krathis, Metope und die mit den gleichnamigen Nymphen identifizierten Ströme Neda und Styx sind in einem Negativkatalog verzeichnet (18–41). Zudem ‚beweist' Kallimachos die Wahrheit seiner Version von Zeus' Geburt gegenüber der bekannteren kretischen Geburtsgeschichte (4–9) durch etymologische Wortspiele, etwa wenn er das noch trockene Arkadien als *A-zenis* – „zeus-loses" Land – bezeichnet (19–21):³¹

>   ἔτι δ' ἄβροχος ἦεν ἅπασα
> Ἀζηνίς· μέλλεν δὲ μάλ' εὔυδρος καλέεσθαι
> αὖτις·

> [...] noch wasserlos war ganz Azenis; es sollte aber dereinst sehr wasserreich genannt werden.

In dieser vorzeitlichen Landschaft sind sogar bereits Wagen (23) und Menschen unterwegs (25–27):

>   νίσσετο δ' ἀνήρ
> πεζὸς ὑπὲρ Κρᾶθίν τε πολύστιόν τε Μετώπην
> διψαλέος· τὸ δὲ πολλὸν ὕδωρ ὑπὸ ποσσὶν ἔκειτο.

> [...] und ein Mann ging zu Fuß über den Krathis und die kieselreiche Metope, durstig; aber das viele Wasser lag unter seinen Füßen.

Wie hier im poetischen Bild gespiegelt, verbirgt sich unter der mythischen Textoberfläche analog zu den unterirdischen Wasserläufen geographisches und hydrologisches Wissen, was Kallimachos als Autor des Prosawerks Περὶ τῶν ἐν τῇ οἰκουμένῃ ποταμῶν (siehe oben S. 234) und einer nur in der Suda erwähnten Schrift mit dem Titel *Arkadien* (Testimonium 1 Pfeiffer) sicher nicht fremd war.³² Offenbar spiegelt sich in dem wasserlosen Urzustand die arkadische Karstlandschaft mit ihren teils unter dem Grund verschwindenden

---

[30] Textausgabe und Übersetzung (von der Verfasserin modifiziert): Asper 2004; Kommentare: McLennan 1977 und Stephens 2015.
[31] Zu den verschiedenen Etymologien vgl. u. a. McLennan 1977, 50.
[32] Vgl. Elliger 1975, 302 f.; McLennan 1977, 49 f. und 64; Depew 1993, 75 f.; Prioux 2009, 126 f.; Sistakou 2009, 178 und 185 f.

Wasserläufen, ein Phänomen, das auch in den Mythen Arkadiens reflektiert ist.[33] So glaubte man etwa, dass der im *Zeus-Hymnos* nicht erwähnte Alpheios sogar unter der Adria hindurchfließe, um in der Quelle Arethusa in Sizilien wieder zum Vorschein zu kommen, worüber laut der Paraphrase des Antigonos Kallimachos in seiner paradoxographischen Sammlung geschrieben habe (fr. 481, 12 Asper = 407, 12 Pfeiffer).[34] Flüsse, die plötzlich verschwinden und an einem anderen Ort wieder auftauchen, waren somit ein Gegenstand von Interesse für die an der Grenze zwischen Wissenschaft und Fiktion angesiedelte Paradoxographie, aber auch für die gerade in der hellenistischen Zeit aufkommende wissenschaftliche Geographie.[35] Zwar stammt das ausführlichste Zeugnis zu Arkadien erst vom augusteischen Geographen Strabon, doch hat sich laut diesem auch Kallimachos' etwas jüngerer Zeitgenosse Eratosthenes von Kyrene für solche Phänomene interessiert (Strabon, *Geographika* 8, 8, 4):[36]

> Περὶ δὲ τοῦ Ἀλφειοῦ [...] τὸ συμβεβηκὸς παράδοξον εἴρηται [...]. τἀναντία δ' ὁ Λάδων ἔπαθε τοῦ ῥεύματος ἐπισχεθέντος ποτὲ διὰ τὴν ἔμφραξιν τῶν πηγῶν· συμπεσόντα γὰρ τὰ περὶ Φενεὸν βέρεθρα ὑπὸ σεισμοῦ, δι' ὧν ἦν ἡ φορά, μονὴν ἐποίησε τοῦ ῥεύματος μέχρι τῶν κατὰ βάθους φλεβῶν τῆς πηγῆς. καὶ οἱ μὲν οὕτω λέγουσιν· Ἐρατοσθένης δέ φησι περὶ Φενεὸν μὲν τὸν Ἀνίαν καλούμενον ποταμὸν λιμνάζειν τὰ πρὸ τῆς πόλεως, καταδύεσθαι δ' εἴς τινας ἠθμούς, οὓς καλεῖσθαι ζέρεθρα· τούτων δ' ἐμφραχθέντων ἔσθ' ὅτε

---

[33] Zur Geologie Arkadiens siehe Higgins – Higgins 1996, 70–72 (bes. 70: „[...] frequently the rivers, with no outlet above ground, disappear through sink-holes"); zu den für Karstlandschaften typischen Phänomenen vgl. ebd. 13 f. Baleriaux 2016 untersucht die Reflexe der empirischen Beobachtung der unterirdischen Wasserläufe Arkadiens in der antiken Literatur, sowohl rationalisierende Erklärungen als auch die Assoziation mit der Unterwelt.

[34] Vgl. Prioux 2009, 139; zu weiteren Zeugnissen vgl. Baleriaux 2016, 105 f. Aus derselben Sammlung ist auch eine Notiz zum Unterweltsfluss Styx überliefert, dessen Wasser aus einem Tropfstein im arkadischen Pheneos hervorträufle, was Kallimachos nach Theophrast referiert habe (fr. 481, 30 Asper = 407, 30 Pfeiffer). Vgl. fr. 485 Asper = 413 Pfeiffer aus dem Werk Περὶ νυμφῶν, das wohl ähnlich wie der *Zeus-Hymnos* (vgl. 1, 36 zur Nymphe Styx) besondere Eigenschaften von Gewässern sowohl mit mythischen als auch mit rationalen Erklärungen versah.

[35] Zur Geschichte der antiken Geographie vgl. u. a. Hübner 2000 und Bianchetti – Cataudella – Gehrke 2015. Gerade das Phänomen der unterirdischen Flüsse beschäftigte aber weiterhin nicht nur Geographen: So schreibt etwa der römische Epiker Lucan dem Tigris einen teils unterirdischen Lauf zu (*Bellum civile* 3, 261–263; ebenso Nero fr. 1 Blänsdorf; vgl. Seneca, *Naturales Quaestiones* 3, 26, 3–6 und 6, 8, 2; vgl. auch Meyer 2004, bes. 98–106, zu Philostorgios' *Kirchengeschichte* 3, 9–10). Generell zu Lucans Interesse an Naturwissenschaften siehe Schrijvers 2005 und den Sammelband *Doctus Lucanus* (Landolfi – Monella 2007), darin insbesondere den Beitrag von Walde zu den verschiedenen Funktionen von Flüssen und Gewässern im *Bellum civile*.

[36] Textausgabe und Übersetzung: Radt 2003. Vgl. auch Pausanias 8, 14, 1–3 und 8, 20, 1. Zu den *Geographika* des Eratosthenes als erstem Werk der wissenschaftlichen Geographie siehe Geus 2002, 260–288. Vgl. auch den Kommentar zum Fragment von Roller 2010, 214 f.

ὑπερχεῖσθαι τὸ ὕδωρ εἰς τὰ πεδία, πάλιν δ' ἀναστομουμένων ἄθρουν ἐκ τῶν πεδίων ἐκπεσὸν εἰς τὸν Λάδωνα καὶ τὸν Ἀλφειὸν ἐμβάλλειν [...]

Vom Alpheios [...] haben wir bereits die dort auftretende Sonderbarkeit erwähnt [...]. Das Umgekehrte ist mit dem Ladon geschehen, dessen Strom irgendwann durch die Absperrung seiner Quellen angehalten worden ist: die Schlünde bei Pheneos, durch die er seinen Lauf nahm, stürzten nämlich infolge eines Erdbebens zusammen, was einen Stillstand des Stromes bis zu den tiefen Adern seiner Quelle bewirkte. So sagen wenigstens manche; Eratosthenes dagegen (fr. III B 105 Berger) sagt, dass bei Pheneos der Fluss, der Anias genannt wird, das Gelände vor der Stadt unter Wasser setzt und in einer Art von Filtern versinkt, die *zerethra* genannt würden; wenn diese sich gelegentlich verstopften, fließe das Wasser über in die Ebenen, und wenn sie sich wieder öffneten, ziehe es auf einmal aus den Ebenen ab und ergieße sich in den Ladon und den Alpheios [...]

In der arkadischen Geburtsgeschichte des Zeus, die er am Beginn seines ersten *Hymnos* erzählt, spaltet Kallimachos somit ein synchrones geo- und hydrologisches Phänomen, das temporäre Verschwinden und Wiederauftauchen von Gewässern, im Sinne eines aitiologischen Mythos in einen früheren (vor Zeus) und einen späteren Zustand (nach Zeus' Geburt), um den mit dem obersten Gott parallelisierten König Ptolemaios Philadelphos zu preisen und möglicherweise auch mit der in der pharaonischen Ideologie zentralen Nilschwelle zu assoziieren.[37] Wie in einem Palimpsest überlagern sich in diesem Text mythische und reale Landschaften, poetische und aktuelle wissenschaftliche Erklärungen von Naturphänomenen. Nur nebenbei sei bemerkt, dass Kallimachos in derselben Textpassage einen weiteren wissenschaftlichen Subtext verarbeitet hat: Den Geburtsvorgang beschreibt er in den Versen 15–17 mit medizinischen Details (ähnlich wie auch im *Delos-Hymnos* 206–211 die Position der gebärenden Leto möglicherweise nach den damaligen neuesten Erkenntnissen des Arztes Herophilos), um dasselbe Phänomen sich dann im Mythos spiegeln zu lassen, wenn das aus dem Felsen hervorbrechende Wasser als ein geologischer ‚Geburtsakt' der Erdgöttin Gaia umschrieben wird (28–32).[38] Diese Passagen sind insofern charakteristisch für

---

[37] Insbesondere Stephens (2003, 96–102; 2015, 213. 222) sieht in der Passage enge Bezüge zur ägyptischen Ideologie; vgl. etwa den Begriff ἄβροχος (1, 19), der in griechischen Urkunden aus dem ptolemäischen Ägypten als *terminus technicus* für nicht vom Nil überflutetes Land verwendet wird. Auch im *Delos-Hymnos* (4, 206–208 und 263) hat das delische Flüsschen Inopos eine unterseeische Verbindung mit dem Nil und schwillt bei der Geburt Apollons an (vgl. Stephens 2003, 115–117; 2015, 51. 60; Schlegelmilch 2009, 187–189. 197).

[38] Vgl. Ambühl 2005, 228 f. mit Anm. 15 und 238 f. mit Anm. 54 und Sistakou 2009, 187 f., jeweils mit weiteren Literaturangaben; zum *Delos-Hymnos* vgl. die Interpretation von Most 1981.

die innovative Poetik des Kallimachos, als er zeitgenössische wissenschaftliche und tradierte mythische Elemente zu neuartigen Texten verschmilzt. Ebenso wie die Götter seiner *Hymnen* urzeitliche, noch nicht in ihrer definitiven Form fixierte Landschaften umgestalten, nutzt auch Kallimachos das ganze Spektrum des ihm in Alexandria zur Verfügung stehenden Wissens zur kreativen Transformation in Fiktion.

Zivilisationsfeindliche Naturräume in Apollonios' Argonautika

Als dritter und letzter Autor soll nun noch Apollonios Rhodios in den Blick genommen werden, der ebenfalls in Alexandria als Bibliothekar und Dichter tätig war. Sein vier Bücher umfassendes Epos *Argonautika* erzählt von der Fahrt der Argonauten nach Kolchis auf der Suche nach dem Goldenen Vlies und ihrer beschwerlichen Rückfahrt über viele gefährliche Umwege zurück nach Griechenland. Das Epos ist in vieler Hinsicht innovativ, in seiner intensiven intertextuellen, sprachlichen und philologischen Auseinandersetzung mit den homerischen Epen, seinem neuen Heldenbild, das Diplomatie und Gruppenzusammenhalt statt den Heroismus des Einzelkämpfers in den Vordergrund stellt, und der zentralen Rolle der verliebten Medea, die schon überschattet wird von ihrer über den Handlungsraum des Epos hinausgehenden, aber bereits aus dem attischen Drama bekannten Entwicklung zur tragischen Kindermörderin. Hier interessiert aber vor allem der Charakter der *Argonautika* als eines Reiseepos.[39] Die Fahrt der Argonauten führt von den griechisch geprägten Kulturräumen Nordgriechenlands entlang der Küste des Schwarzen Meeres, wo sie bleibende Zeichen ihrer Präsenz hinterlassen, in immer zivilisationsfeindlichere Gegenden, die von ‚barbarischen' Völkern bewohnt werden, mit wandernden Klippen, wilden Gebirgen und an Unterweltslandschaften erinnernden dunklen Wäldern und Höhlen, bis sie schließlich nach Kolchis (Aia) gelangen. Die Reiseroute des Rückwegs im vierten Buch erscheint zunächst noch phantastischer: Über die Donau gelangen die Argonauten in die Adria, von dort über den Eridanos (Po) und den damit verbundenen Rhodanos (Rhone) ins Mittelmeer und durch die sizilische Meerenge zur Phäakeninsel Drepane (Korfu), von wo sie durch einen Seesturm nach Libyen getrieben werden, bevor sie wieder nach Hause gelangen. Gerade

---

[39] Siehe dazu Clare 2002 aus intertextueller und poetologischer Perspektive, Thalmann 2011 zum Raumkonzept und den knappen narratologischen Überblick in Klooster 2012a. Vgl. auch Harder 1994 zum zunehmend selbstreflexiven Bewusstsein der Diskrepanz zwischen ‚Fakten' und ‚Fiktion' in den Reisebeschreibungen im ‚exotischen' vierten Buch, und ebenfalls zum vierten Buch Hunter 2015, 7–14. Zur Geographie im engeren Sinne siehe gleich unten, zu den Landschaften und anderen Naturelementen Elliger 1975, 306–317, die Monographie von Williams 1991 und Sistakou 2012, 51–130 (bes. 100–130: *Sites of fantasy, sites of horror*; vgl. Sistakou 2014 zu ‚kontrafaktischen' Landschaften).

die letzten Stationen der Argonautenfahrt in Libyen sind jedoch durch die Prophezeiung der Gründung Kyrenes eng mit der griechischen Kolonialisierung Nordafrikas und der ptolemäischen Herrschaft über Ägypten und das alliierte Kyrene verbunden.[40]

Anders als in der *Odyssee*, deren märchenhafte Stationen erst im Lauf der Zeit immer konkreter im mediterranen Raum verortet wurden, ist den *Argonautika* von Beginn an eine spatio-temporale Doppelperspektive eingeschrieben: einerseits die sich in einer mythischen Vorzeit abspielende Handlungsebene und andererseits die Ebene des Erzählers, hinter der sich der historische Autor Apollonios als hellenistischer Geograph zu erkennen gibt. Wie Doris Meyer gezeigt hat, stehen ungeachtet der teils phantastischen Elemente die mythisch-epische und die wissenschaftlich-alexandrinische Geographie in den *Argonautika* nicht in einem Widerspruch zueinander, da beide von vergleichbaren Raumkonzeptionen im Sinne einer *mental map* geprägt sind: von der hodologischen Perspektive des Periplus, der die Stationen entlangfahrenden Küstenbeschreibung, in Kombination mit einer an einigen Stellen aufscheinenden kartographischen Vogelperspektive – an einer Stelle im vierten Buch wird sogar eine bereits in mythischer Zeit existierende Landkarte (in Form eines eingravierten Textes und/oder Bildes) erwähnt (4, 279–281) – , oder dem Konzept von großen Strömen, die als korrespondierende Wasserkörper miteinander in Verbindung stehen.[41]

Als Textbeispiel soll nun ein kurzer Ausschnitt aus der längeren Episode vom unfreiwilligen Aufenthalt der Argonauten in der Syrte und der libyschen Wüste aus dem vierten Buch vorgestellt werden (4, 1223–1637), der einerseits intertextuell die Lotophagen-Episode der *Odyssee* aufgreift, andererseits aber auch die paradoxographische Tradition der Beschreibung seltsamer Naturphänomene.[42] Die untiefe Meeresbucht der Syrte (1235: Σύρτιν; 1236: κόλπον) als ein Zwischending zwischen Land und Meer stellt die Argonauten auf ihre härteste Bewährungsprobe, da sie nicht mehr aufs offene Meer gelangen können. Die unbestimmbare physische Umgebung und die scheinbar ausweglose

---

[40] Diese politische Dimension der *Argonautika* hat in neuerer Zeit das Interesse der Forschung geweckt: vgl. neben Thalmann 2011 (bes. Ch. 4: *Colonial Spaces*) auch Klooster 2013 mit weiteren Literaturangaben.
[41] Meyer 2008, die auch die Forschungsgeschichte zur Geographie bei Apollonios aufarbeitet.
[42] Textausgabe und Übersetzung (mit Anpassungen der Verfasserin): Glei – Natzel-Glei 1996; Kommentare: Livrea 1973 und Hunter 2015 (bes. 12–14 und 248–253). Zur Interpretation der Syrtenepisode siehe vor allem Williams 1991, 163–173, die die Verkehrung der Naturelemente zu einer „inverted world" hervorhebt (ebd. 163). Vgl. daneben auch Elliger 1975, 312–314; Harder 1994, 18 und 20; Clare 2002, 150–159; Thalmann 2011, 77–91; Sistakou 2012, 125–130. Zum hybriden Charakter von Sumpfbeschreibungen zwischen Land und Meer im antiken Epos und deren modernen Rezeptionen vgl. Lécole-Solnychkine – André 2014, bes. 31 f. zu den Syrten.

Lage, in der sie sich befinden, treiben die Argonauten in einen psychischen Zustand lähmender Depression, aus dem sie erst durch die Intervention der libyschen Nymphen gerettet werden, die ihnen in einem rätselhaften Orakel den Rat geben, ihr Schiff auf den Schultern durch die libysche Wüste zu tragen.

Die Verse 1232–1276 enthalten eine mehrfache Beschreibung der Syrte, zuerst aus auktorialer Perspektive, dann fokalisiert aus der Sicht der Argonauten und anschließend nochmals in direkten Reden. Hier zunächst die auktoriale Beschreibung (1237–1244):

> πάντῃ γὰρ τέναγος, πάντῃ μνιόεντα βυθοῖο
> τάρφεα, κωφὴ δέ σφιν ἐπιβλύει ὕδατος ἄχνη·
> ἠερίη δ' ἄμαθος παρακέκλιται, οὐδέ τι κεῖσε
> ἑρπετὸν οὐδὲ ποτητὸν ἀείρεται. ἔνθ' ἄρα τούσγε
> πλημυρίς (καὶ γάρ τ' ἀναχάζεται ἠπείροιο
> ἦ θαμὰ δὴ τόδε χεῦμα, καὶ ἄψ ἐπερεύγεται ἀκτάς
> λάβρον ἐποιχόμενον) μυχάτῃ ἐνέωσε τάχιστα
> ἠιόνι, τρόπιος δὲ μάλ' ὕδασι παῦρον ἔλειπτο.

> Denn überall ist es sumpfig, überall ist ein undurchdringliches (tiefes) Dickicht von Algen, auf denen der Schaum des Meeres träge schwimmt. Daneben erstreckt sich eine dunstige Sandwüste, wohin sich kein Kriechtier und kein Vogel verirrt. Die Flut – denn dieses Gewässer weicht oft vom Festland zurück und strömt dann heftig anbrandend wieder an die Küste – die Flut also trieb sie dort unversehens weit auf den Strand, und von dem Kiel blieb nur noch ein kleiner Teil im Wasser.

Der Eindruck einer undefinierbaren, lebensfeindlichen Natur, in der die Elemente nicht mehr klar voneinander getrennt sind, wird gleich im Anschluss in einer aus der Perspektive der Argonauten fokalisierten Beschreibung der Landschaft bestätigt (1245–1249):

> ἄχος δ' ἕλεν εἰσορόωντας
> ἠέρα καὶ μεγάλης νῶτα χθονὸς ἠέρι ἶσα
> τηλοῦ ὑπερτείνοντα διηνεκές· οὐδέ τιν' ἀρδμόν,
> οὐ πάτον, οὐκ ἀπάνευθε κατηυγάσσαντο βοτήρων
> αὔλιον, εὐκήλῳ δὲ κατείχετο πάντα γαλήνῃ.

> Verzweiflung ergriff sie, als sie die diesige Luft und den im Dunst verschwimmenden Horizont des gewaltigen Landes sahen (wörtlich: die Luft und den der Luft gleichen Rücken der weiten Erde), das sich weithin

endlos erstreckte. Sie erblickten weder eine Oase noch einen Pfad, noch in der Ferne ein Hirtengehöft: Alles lag da in tiefer (Wind-)Stille.

Derselbe zwiespältige Eindruck wird in den Worten der Argonauten wiederholt, die über die ‚konturlose Unbegrenztheit' der einsamen Küste dieses Festlandes klagen (1251–1258, bes. 1257 f.: οἷον ἐρήμη / πέζα διωλυγίης ἀναπέπταται ἠπείροιο);[43] die Bedeutung des Adjektivs διωλύγιος schwankt dabei laut den Scholien zwischen „düster", „gewaltig" oder sogar „laut tosend", was das Paradox der windstillen Lagune noch stärker hervorheben würde.[44] Auch der Steuermann Ankaios beschreibt die Syrte als ein Gebiet seichten, sandigen Salzwassers, aus dem das Schiff, das durch die zurückweichende Flut quasi in der Schwebe zurückgelassen wurde (1269: πλημυρὶς ἐκ πόντοιο μεταχρονίην ἐκόμισσεν), keinen Ausweg mehr finden kann (1261–1271).[45] Der ambivalente Charakter dieser Einöde drückt sich somit bis hinein in die Einzelheiten der sprachlichen Gestaltung in der Vermischung der Elemente Wasser, Land und Luft aus, die den im ersten Buch im Lied des Orpheus (1, 496–511) besungenen Prozess der Schöpfung durch die Abscheidung von Erde, Himmel und Meer aus der Urmasse (496–498) rückgängig zu machen droht.[46]

Die doppelte, ‚objektive' und ‚subjektive', Beschreibung hebt das Paradox hervor, dass die windstille Syrte noch gefährlicher ist als der eben überstandene, nicht ausführlich beschriebene Seesturm auf hoher See, da aus ihr kein Entkommen mehr möglich scheint. Was als eine phantastische Horrorlandschaft, eine rein imaginative Heterotopie, erscheinen könnte, ist jedoch ein tatsächlich existierender physischer Naturraum mit präzisen Details wie dem schaumbedeckten Algenteppich (1237 f.) oder dem Wechsel der Gezeiten (1241–1243; 1264–1271).[47] Zugleich übt dieser unheimliche, antizivilisatorische Ort,

---

[43] Das Zitat nach Elliger 1975, 313, der auf die Abwandlung der homerischen Formel εὐρέα νῶτα θαλάσσης („der breite Rücken des Meeres") in μεγάλης νῶτα χθονός (1246) aufmerksam macht, was erneut die Austauschbarkeit von Land und Meer betont (vgl. auch Williams 1991, 167; Hunter 2015, 250).

[44] Vgl. Livrea 1973, 355 f., der für die Bedeutung von Meerestosen u. a. Kallimachos fr. 457 Asper = 713 Pfeiffer anführt. Umgekehrt wurde in Vers 1238 der Meeresschaum als κωφή, wörtlich „stumm", bezeichnet.

[45] Zu μεταχρόνιος als Synonym von μετέωρος, „hoch in der Luft", vgl. Livrea 1973, 276 und 358.

[46] Mit dem Begriff des „Streits" (1, 498: νείκεος) der Elemente nimmt Apollonios im Lied des Orpheus die hexametrische Kosmogonie des Vorsokratikers Empedokles auf, aktualisiert sie aber zugleich durch den Einbezug von Aristoteles' Theorien (vgl. Busch 1993, 306–308. 310: „eine für ihn moderne, ‚wissenschaftliche', jedenfalls entmythologisierte Kosmogonie"; Kyriakou 1994, bes. 309–314, auch zu Empedokles als Subtext des ganzen Epos, allerdings ohne Berücksichtigung der Syrtenepisode).

[47] Das Adjektiv für „voll von Algen" (1237: μυιόεντα) ist ein *hapax legomenon*; das entsprechende

der auch Züge eines Totenreiches trägt, aber eine halluzinogene Wirkung aus.[48] Die psychisch desorientierten Argonauten können diesen Raum denn auch mit Hilfe rationaler Planung nicht mehr verlassen, sondern nur dank Epiphanien übermenschlicher Wesen, ebenso wie beim anschließenden Marsch durch die libysche Wüste, wo sie von den Hesperiden vor dem Verdursten gerettet und von Triton zurück ins offene Meer geleitet werden. Trotz der ‚wissenschaftlichen' Details wie dem Hinweis auf die Gezeiten, die den paradoxen Charakter der Syrte erklären können, entfaltet die Landschaftsdarstellung bei Apollonis somit eine ganz andere psychologische Wirkung als die Beschreibungen der Großen und der Kleinen Syrte bei den geographischen Schriftstellern, wo neben den Gefahren für die Schifffahrt auch die sie umgebenden Ansiedlungen und Völker beschrieben werden und so der Eindruck eines (durchaus auch schon in mythischer Zeit) bewohnten und bebauten Landes entsteht.[49]

Fazit und Ausblick

Anhand der ausgewählten Textbeispiele aus Theokrits bukolischen *Eidyllia*, den *Hymnen* des Kallimachos und Apollonios' *Argonautika* wurde versucht, durch ein *close reading* von kurzen Passagen sowohl Charakteristika der darin enthaltenen Naturdarstellungen als auch den größeren Kontext, in dem die jeweiligen Werke stehen, zu skizzieren. Dabei konnte aufgezeigt werden, dass sich die Naturdarstellungen in der hellenistischen Dichtung keineswegs auf den idyllischen *locus amoenus* beschränken. Ganz im Gegenteil weisen sie ein viel

---

Substantiv findet sich vor allem in der hellenistischen Lehrdichtung (vgl. Livrea 1973, 349; Hunter 2015, 249 f.: „a very strange phrase to match the strangeness of the landscape"). Zu den Gezeiten als Phänomen der Syrten vgl. auch das geographische Lehrgedicht des Dionysios Periegetes (198–203). Livrea 1991, 139, hält sogar Autopsie des Apollonios für möglich.

[48] Zur Landschaft als Spiegelung der Psychologie der Protagonisten vgl. Klooster 2012a, 56 und 68 f. Elliger 1975, 314, präzisiert die Art der ‚Psychologisierung' in der Syrtenepisode: „Die Übereinstimmung von Landschaft und Mensch ist also nicht einfach vorgegeben, vielmehr lockt die Landschaft eine entsprechende Reaktion des Menschen erst hervor [...]." Zur psychologischen ‚Osmose' vgl. auch Fusillo 1985, 291, der zudem auf die Kombination von wunderbarem und spezialistischem Vokabular hinweist. Williams 1991, 163, hebt die langandauernde emotionale Wirkung der Syrten hervor. Sistakou 2012, 127, interpretiert die für Wüste und Meer typischen optischen Täuschungen als ein zu einem „theatre of mirages" dramatisiertes Naturphänomen (vgl. Sistakou 2014, 177–179; ähnlich auch Hunter 2015, 13).

[49] Siehe etwa Pseudo-Skylax, *Periplus* 109 f.; Strabon 17, 3, 17–20 (sprachlich nahe an Apollonios ist der Beginn von Kap. 20: ὅτι πολλαχοῦ τεναγώδης ἐστὶν ὁ βυθὸς καὶ κατὰ τὰς ἀμπώτεις καὶ τὰς πλημμυρίδας συμβαίνει τισὶν ἐμπίπτειν εἰς τὰ βράχη καὶ καθίζειν, σπάνιον δ' εἶναι τὸ σωζόμενον σκάφος – „[...] dass das Wasser an vielen Stellen nur die Tiefe eines [sumpfigen] Tümpels hat und bei Ebbe und Flut manche in die Untiefen geraten und auf ihnen sitzen bleiben und nur selten ein Schiff heil davonkommt" [Text und Übersetzung (mit Ergänzung der Verfasserin) nach Radt 2005]). In Lucans *Bellum civile* (9, 303–347) erhalten die Syrten dagegen wieder eine quasi-allegorische Bedeutung als Bürgerkriegslandschaft, in der die Grenzen zwischen Land und Meer verschwimmen (vgl. O'Gorman 1995, 125 f.; auch Hunter 2015, 13 und 249 f., verweist auf Lucan).

breiteres Spektrum auf, das auch – aus der Sicht der Menschen – negative und potentiell schädliche Naturphänomene einschließt. Die Texte zeichnen deren Wirkung auf die sich in ihnen bewegenden menschlichen, göttlichen oder heroischen Figuren nach, von den eher harmlosen Ärgernissen der Hirten bei Theokrit über Kallimachos' durstige Wanderer und die Mühen der gebärenden Göttin Rhea, die das unter dem Grund eingeschlossene Wasser befreit, bis zu den in der Syrte gefangenen, verzweifelten Argonauten bei Apollonios. Während Theokrit gezielt geographische und botanische Namen einsetzt, um den realistischen Illusionseffekt seiner künstlichen Naturlandschaften zu erhöhen, versieht Kallimachos im *Zeus-Hymnos* die vorzeitliche Landschaft des mythischen Arkadien mit einem nicht explizit an der Textoberfläche erscheinenden geologisch-hydrologischen Subtext und überblendet Apollonios die quasi-wissenschaftliche Beschreibung des Naturphänomens der Syrte mit mythisch-epischen, psychologischen und übernatürlichen Elementen. In allen drei Texten lassen sich die verschiedenen Ebenen letztlich nicht mehr voneinander unterscheiden, da diese untrennbar zu einem literarischen Kunstwerk verwoben sind.

Dass die Naturdarstellungen in der hellenistischen Dichtung neben ihren gezielten Anleihen an die literarische Tradition und ihrem kreativen Umgang mit überlieferten Mythen auch von der sich zeitgleich weiter entwickelnden wissenschaftlichen Weltsicht geprägt sind, ist ein Eindruck, der im Allgemeinen sicher zutrifft. Um die komplexe Mischung von ‚Wissenschaft' und ‚Fiktion' in den einzelnen Texten genauer zu bestimmen, wäre allerdings eine intensivere Untersuchung erforderlich, die lexikalisch und inhaltlich noch viel mehr ins Detail geht, als im knappen Rahmen dieses Beitrags möglich war, und die weitere antike Werke sowie die sich ständig weiterentwickelnde Forschung zur hellenistischen Dichtung und zu den hellenistischen Wissenschaften einbezieht. Dies stellt aufgrund des fragmentarischen Überlieferungszustands beider Textgattungen, sowohl der hellenistischen Dichtung als auch der Wissenschaftsprosa, eine große Herausforderung dar. Zudem müssen wir uns fragen, ob die antiken Autoren selber, die ja oft vergleichbare Naturphänomene sowohl in ihren dichterischen als auch in ihren prosaischen Werken behandelten, eine solche – moderne – Trennung überhaupt als sinnvoll erachtet hätten oder ob die Grenzen in ihrer Sicht nicht eher fließend waren.

Bibliographie

Ager, S. L. und Faber, R. A. (Hrsg.) 2013. *Belonging and Isolation in the Hellenistic World*. Toronto/Buffalo/London (= Phoenix Supplementary Volume 51).

Alpers, P. 1990. Schiller's Naive and Sentimental Poetry and the Modern Idea of Pastoral. In M. Griffith und D. J. Mastronarde (Hrsg.), *Cabinet of the Muses. Essays on Classical and Comparative Literature in Honor of Thomas G. Rosenmeyer*: 319–331. Atlanta, GA.

Ambühl, A. 2005. *Kinder und junge Helden. Innovative Aspekte des Umgangs mit der literarischen Tradition bei Kallimachos*. Leuven/Paris/Dudley, MA (= Hellenistica Groningana 9).

Amigues, S. 2013. À l'origine de la botanique. Les recherches sur les plantes de Théophraste. In M. Bauks und M. F. Meyer (Hrsg.), *Zur Kulturgeschichte der Botanik*: 147–157. Trier (= Arbeitskreis Antike Naturwissenschaften und ihre Rezeption – Einzelschriften 8).

Asper, M. (Hrsg.) 2004. *Kallimachos. Werke. Griechisch und deutsch*. Darmstadt.

Asper, M. 2009. Science and Fiction in Callimachus. In M. A. Harder, R. F. Regtuit und G. C. Wakker (Hrsg., mit Unterstützung von A. Ambühl), *Nature and Science in Hellenistic Poetry*: 1–18. Leuven/Paris/Walpole, MA (= Hellenistica Groningana 15).

Asper, M. 2011. Dimensions of Power. Callimachean Geopoetics and the Ptolemaic Empire. In B. Acosta-Hughes, L. Lehnus und S. Stephens (Hrsg.), *Brill's Companion to Callimachus*: 155–177. Leiden/Boston.

Baleriaux, J. 2016. Diving Underground. Giving Meaning to Subterranean Rivers. In J. McInerney und I. Sluiter (Hrsg., mit Unterstützung von B. Corthals), *Valuing Landscape in Classical Antiquity. Natural Environment and Cultural Imagination*: 103–121. Leiden/Boston 2016 (= Mnemosyne Supplements 393).

Barigazzi, A. 1974. Per l'interpretazione e la datazione del carme IV di Teocrito. *Rivista di Filologia e di Istruzione Classica* 102: 301–311.

Bauks, M. und Meyer, M. F. (Hrsg.) 2013. *Zur Kulturgeschichte der Botanik*. Trier (= Arbeitskreis Antike Naturwissenschaften und ihre Rezeption – Einzelschriften 8).

Berger, H. 1880. *Die geographischen Fragmente des Eratosthenes, neu gesammelt, geordnet und besprochen*. Leipzig.

Bianchetti, S., Cataudella, M. R. und Gehrke, H.-J. (Hrsg.) 2015. *Brill's Companion to Ancient Geography. The Inhabited World in Greek and Roman Tradition*. Leiden/Boston.

Blänsdorf, J. (ed., post W. Morel et K. Büchner) 2011. *Fragmenta poetarum Latinorum epicorum et lyricorum praeter Enni Annales et Ciceronis Germanique Aratea, editio quarta aucta*. Berlin/New York.

Busch, S. 1993. Orpheus bei Apollonios Rhodios. *Hermes. Zeitschrift für klassische Philologie* 121: 301–324.

Clare, R. J. 2002. *The Path of the Argo. Language, Imagery and Narrative in the Argonautica of Apollonius Rhodius*. Cambridge.

Cusset, C. 1999. Nature et poésie dans les Idylles de Théocrite. In C. Cusset (Hrsg.), *La nature et ses représentations dans l'Antiquité. Actes du colloque des 24 et 25 octobre 1996, École normale supérieure de Fontenay-Saint-Cloud*: 147–155. Paris.

Cusset, C. (Hrsg.) 2006. *Musa docta. Recherches sur la poésie scientifique dans l'antiquité.* Saint-Etienne.

Cuypers, M. 2010. Historiography, Rhetoric, and Science. Rethinking a Few Assumptions on Hellenistic Prose. In J. J. Clauss und M. Cuypers (Hrsg.), *A Companion to Hellenistic Literature*: 317–336. Malden, MA (= Blackwell Companions to the Ancient World).

Depew, M. 1993. Mimesis and Aetiology in Callimachus' Hymns. In M. A. Harder, R. F. Regtuit und G. C. Wakker (Hrsg.), *Callimachus*: 57–77. Groningen (= Hellenistica Groningana 1).

Effe, B. (Hrsg.) 1999. *Theokrit. Gedichte. Griechisch-deutsch.* Düsseldorf/Zürich (= Sammlung Tusculum).

Elliger, W. 1975. *Die Darstellung der Landschaft in der griechischen Dichtung.* Berlin/New York (= Untersuchungen zur antiken Literatur und Geschichte 15).

Engster, D. 2013. Wissenschaftliche Forschung und technologischer Fortschritt in Alexandria. In T. Georges, F. Albrecht und R. Feldmeier (Hrsg.), *Alexandria*: 29–63. Tübingen (= Civitatum Orbis Mediterranei Studia 1).

Fraser, P. M. 1972. *Ptolemaic Alexandria 1–3.* Oxford.

Fusillo, M. 1985. *Il tempo delle Argonautiche. Un'analisi del racconto in Apollonio Rodio.* Rom.

Gallo, L. 2003. Ambiente e paesaggio in Magna Grecia. Le fonti letterarie. In *Ambiente e paesaggio nella Magna Grecia. Atti del quarantoduesimo convegno di studi sulla Magna Grecia (Taranto, 5–8 ott. 2002)*: 107–132. Tarent.

Georges, T., Albrecht, F. und Feldmeier, R. (Hrsg.) 2013. *Alexandria.* Tübingen (= Civitatum Orbis Mediterranei Studia 1).

Geus, K. 2002. *Eratosthenes von Kyrene. Studien zur hellenistischen Kultur- und Wissenschaftsgeschichte.* München (= Münchener Beiträge zur Papyrusforschung und antiken Rechtsgeschichte 92).

Gilhuly, K. und Worman, N. (Hrsg.) 2014. *Space, Place, and Landscape in Ancient Greek Literature and Culture.* Cambridge.

Glei, R. und Natzel-Glei, S. (Hrsg.) 1996. *Apollonios von Rhodos. Das Argonautenepos 1–2.* Darmstadt.

Gow, A. S. F. (Hrsg.) ²1952. *Theocritus 1–2. With a Translation and Commentary.* Cambridge.

Gutzwiller, K. J. 1986. The Plant Decoration on Theocritus' Ivy-Cup. *The American Journal of Philology* 107: 253–255.

Gutzwiller, K. J. 1991. *Theocritus' Pastoral Analogies. The Formation of a Genre.* Madison.

Harder, M. A. 1994. Travel Descriptions in the Argonautica of Apollonius Rhodius. In Z. von Martels (Hrsg.), *Travel Fact and Travel Fiction. Studies on Fiction, Literary Tradition, Scholarly Discovery, and Observation in Travel Writing*: 16–29. Leiden/New York/Köln.

Harder, M. A., Regtuit, R. F. und Wakker, G. C. (Hrsg.) 1993. *Callimachus.* Groningen (= Hellenistica Groningana 1).

Harder, M. A., Regtuit, R. F. und Wakker, G. C. (Hrsg., mit Unterstützung von A. Ambühl) 2009. *Nature and Science in Hellenistic Poetry.* Leuven/Paris/Walpole, MA (= Hellenistica Groningana 15).

Hartwell, K. 1922. Nature in Theocritus. *The Classical Journal* 17: 181–190.

Haß, P. 1998. *Der locus amoenus in der antiken Literatur. Zu Theorie und Geschichte eines literarischen Motivs*. Bamberg.

Heinemann, G. 2001. *Philosophische Grundlegung. Der Naturbegriff und die "Natur"*. Trier (= Studien zum griechischen Naturbegriff 1 = Arbeitskreis Antike Naturwissenschaften und ihre Rezeption – Einzelschriften 2).

Higgins, M. D. und Higgins, R. 1996. *A Geological Companion to Greece and the Aegean*. Ithaca, NY.

Horster, M. und Reitz, C. (Hrsg.) 2005. *Wissensvermittlung in dichterischer Gestalt*. Stuttgart (= Palingenesia 85).

Hübner, W. (Hrsg.) 2000. *Geographie und verwandte Wissenschaften*. Stuttgart (= Geschichte der Mathematik und der Naturwissenschaften in der Antike 2).

Hunter, R. (Hrsg.) 1999. *Theocritus. A Selection. Idylls 1, 3, 4, 6, 7, 10, 11 and 13*. Cambridge.

Hunter, R. (Hrsg.) 2015. *Apollonius of Rhodes. Argonautica, Book 4*. Cambridge.

Irby, G. L. (Hrsg.) 2016. *A Companion to Science, Technology and Medicine in Ancient Greece and Rome 1-2*. Chichester (= Blackwell Companions to the Ancient World).

Irby-Massie, G. L. und Keyser, P. T. 2002. *Greek Science of the Hellenistic Era. A Sourcebook*. London/New York.

de Jong, I. J. F. (Hrsg.) 2012. *Space in Ancient Greek Literature*. Leiden/Boston (= Studies in Ancient Greek Narrative 3 = Mnemosyne Supplements 339).

Kidd, D. 1997. *Aratus. Phaenomena. With Introduction, Translation and Commentary*. Cambridge.

Klooster, J. J. H. 2012a. Apollonius of Rhodes. In I. J. F. de Jong (Hrsg.) 2012. *Space in Ancient Greek Literature*: 55–75. Leiden/Boston (= Studies in Ancient Greek Narrative 3 = Mnemosyne Supplements 339).

Klooster, J. J. H. 2012b: Theocritus. In I. J. F. de Jong (Hrsg.) 2012. *Space in Ancient Greek Literature*: 99–117. Leiden/Boston (= Studies in Ancient Greek Narrative 3 = Mnemosyne Supplements 339).

Klooster, J. J. H. 2012c. Visualizing the Impossible. The Wandering Landscape in the *Delos Hymn* of Callimachus. *Aitia. Regards sur la culture hellénistique au XXIe siècle 2 = La tradition épique d'Apollonios de Rhodes à Nonnos de Panopolis. Hommage à Francis Vian.* https://aitia.revues.org/420.

Klooster, J. J. H. 2013. Argo was Here. The Ideology of Geographical Space in the Argonautica of Apollonius of Rhodes. In J. J. H. Klooster und J. Heirman (Hrsg.), *The Ideologies of Lived Space in Literary Texts, Ancient and Modern*: 159–173. Gent.

Klooster, J. J. H. und Heirman, J. (Hrsg.) 2013. *The Ideologies of Lived Space in Literary Texts, Ancient and Modern*. Gent.

Krevans, N. 2004. Callimachus and the Pedestrian Muse. In M. A. Harder, R. F. Regtuit und G. C. Wakker (Hrsg.), *Callimachus 2*: 173–183. Leuven/Paris/Dudley, MA (= Hellenistica Groningana 7).

Kyriakou, P. 1994. Empedoclean Echoes in Apollonius Rhodius' 'Argonautica'. *Hermes. Zeitschrift für klassische Philologie* 122: 309–319.

Landolfi, L. und Monella, P. (Hrsg.) 2007. Doctus Lucanus: *Aspetti dell'erudizione nella* Pharsalia *di Lucano.* Bologna (= Seminari sulla poesia latina di età imperiale 1).

Lawall, G. W. 1966. Theocritus' Fourth Idyll. Animal Loves and Human Loves. *Rivista di Filologia e di Istruzione Classica* 94: 42–50.

Lécole-Solnychkine, S. und André, L.-N. 2014. L'imaginaire du marais chez Apollonios de Rhodes et Quintus de Smyrne. In É. Ndiaye (Hrsg.), *L'Imaginaire de l'eau dans la littérature antique. Actes de la journée scientifique du XLVe congrès de l'APLAES*: 27–39. Paris.

Lembach, K. 1970. *Die Pflanzen bei Theokrit*. Heidelberg.

Levi, P. 1993. People in a Landscape. Theokritos. In P. Green (Hrsg.), *Hellenistic History and Culture*: 111–137 (inkl. Response: D. M. Halperin; Discussion). Berkeley/Los Angeles/Oxford.

Lindsell, A. 1937. Was Theocritus a Botanist? *Greece & Rome* 6: 78–93 (wiederabgedruckt in Raven 2000: 63–75).

Livrea, E. 1973. *Apollonii Rhodii Argonauticon liber quartus. Introduzione, testo critico, traduzione e commento.* Florenz.

Livrea, E. 1991. L'Episodio Libyco nel Quarto Libro delle Argonautiche di Apollonio Rodio. In E. Livrea, *Studia Hellenistica. Parte Prima*: 137–156. Florenz (= Papyrologica Florentina 21).

Marszałek, M. und Sasse, S. (Hrsg.) 2010. *Geopoetiken. Geographische Entwürfe in den mittel- und osteuropäischen Literaturen*. Berlin.

McInerney, J. und Sluiter, I. (Hrsg., mit Unterstützung von B. Corthals) 2016. *Valuing Landscape in Classical Antiquity. Natural Environment and Cultural Imagination.* Leiden/Boston 2016 (= Mnemosyne Supplements 393).

McLennan, G. R. 1977. *Callimachus. Hymn to Zeus. Introduction and Commentary.* Rom.

Meyer, D. 2004. Die unsichtbaren Flüsse. Geographie, Geophysik und Medizin in Philostorgios, Kirchengeschichte III, 9–10. In J. Althoff, B. Herzhoff und G. Wöhrle (Hrsg.), *Antike Naturwissenschaft und ihre Rezeption* 14: 87–110.

Meyer, D. 2008. Apollonius as a Hellenistic Geographer. In T. D. Papanghelis und A. Rengakos (Hrsg.), *Brill's Companion to Apollonius Rhodius. Second, Revised Edition*: 267–285. Leiden/Boston.

Meyer, D. 2012. Der Blick zu den Rändern der Welt. Universalistische Raummythen in der griechischen und lateinischen Dichtung (3. Jh. v. Chr.– 1. Jh. n. Chr.). In C. Cusset, N. Le Meur-Weissmann und F. Levin (Hrsg.), *Mythe et pouvoir à l'époque hellénistique*: 45–74. Leuven/Paris/Walpole, MA (= Hellenistica Groningana 18).

Most, G. W. 1981. Callimachus and Herophilus. *Hermes. Zeitschrift für klassische Philologie* 109: 188–196.

Nesselrath, H.-G. 2013. Das Museion und die Große Bibliothek von Alexandria. In T. Georges, F. Albrecht und R. Feldmeier (Hrsg.), *Alexandria*: 65–88. Tübingen (= Civitatum Orbis Mediterranei Studia 1).

Nishimura-Jensen, J. M. 2000. Unstable Geographies. The Moving Landscape in Apollonius' *Argonautica* and Callimachus' *Hymn to Delos*. *Transactions of the American Philological Association* 130: 287–317.

O'Gorman, E. 1995. Shifting ground. Lucan, Tacitus and the Landscape of Civil War. *Hermathena* 158: 117–131.

Overduin, F. 2015. *Nicander of Colophon's Theriaca: A Literary Commentary.* Leiden/Boston (= Mnemosyne Supplements 374).

Papanghelis, T. D. und Rengakos, A. (Hrsg.) 2008. *Brill's Companion to Apollonius Rhodius, Second, Revised Edition.* Leiden/Boston.

Paschalis, M. 1991. Battus and βάτος. Word-play in Theocritus' Fourth Idyll. *Rheinisches Museum für Philologie* 134: 205.

Payne, M. 2007. *Theocritus and the Invention of Fiction.* Cambridge.

Pfeiffer, R. (Hrsg.) 1949/1953. *Callimachus 1-2.* Oxford.

Piacenza, N. 2006. Leonida, Callimaco e la rivincita del rovo: Per l'interpretazione e la datazione dell'*Idillio* 4 di Teocrito. *Appunti Romani di Filologia* 8: 85–108.

Prioux, É. 2009. On the Oddities and Wonders of Italy. When Poets Look Westward. In M. A. Harder, R. F. Regtuit und G. C. Wakker (Hrsg., mit Unterstützung von A. Ambühl), *Nature and Science in Hellenistic Poetry*: 121–148. Leuven/Paris/Walpole, MA (= Hellenistica Groningana 15).

Radt, S. (Hrsg.) 2003. *Strabon, Geographika, Bd. 2, Buch V-VIII: Text und Übersetzung.* Göttingen.

Radt, S. (Hrsg.) 2005. *Strabon, Geographika, Bd. 4, Buch XIV-XVII: Text und Übersetzung.* Göttingen.

Raven, J. E. 2000. *Plants and Plant Lore in Ancient Greece. Accompanying Essays by A. Lindsell et al., ed. by F. Raven, W. T. Stearn et al.* Oxford.

Roller, D. W. 2010. *Eratosthenes' Geography. Fragments Collected and Translated, with Commentary and Additional Material.* Princeton/Oxford.

Rosenmeyer, T. G. 1969. *The Green Cabinet. Theocritus and the European Pastoral Lyric.* Berkeley/Los Angeles.

Schlegelmilch, S. 2009. *Bürger, Gott und Götterschützling. Kinderbilder der hellenistischen Kunst und Literatur.* Berlin/New York (= Beiträge zur Altertumskunde 268).

Schmitt, A. 1998. Natur, Dichtung und Eros in der Bukolik Theokrits. In A. E. Radke (Hrsg.), *Candide iudex. Beiträge zur augusteischen Dichtung. Festschrift für Walter Wimmel zum 75. Geburtstag*: 315–324. Stuttgart.

Schönbeck, G. 1962. *Der locus amoenus von Homer bis Horaz.* Dissertation, Ruprecht-Karls-Universität Heidelberg.

Schrijvers, P. 2005. The 'Two Cultures' in Lucan. Some Remarks on Lucan's Pharsalia and Ancient Sciences of Nature. In C. Walde (Hrsg.), *Lucan im 21. Jahrhundert - Lucan in the 21st Century - Lucano nei primi del XXI secolo*: 26–39. München/Leipzig.

Segal, C. 1981a. Theocritean Criticism and the Interpretation of the Fourth Idyll. In C. Segal (Hrsg.), *Poetry and Myth in Ancient Pastoral. Essays on Theocritus and Virgil*: 85–109. Princeton.

Segal, C. 1981b. Landscape into Myth. Theocritus' Bucolic Poetry. In C. Segal (Hrsg.), *Poetry and Myth in Ancient Pastoral. Essays on Theocritus and Virgil.* Princeton.

Sistakou, E. 2009. Poeticizing Natural Phenomena. The Case of Callimachus. In M. A. Harder, R. F. Regtuit und G. C. Wakker (Hrsg., mit Unterstützung von A. Ambühl), *Nature and Science in Hellenistic Poetry*: 177–199. Leuven/Paris/Walpole, MA (= Hellenistica Groningana 15).

Sistakou, E. 2012. *The Aesthetics of Darkness. A Study of Hellenistic Romanticism in Apollonius, Lycophron and Nicander*. Leuven/Paris/Walpole, MA (= Hellenistica Groningana 17).

Sistakou, E. 2014. Mapping Counterfactuality in Apollonius' Argonautica. In M. Skempis und I. Ziogas (Hrsg.), *Geography, Topography, Landscape. Configurations of Space in Greek and Roman Epic*: 161–180. Berlin/Boston (= Trends in Classics Supplementary Volumes 22).

Skempis, M. und Ziogas, I. (Hrsg.) 2014. *Geography, Topography, Landscape. Configurations of Space in Greek and Roman Epic*. Berlin/Boston (= Trends in Classics Supplementary Volumes 22).

Stanzel, K.-H. 1995. *Liebende Hirten. Theokrits Bukolik und die alexandrinische Poesie*. Stuttgart/Leipzig (= Beiträge zur Altertumskunde 60).

Stephens, S. A. 2003. *Seeing Double. Intercultural Poetics in Ptolemaic Alexandria*. Berkeley/Los Angeles/London.

Stephens, S. A. 2008. Ptolemaic Epic. In T. D. Papanghelis und A. Rengakos (Hrsg.), *Brill's Companion to Apollonius Rhodius. Second, Revised Edition*: 95–114. Leiden/Boston.

Stephens, S. A. (Hrsg.) 2015. *Callimachus. The Hymns. With Introduction, Translation and Commentary*. Oxford.

Thalmann, W. G. 2011. *Apollonius of Rhodes and the Spaces of Hellenism*. Oxford.

Van Sickle, J. B. 1970. Poetica teocritea. *Quaderni Urbinati di Cultura Classica* 9: 67–83.

Walde, C. 2007. Per un'idrologia poetica. Fiumi e acque nella Pharsalia di Lucano. In L. Landolfi und P. Monella (Hrsg.), *Doctus Lucanus: Aspetti dell'erudizione nella* Pharsalia *di Lucano*: 13–47. Bologna (= Seminari sulla poesia latina di età imperiale 1); (dt. Fassung: Eine poetische Hydrologie: Flüsse und Gewässer in Lucans Bellum Civile. In Althoff, J. und Herzhoff, B. und Wöhrle, G. [Hrsg.] 2007, *Antike Naturwissenschaft und ihre Rezeption* 17: 59–84).

Weber, K.-H. 2010. *Die literarische Landschaft. Zur Geschichte ihrer Entdeckung von der Antike bis zur Gegenwart*. Berlin/New York.

Williams, F. 1993. Callimachus and the Supranormal. In M. A. Harder, R. F. Regtuit und G. C. Wakker (Hrsg.), *Callimachus*: 217–225. Groningen (= Hellenistica Groningana 1).

Williams, M. F. 1991. *Landscape in the Argonautica of Apollonius Rhodius*. Frankfurt/Bern/New York/Paris (= Studien zur klassischen Philologie 63).

Wöhrle, G. 1985. *Theophrasts Methode in seinen botanischen Schriften*. Amsterdam (= Studien zur antiken Philosophie 13).

Worman, N. 2015. *Landscape and the Spaces of Metaphor in Ancient Literary Theory and Criticism*. Cambridge.

Zanker, G. 1987. *Realism in Alexandrian Poetry. A Literature and its Audience*. London/Sydney/Wolfeboro, NH.

Zanker, G. 2004. *Modes of Viewing in Hellenistic Poetry and Art*. Madison.

Zimmermann, B. und Rengakos, A. (Hrsg.) 2014. *Die Literatur der klassischen und hellenistischen Zeit*. München (= Handbuch der Altertumswissenschaft, Abt. 7; Handbuch der griechischen Literatur der Antike 2).

Öffentliches Grün in griechischen Städten

Sabine Neumann

Marburg

Abstract

We are used to having public park areas and 'green spots' in today's cities. Due to the fact that traces of ancient plants are hard to detect, if any are found at all, the question of whether such public 'green spaces' existed in antiquity has hardly been studied. This article is concerned with the function of and accessibility to 'green areas' in ancient Greek cities. It has been shown that public parks, which have been assumed to exist in Rhodes, cannot be substantiated. Rather, ancient green areas were used as sacred groves in sanctuaries, or comprised of common land within and outside of city walls, used for pasture. Another example of open spaces containing cultivated trees can be found in early gymnasia. There is also evidence of intentional plantings of trees alongside streets and in ancient market places in the fifth century BC. In Hellenistic times, planted peristyl courtyards can be found in Greek domestic architecture as well as associated with buildings in use by ethnic and religious associations. In Rome, enclosed gardens with geometrical plantings, fountains and statues were opened to the public. At the same time, there is a decline of undeveloped areas used as common land in the cities. The design of nature becomes a task for landscape architects to cultivate, and would then be donated by rich citizens to the public.

> Media vero spatia, quae erunt subdiu inter porticus, adornanda viridibus videntur, quod hypaethroe ambulationes habent magnam salubritatem. [...] non puto dubium esse, quin amplissimas et ornatissimas subdiu hypaethrusque conlocari oporteat in civitatibus ambulationes.[1]

> Die Mittelräume, die zwischen den Säulen (*porticus*) unter freiem Himmel liegen werden, muss man, wie es scheint, mit Grünanlagen ausschmücken, weil Spaziergänge unter freiem Himmel sehr gesund sind. [...] so kann, glaube ich, kein Zweifel darüber bestehen, dass man in den Gemeinden sehr weiträumige und (mit Grünanlagen) ausgeschmückte Spazierwege unter freiem Himmel und an unbedeckten Stellen anlegen muss.[2]

Mit diesen Worten preist der römische Architekturschriftsteller Vitruv die zu seiner Zeit beliebten Portiken, die sich hinter den Bühnenhäusern von Theatern anschlossen und mit Ziergärten ausgestattet waren. Als früheste öffentliche Grünanlage dieses Typus gilt die im Jahr 55 v. Chr. errichtete Porticus Pompei in Rom. Seit dem 1. Jh. n. Chr. bezeichnet *porticus* geometrische und von Kolonnaden gesäumte Gärten, die oftmals der *plebs* zugänglich waren.[3]

---

[1] Vitr., 5, 9, 5–6.
[2] Übersetzung C. Fensterbusch 1964.
[3] Gleason 2013b, 16 f.

Heutzutage sind Parks ein alltägliches Phänomen; jede noch so kleine Stadt besitzt ihre Grünflächen. Parkanlagen dienen der Verschönerung des Stadtgebiets und der Erholung der Bürger. Sie sind häufig mit Spiel- und Sportplätzen ausgestattet, Wege laden zum Spazierengehen ein, Wiesen zum Picknicken. Kleine Seen oder Weiher, Wäldchen, Büsche und Blumenbeete liegen neben Rasenflächen. Bislang ist kaum erforscht, inwieweit es bereits in griechischen Städten klassischer und hellenistischer Zeit öffentliche Grünflächen im Stadtgebiet gegeben hat, welche Funktionen diese hatten und ob sie mit unseren modernen Parks vergleichbar sind.[4]

Ein Park ist ein von Menschen gestalteter, klar abgegrenzter Raum, der eine kultivierte Bepflanzung aufweist. Er soll keine landwirtschaftlichen Erträge erbringen, sondern dient vorwiegend zur Zierde und spiegelt kulturell geprägte Idealvorstellungen der Natur wider.[5] Ein Park zeichnet sich im Unterschied zu einem Garten[6] in der Regel durch größere Ausmaße, die Zugänglichkeit für eine breitere Öffentlichkeit und oftmals auch soziale Funktionen aus.[7] In modernen Städten dienen Parkanlagen der Bevölkerung zur Erholung und sind auch ein Mittel zur Verminderung sozialer Gegensätze. Sie sollen negative Folgen der zunehmenden Urbanisierung vermindern und als ‚Grüne Lunge' der Stadt

---

[4] Den Funktionen von Grünflächen in der griechischen Urbanistik ist in der Forschung bislang nur wenig Aufmerksamkeit geschenkt worden. Marie Luise Gothein zeigt in ihrem Aufsatz zum griechischen Garten und in ihrem Werk zur Geschichte der Gartenkunst einzelne, hauptsächlich aus Schriftquellen bekannte Beispiele öffentlicher Gärten auf: Gothein 1909, 114–137; Gothein 1926, 64–78. Heilige Haine werden von Darice Elizabeth Birge (Birge 1982) und in den Schriften einer Tagung zum Thema „Les bois sacrés" (de Cazanove – Scheid 1993) behandelt. Mit dem griechischen Garten, sowohl im öffentlichen als auch privaten Raum, beschäftigt sich Maureen Carroll-Spillecke in ihrer Monographie Κῆπος. Der antike griechische Garten (München 1989), die im Rahmen des Berliner Forschungsprojektes „Wohnen in der Klassischen Polis" entstanden ist, ferner in einem Sammelband zum Garten von der Antike bis zum Mittelalter (Carroll-Spillecke 1992). An eine breitere Leserschaft richtet sich das Buch von Bernard Andreae, »Am Birnbaum« (Andreae 1996), in dem es allgemein um Gärten und Parks im antiken Rom, in den Vesuvstädten und in Ostia geht. Edgar Markus Luschin befasst sich in seiner Dissertation mit öffentlichen Grünflächen in römischen Städten und fragt auch nach Vorbildern aus der griechischen Welt (Luschin 2010, 19–46). Fragen nach der Nutzung und Zugänglichkeit von Gärten insbesondere in römischer Zeit behandeln die Beiträge von Inge Nielsen und Elizabeth Macaulay-Lewis in einer chronologisch breit angelegten Reihe zur Kulturgeschichte des Gartens: Nielsen 2013, 48–55; Macaulay-Lewis 2013.
[5] Kesting 1986; Moore u. a. 1988, vi–vii; Seel 1991, 128–132; Gleason 1994, 2; Sonne 1996, 136.
[6] Die Bezeichnungen Garten und Park sind nicht klar voneinander geschieden, was sich u. a. an ihrer häufig synonymen Verwendung in der Literatur zeigt.
[7] Dies geht auf die Öffnung herrschaftlicher Gärten für eine breitere Öffentlichkeit im 18. Jh. und 19. Jh. zurück. Die an den Rändern der Städte neu errichteten Stadtparks oder Volksgärten sollten explizit auch den Arbeitern die Möglichkeit zur Erholung gewähren: Schediwy – Baltzarek 1982, 21 f. 145–154.

dienen.⁸ Diese Funktionen von Parks sind jedoch eng mit ihrer historischen Entwicklung im 19. und 20. Jh. verknüpft und dürfen nicht unreflektiert auf antike Grünflächen übertragen werden.

In der archäologischen Forschung ist die Frage nach Grünanlagen in griechischen Stadtgebieten von zwei gegensätzlichen Polen bestimmt: So wird einerseits angenommen, dass innerstädtische Wohnhäuser im klassischen und hellenistischen Griechenland keine Gärten aufwiesen.⁹ Anderseits sollen in hellenistischen Städten Grünflächen städtebaulich geplant worden sein und den Bürgern als öffentliche Einrichtungen zur Verfügung gestanden haben.¹⁰ Diese ‚hellenistischen Landschaftsparks' wurden Hans Lauter zufolge innerhalb oder am Rand des Stadtgebiets errichtet. Als ein erhaltenes Beispiel dieses Parktypus deutet er das Tal von Rhodini südlich von Rhodosstadt, welches mit Spazierwegen, künstlichen Grotten und Skulpturen ausgestattet gewesen sein soll.¹¹ Auch die Akropolis von Rhodos soll weitläufig bepflanzt und als öffentliche Parkanlage gestaltet gewesen sein.¹² Die These Lauters zur Existenz von Landschaftsparks auf Rhodos ist in der nachfolgenden Forschung zwar auch kritisch betrachtet worden,¹³ das gezeichnete Bild einer mit Grotten und Statuen ausgestatteten Gartenlandschaft, in der Art Englischer Gärten des 18. Jhs., prägt aber bis heute die Vorstellungen von Grünflächen in hellenistischen Städten.¹⁴ Meine Untersuchungen haben indessen ergeben, dass eine parkartige Bepflanzung der Akropolis von Rhodos nicht nachgewiesen werden kann.¹⁵ Vielmehr zog sich in hellenistischer Zeit ein Wohnviertel mit reich ausgestatteten Häusern bis auf den nördlichen Gipfel des Hügels hinauf.¹⁶ Vereinzelt ausgegrabene Pflanzlöcher auf der Akropolis beschränken sich auf wenige, begrenzte Areale: um einen Siegesaltar und entlang einer antiken Hauptstraße.¹⁷ Auch in dem außerhalb der Stadtmauer von Rhodos gelegenen

---

[8] Schwarz 2005, 11–18.
[9] Grimal 1943, 469–472; Grimal 1976, 382; Kreeb 1988, 97; Carroll-Spillecke 1989, 49–54; Kunze 2008, 89.
[10] Lauter 1972, 58; Konstantinopoulos 1988b, 211 f.; Mette 1992, 9; Hoepfner – Schwandner 1994, 67.
[11] Lauter 1972, 53–58.
[12] Konstantinopoulos 1968a, 118; Carroll-Spillecke 1989, 37 Abb. 15; Mette 1992, 9; Hoepfner 1993, 293; Hoepfner – Schwandner 1994, 55. 67 Abb. 43 a; Dreliossi-Herakleidou 1996, 192; Sinn 2005, 78 Spelaion Nr. 8; Michalaki-Kollia 2013, 95; Patsiada 2013a, 48. 77; Nielsen 2013, 48 f.
[13] Carroll-Spillecke 1988, 486; Carroll-Spillecke 1989, 56; Rice 1995, 386. 403.
[14] Hornbostel-Hüttner 1979, 51 Anm. 87; Ridgway 1981, 12–14; Konstantinopoulos 1986, 233; Söldner 1986, 297 f.; Letzner 1990, 174 f.; Mette 1992, 33–39; Luschin 2010, 38; Patsiada 2013b, 224 f.
[15] Neumann 2016, 66–70.
[16] Neumann 2016, 94–96.
[17] Zu den Pflanzlöchern bei der antiken Straße P 27: Kondis 1954, 345 f. mit Abb. 4; Kondis 1958a, Beil. 128, 3; Konstantinopoulos 1988a, 91; Patsiada 2013a, 51. Zur Bepflanzung des hypäthralen Siegesheiligtums: Karantsali 1992; Karantsali 1993, 514; Patsiada 2013a, 55–57 Abb. 10. 11.

Tal von Rhodini lässt sich kein antiker Park nachweisen. Das Gebiet diente in der Antike als Nekropole. Die von Lauter als ‚Lustgrotten' gedeuteten Höhlen sind durch Steinabbau entstanden und wurden erst während der italienischen Besatzungszeit der Insel in den 1930er Jahren mit Bänken und Picknicktischen ausgestattet.[18]

Im Folgenden soll der Versuch unternommen werden, Grünflächen in griechischen Städten näher zu charakterisieren und der Frage nach ihrer konkreten Nutzung und öffentlichen Zugänglichkeit nachgegangen werden. Ein Problem ist dabei die schwierige archäologische Befundsituation. Gärten sind in der Regel eher arm an Funden und die ausgegrabenen Erdschichten bestehen meist aus einer fruchtbaren Mischung aus Sand, Lehm, Ton und Humus. Gelegentlich finden sich in den Felsen geschlagene Gruben für Bäume oder Sträucher. Diese Pflanzgruben sind bei Ausgrabungen schwer zu erkennen, insbesondere wenn sie keine Pflanztöpfe (mehr) aufweisen. Derartige Befunde sind in älteren Grabungen oftmals nicht erkannt und dokumentiert worden, sodass die Nachweise für antike Grünflächen häufig unwiederbringlich verloren sind. Pionierarbeit zur archäologischen Untersuchung antiker Gärten hat Wilhelmina Jashemski mit ihren Studien im Vesuvgebiet geleistet.[19] Durch den Vulkanausbruch versiegelt, sind hier Reste der vergänglichen Bepflanzungen in einzigartiger Weise erhalten geblieben. Durch das Ausgießen von Wurzellöchern konnte vielfach sogar die Art der Pflanzen festgestellt und der antike Bewuchs an Ort und Stelle rekonstruiert werden. Nicht zuletzt haben die Untersuchungen Jashemskis zu einer stärkeren Berücksichtigung von Resten antiker Bepflanzungen geführt. So werden in jüngeren Ausgrabungen zunehmend Bepflanzungsspuren beachtet und Bodenanalysen sowie botanische Untersuchungen durchgeführt.[20] Doch auch wenn Pflanzlöcher und botanische Reste fehlen, lassen sich Gärten archäologisch durch Bewässerungsanlagen, ungepflasterte Böden, Erdschichten, gemauerte Beete, Wege, Löcher für Zaunpfähle und ähnliches nachweisen.[21]

Sakrale Grünflächen

Öffentliches Grün findet sich im antiken griechischen Kulturraum vor allem in Heiligtümern. Dabei kann es sich um einzelne Bäume, Gärten, Festwiesen

---

[18] Neumann 2016, 70–78.
[19] Jashemski 1979–1993; Jashemski 1981; Jashemski 1984; Jashemski 1987/1988; Jashemski 1992.
[20] Vgl. die botanischen Analysen von Pflanzenresten im Heraion von Samos (Kučan 1995) und die Untersuchungen zu einem inschriftlich überlieferten Garten vor der Nymphenhöhle von Pharsalos (Wagman 2016, 21–26).
[21] Zum archäologischen Nachweis von Gärten und zu Methoden der Erforschung: Jashemski 1979–1993; Gleason 1994; Sonne 1996, 141 f. Anm. 38; Trümper 2008, 74. 77; von Stackelberg 2009, 60–62.

oder Haine handeln. Die griechische Bezeichnung für einen heiligen Hain lautet ἄλσος.[22] Dieser Begriff ist in seiner genauen Bedeutung schwer zu fassen. Unter ἄλσος wird eine Anzahl von zumeist kultivierten Bäumen verstanden, die häufig einer oder mehreren Gottheiten geweiht waren.[23] In den heiligen Hainen galten meist besondere Regeln, oftmals auch Asylie.[24] Gelegentlich sind sie durch Mauern oder Zäune abgegrenzt. Weitaus häufiger aber fehlen solche Begrenzungen und die Haine sind allein aufgrund ihrer natürlichen Beschaffenheit, durch hohe Bäume oder eine natürliche Begrenzung, beispielsweise durch Felsen oder Wasser, aus der Umgebung herausgehoben.[25] Ein Hain kann eine eigenständige Kultstätte oder Bestandteil eines größeren Heiligtums sein.[26] Nur wenige Bepflanzungen in Heiligtümern sind durch archäologische Ausgrabungen nachgewiesen. Es handelt sich meist um einzelne, geometrisch in Reihen angelegte Pflanzlöcher.[27] Die wenigen archäologischen Befunde vermitteln allerdings ein unvollständiges Bild über die einstige Existenz und Ausdehnung von bepflanzten Arealen in Heiligtümern. Schriftliche Quellen geben hingegen eine Vorstellung von der Vielzahl heiliger Haine, die es in der Antike gegeben haben muss.[28]

Die Südseite des Hephaistostempels in Athen war in hellenistischer Zeit von vier geradlinigen Reihen von Büschen oder kleineren Bäumen gesäumt, von denen die in den Felsen geschlagenen Pflanzgruben erhalten geblieben sind. Eine eigene Wasserversorgung diente zur Bewässerung.[29] In einigen der Vertiefungen steckten bei der Auffindung noch mit Erde gefüllte Pflanztöpfe, die wohl zum Austreiben der Wurzeln absichtlich zerbrochen wurden.[30] Eine

---

[22] Liddell – Scott – Jones [LSJ] 1996, 73 s. v. ἄλσος.
[23] Birge 1982, 188–191; Jacob 1993, 32 f.; Sinn 2005, 12–14; Mylonopoulos 2008, 60 f. Zur Differenzierung verschiedener Grünanlagen ἄλσος, ὕλη, δρυμός, παράδεισος und κῆπος im griechischen Sprachgebrauch: Robert – Robert 1981, 467 § 597; Jacob 1993, 33.
[24] Birge 1982, 188–190. 222–224; Horster 2004, 103–120; Lupu 2005, 26 f.; Horster 2015, 172–183 (mit vielen Beispielen und einer weiteren Differenzierung dieser Regeln sowie weiterführender Literatur).
[25] Birge 1982, 190.
[26] Mylonopoulos 2008, 60–63. 68 f. 76. – In schriftlichen Quellen sind zudem gelegentlich größere kultivierte Landflächen überliefert, die außerhalb des Temenos liegen, aber zum Besitz der im Heiligtum verehrten Gottheit gehören. Letztere konnten auch in einer räumlichen Distanz zum Heiligtum gelegen sein. Die Natural- und Pachteinnahmen kamen dem Heiligtum zugute: Birge 1982, 213–218; Horster 2004; Luschin 2010, 23.
[27] Zur Tradition geometrisch angelegter Gärten in der Antike s. Gleason 2013a, 9.
[28] Umfangreiche Zusammenstellung antiker Schriftquellen bei: Birge 1994. Zu den von Pausanias genannten Hainen s. Jacob 1993.
[29] Thompson 1937; Birge 1994, 64–72. 292 f. Abb. 1. 2; Carroll-Spillecke 1989, 31 Abb. II, 58; Luschin 2010, 142–144, Kat. Nr. 1 Abb. 47. 48 (mit weiterer Literatur).
[30] Vgl. die in den römischen Schriftquellen beschriebenen Methoden: Cato agr. 52. 133; Plin. nat. 17, 97.

ähnlich regelmäßige Anlage von Pflanzlöchern fand sich rings um den Tempel im italischen Gabii.³¹ Einen Hain hat es auch im Heiligtum des Apollon Hylates in Kourion auf Zypern gegeben. Östlich des archaischen Tempels waren regelmäßig angeordnete Büsche oder Bäume gepflanzt, welche über Kanäle künstlich bewässert wurden. Weitere Pflanzungen hat es möglicherweise bei der östlichen Stoa und entlang der nordwestlichen Temenosmauer bei der westlichen Einfriedung gegeben. Südwestlich des Tempels wurde ferner ein hypäthraler Bezirk mit mehreren Pflanzlöchern gefunden, der von einer Ringmauer mit ca. 18 m Durchmesser umgeben ist.³² Auf der Akropolis von Lindos hat es schriftlichen Quellen zufolge einen Hain in der Nähe des Tempels der Athena Lindia gegeben.³³ Ferner sind Pflanzungen von Olivenbäumen als Votive an die Göttin bezeugt.³⁴ Auch auf der obersten Terrasse im Asklepieion von Kos befand sich ein ἄλσος, noch bevor der Tempel im 2. Jh. v. Chr. errichtet wurde.³⁵ Weitläufig war der Zypressenhain im Heiligtum von Nemea, in dem neben 24 Pflanzgruben südlich des Tempels auch karbonisierte Zypressensamen gefunden wurden.³⁶ In Italien wurde im Heiligtum der Diana in Nemi in jüngeren Ausgrabungen auf der mittleren Terrasse eine Deponierung von verkohlten Pflanzenresten zusammen mit bronzezeitlicher Keramik entdeckt, an die eine gemauerte Einfriedung eines Baumes angrenzt.³⁷ Die Ausgräber*innen vermuten, dass es sich hierbei um den von Cato überlieferten *lucus* handelt, der auch noch in späterer Zeit das Zentrum des Heiligtums bildete.³⁸

Neben den meist aus hohen Bäumen bestehenden Hainen gab es auch sakrale Gärten (κῆποι) mit Obstbäumen und vor allem Blumen. Diese waren häufig Aphrodite oder den Nymphen geweiht und mit den spezifischen Wirkungsbereichen dieser Gottheiten verbunden.³⁹ Heiligtümer der ‚Aphrodite in den Gärten' befinden sich in und bei Athen am Nordhang der Akropolis, im Ilissosgebiet und bei Daphni an der Heiligen Straße von Athen nach Eleusis (Abb. 1).⁴⁰ Gärten für die Nymphen gab es Inschriften zufolge im Außenbereich

---

[31] Lauter 1968.
[32] Scranton 1967; Swiny 1982, 63 f. Abb. 51; Soren 1987, 37–52 Abb. 20. 25; Birge 1994, 78–86. 295 f. Abb. 4. 5; Luschin 2010, 24 f.
[33] Pind. O. 7, 48–50.
[34] ILindos 430. Vgl. ferner eine Reihe von Gedichten, die sich auf die Pflanzung von Ölbäumen beziehen, gesammelt und besprochen bei: Bousquet 1976.
[35] Bosnakis 2014, 25–27 Abb. 10–12. 59.
[36] Birge – Kraynak – Miller 1992, 85–96 Abb. 98–109; Birge 1994, 86–92. 297 Abb. 6; Miller 2004, 185–188 Abb. 136. 137; Luschin 2010, 24 Abb. 1.
[37] Bruni-Calderoni 2009; Ghini – Diosono 2012, 130 f. Abb. 16; Ghini 2013, 17.
[38] Cato, *Origines*, fr. 58.
[39] Motte 1973, 121–137; Winkler 1981; Connor 1988, 169 f.; Carroll-Spillecke 1989, 24; Larson 2001, 8–11; Bumke 2015.
[40] Machaira 2008.

Abb. 1 Heiligtum der Aphrodite in den Gärten, Daphni bei Athen
(Sabine Neumann)

der attischen Panhöhle von Vari,[41] bei der Höhle bei Pharsalos in Thessalien[42] und möglicherweise bei einer Höhle im attischen Demos Dionysos/Ikaria.[43]

Über die konkrete Nutzung von sakralen Grünflächen wissen wir nur wenig. Die Existenz von Baumkulten im eigentlichen Sinne konnten Michael Blech und John Scheid überzeugend widerlegen,[44] dennoch haben einige Bäume in Heiligtümern offenbar eine wichtige Rolle im Kult gespielt. So zeigen Terrakottaplastiken aus dem bereits erwähnten Heiligtum des Apollon Hylates in Kourion um einen Baum tanzende Figuren, was möglicherweise auf einen Ritus in dem heiligen Hain bezogen werden kann.[45] In Dodona spielte die heilige Eiche eine wichtige Rolle im Orakelkult.[46] Fritz Graf und Pierre Bonnechere haben darüber hinaus die Bedeutung von ἄλση im Rahmen von Mysterienfeiern, Divinationen und Initiationsriten herausgestellt.[47] Wiesen

---

[41] Athen, EM Inv. 6733 a + 2438. Connor 1988, 167–171. IG I³ Nr. 977; K. Hallof in: Schörner – Goette 2004, 51–54 Taf. 36.
[42] SEG 2.357; SEG 1.248. McDevitt 1970, Nr. 166. 171; Peek 1938, 14–27; von Gaertringen 1937, 57 f.; Himmelmann-Wildschütz 1957, 10 f.; van Straten 1981, 79. 95; Birge 1982, 184. 543 f. Nr. 473. 474; Connor 1988, 162 f.; Larson 2001, 16–18; Wagman 2016, 21–26 (zu dem Garten) 57–65. 66–93 (zu den Inschriften).
[43] Wickens 1986 II, 212–218; Larson 2001, 248 f.; Baumer 2004, 135 A Att4.
[44] Blech 1982, 376–383, s. v. 381; Scheid 1993.
[45] Luschin 2010, 25.
[46] Friese 2010, 365–367, Kat. I.I.I.3 (mit weiterer Literatur).
[47] Graf 1993; Bonnechere 2007. Vgl. auch Friese 2010, 243–246. Dagegen: Mylonopoulos 2008, 68

und locker gepflanzte Wäldchen wurden für Bankette und Gelage zu Ehren der im Heiligtum verehrten Gottheiten genutzt.[48] Einige Haine und Grünflächen in Heiligtümern waren vermutlich auch außerhalb der religiösen Feste öffentlich zugänglich. Die Grünanlagen waren jedoch klar mit sakralen Funktionen verbunden und mit besonderen Regeln belegt.

Grüne Freiflächen

Neben heiligen Hainen gab es nach Ausweis epigraphischer und literarischer Quellen in griechischen Städten nicht-sakrale, öffentliche Areale, die vor privater Inbesitznahme geschützt waren.[49] Diese Areale lagen häufig (aber nicht ausschließlich) entlang der Stadtmauer innerhalb und außerhalb des Mauerrings. Die Freiflächen waren zwar in erster Linie eine fortifikatorische Notwendigkeit, doch wurden sie auch für andere Zwecke genutzt.[50] So legt eine Inschrift aus der Zeit von 197–185 v. Chr. aus der Stadt Skotoussa in Thessalien fest, dass das Land im Abstand von 12 Fuß (= ca. 3,60 m) bis 20 Fuß (= ca. 6 m) von der Stadtmauer innerhalb der Stadt öffentlich ist und als Weideland genutzt werden darf.[51] In Ephesos wurde in einer Pachturkunde um 290 v. Chr. ein noch breiterer freier Streifen zur Mauer von 50 Fuß außerhalb und 40 Fuß innerhalb der Stadt festgelegt.[52] In Rhodos wurde zur Stadtseite hin eine freie Zone von 30 m von der hellenistischen Stadtmauer gemessen.[53] Wesentlich schmaler hingegen ist das inschriftlich auf der Mauer von Nisyros mit nur fünf Fuß festgesetzte öffentliche Land.[54] Sehr wahrscheinlich öffentlich war auch das unbebaute Land entlang der Langen Mauern von Athen.[55] Es ist anzunehmen, dass auch hier Teile der Flächen naturbelassen waren und den Bewohnern zum Weiden von Tieren zur Verfügung standen.

Daneben ist bezeugt, dass unbebaute Areale innerhalb und am Rand der Städte als staatlich kontrollierte Anbaugebiete genutzt wurden; hier ist fraglich,

---

Anm. 76.
[48] Birge 1994, 219–222. Hinweise auf derartige kultische Feiern im Freien liefern ferner einige archaische, gelagerte Skulpturen aus Ostionien, auf deren Plinthe eine Art Matratze, sog. Stibas, angegeben ist: Berlin, Antikensammlung Inv. Sk 1673, Sk V3-91, Sk 1674 und der Gelagerte -]ilarches der Geneleosgruppe, Samos, Vathy Museum Inv. II S 3. Zu Darstellungen von Festen im Freien in der Vasenmalerei: Wescoat 2012, 169.
[49] Papazarkadas 2011, 212–236.
[50] s. den Beitrag von Florian Schimpf in diesem Band.
[51] SEG XLIII 310. IG XII³ 86. Missailidou-Despotidou 1993, 187–207 (Inschrift). 212 f. (Kommentar).
[52] Maier 1959, 238–241 Nr. 71.
[53] Filimonos-Tsopotou 2004, 74; Filimonos-Tsopotou 2011, 314 Anm. 28.
[54] Maier 1959, 179 f. Nr. 47; Filimonos-Tsopotou 2004, 74; Filimonos-Tsopotou 2011, 313 f. Zwei archaische Inschriften von Paros grenzen sogar nur einen Abstand von drei Fuß zur Mauer ab: Dittenberger 1881, 198 f.; Filimonos-Tsopotou 2011, 313 f.
[55] Thuc. 2, 17, 3. Maier 1959, 241; Papazarkadas 2011, 218 mit Anm. 24.

Abb. 2 Tal von Kolymbetra bei Agrigent, Sizilien
(Sabine Neumann)

inwieweit diese frei zugänglich waren. In Athen wurden gegen Ende des 5. Jhs. v. Chr. in dem Heiligtum des Neleus und der Basile mehr als 200 Olivenbäume gepflanzt.[56] Diese politisch beschlossene Maßnahme sollte wohl langfristig der Nahrungsversorgung der Bevölkerung nach dem Peloponnesischen Krieg dienen. Auch in anderen öffentlichen Arealen in Athen ist die Kultivierung von Obstbäumen und Weinstöcken schriftlich bezeugt.[57] Öffentliche Ländereien, die dem Anbau von Wein, Obst und Gemüse dienten, sind in hellenistischer Zeit ferner für Ägypten, Rheneia und Mykonos sowie auf Delos sogar inmitten des Stadtgebietes in der Nähe des Apollonheiligtums belegt.[58] Archäologisch hat sich ein derartiges öffentliches Anbaugebiet möglicherweise in dem Garten Kolymbetra in der von Griechen gegründeten Stadt Agrigent auf Sizilien erhalten (Abb. 2).[59] Der Garten liegt in einer Talsenke zwischen dem Tempel

---

[56] IG I³ 84. N. Papazarkadas – St. Lambert – R. Osborne, ‹https://www.atticinscriptions.com/inscription/IGI3/84› (24.02.2017). Das Heiligtum kann zwischen dem Phalerontor und dem Itonischem Tor, bei dem Heiligtum des Dionysos in den Märschen, lokalisiert werden.
[57] Papazarkadas 2011, 220.
[58] Zu Plantagen im Besitz der Ptolmaier in Ägypten und Tempelgütern des Apollon auf Delos: Carroll-Spillecke 1992, 170 f. Zur Ausgrabung einer solchen Plantage in Ägypten s. Kenawi 2012.
[59] Zu dem Projekt der Konservierung des Gartens und der Erforschung der historischen Pflanzen

des Castor und Pollux und dem Tempel des Vulkan. Er erstreckt sich auf einer Fläche von ca. fünf Hektar und ist zwischen natürlichen Kalksteinfelsen eingebettet. Diodor überliefert, dass der Tyrann Gelon im 5. Jh. v. Chr. nach seinem militärischen Sieg bei Himera mithilfe der erbeuteten Sklaven im Tal von Kolymbetra gewaltige unterirdische Kanäle und ein großes Fischbecken von sieben Stadien Länge anlegen ließ:

> πλείστων δὲ εἰς τὸ δημόσιον ἀνενεχθέντων, οὗτοι μὲν τοὺς λίθους ἔτεμνον, ἐξ ὧν οὐ μόνον οἱ μέγιστοι τῶν θεῶν ναοὶ κατεσκευάσθησαν, ἀλλὰ καὶ πρὸς τὰς τῶν ὑδάτων ἐκ τῆς πόλεως ἐκροὰς ὑπόνομοι κατεσκευάσθησαν τηλικοῦτοι τὸ μέγεθος, ὥστε ἀξιοθέατον εἶναι τὸ κατασκεύασμα, καίπερ διὰ τὴν εὐτέλειαν καταφρονούμενον. ἐπιστάτης δὲ γενόμενος τούτων τῶν ἔργων ὁ προσαγορευόμενος Φαίαξ διὰ τὴν δόξαν τοῦ κατασκευάσματος ἐποίησεν ἀφ' ἑαυτοῦ κληθῆναι τοὺς ὑπονόμους φαίακας. κατεσκεύασαν δὲ οἱ Ἀκραγαντῖνοι καὶ κολυμβήθραν πολυτελῆ, τὴν περίμετρον ἔχουσαν σταδίων ἑπτά, τὸ δὲ βάθος πηχῶν εἴκοσι. εἰς δὲ ταύτην ἐπαγομένων ποταμίων καὶ κρηναίων ὑδάτων ἰχθυοτροφεῖον ἐγένετο, πολλοὺς παρεχόμενον ἰχθῦς εἰς τροφὴν καὶ ἀπόλαυσιν· κύκνων τε πλείστων εἰς αὐτὴν καταπταμένων συνέβη τὴν πρόσοψιν αὐτῆς ἐπιτερπῆ γενέσθαι. ἀλλ' αὕτη μὲν ἐν τοῖς ὕστερον χρόνοις ἀμεληθεῖσα συνεχώσθη καὶ διὰ τὸ πλῆθος τοῦ χρόνου κατεφθάρη, τὴν δὲ χώραν ἅπασαν ἀγαθὴν οὖσαν ἀμπελόφυτον ἐποίησαν καὶ δένδρεσι παντοίοις πεπυκνωμένην, ὥστε λαμβάνειν ἐξ αὐτῆς μεγάλας προσόδους.[60]

Die meisten (Sklaven) wurden der gemeinen Stadt zugeschlagen, und mußten die Steine hauen, von welchen nicht allein die großen Tempel gebaut, sondern auch zum Abfluß des Wasser aus der Stadt unterirdische Kanäle von solcher Größe angelegt wurden, daß das Werk, so verächtlich es auch sonst, wegen seiner niedrigen Bestimmung ist, dadurch sehenswürdig ward. Der Aufseher über den Bau dieser Werke war ein gewisser Phäar, der durch Ruf dieser seiner Bauart machte, dass die unterirdischen Kanäle nach ihm Phäaken genannt wurden. Die Agrigentiner legten ferner einen kostbaren Teich an, von sieben Stadien im Umfang, und einer Tiefe von zwanzig Ellen. In denselben sammelten sie Fluß- und Quellwasser, so daß es ein Fischteich ward, der viele Fische zum nöthigen Genuß und zur Schwelgerei lieferte, und auf welchem eine Menge herumschwimmender Schwäne einen angenehmen Anblick gab. Weil man aber in den folgenden Zeiten sich nicht darum kümmerte, ward er verschlemmt, und durch die Länge der Zeit endlich gar verdorben. Das ganze Land, welches sehr fruchtbar

---

s. Barbera – Ala – La Mela Veca – La Mantia 2006; s. ferner die Publikationen der FAI (Fondo per l'Ambiente Italiano).
[60] Diod. 11, 25, 3–5.

war, bepflanzten sie mit Weinstöcken und allerlei Bäumen, so daß sie grosse Einkünfte aus demselben zogen.⁶¹

Die Erwähnung von zahlreichen Schwänen auf dem Teich zeichnet den Ort als Rückzugsort des Tyrannen aus. Im Laufe der Zeit wurde der Teich aber immer mehr zugeschwemmt und schließlich aufgegeben. Zur Zeit Diodors, und vermutlich bereits früher, diente das Areal als öffentliche Gartenfläche, auf der Weinstöcke und Obstbäume angepflanzt wurden. Der wirtschaftliche Erwerb kam den öffentlichen Einnahmen der Stadt zugute. Öffentliches nicht-sakrales Land gehörte, wie beispielsweise auch Straßen, prinzipiell der Gemeinschaft, doch blieb es vermutlich der jeweiligen Polis überlassen, ob das Land den Bürgern zur Nutzung zur Verfügung gestellt, an einzelne Individuen verpachtet oder von Sklaven im öffentlichen Besitz bewirtschaftet wurde. Eine einheitliche Regelung bestand offenbar nicht.⁶²

Unbebaute Freiflächen waren auch die frühen Gymnasia am Rande griechischer Städte.⁶³ Sie entstanden häufig an älteren Heiligtümern und Heroenkultstätten und wurden in der Nähe von Quellen und Flüssen errichtet.⁶⁴ Durch Anpflanzungen wurden Laufbahnen abgegrenzt und für den nötigen Schatten gesorgt. Das erste Gymnasion von Olympia soll von Herakles selbst mit Bäumen bepflanzt worden sein.⁶⁵ In Delphi soll sich an der Stelle des späteren Gymnasions in mythischer Vorzeit ein Wald befunden haben, in dem schon Odysseus jagte.⁶⁶ In Sparta gab es eine ringsum mit Platanen bepflanzte, kreisrunde Insel, die ‚Platanistas' genannt wurde und der Jugend als Sportstätte diente.⁶⁷ Von größeren Freiflächen geprägt war auch das für den Gymnasionsbetrieb genutzte Areal beim Heroon des Akademos im Nordwesten Athens. Hier ließ der athenische Feldherr Kimon im 5. Jh. v. Chr. durch Baumpflanzungen Laufbahnen und schattige Wege schaffen.⁶⁸ Platon gründete auf dem Gelände seine Akademie und ließ ein Musenheiligtum und eine Exedra errichten.⁶⁹ Seine Schüler wohnten im Garten der Schule in einfachen Laubhütten.⁷⁰ Im 3. Jh. v.

---

[61] Übersetzung F. A. Stroth 1782–1787.
[62] Vgl. Audring 1989, passim zu Formen der Landnutzung in griechischen Städten in archaischer Zeit.
[63] Gothein 1909, 116–120; Gothein 1926, 67–69; Carroll-Spillecke 1989, 28–30; Luschin 2010, 26–32; Nielsen 2013, 52.
[64] Vgl. die Empfehlung Platons, Gymnasia an wasserreichen Plätzen anzulegen: Plat. leg. 6, 761c.
[65] Pind. O. 3, 16–34.
[66] Paus. 10, 8, 8.
[67] Paus. 3, 14, 8.
[68] Plut. Kimon 13, 8. Zum Baumbestand in dem Areal s. auch: Aristoph. Nub. 1005; Paus. 1, 30, 2; Plin. nat. 12, 9.
[69] Diog. Laert. 3, 20. Caruso 2013, 100–104.
[70] Diog. Laert. 4, 19.

Chr. wurde ein *oikos* errichtet, der in der römischen Kaiserzeit zu einer großen Portikus erweitert wurde.[71] Reste einer Laufbahn lassen sich aufgrund der schlechten Erhaltung nicht datieren.[72]

Andere Gymnasia bekamen ab dem späten 4. Jh. v. Chr. und in hellenistischer Zeit durch gebaute Palästren und Säulenhallen eine architektonische Form.[73] Ob Gärten weiterhin Teile der Gymnasionsarchitekturen waren, ist bislang nicht geklärt. Die ehemals aus Bäumen bestehenden *xystoi* sind durch gebaute Säulenhallen ersetzt worden, wie das Beispiel von Olympia zeigt, wo bei der Oststoa Schrankenfragmente und Einlassungen gefunden wurden, die zu einer Startvorrichtung der Läufer gehörten.[74] Fraglich ist, ob in den gebauten Palästren Bäume gestanden haben, wie dies in späterer Zeit für Pompeji und Herculaneum nachgewiesen ist,[75] oder ob sie für sportliche Übungen von Bepflanzungen freigehalten wurden.[76] Ein Fortbestand von Grünanlagen in Form von Ziergärten und Grünanlagen innerhalb und außerhalb der eigentlichen Gymnasionsgebäude ist jedenfalls durchaus vorstellbar. So könnten auf den oberen Terrassen der Gymnasia von Delphi und Pergamon Gärten angepflanzt gewesen sein.[77]

Planvolle Begrünung des Stadtraums

In klassischer Zeit finden sich erste Hinweise auf intentionelle Begrünungen im öffentlichen Raum griechischer Städte. Als der spartanische General Lysander gegen Ende des 5. Jhs. v. Chr. den persischen Satrapen Kyros den Jüngeren in Sardis besuchte, war er erstaunt über die ordentlichen Baumreihen, die Kyros selbst angepflanzt haben soll.[78] Ebenfalls im 5. Jh. v. Chr. soll Kimon dem athenischen Volk mehrere Grünanlagen gestiftet haben, wie Plutarch berichtet.[79] Als der General von seinen Feldzügen in Persien reich nach Athen zurückkehrte, stattete er als Geschenk für die Bürger das Gymnasion und die Agora von Athen mit Bäumen aus. Tatsächlich konnten durch Grabungen einige Pflanzlöcher auf der Agora nachgewiesen werden.[80] In regelmäßigen Abständen angelegte Pflanzgruben fanden sich auch auf der Ostseite der

---

[71] Caruso 2013, 66–75. 110 f.
[72] Caruso 2013, 74.
[73] Delorme 1960, 395–418; Glass 1968, 82–246; von Hesberg 1995; Wacker 1996, 141–226; Wacker 2004, 352–354; von den Hoff 2009, 250–252; Emme 2013, 154–158.
[74] Wacker 1996, 20 f. Abb. 1. 3.
[75] Jashemski 1992, 198 f.; Dickmann 1999, 349.
[76] So Trümper 2008, 88.
[77] Gothein 1909, 123 f.; Gothein 1926, 70; Nielsen 2013, 52.
[78] Xen. oik. 4, 20–24; Cic. Sen. 59.
[79] Plut. Kimon, 13, 8; Stat. Theb. 12, 492.
[80] Thompson 1952, 50; Thompson 1953, 46; Carroll-Spillecke 1989, 31–33 Abb. 12.

Abb. 3 Pflanzgruben vor der Stoa
Myropolis, Megalopolis
(Lauter – Spyropoulos 1998: 443
Abb. 38–39)

Abb. 4 Pflanzloch an der antiken
Straße P 27, Rhodos
(Aufnahme Fotografisches Archiv der 22. Ephorie
der Prähistorischen und Klassischen Altertümer
der Dodekanes)

Agora von Megalopolis.[81] Die im Durchmesser 1,3 m bis 2 m großen Gruben wurden in zwei Reihen leicht gegeneinander versetzt vor der Stoa Myropolis angelegt und mit Humus aufgefüllt.[82] Vor der Archeia, einem Verwaltungs- und Archivgebäude, im Norden der Agora wurde bei Ausgrabungen zudem ein 90 cm hoher Tonpithos freigelegt, der für die Aufnahme eines kleineren Baumes oder Strauchs diente (Abb. 3).[83] Eine Bepflanzung ist ferner für die Agora von Anthedon in Böotien überliefert.[84] Einzelne Pflanzlöcher für Bäume wurden auch entlang der breiten, durch das Stadtgebiet verlaufenden Straßen von Rhodos ausgegraben (Abb. 4).[85] Wie die archäologischen Befunde zeigen, handelt es sich bei der Begrünung griechischer Städte insgesamt aber eher um vereinzelte oder in Reihen gesetzte Bäume als um weitläufige, parkähnliche

---

[81] Gans 1996.
[82] ebd. S. 285 Abb. 32 (Schnitt). Die Publikation der Stoa Myropolis durch Heide Lauter-Bufe ist in Vorbereitung.
[83] Lauter – Spyropoulos 1998, 442. 444 Abb. 38. 39. Zu der Archeia s. auch Lauter-Bufe – Lauter 2011, 147–154.
[84] Herakl. I, 23. Carroll-Spillecke 1989, 31.
[85] Kondis 1954, 345 f. mit Abb. 4; Kondis 1958, Beil. 128, 3; Konstantinopoulos 1988a, 91; Patsiada 2013a, 51.

Anlagen. Die kultivierten Bäume verschönerten den öffentlichen Raum und spendeten den in mediterranen Ländern in den Sommermonaten so wichtigen Schatten.

Östliche Gartenkultur

Einfluss auf die griechische Gartenkultur hatten sicherlich die Gärten der orientalischen Hochkulturen, auch wenn direkte Übernahmen im Hinblick auf Anlage und Funktion schwer auszumachen sind.[86] In Assyrien gehörte es zu den vornehmsten Aufgaben des Herrschers, einen Garten für die Bevölkerung zu errichten.[87] Die Areale befanden sich häufig vor der Stadt und mussten zum Teil aufwändig bewässert werden. Durch ihre Anlage wurde Ödland in Kulturland umgewandelt und die Versorgung der Einwohner gesichert, weshalb die Gärten häufig im Kriegsfall durch die Feinde zerstört wurden.[88] Insbesondere aber waren die Paläste der altorientalischen und hellenistischen Herrscher mit Gärten ausgestattet, die als weitläufige Jagdareale und als Orte der monarchischen Repräsentation und Regierungsausübung dienten.[89] Ausgedehnte Grünflächen befanden sich in Alexandria. Die antike Stadt ist archäologisch kaum erforscht und wird weitgehend anhand der Beschreibung Strabons rekonstruiert.[90] Derzufolge nahmen die Königspaläste (Basileia) etwa ein Viertel bis ein Drittel der gesamten Stadtfläche Alexandrias ein und waren in einen inneren und einen äußeren Bereich eingeteilt. Es wird angenommen, dass sowohl die Peristylhöfe der Paläste bepflanzt waren als auch, dass die einzelnen Palastgebäude in ein Areal mit lockerem Baumbestand eingebettet waren.[91] Innerhalb des Palastareals befanden sich das Grab Alexanders des Großen, das Museion mit der berühmten Bibliothek sowie kleinere Tempel, Brunnen und Statuen. Aufgrund ihrer Präsenz im Stadtbild waren bestimmte Bereiche der Basileia mit ihren Gärten wohl auch für die Einwohner Alexandrias zugänglich – insbesondere im Rahmen der für die Selbstdarstellung der Ptolemaier so berühmten Festkultur.[92] Eine sakrale Grünanlage war hingegen

---

[86] Luschin 2010, 32 f.
[87] Franke 2015, 41–43.
[88] Sonne 1996, 137; Cole 1997; Franke 2015, 42; Wiesehöfer 2015, 56 (zur Zerstörung von persischen Gärten).
[89] Sonne 1996; Luschin 2010, 32–37; Nielsen 2001; Nielsen 2013, 42–47. 55–58. 65–68; Nielsen 2015; Wiesehöfer 2015.
[90] Strab. 17, 1, 8; Plin. nat. 5, 62. Fraser 1972, 23; Hoepfner – Schwandner 1994, 242–245; Grimm 1998, 38 f.
[91] Luschin 2010, 39 f.
[92] So bei den Lagynophoria, bei denen die Festteilnehmer auf Lagern ihre selbst mitgebrachten Speisen verzehrten: Athen. 7, 2. Zutritt zum Palast bestand offenbar auch bei dem Adonisfest, das von Theokrit geschildert wird: Theokr. 15. – Zu weiteren herrschaftlichen Gärten innerhalb antiker Stadtareale s. Nielsen 2015, 117 f.

das inmitten des Stadtgebiets gelegene Paneion, das aus einer Grotte in einem künstlich aufgeschütteten Hügel bestand, zu dem ein schneckenförmiger Weg hinaufführte.[93] Die außerordentliche Dichte an Grünflächen in Alexandria mag einen Sonderfall antiker Urbanistik darstellen, der durch die wirtschaftliche Prosperität, den Repräsentationsdrang der ptolemäischen Könige und den Umstand, dass die Stadt neugegründet wurde, erklärt wird.[94]

Bepflanzte Peristyle

Neben Alexandria sind Gärten aber auch in weiteren hellenistischen Palästen überliefert.[95] Hervorzuheben sind hier insbesondere die bepflanzten Peristylhöfe, von denen die griechisch-römische Gartenarchitektur maßgeblich beeinflusst wurde. In dem frühhellenistischen Palast in Jebel Khalid am Euphrat in Syrien wurde jüngst ein mit Erde gefüllter Hof aufgedeckt.[96] Auch in den Palästen der makedonischen Herrscher sind bepflanzte Peristyle anzunehmen.[97] Der berühmte Giftgarten des Attalos III. von Pergamon könnte sich ebenfalls in einem Hof befunden haben.[98] Im fortgeschrittenen Hellenismus setzen sich Ziergärten mit Brunnen, Wasserspielen und Statuenausstattung auch in den Höfen der gehobenen bürgerlichen Wohn- und Vereinshäuser durch.[99] Die Existenz bepflanzter Höfe in der griechischen Wohnarchitektur wurde lange Zeit bezweifelt,[100] doch brachten jüngere Ausgrabungen von hellenistischen Häusern in Rhodos, Kos und Delos Schichten fruchtbarer Erde, Pflanzgruben und Bewässerungsanlagen zutage.[101] Die Gärten besaßen aufwändig gestaltete Brunnen und waren mit künstlichen Grotten und Statuen geschmückt.

In der überaus großen ‚Maison de la Parfumerie' auf Delos befindet sich im südlichen Teil des Gebäudes eine Produktionsstätte für Parfüm.[102] Im hinteren, nördlichen Teil des Hauses schließen sich ein vielleicht als Garten dienender Peristylhof, der *oecus maior* und ein weiterer Raum mit einem als künstliche Grotte gestalteten Wasserbecken an. Aufgrund des integrierten

---

[93] Strab. 17, 1, 10. Neumann 2016, 152 f.
[94] Luschin 2010, 39.
[95] Nielsen 2013, 65 f.
[96] Clarke 2001, 216–224.
[97] Sonne 1996, 141; Nielson 2013, 66.
[98] Plut. Demetr. 20, 2.
[99] Zur Vorbildfunktion bepflanzter Peristylhöfe hellenistischer Paläste für die griechische Wohnarchitektur s. Trümper 2008, 89 f.
[100] Carroll-Spillecke 1989, 49–54.
[101] Neumann 2016, 162 f. mit Anm. 1016–1018. Zu den Gärten in delischen Wohn- und Vereinshäusern s. Trümper 2008, 91 f. Trümper, M., Gardens in Delos. In: W. Jashemski (†) und K. Gleason (Hrsg.), *Gardens of the Roman World*. Cambridge (angekündigt).
[102] Îlot I, Maison B. Brun 1999, 87–155 Abb. 6; Brun 2000, 282–290; Trümper 2008, 91; Trümper 2011, 58–60; Trümper 2015, 215–219; Neumann 2016, 123–125.

Gewerbebetriebs und des großen Bankettraums gilt die im letzten Viertel des 2. Jhs. v. Chr. errichtete ‚Maison de la Parfumerie' als Vereinsgebäude.[103] Auch die im südlichen Teil der Insel Delos gelegene ‚Maison de Fourni' könnte als Vereinshaus gedient haben.[104] Hier befand sich auf einer am Hang angelegten Terrasse ein zentrales, ehemals bepflanztes Peristyl, auf das man von dem dahinter gelegenen, reich ausgestatteten Bankettraum blickte. Ein Garten in einem Gebäude der Vereinigung des Sabazius befindet sich auch im ‚Haus der Sybille' in Pompeji. In dem großen Peristylhof fand Jashemski 1975 noch Wurzellöcher von vier Bäumen, die in einer Reihe neben einem Altar gepflanzt waren.[105] Religiöse und ethnische Vereinigungen waren in der Antike zwar meist privat organisiert, doch waren die Gebäude mit den Gärten, je nach Größe des Vereins, einer gewissen Anzahl an Personen zugänglich. In ihrem halböffentlichen Charakter vergleichbar sind die bereits seit dem 5. Jh. v. Chr. bezeugten Philosophenschulen, die ebenfalls privat betrieben wurden.[106] Sie lagen meist außerhalb der Stadt und grenzten gelegentlich an die Gelände von Gymnasia an. Das genaue Aussehen der Gärten ist jedoch mangels Ausgrabungsbefunden bislang nicht zu rekonstruieren.[107]

Öffentlich zugänglich war wohl die Italikeragora auf Delos, auch wenn die Eingänge verschlossen werden konnten (Abb. 5).[108] Der in der zweiten Hälfte des 2. Jhs. v. Chr. errichtete Bau wurde von Monika Trümper überzeugend als eine luxuriöse Grünanlage gedeutet. Die Fläche des Peristylhofs war ihren Untersuchungen zufolge locker mit Bäumen und Sträuchern bepflanzt. Um die Bepflanzung herum war ein Spazierweg ausgespart; Wasser wurde durch Brunnen und Zisternen zugeführt. Möglicherweise dienten einige in älteren Grabungen gefundene Marmorskulpturen zur Dekoration des Hofes. Im Inneren der Hallen waren in abgetrennten Nischen Ehrenstatuen aufgestellt. Zu den sanitären Anlagen gehörten verschiedene Baderäume, Schwitzbäder und Latrinen. In seiner Architektur und Ausstattung weicht das Gebäude von den bekannten Vereinshäusern ab. Trümper nimmt daher an, dass es als Symbol der

---

[103] Brun 1999; Brun 2000; Trümper 2011, 58.
[104] GD 124. Le Roy 1985; Trümper 1998, 317 f. Abb. 59; Bruneau – Ducat 2005, 314–316 Nr. 124 Taf. 8; Trümper 2006, 10–12 Abb. 7 (Plan); Wurmser – Zugmeyer 2010, 585–588 Abb. 1; Wurmser – Zugmeyer 2011; Wurmser – Zugmeyer 2012/2013; Trümper 2015, 209–215; Neumann 2016, 125 f.
[105] Jashemski 1979–1993 I, 135–137 Abb. 213; Nielsen 2013, 72.
[106] Carroll-Spillecke 1989, 30 f. mit Tabelle C (mit zahlreichen Nachweisen antiker Schriftquellen); Luschin 2010, 28–32; s. auch Schaaf 1992, 112–114 zur Stiftung eines Gartens auf dem Gelände der Akademie durch Attalos I.
[107] Zu den archäologischen Resten der Gymnasia in Athen s. Travlos 1971, 42–51 (Akademie). 345–347 (Lykeion). Für eine jüngere Publikation der Akademie s. Caruso 2013.
[108] Trümper 2008. Zur Zugänglichkeit des Gebäudes ebd. S. 51–61.

SABINE NEUMANN: ÖFFENTLICHES GRÜN IN GRIECHISCHEN STÄDTEN   271

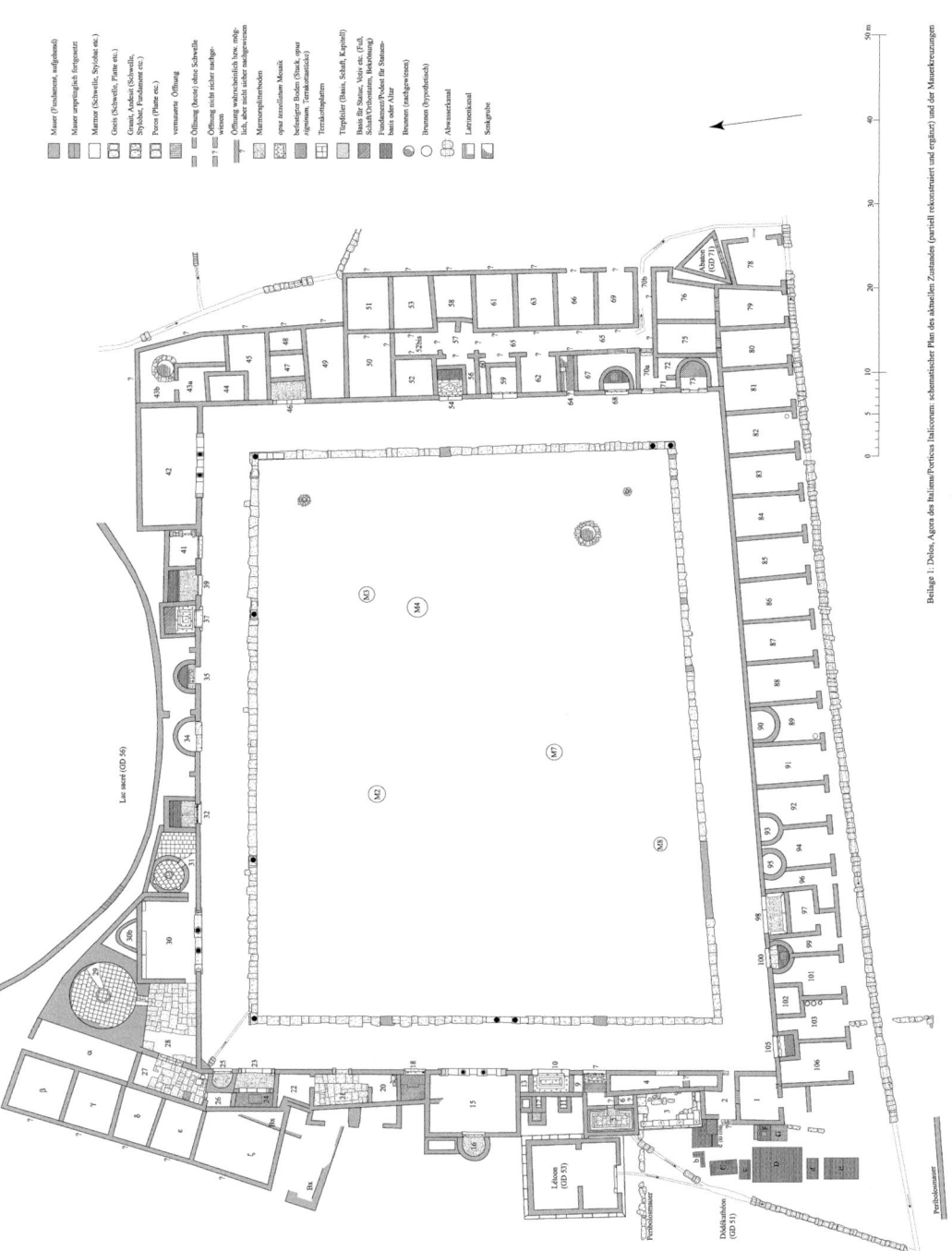

Abb. 5 Italikeragora, Delos
(Plan Monika Trümper)

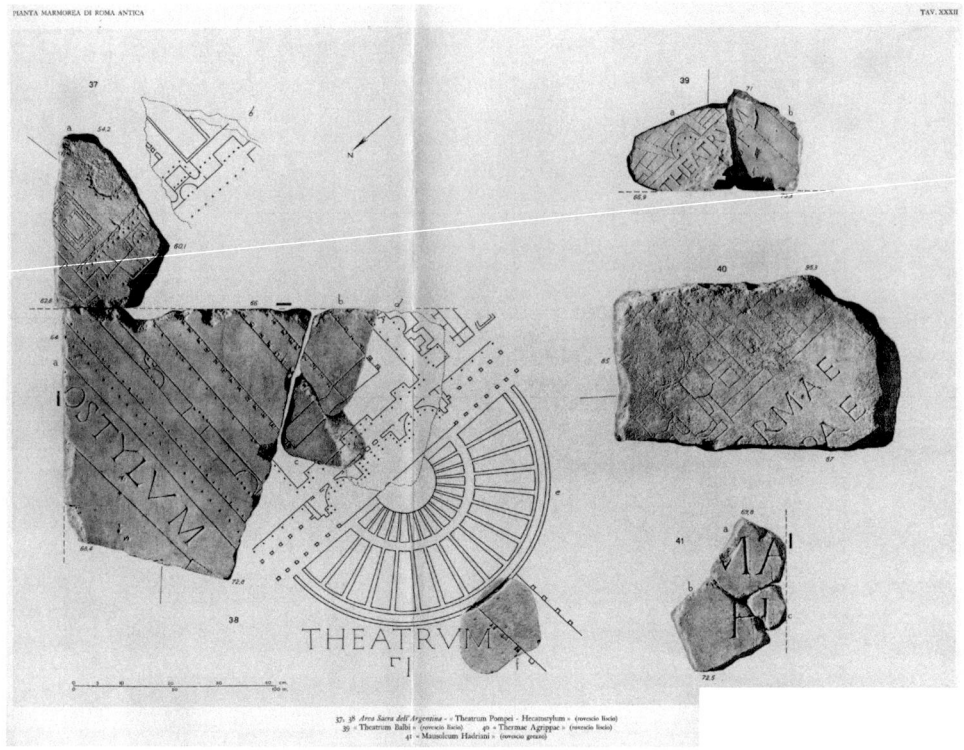

Abb. 6 Forma Urbis, Porticus Pompei
(Carettoni 1960, Taf. XXXII, aus: Stanford Digital Forma Urbis Romae Project <http://formaurbis.stanford.edu/plate.php?plateindex=31> (03.03.2017))

wirtschaftlichen Potenz und politischen Machtstellung der Italiker auf Delos für ein breiteres Publikum geöffnet war.[109]

Öffentliche Gärten in Rom

In Rom hat es in republikanischer Zeit mit der Villa Publica auf dem Marsfeld[110] und dem Areal des Circus Flaminius[111] öffentliche Freiflächen gegeben. Inwieweit diese als Gartenanlagen gestaltet waren, ist jedoch unklar. Als erster öffentlicher Garten in Rom gilt die im Jahr 55 v. Chr. eingeweihte Porticus Pompei.[112] Pompeius,

---

[109] ebd. S. 348–350.
[110] Richardson 1976, 159. Zum Marsfeld s. auch: Wiseman 1993, 222; Albers 2013, 44.
[111] Viscogliosi 1993.
[112] Grimal 1943, 183–188; Richardson 1992, 318 f.; Gleason 1994a; Gros 1999a; Luschin 2010, 266–275 Kat. Nr. 66 Abb. 115–116. – Die genaue Datierung der Errichtung des Gebäudes ist nicht geklärt. Die Einweihung des Heiligtums der Venus Victrix fand vermutlich am Geburtstag des Pompeius, dem 29.09.55 v. Chr. statt: Gros 1999a, 148; Luschin 2010, 268. Eine andere Datierung (52 v. Chr.) bei Richardson 1992, 318.

der die Anlage dem Volk stiftete, stellte dafür einen Teil seiner Grundstücke auf dem Marsfeld, außerhalb des republikanischen Pomeriums zur Verfügung. Die Architektur zeichnet sich noch heute im Luftbild ab, archäologisch sind jedoch nur wenige Reste erhalten.[113] Die Forma Urbis aus dem frühen 3. Jh. n. Chr. gibt aber Teile der Anlage wieder (Abb. 6).[114] Es handelt sich um eine Portikus, an die sich das erste aus Stein erbaute Theater Roms anschloss.[115] Die Errichtung des Theaters war anfangs nur dadurch gerechtfertigt, weil die Stufen den Aufgang zum Heiligtum der Venus Victrix bildeten, das sich oberhalb der Cavea erhob.[116] In der Portikus befand sich ein *nemus duplex*;[117] in den Nischen der Rückwände der Portiken waren wohl Statuen und die große Kunstsammlung untergebracht, die Pompeius auf seinen Feldzügen erbeutet hatte.[118] Der Garten selbst war nach strengen symmetrischen Regeln angelegt und auf Sichtachsen zum Tempel hin ausgerichtet.[119] Aufgrund der Beziehung zum Tempel und der Bezeichnung *nemus* war er vermutlich der Venus geweiht und steht damit in der Tradition der heiligen Gärten der Aphrodite.[120] Zudem diente die gesamte Anlage der Selbstdarstellung des Pompeius und es ist anzunehmen, dass der Feldherr in dem Garten seine sehr zahlreiche Klientel empfing.[121] Die Porticus Pompei avancierte schnell zu einem der beliebtesten Plätze Roms und wurde ein Vorbild für weitere Theater- und Portikusbauten.[122]

Der größte Kontrahent des Pompeius, Gaius Julius Caesar, verstand es ebenfalls, die *plebs* für sich zu gewinnen, indem er seine weitläufigen Gartenanlagen, die Horti Caesaris (trans Tiberim) für die Allgemeinheit öffnete.[123] In ihren sozialen Intentionen bemerkenswert ist schließlich die im Jahr 7 v. Chr. eingeweihte Porticus Liviae auf dem Mons Oppius in Rom.[124] Das Grundstück gehörte ehemals dem reichen Vedius Pollio, der es Augustus vererbte. Als *exemplum*

---

[113] Eine Untersuchung der wenigen archäologisch erhaltenen Mauerreste in der modernen Bebauung steht bislang aus. Für eine Rekonstruktion im modernen Stadtbild s. Gleason 1994a, 16 Abb. 3.
[114] Folgende Fragmente zeigen Teile der Porticus Pompei: 39a, 39c, 39d (vermisst), 37a, 37b (vermisst), 37d, 37e, 37l, 39b, 39d (vermisst), 39f, 39g. Carettoni 1960, 103–106; Rodriguez Almeida 1981, 130–134; T. Najbjerg – J. Trimble, Stanford Digital Forma Urbis Romae Project <http://formaurbis.stanford.edu/fragment.php?slab=110&record=1> (02.03.2017).
[115] Gros 1999b.
[116] Tert. spect. 10, 5.
[117] Mart. 2, 14, 9 f. Bepflanzungen erwähnt auch Prop. 2, 32, 11–16.
[118] Cic. Att. 4, 9, 1. Zu den erhaltenen und überlieferten Skulpturen s. Fuchs 1987, 5–11.
[119] Gleason 1994a, 15–23 Abb. 7.
[120] Gleason 1994a, 19.
[121] Luschin 2010, 270 f. 73.
[122] Luschin 2010, 270 f.; Albers 2013, 196. Die Vorzüge des Parks schildert Ov. ars 3, 387.
[123] Suet. Iul. 83; Cass. Dio 44, 35, 3. Grimal 1943, 121–123; Papi 1996; Luschin 2010, Kat. Nr. 52, 245 f.
[124] Grimal 1943, 188–191; Panella 1987; Zanker 1987, 477–483; Richardson 1992, 314; Panella 1999; Luschin 2010, Kat. Nr. 77; 291–294 Abb. 125.

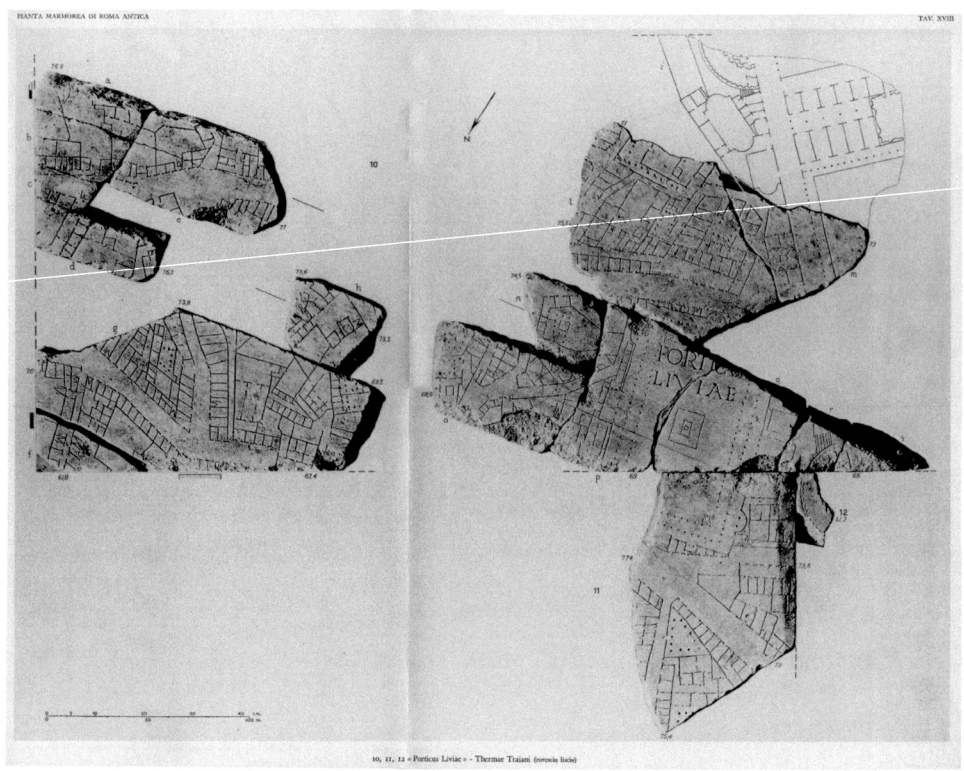

Abb. 7 Forma Urbis, Porticus Liviae
(Carettoni 1960, Taf. XVIII, aus: Stanford Digital Forma Urbis Romae Project <http://formaurbis.stanford.edu/plate.php?plateindex=17> (03.03.2017))

gegen die *luxuria privata* ließ Augustus das luxuriöse Wohnhaus zerstören und stiftete zu Ehren seiner Gattin Livia dem Volk eine Portikus.[125] Das Aussehen der 120 x 70 m großen Anlage ist ebenfalls auf Fragmenten der Forma Urbis überliefert (Abb. 7).[126] Dargestellt ist ein großer Hof, der von einer zweischiffigen Quadriportikus umgeben ist. Ovid überliefert, dass in der Portikus Tafelbilder ausgestellt waren.[127] Die große Freifläche des Hofes soll mit Pflanzen, Brunnen und Statuen ausgestattet gewesen sein.[128] Archäologisch ist die Porticus Liviae

---

[125] Cass. Dio 54, 23, 5; Cass. Dio 55, 8, 2; Ov. fast. 6, 637–648.
[126] Folgende Fragmente zeigen Teile der Porticus Liviae: 10lm, 10opqr, 11a, 157a (vermisst). Carettoni 1960, 69 f. Taf. 18; Rodriguez Almeida 1981, 78–81 Taf. 7. 8; Zanker 1987, 479 Abb.1. 2; 482 Abb. 3. 4; T. Najbjerg – J. Trimble, Stanford Digital Forma Urbis Romae Project <http://formaurbis.stanford.edu/fragment.php?record=2&field0=all&search0=livia&op0=and&field1=all> (02.03.2017).
[127] Ov. ars 1, 71 f.
[128] Cass. Dio 55, 8, 2. Plin. nat. 14, 11 (mit Erwähnung eines riesigen Weinstocks). Zanker 1987, 480–483. Luschin 2010, 293 f. (mit Zusammenfassung der jüngeren Diskussion des Heiligtums in

allerdings kaum bekannt. Grabungen im Gebiet der heutigen Via delle Sette Sale erbrachten Säulen aus griechischem Marmor und den Rest eines mit Marmor gepflasterten Fußbodens.[129] Es stellte sich heraus, dass der Großteil des Hofes auf Gewölbebauten fußt, was auf eine Anlage in Form eines ‚hängenden Gartens' schließen lässt.[130]

Nicht zu unterschätzen ist die Vorbildfunktion, die diese öffentlichen Grünanlagen auf Städte außerhalb Roms besaßen. So finden sich wenig später ähnliche Architekturen, die auf Stiftungen reicher Bürger zurückgehen, in Pompeji[131] und im südfranzösischen Vaison-la-Romain.[132]

Funktionen und Entwicklung öffentlicher Grünflächen in griechischen Städten

Kultivierte, öffentlich zugängliche Grünanlagen finden sich im antiken Griechenland vor allem in Heiligtümern. Diese waren der Bevölkerung wohl auch außerhalb der Feste zugänglich, unterlagen aber den sakralen Regeln der Kultstätten. Die griechischen Städte waren in ihrer Frühzeit von unbebauten Flächen geprägt, die den Bewohnern zum Teil zum Weiden von Tieren zur Verfügung standen. Andere staatliche Freiflächen dienten dem Anbau von Kulturpflanzen, dessen Einnahmen dem Fiskus zugute kamen. Auch bei den Frühformen griechischer Gymnasia handelte es sich meist um freie Flächen am Rande der Städte, deren Laufbahnen und Übungsplätze durch die Pflanzung von Bäumen abgegrenzt wurden. Ab dem 5. Jh. v. Chr. finden sich erste Hinweise auf intentionelle Bepflanzungen auf Agorai und an Straßenrändern. Die Anregung kam laut den Schriftquellen von den Persern. Einflüsse aus der östlichen Gartenkultur lassen sich ferner in Form von bepflanzten Peristylhöfen fassen, die in hellenistischer Zeit auch in der privaten Wohnarchitektur und in halböffentlichen Vereinsgebäuden auftreten. Im 2. Jh. v. Chr. ist mit der Italikeragora auf Delos erstmals eine wohl öffentlich zugängliche, bepflanzte Peristylanlage bezeugt, die durch gemeinschaftliche Stiftungen errichtet wurde.[133] Im 1. Jh. v. Chr. finden sich in Rom bepflanzte, öffentliche Portiken; im 1. Jh. n. Chr. sind derartige Anlagen auch in den römischen Provinzen bezeugt.

Gleichzeitig mit dem Phänomen der Integration von Natur in die Architektur und einer stärkeren Organisation von Bepflanzungen scheinen jedoch öffentliche

---

der Porticus Liviae).
[129] Panella 1987, 623–626.
[130] ebd.
[131] Pompeji, Edificio di Eumachia: Luschin 2010, 306–309, Kat. Nr. 86.
[132] Vaison-la-Romain, Portique de Pompeé: Luschin 2010, 298 f., Kat. Nr. 80.
[133] Trümper 2008, 298–307.

Freiflächen innerhalb der Städte abzunehmen. So war beispielsweise das ehemals freie Areal am Nordhang der Akropolis von Rhodos, in dem sich im 3. Jh. v. Chr. lediglich einige Erzgießergruben befanden, ab dem späten 2. Jh. v. Chr. von einer dichten Wohnbebauung besiedelt.[134] Ähnliches ist auf Delos zu beobachten, wo die Wohnhäuser in vorher öffentliche Bereiche der Stadt eindrangen. So fiel der grüne Gürtel um das delische Heiligtum des Apollon östlich des heiligen Sees ab der Mitte des 2. Jhs. v. Chr. nach und nach den Wohnbauten zum Opfer.[135] Auch die parkartigen Sportstätten werden seit dem fortgeschrittenen 4. Jh. v. Chr. durch gebaute Architekturen ersetzt. Spätestens im fortgeschrittenen Hellenismus wird gestaltete Natur zu einer Aufgabe der Architekten. Nicht mehr freie Flächen, sondern geometrisch angelegte Baumreihen und bepflanzte Peristylhöfe mit Blumenbeeten, Wegen und Brunnen prägen das Stadtbild. Gegen Ende des 1. Jhs. v. Chr. lässt sich in römischen Schriftquellen zudem eine stärkere Differenzierung in der Verwendung der Bezeichnungen für Gärten feststellen.[136] Einher geht auch eine zunehmende Spezifizierung und Professionalisierung des Gärtnerberufs.[137] Damit reiht sich die Gestaltung von Naturräumen in ein im Hellenismus entstehendes Phänomen von Naturnachahmung ein, wie es sich in dem Aufkommen künstlicher Grotten und in einer vermehrten Darstellung von Natur in der Reliefplastik widerspiegelt. Im republikanischen Rom werden von Portiken gerahmte Grünanlagen schließlich zu Objekten von Stiftungen reicher Bürger an die Gemeinschaft und kamen somit den Bewohnern der Stadt zugute.

Bibliographie

Albers, J. 2013. *Campus Martius. Die urbane Entwicklung des Marsfeldes von der Republik bis zur mittleren Kaiserzeit*. Wiesbaden (= Studien zur antiken Stadt 11).

Andreae, B. 1996. »Am Birnbaum« Gärten und Parks im antiken Rom, in den Vesuvstädten und in Ostia. Mainz (= Kulturgeschichte der antiken Welt 66).

Audring, G. 1989. *Zur Struktur des Territoriums griechischer Poleis in archaischer Zeit (nach den schriftlichen Quellen)*. Berlin (= Schriften zur Geschichte und Kultur der Antike 29).

Barbera, G., Ala, M., La Mela Veca, D. S. und La Mantia, T. 2006. Recovery and Valorization of a Historical Fruit Orchard. The Kolymbetra in the Temple Valley, Sicily. In M. Agnoletti (Hrsg.), *The Conservation of Cultural Landscapes*: 253–261. Chatham.

---

[134] Neumann 2016, 80 f. 94–96.
[135] Carroll-Spillecke 1989, 61 mit Abb. 31, Tabelle D34–36. Zur Lage der Gärten auf Delos: Bruneau 1979. Zur Entwicklung der Stadtviertel auf Delos: Bruneau 1968; Trümper 2002 (für das Quartier du Théâtre).
[136] Grimal 1943, 93–102; Gleason 2013, 16 f. Gesammelte Quellen zur Gartenkunst bei den Römern auch bei Schneider 1995, 36–48.
[137] Landgren 2013, 80 f.

Baumer, L. E. 2004. *Kult im Kleinen. Ländliche Heiligtümer spätarchaischer bis hellenistischer Zeit. Attika – Arkadien – Argolis – Kynouria*. Rahden (= Internationale Archäologie 81).

Birge, D. E. 1982. *Sacred Groves in the Ancient Greek World*. Dissertation, University of California, Berkeley.

Birge, D. E., Kraynak, L. H. und Miller, S. G. 1992. *Excavations at Nemea I. Topographical and Architectural Studies. The Sacred Square, the Xenon, and the Bath*. Berkeley.

Birge, D. E. 1994. Trees in the Landscape of Pausanias' ‚Periegesis'. In S. S. E. Alcock und R. G. Osborne (Hrsg.), *Placing the Gods. Sanctuaries and Sacred Space in Ancient Greece*: 231–245. Oxford.

Blech, M. 1982. *Studien zum Kranz bei den Griechen*. Berlin/New York (= Religionsgeschichtliche Versuche und Vorarbeiten 38).

Bonnechere, P. 2007. The Place of the Sacred Grove (Alsos) in the Mantic Rituals of Greece. The Example of the Alsos of Trophonios at Lebadeia (Boetia). In M. Conan (Hrsg.), *Sacred Gardens and Landscapes. Ritual and Agency*: 17–41. Washington, DC.

Bosnakis, D. 2014. Το Ασκληπιό της Κω. Athen (= Υπουργείο Πολιτισμού και Αθλητισμού Αρχαιολογικό Ινστιτούτο Αιγαιακών Σπουδών).

Bousquet, J. 1976. Les oliviers de Lindos. In *Recueil Plassart. Études sur l'antiquité grecque offertes à André Plassart par ses collègues de la Sorbonne*: 9–13. Paris.

Brun, J. P. 1999. La Maison IB du Quartier du stade et la production des parfums a Delos. *Bulletin de correspondence hellénique* 123: 87–155.

Brun, J. P. 2000. The Production of Perfumes in Antiquity. The Cases of Delos and Paestum. *American Journal of Archaeology* 104: 285–291.

Bruneau, P. 1968. Contribution à l'histoire urbaine de Délos à l'époque hellénistique et à l'époque impériale. *Bulletin de correspondence hellénique* 92: 633–709.

Bruneau, P. 1979. Deliaca, 3. Topographie. 31: Les jardins urbains de Délos. *Bulletin de correspondence hellénique* 103: 89–99.

Bruneau, P. und Ducat, J. 2005. *Guide de Délos*. Paris (= Sites et monuments 1).

Bruni, N. und Calderoni, G. 2009. Testimonianze protostoriche al santuario di Diana a Nemi. In G. Ghini (Hrsg.), *Lazio e Sabina 5. Scoperte, scavi e ricerche. Quinto Incontro di Studi sul Lazio e la Sabina Atti Convegno Roma 2007*: 305–310. Rom (Lavori e Studi della Soprintendenza per i Beni Archeologici del Lazio 5).

Bumke, H. 2015. Griechische Gärten im sakralen Kontext. In K. Sporn, S. Ladstätter und M. Kerschner (Hrsg.), *Natur – Kult – Raum. Akten des internationalen Kolloquiums Paris-Lodron-Universität Salzburg, 20.–22. Jänner 2012*: 45–61. Wien (= Sonderschriften des Österreichischen Archäologischen Instituts 51).

Carettoni, G. 1960. *La pianta marmorea di Roma antica. Forma Urbis Romae*. Rom.

Carroll-Spillecke, M. 1988. Greek Gardens and Parks in Hellenistic City Planning. In *Akten des XIII. Internationalen Kongresses für Klassische Archäologie Berlin 1988*: 485–486. Berlin.

Carroll-Spillecke, M. 1989. Κῆπος. *Der antike griechische Garten*. München (= Wohnen in der klassischen Polis 3).

Carroll-Spillecke, M. 1992. Griechische Gärten. In M. Carroll-Spillecke (Hrsg.), *Der Garten von der Antike bis zum Mittelalter*: 153–175. Mainz (= Kulturgeschichte der antiken Welt 57).

Caruso, A. 2013. *Akademia. Archeologia di una scuola filosofica ad Atene da Platone a Proclo (387 a.C. – 485 d.C)*. Athen (= Studi di Topografia e di Archeologia di Atene e dell'Attica 6).

de Cazanove, O. und Scheid, J. (Hrsg.), *Les Bois Sacrés. Actes du Colloque International organisé par le Centre Jean Bérard et l'Ecole Pratique des Hautes Etudes (Ve section). Naples, 23-25 Novembre 1989*. Neapel (= Collection du Centre Jean Bérard 10).

Clarke, G. 2011. The Governor's Palace, Acropolis, Jebel Khalid. In I. Nielsen (Hrsg.), *The Royal Palace Institution in the First Millenium BC. Regional Development and Cultural Interchange between East and West*: 215–247. Arhus (= Monographs of the Danish Institute at Athens 4).

Cole, S. W. 1997. The Destruction of Orchards in Assyrian Warfare. In S. Parpola und R. M. Whiting (Hrsg.), *Assyria 1995. Proceedings of the 10th Anniversary Symposium of the Neo-Assyrian Text Corpus Project, Helsinki, September 7-11, 1995*: 29–40. Helsinki.

Connor, W. R. 1988. Seized by the Nymphs. Nympholepsy and Symbolic Expression in Classical Greece. *Classical Antiquity* 7: 155–189.

Delorme, J. 1960. *Gymnasion: étude sur les monuments consacrés à l'éducation en Grèce (des origines à l'Empire Romain)*. Paris (= Bibliothèque des Écoles Françaises d'Athènes et de Rome 196).

Dickmann, J.-A. 1999. *Domus frequentata. Anspruchsvolles Wohnen im pompejanischen Stadthaus*. München (= Studien zur antiken Stadt 4).

Dittenberger, W. 1881. Kritische Bemerkungen zu griechischen Inschriften. *Hermes. Zeitschrift für klassische Philologie* 16: 161–200.

Dreliossi-Herakleidou, A. 1996. Späthellenistische palastartige Gebäude in der Nähe der Akropolis von Rhodos. In W. Hoepfner und G. Brands (Hrsg.), *Basileia. Die Paläste der hellenistischen Könige, Internationales Symposion in Berlin 16.12.-20.12.1992*: 182–192. Mainz (= Schriften des Seminars für Klassische Archäologie der Freien Universität Berlin).

Emme, B. 2013. *Peristyl und Polis. Entwicklung und Funktionen* öffentlicher *griechischer Hofanlagen*. Berlin (= Urban spaces 1).

Filimonos-Tsopotou, M. 2004. Η ελληνιστική οχύρωση της Ρόδου. Athen (= Ταμείο Αρχαιολογικών Πόρων και Απαλλοτριώσεων).

Filimonos-Tsopotou, M. 2011. Nisyros. From the Geometric Period to Late Antiquity. In N. Chr. Stampolidis, Y. Tassoulas und M. Filimonos-Tsopotou (Hrsg.), *Islands off the Beaten Track. An Archaeological Journey to the Greek Islands of Kastellorizo, Symi, Halki, Tilos and Nisyros*: 310–319. Athen (= Museum of Cycladic Art; Hellenic Ministry of Culture and Tourism).

Franke, S. 2015. Palast und Garten in Dūr-Šarrukīn, der Hauptstadt von Sargon II. von Assyrien. In J. Ganzert und I. Nielsen (Hrsg.), *Herrschaftsverhältnisse und Herrschaftslegitimation. Bau- und Gartenkultur als historische Quellengattung hinsichtlich Manifestation und Legitimation von Herrschaft. Symposium 22.-24. Oktober 2014*: 35–48. Berlin (= Hephaistos Supplement 11).

Friese, W. 2010. *Den Göttern so nah. Architektur und Topographie griechischer Orakelheiligtümer*. Stuttgart.

Fuchs, M. 1987. *Untersuchungen zur Ausstattung römischer Theater in Italien und den Westprovinzen des Imperium Romanum*. Mainz

Gans, U. 1996. Megalopolis 2. Vorbericht 1994–1995. Pflanzgruben auf der Ostseite der Agora. *Archäologischer Anzeiger* 1996: 285–286.

von Gaertringen, F. H. 1937. Theräische Studien. Αρχαιολογική Εφημερίς 1937 I: 48–60.

Ghini, G. und Diosono, F. 2012. Il Santuario di Diana a Nemi: recenti acquisizioni dai nuovi scavi. In E. Marroni (Hrsg.), *Sacra Nominis Latini. I santuari del Lazio arcaico e repubblicano. Atti del Convegno, Roma 2009*: 119–137 (= Ostraka 2012, I).

Ghini, G. 2013. La Terrazza inferiore. Dati e recenti acquisizioni dai nuovi scavi. Scavi 1989–2009. In P. Braconi, F. Coarelli, F. Diosono und G. Ghini (Hrsg.), *Il Santuario di Diana a Nemi. Le terrazze e il ninfeo. Scavi 1989-2009*: 17–23. Rom (= Studia Archaeologica 194).

Glass, S. L. 1968. *Palaistra and Gymnasium in Greek Architecture*. Dissertation, University of Pennsylvania.

Gleason, K. L. 1994a. Porticus Pompeiana. A New Perspective on the First Public Park of Ancient Rome. *Journal of Garden History* 14/1: 13–27.

Gleason, K. L. 1994b. The Bound and to Cultivate. An Introduction to the Archaeology of Gardens and Fields. In N. F. Miller und K. L. Gleason (Hrsg.), *The Archaeology of Garden and Field*: 1–24. Philadelphia.

Gleason, K. L. 2013a. Introduction. In K. L. Gleason (Hrsg.), *A Cultural History of Gardens in Antiquity* 1: 1–14. London.

Gleason, K. L. 2013b. Design. In K. L. Gleason (Hrsg.), *A Cultural History of Gardens in Antiquity* 1: 15–40. London.

Gothein, M. L. 1909. Der griechische Garten. *Mitteilungen des Deutschen Archäologischen Instituts. Athenische Abteilung* 34: 100–144.

Gothein, M. L. 1926. *Geschichte der Gartenkunst 1*. Jena.

Graf, F. 1993. Bois sacrés et oracles en Asie Mineure. In O. de Cazanove und J. Scheid (Hrsg.), *Les Bois Sacrés. Actes du Colloque International organisé par le Centre Jean Bérard et l'Ecole Pratique des Hautes Etudes (Ve section). Naples, 23-25 Novembre 1989*: 23–29. Neapel (= Collection du Centre Jean Bérard 10).

Grimal, P. 1943. *Les jardins romains a la fin de la république et aux deux premiers siècles de l'empire: essai sur la naturalisme romain*. Paris (= Bibliothèque des écoles françaises d'Athènes et de Rome 155).

Grimal, P. 1976. La maison de Simon et celle de Théopropidès dans la "Mostellaria". In *Mélanges offerts à Jacques Heurgon. L'Italie préromaine et la Rome républicaine*: 371–386. Rom (= Collection de l'école française de Rome 27).

Grimm, G. 1998. *Alexandria. Die erste Königsstadt der hellenistischen Welt*. Mainz (Zaberns Bildbände zur Archäologie 1998).

Gros, P. 1999a. Porticus Pompei. In *Lexikon topographicum urbis Romae 4*: 148 f.

Gros, P. 1999b. Theatrum Pompei. In *Lexikon topographicum urbis Romae 5*: 35–38.

von Hesberg, H. 1995. Das griechische Gymnasion. In M. Wörrle und P. Zanker (Hrsg.), *Stadtbild und Bürgerbild im Hellenismus. Kolloquium, München, 24.-26. Juni 1993 veranstaltet von der Kommission zur Erforschung des antiken Städtewesens der Bayerischen Akademie der Wissenschaften und der Kommission für Alte Geschichte und Epigraphik des Deutschen Archäologischen Instituts*: 13–27. München (= Vestigia 47).

Himmelmann-Wildschütz, N. 1957. ΘΕΟΛΗΠΤΟΣ. Marburg.

Hoepfner, W. 1993. Siegestempel und Siegesaltäre. Der Pergamonaltar als Siegesmonument. In W. Hoepfner und G. Zimmer (Hrsg.), *Die griechische Polis. Architektur und Politik*: 111–125. Tübingen (= Schriften des Seminars für Klassische Archäologie der Freien Universität Berlin).

Hoepfner, W. und Schwandner, E.-L. 1994. *Haus und Stadt im Klassischen Griechenland*. München (= Wohnen in der klassischen Polis 1).

von den Hoff, R. 2009. Hellenistische Gymnasia. Raumgestaltung und Raumfunktionen. In A. Matthaei und M. Zimmermann (Hrsg.), *Stadtbilder im Hellenismus*: 245–275. Berlin (= Die hellenistische Polis als Lebensform 1).

Hornbostel-Hüttner, G. 1979. *Studien zur römischen Nischenarchitektur*. Leiden (= Studies of the Dutch Archaeological and Historical Society 9).

Horster, M. 2004. *Landbesitz griechischer Heiligtümer in archaischer und klassischer Zeit*. Berlin (= Religionsgeschichtliche Versuche und Vorarbeiten 53).

Horster, M. 2015. Natural Order and Order(liness) in Nature. In K. Sporn, S. Ladstätter und M. Kerschner (Hrsg.), *Natur - Kult - Raum. Akten des internationalen Kolloquiums Paris-Lodron-Universität Salzburg, 20.-22. Jänner 2012*: 169–186. Wien (= Sonderschriften des Österreichischen Archäologischen Instituts 51).

Jacob, C. 1993. Paysage et bois sacré. Ἄλσος dans la 'Periégèse de la Grèce' de Pausanias. In O. de Cazanove und J. Scheid (Hrsg.), *Les Bois Sacrés. Actes du Colloque International organisé par le Centre Jean Bérard et l'Ecole Pratique des Hautes Etudes (Ve section). Naples, 23-25 Novembre 1989*: 31–44. Neapel (= Collection du Centre Jean Bérard 10).

Jashemski, W. F. 1979–1993. *The Gardens of Pompeji. Herculaneum and the Villas Destroyed by Vesuvius I-II*. New Rochelle, NY.

Jashemski, W. F. 1981. The Campanian Peristyle Garden. In E. B. MacDougall und W. F. Jashemski (Hrsg.), *Ancient Roman Gardens*: 29–48. Washington, DC (= Dumbarton Oaks Colloquium on the History of Landscape Architecture 7).

Jashemski, W. F. 1984. Recently Excavated Gardens and Cultivated Land of the Villas at Boscoreale and Oplontis. In E. B. MacDougall (Hrsg.), *Ancient Roman Villa Gardens*: 31–75. Washington, DC (= Dumbarton Oaks Colloquium on the History of Landscape Architecture 10).

Jashemski, W. F. 1987/1988. I giardini di Villa Adriana. Rapporto preliminare. In E. Salza Prina Ricotti (Hrsg.), *Atti della Pontificia accademia romana di archeologia. Rendiconti* 60: 145–169.

Jashemski, W. F. 1992. Antike römische Gärten in Campanien. In M. Carroll-Spillecke (Hrsg.), *Der Garten von der Antike bis zum Mittelalter*: 177–212. Mainz (= Kulturgeschichte der antiken Welt 57).

Karantsali, E. 1992. Αρχαιολογικόν Δελτίον 47 Χρονικά 2: 618.

Karantsali, E. 1993. Ἀρχαιολογικόν Δελτίον 48 Χρονικά 2: 511–515.
Kenawi, M. 2012. A Commercial Nursery near Abu Hummus (Egypt) and Re-Use of Amphoras for the Trade in Plants. *Journal of Roman Archaeology* 25: 195–225.
Kesting, M. 1986. „Arkadien in der Hirnkammer" oder: Die Enklave des Parks als Sonderfall artifizieller Landschaft. In M. Smuda (Hrsg.), *Landschaft*: 203–214. Frankfurt am Main.
Kondis, J. D. 1954. Ἀνασκαφικαὶ ἐρευναὶ εἰς τὴν πόλιν τῆς Ῥόδου IV. Πρακτικά τῆς ἐν Ἀθήναις Ἀρχαιολογικῆς Ἑταιρείας 1954: 340–360.
Kondis, J. D. 1958. Zum antiken Stadtbauplan von Rhodos. *Mitteilungen des Deutschen Archäologischen Instituts. Athenische Abteilung* 73: 146–158.
Konstantinopoulos, G. 1968. Rhodes. New Finds and Old Problems. *Archaeology* 21: 115–123.
Konstantinopoulos, G. 1986. Ἀρχαία Ῥόδος. Ἐπισκόπηση τῆς ἱστορίας καί τῆς τέχνης. Athen.
Konstantinopoulos, G. 1988a. Hippodamischer Stadtplan von Rhodos. Forschungsgeschichte. In S. Dietz und I. Papachristodoulou (Hrsg.), *Archaeology in the Dodecanese. Symposium, Copenhagen April 7th to 9th, 1986*: 88–95. Kopenhagen.
Konstantinopoulos, G. 1988b. Städtebau im hellenistischen Rhodos. In *Akten des XIII. Internationalen Kongresses für Klassische Archäologie Berlin 1988*: 207–213. Berlin.
Kreeb, M. 1988. *Untersuchungen zur figürlichen Ausstattung delischer Privathäuser*. Chicago.
Kučan, D. 1995. Zur Ernährung und dem Gebrauch von Pflanzen im Heraion von Samos im 7. Jahrhundert v. Chr. *Jahrbuch des Deutschen Archäologischen Instituts* 110: 1–64.
Kunze, C. 2008. Zwischen Griechenland und Rom. Das ‚antike Rokoko' und die veränderte Funktion von Skulptur in späthellenistischer Zeit. In K. Junker und A. Stähli (Hrsg.), *Original und Kopie. Formen und Konzepte der Nachahmung in der antiken Kunst. Akten des Kolloquiums in Berlin 17.-19. Februar 2005*: 77–108. Wiesbaden.
Landgren, L. 2013. Plantings. In K. L. Gleason (Hrsg.), *A Cultural History of Gardens in Antiquity* 1: 75–98. London.
Larson, J. 2001. *Greek Nymphs. Myth, Cult, Lore*. Oxford.
Lauter, H. 1968. Ein Tempelgarten? *Archäologischer Anzeiger* 1968: 626–631.
Lauter, H. 1972. Kunst und Landschaft – Ein Beitrag zum rhodischen Hellenismus. *Antike Kunst* 15: 49–59.
Lauter, H. und Spyropoulos, T. 1998. Megalopolis 3. Vorbericht 1996–1997. *Archäologischer Anzeiger* 1998: 415–451.
Lauter-Bufe, H. und Lauter, H. 2011. *Die Politischen Bauten von Megalopolis*. Darmstadt/Mainz.
Letzner, W. 1990. *Römische Brunnen und Nymphaea in der westlichen Reichshälfte*. Münster (= Charybdis 2).
Le Roy, C. 1985. Le tracé et le plan d'une villa hellénistique. La Maison de Fourni à Délos. In *Le dessin d'architecture dans les sociétés antiques. Actes du Colloque de Strasbourg*: 167–173. Straßburg (= Travaux du Centre de recherche sur le Proche-Orient et la Grèce antiques 8).

Liddell, H. G., Scott, R. und Jones, H. S. (LSJ) ⁹1996. *A Greek-English Lexicon.* Oxford.
Lupu, E. 2005. *Greek Sacred Law. A Collection of New Documents (NGSL).* Leiden (= Religions in the Graeco-Roman World 152).
Luschin, E. M. 2010. *Römische Gartenanlagen. Studien zu Gartenkunst und Städtebau in der römischen Antike.* Wien.
Macaulay-Lewis, E. 2013. Use and Reception. In K. L. Gleason (Hrsg.), *A Cultural History of Gardens in Antiquity 1*: 99–118. London.
Machaira, V. 2008. Τό Ἱερό Ἀφροδίτης καί Ἔρωτος στήν Ἱερά Ὁδό. Athen.
Maier, F. G. 1959. *Griechische Mauerbauinschriften 1. Texte und Kommentare.* Heidelberg
McDevitt, A. S. 1970. *Inscriptions from Thessaly.* Hildesheim/New York.
Mette, B. D. 1992. *Skulptur und Landschaft. Mythologische Skulpturengruppen in griechischer und römischer Aufstellung.* Dissertation, Universität zu Köln.
Michalaki-Kollia, M. 2013. Η ανάδειξη της ροδιακής ακρόπολης. Ἕνα μεγάλο αρχαιολογικό πάρκο της πόλης. In Ὄλβιος Ἀνερ. Μελέτες στη μνήμη του Γρηγόρη Κωνσταντινόπουλου: 79–106. Athen.
Miller, S.2004. *Nemea. A Guide to the Site and Museum.* Athen.
Missailidou-Despotidou, V. 1993. A Hellenistic Inscription from Skotoussa (Thessaly) and the Fortifications of the City. *The Annual of the British School at Athens* 88: 187–217.
Moore, C. W., Mitchell, W. J. und Turnbull Jr., W. (Hrsg.) 1988. *The Poetics of Gardens.* Cambridge.
Motte, A. 1973. *Prairies et jardins de la Grèce antique: de la religion à la philosophie.* Brüssel (= Mémoires de la classe des lettres 61/5).
Mylonopoulos, J. 2008. Natur als Heiligtum – Natur im Heiligtum. In F. Hölscher und T. Hölscher (Hrsg.), *Religion und Raum*: 45–76. Leipzig (= Archiv für Religionsgeschichte 10).
Neumann, S. 2016. *Grotten in der hellenistischen Wohnkultur.* Marburg (= Marburger Beiträge zur Archäologie 4).
Nielsen, I. 2001. The Gardens of the Hellenistic Palaces. In I. Nielsen (Hrsg.), *The Royal Palace Institution in the First Millenium BC. Regional Development and Cultural Interchange Between East and West*: 165–187. Arhus (= Monographs of the Danish Institute at Athens 4).
Nielsen, I. 2013. Types of Gardens. In K. L. Gleason (Hrsg.), *A Cultural History of Gardens in Antiquity 1*: 41–74. London.
Nielsen, I. 2015. Gardens, Palaces and Temples. How may the Gardens and Parks of Royal Palaces of Antiquity Illuminate Power Relationships and Legitimation of Power, and what Roles did Religion in the Form of Temples play? In J. Ganzert und I. Nielsen (Hrsg.), *Herrschaftsverhältnisse und Herrschaftslegitimation. Bau- und Gartenkultur als historische Quellengattung hinsichtlich Manifestation und Legitimation von Herrschaft. Symposium 22.-24. Oktober 2014*: 113–128. Berlin (= Hephaistos Supplement 11).
Panella, C. 1987. L'Organizzazione degli Spazi sulle Pendici Settentrionali del Colle Oppio tra Augusto e i Severi. In *L'Urbs Espace Urbain et Histoire (Ier siècle av. J.-C. - IIIe siècle ap. J.-C.). Actes du colloque international organisé par le Centre national de la recherche scientifique et l'École française de Rome. Rome, 8-12 mai 1985*: 611–651. Rom.

Panella, C. 1999. Porticus Liviae. In *Lexikon topographicum urbis Romae* 4: 127–129.
Papazarkadas, N. 2011. *Sacred and Public Land in Ancient Athens*. Oxford/New York
Papi, E. 1996. Horti Caesaris (Trans Tiberim). In *Lexikon topographicum urbis Romae 3*: 55 f.
Patsiada, V. 2013a. Η αρχιτεκτονική του τοπίου στην πόλη της Ρόδου. In Ὄλβιος Ἄνερ. Μελέτες στη μνήμη του Γρηγόρη Κωνσταντινόπουλου: 47–77. Athen.
Patsiada, V. 2013b. Μνημειώδες ταφικό συγκρότημα στη στη νεκρόπολη της Ρόδου. Συμβολή στη μελέτη της ελληνιστικής ταφικής αρχιτεκτονικής, ΡΟΔΟΣ III. Rhodos/Athen.
Peek, W. 1938. Metrische Inschriften. In J. F. Crome, H. Gundert, B. Meyer, W. Peek, H. U. von Schoenebeck, O. Uenze und J. Werner (Hrsg.), *Mnemosynon Theodor Wiegand*: 14–27. München.
Rice, E. E. 1995. Grottoes on the Acropolis of Hellenistic Rhodes. *The Annual of the British School at Athens* 90: 383–404.
Richardson Jr., L. 1976. The Villa Publica and the Divorum. In L. Bonfante und H. von Heintze (Hrsg.), *In memoriam Otto J. Brendel. Essays in Archaeology and the Humanities*: 159–162. Mainz.
Richardson Jr., L. 1992. *A New Topographical Dictionary of Ancient Rome*. Baltimore/London.
Ridgway, B. S. 1981. Greek Antecedents of Garden Sculpture. In E. B. MacDougall und W. F. Jashemski (Hrsg.), *Ancient Roman Gardens*: 7–28. Washington DC (= Dumbarton Oaks Colloquium on the History of Landscape Architecture 7).
Robert, J. und Robert, L. 1981. Bulletin Épigraphique. *Revue des études grecques* 94: 362–485.
Rodriguez Almeida, E. 1981. *Forma Urbis Marmorea*. Rom.
Schaaf, H. 1992. *Untersuchungen zu Gebäudestiftungen in hellenistischer Zeit*. Wien (= Arbeiten zur Archäologie).
Schediwy, R. und Baltzarek, F. 1982. *Grün in der Großstadt. Geschichte und Zukunft europäischer Parkanlagen unter besonderer Berücksichtigung Wiens*. Wien (= Tusch Urbanistica 2).
Scheid, J. 1993. Lucus, nemus. Qu'est-ce qu'un bois sacré? In O. de Cazanove und J. Scheid (Hrsg.), *Les Bois Sacrés. Actes du Colloque International organisé par le Centre Jean Bérard et l'Ecole Pratique des Hautes Etudes (Ve section). Naples, 23-25 Novembre 1989*: 13–20. Neapel (= Collection du Centre Jean Bérard 10).
Schneider, K. 1995. *Villa und Natur. Eine Studie zur römischen Oberschichtkultur im letzten vor- und ersten nachchristlichen Jahrhundert*. München (= Quellen und Forschungen zur Antiken Welt 28).
Schörner, G. und Goette, H. R. 2004. *Die Pan-Grotte von Vari*. Mainz (= Schriften zur historischen Landeskunde Griechenlands 1).
Schwarz, A. (Hrsg.), *Der Park in der Metropole. Urbanes Wachstum und städtische Parks im 19. Jahrhundert*. Bielefeld.
Scranton, R. L. 1967. *The Architecture of the Sanctuary of Apollo Hylates at Kourion*. Philadelphia (= Transactions of the American Philosophical Society 57/5).
Seel, M. 1991. *Eine Ästhetik der Natur*. Frankfurt am Main.
Sinn, U. 2005. Thesaurus cultus et rituum antiquorum 4 (2005) 75–78 s. v. Spelaion.

Söldner, M. 1986. *Untersuchungen zu liegenden Eroten in der hellenistischen und römischen Kunst I-II*. Frankfurt am Main (= Europäische Hochschulschriften Reihe 38. Archäologie 10).

Sonne, W. 1996. Hellenistische Herrschaftsgärten. In W. Hoepfner und G. Brands (Hrsg.), *Basileia. Die Paläste der hellenistischen Könige. Internationales Symposion in Berlin 16.12.-20.12.1992*: 136–143. Mainz (= Schriften des Seminars für Klassische Archäologie der Freien Universität Berlin).

Soren, D. 1987. *The Sanctuary of Apollo Hylates at Kourion, Cyprus*. Tuscon (= Excavations at Kourion, Cyprus).

von Stackelberg, K. T. 2009. *The Roman Garden. Space, Sense, and Society*. London/New York (= Routledge Monographs in Classical Studies).

van Straten, F. T. 1981. Gifts for the Gods. In H. S. Versnel (Hrsg.), *Faith, Hope and Worship. Aspects of Religious Mentality in the Ancient World*: 65–151. Leiden (= Studies in Greek and Roman Religion 2).

Swiny, H. W. 1982. *An Archaeological Guide to the Ancient Kourion Area and the Akrotiri Peninsula*. Nikosia.

Thompson, D. B. 1937. The Garden of Hephaistos. *Hesperia. Journal of the American School of Classical Studies at Athens* 6: 396–425.

Thompson, H. A. 1952. The Altar of Pity in the Athenian Agora. *Hesperia. Journal of the American School of Classical Studies at Athens* 21: 47–82.

Thompson, H. A. 1953. Excavations in the Athenian Agora: 1952. *Hesperia. Journal of the American School of Classical Studies at Athens* 22: 25–56.

Travlos, J. 1971. *Bildlexikon zur Topographie des antiken Athen*. Tübingen.

Trümper, M. 1998. *Wohnen in Delos. Eine baugeschichtliche Untersuchung zum Wandel der Wohnkultur in hellenistischer Zeit*. Rahden (= Internationale Archäologie 46).

Trümper, M. 2002. Das Quartier du Théâtre in Delos. Planung, Entwicklung und Parzellierung eines 'gewachsenen' Stadtviertels hellenistischer Zeit. *Mitteilungen des Deutschen Archäologischen Instituts. Athenische Abteilung* 117: 133–202.

Trümper, M. 2006. Negotiating Religious and Ethnic Identity. The Case of Clubhouses in Late Hellenistic Delos. In I. Nielsen (Hrsg.), *Zwischen Kult und Gesellschaft. Kosmopolitische Zentren des antiken Mittelmeerraums als Aktionsraum von Kultvereinen und Religionsgemeinschaften. Akten eines Symposiums des Archäologischen Instituts der Universität Hamburg (12.-14. Oktober 2005)*: 113–150. Augsburg (= Hephaistos Themenband 24).

Trümper, M. 2008. *Die 'Agora des Italiens' in Delos. Baugeschichte, Architektur, Ausstattung und Funktion einer späthellenistischen Porticus-Anlage*. Rahden (= Internationale Archäologie 104).

Trümper, M. 2011. Where the Non-Delians Met in Delos. The Meeting-Places of Foreign Associations and Ethnic Communities in Late Hellenistic Delos. In O. M. van Nijf, R. Alston und C. G. Williamson (Hrsg.), *Political Culture in the Greek City after the Classical Age*: 49–100. Leuven (= Groningen-Royal Holloway Studies in the Greek City after the Classical Age 2).

Trümper, M. 2015. Artificial Grottoes in Late Hellenistic Delos. In S. Faust, M. Seifert und L. Ziemer (Hrsg.), *Antike. Architektur. Geschichte. Festschrift für Inge Nielsen zum 65. Geburtstag*: 201–230. Aachen.

Viscogliosi, A. 1993. Circus Flaminius. In *Lexikon topographicum urbis Romae 1*: 269–272.

Wacker, C. 1996. *Das Gymnasion in Olympia. Geschichte und Funktion*. Würzburg (= Würzburger Forschungen zur Altertumskunde 2).

Wacker, C. 2004. Die bauhistorische Entwicklung der Gymnasien. Von der Parkanlage zum ‚Idealgymnasium' des Vitruv. In D. Kah und P. Scholz (Hrsg.), *Das hellenistische Gymnasion. Symposium Frankfurt am Main 27.-30. September 2001*. Berlin (= Wissenskultur und gesellschaftlicher Wandel 8).

Wagman, R. S. 2016. *The Cave of the Nymphs at Pharsalus. Studies on a Thessalian Country Shrine*. Leiden/Boston (= Brill Studies in Greek and Roman Epigraphy 6).

Wescoat, B. D. 2012. *The Temple of Athena at Assos*. Oxford (= Oxford monographs on Classical Archaeology).

Wickens, J. M. 1986. *The Archaeology and History of Cave Use in Attica, Greece from prehistoric through late Roman times 1-2*. Dissertation, Indiana University.

Wiesehöfer, J. 2015. Das ‚Paradies'. Persische Parkkultur als Zeugnis herrscherlicher Legitimation und Repräsentation. In J. Ganzert und I. Nielsen (Hrsg.), *Herrschaftsverhältnisse und Herrschaftslegitimation. Bau- und Gartenkultur als historische Quellengattung hinsichtlich Manifestation und Legitimation von Herrschaft. Symposium 22.-24. Oktober 2014*: 49–64. Berlin (= Hephaistos Supplement 11).

Winkler, J. 1981. Gardens of Nymphs. In H. P. Foley (Hrsg.), *Reflections of Women in Antiquity*: 63–90. New York.

Wiseman, T. P. 1993. Campus Martius. In *Lexikon topographicum urbis Romae 1*: 220–224.

Wurmser, H. und Zugmeyer, S. 2000. Étude de la Maison de Fourni. *Bulletin de correspondence hellénique* 134. 2 Étude Rapports: 585–588.

Wurmser, H. und Zugmeyer, S. 2011. La Maison de Fourni. *Bulletin de correspondence hellénique* 135. 2 Étude Rapports: 573–587.

Wurmser, H., Zugmeyer, S. und Martz, A.-S. 2012/2013. La Maison de Fourni. *Bulletin de correspondence hellénique* 136–137. 2 Étude Rapports: 834–839.

Zanker, P. 1987. Drei Stadtbilder aus dem Augusteischen Rom. In *L'Urbs. Espace Urbain et Histoire (Ier siècle av. J.-C. - IIIe siècle ap. J.-C.). Actes du colloque international organisé par le Centre national de la recherche scientifique et l'École française de Rome. Rome, 8-12 mai 1985*: 475–489. Rom.